国家科技基础资源调查专项资助

地下水饮用水源地及保护区环境状况调查评价

蔡五田　边　超　刘金巍 等　著

科 学 出 版 社

北　京

内 容 简 介

本书详细介绍了地下水饮用水源地及保护区环境状况调查评价技术体系。该技术体系是地球科学与环境科学融合的产物，具有全面性、精准性、协调性、动态性等特点。首先综述了国内外饮用水水源保护制度、地下水饮用水源地保护区划分及我国开展饮用水源地及保护区环境状况调查评估情况等，然后以技术指南和典型案例形式，详细介绍和示范了不同类型集中式地下水饮用水源地及保护区环境状况调查评价方法，地质及水文地质环境、水环境、土环境、潜在污染源环境、土地利用环境等环境要素的论述内容和论述方式，以及调查评价应提交的成果等。

本书的专业性和实操性较强，可供从事地下水饮用水源地及保护区环境状况调查评估专业人员、水源地管理人员、大专院校师生等相关人员参考使用。

图书在版编目(CIP)数据

地下水饮用水源地及保护区环境状况调查评价 / 蔡五田等著 . —北京：科学出版社，2023. 8

ISBN 978-7-03-074452-4

Ⅰ. ①地…　Ⅱ. ①蔡…　Ⅲ. ①饮用水-地下水保护-调查研究　Ⅳ. ①X523

中国版本图书馆 CIP 数据核字（2022）第 252547 号

责任编辑：韦　沁　李　静 / 责任校对：何艳萍

责任印制：吴兆东 / 封面设计：北京图阅盛世

科学出版社出版

北京东黄城根北街 16 号

邮政编码：100717

http://www.sciencep.com

涿州市般润文化传播有限公司印刷

科学出版社发行　各地新华书店经销

*

2023 年 8 月第　一　版　开本：787×1092　1/16

2025 年 3 月第三次印刷　印张：22 3/4　插页：8

字数：539 000

定价：258. 00 元

作者名单

蔡五田　边　超　刘金巍　潘建永　刘福东　陈　涛

张　杨　张怀胜　郭　林　蔡婧怡　刘江涛　郭晓静

前　言

我国的地下水资源在保障城乡居民生活、支撑经济社会发展、维持生态平衡等方面具有十分重要的作用，特别是在华北、西北、东北地区，地下水饮用水源更是赓续人类繁衍的命脉。据统计，目前我国地下水开采总量约占总供水量的20%；全国668个城市中，400多个城市利用地下水；北方地区65%的生活用水、50%的工业用水、33%的农业灌溉用水来自地下水；北方城市中，饮用地下水人口占60%；全国4555个县级以上集中式饮用水源地中，47%为地下水饮用水源地。然而，随着我国城镇化、工业化进程的快速发展，地下水污染、地下水超采及其引发的环境问题逐渐凸显，影响范围不断蔓延，地下水饮用水源地安全受到威胁，环境状况及发展态势令人担忧。因此，保护地下水饮用水源地成为我国环境保护的一项战略任务，保护水源地就是保护生命成为社会共识。

要做好地下水饮用水源地保护，定期开展水源地及保护区环境状况调查评估和安全评估是一项基础性和法规性工作，在我国的《水污染防治法》《饮用水水源保护区污染防治管理规定》《地下水管理条例》等法律法规中提出了强制要求。然而，如何科学合理地开展地下水饮用水源地及保护区环境状况调查评价是一个需要解决的科学技术问题。2015年以来，环保部门出台了《地下水环境状况调查评价工作技术指南（2019年）》，制定了《集中式饮用水水源地环境保护状况评估技术规范（2015年）》等，在规范和指导地下水饮用水水源地环境状况调查评估方面发挥了较大作用，但在调查的全面性、精准性和协调性，以及评估的整体性和动态性方面仍存在不足。基于此，科技部在2016～2020年实施的国家科技基础资源调查专项（项目编号：SQ2016FY332000100）——“京津冀地区地下水饮用水源地基础资源环境状况调查”中专门设立了“地下水饮用水源地及保护区基础环境状况调查方法与示范”课题（课题编号：SQ2016FY332000101），旨在形成更为完善的调查评价技术体系，科学有效地指导我国地下水饮用水源地环境状况调查评估工作。本书就是在这样的背景下应时而生的。

作者基于10年场地水土污染调查及5年区域地下水污染调查，特别是3年京津冀地区三个大中型地下水饮用水源地及保护区环境状况调查评价工作经验，吸收国内环保、水利、自然资源部门相关工作方法及技术文献之精华，在调查评价成果报告的基础上修改完善编撰成书。全书分为6章：第1章是综述部分，由蔡五田、蔡婧怡、郭林撰写，综述了国内外饮用水水源保护制度及我国开展饮用水水源地及保护区调查评估情况等；第2章是本书核心内容，由蔡五田、刘金巍、边超、潘建永、刘福东、陈涛、郭林、张怀胜、郭晓静撰写，以技术指南形式，详细介绍了集中式地下水饮用水源地及保护区环境状况的调查评价方法、主要环境因素状况的论述内容及论述要求、调查评价成果提交等；第3～5章是案例示范部分，分别以太行山山地区、山前区、华北平原区3个代表性水源地为例，从不同侧面、不同层级诠释集中式地下水饮用水源地及保护区环境状况调查评价方法及论述内容等。其中，第3章由蔡五田、边超、刘江涛、潘建永、蔡婧怡撰写，第4章由蔡五田、刘金巍、边超、陈涛、张杨撰写，第 5 章由蔡五田、边超、刘金巍、刘福东、张杨、张怀胜撰写；第 6 章为结语部分，由蔡五田撰写，总结了地下水饮用水源地及保护区环境状况调查评价方法的特点、存在的不足，提出了改善我国地下水饮用水源地及保护区环境状况调查评价工作的建议。全书由蔡五田统稿和校稿。

本书得以出版，首先感谢国家科技基础资源调查专项经费资助。在项目立项申请、课题设置、工作实施等环节中，得到了许多单位和个人的支持和帮助。在立项阶段，中国地质调查局水文地质环境地质调查中心文冬光主任给予鼎力支持；在课题设置及工作实施阶段，得到了水利部中国水利水电科学研究院唐克旺教授团队信任、协作支持和技术指导；在资料信息收集、水源地样品采集过程中，中国地质图书馆、河北省地质图书馆、河北省地质矿产勘查开发局第九地质大队、第三水文工程地质大队、河北省水文工程地质勘查院、河北省井陉县供水公司、河北邢台冀泉供水有限公司、河北建投衡水水务有限公司给予大力支持；在工作协调、资料信息咨询等方面，得到了河北省地质矿产勘查开发局水文工程地质勘查院张增勤，第九地质大队王凤元、马利涛、王占辉、陈忠贤、何文达，第三水文工程地质大队冯洋、姚金宇、赵素杰、邢晓晨支持和帮助；在野外调查及室内资料整理中，中国地质调查局水文地质环境地质调查中心杨骊，山东科技大学硕士研究生冯国平，青岛大学硕士研究生索熙垚、葛育廷，中国地质大学（北京）硕士研究生张栋、李美玲付出了劳动。在此，一并向上述单位和个人表示诚挚感谢！

由于作者从事地下水饮用水源地及保护区环境状况调查评价工作起步较晚、实践地域有限、文学功底浅薄，书中不妥之处，望读者海涵，并请批评指正。

作　者

2022 年 7 月

目　　录

前言
第 1 章　饮用水水源保护工作综述 ………………………………………………………… 1
1.1　国内外饮用水水源保护制度 ……………………………………………………… 1
1.2　国内外地下水水源地保护区划分 ………………………………………………… 9
1.3　我国饮用水水源地环境状况调查评估工作 ……………………………………… 16
1.4　我国地下水饮用水源保护区环境状况调查评估方法 …………………………… 19
1.5　本章总结 ……………………………………………………………………………… 41
第 2 章　地下水饮用水源地及保护区环境状况调查评价指南 ……………………… 43
2.1　主要内容与适用范围 ……………………………………………………………… 43
2.2　规范性引用文件 ……………………………………………………………………… 43
2.3　术语和定义 …………………………………………………………………………… 44
2.4　总则 …………………………………………………………………………………… 46
2.5　资料信息收集、阅研与梳理 ……………………………………………………… 48
2.6　环境要素野外调查 ………………………………………………………………… 52
2.7　水环境监测 …………………………………………………………………………… 64
2.8　调查资料整理 ………………………………………………………………………… 69
2.9　环境状况论述 ………………………………………………………………………… 71
2.10　水源地及保护区环境状况评价 ………………………………………………… 80
2.11　调查评价成果提交 ………………………………………………………………… 94
第 3 章　山地区地下水饮用水源地及保护区环境状况调查评价 …………………… 95
3.1　选择依据与示范内容 ……………………………………………………………… 95
3.2　水源地及保护区概况 ……………………………………………………………… 95
3.3　调查评价方法 ………………………………………………………………………… 99
3.4　水源地及保护区环境状况 ………………………………………………………… 110
3.5　水源地及保护区环境状况评价 …………………………………………………… 140
3.6　示范成果和认识 ……………………………………………………………………… 144
第 4 章　山前区地下水饮用水源地及保护区环境状况调查评价 …………………… 146
4.1　选择依据与示范内容 ……………………………………………………………… 146
4.2　水源地及保护区概况 ……………………………………………………………… 147
4.3　调查评价方法 ………………………………………………………………………… 150
4.4　水源地及保护区环境状况 ………………………………………………………… 160
4.5　水源地及保护区环境状况评价 …………………………………………………… 220
4.6　示范成果和认识 ……………………………………………………………………… 228

第 5 章　平原区地下水饮用水源地及保护区环境状况调查评价 ······ 230
　5.1　选择依据与示范内容 ······ 230
　5.2　水源地及保护区概况 ······ 231
　5.3　调查评价方法 ······ 233
　5.4　水源地及保护区环境状况 ······ 243
　5.5　水源地及保护区环境状况评价 ······ 316
　5.6　示范成果和认识 ······ 327
第 6 章　结语 ······ 329
　6.1　书的逻辑关系 ······ 329
　6.2　调查评价技术方法特点 ······ 330
　6.3　不足之处 ······ 330
　6.4　建议 ······ 331
参考文献 ······ 332
附录 1　主要环境要素调查表 ······ 335
附录 2　水源地及保护区环境状况概要信息清单 ······ 345
附录 3　水源地及保护区环境状况调查评价报告提纲及内容提要 ······ 347
附录 4　本书参考资料 ······ 350
彩图

第1章　饮用水水源保护工作综述

本章从国内外视角和历史发展脉络，介绍国内外饮用水水源保护制度、国内外地下水饮用水源地保护区划分、我国开展集中式饮用水水源地及保护区调查评估工作情况，以使读者系统了解饮用水水源保护工作状况。

1.1　国内外饮用水水源保护制度

以中国、美国、日本、德国、欧盟为例，介绍饮用水水源保护制度，主要包括法律法规、相关制度、政策导向、标准规范等。

1.1.1　我国饮用水水源保护制度

1. 法律法规

我国饮用水水源保护一些法规及相关内容列于表1.1中，其中，《水污染防治法》《水法》《饮用水水源保护区污染防治管理规定》《地下水管理条例》是我国饮用水水源保护制度建设的重要法规。

表1.1　我国饮用水水源保护法规

名称	制（修）订沿革	饮用水水源保护相关内容
《水污染防治法》	1984年制定，2008年第一次修订，2017年第二次修订	2017年《水污染防治法》设专章（第五章）保护饮用水水源，规定：①建立饮用水水源保护区制度，分级划分饮用水水源保护区；②饮用水水源保护区划定方案提出、批准和调整程序；③禁止在饮用水各级水源保护区内排污、建设活动等；④县级以上地方人民政府应当组织环境保护等部门，对饮用水水源保护区、地下水型饮用水源的补给区及供水单位周边区域的环境状况和污染风险进行调查评估，筛查可能存在的污染风险因素，并采取相应的风险防范措施；⑤开展取水口和出水口的水质检测，饮用水水源、供水单位供水和用户水龙头出水的水质等监测工作
《水法》	1988年制定，2002年第一次修订，2016年第二次修订	2016年《水法》规定：①国家建立饮用水水源保护区制度，省级政府应当划定饮用水水源保护区，并采取措施，防止水源枯竭和水体污染，保证城乡居民饮用水安全；②禁止在饮用水水源保护区内设置排污口；③饮用水水源保护区内设置排污口的法律责任

续表

名称	制（修）订沿革	饮用水水源保护相关内容
《饮用水水源保护区污染防治管理规定》	1989年，由国家环境保护局、卫生部、建设部、水利部、地质矿产部发布；2010年修订，由环境保护部发布	2010年《饮用水水源保护区污染防治管理规定》规定：①饮用水地表水源保护区（一级、二级及准保护区）划分、水质标准及防护要求；②饮用水地下水源保护区（一级、二级及准保护区）划分、水质标准及防护要求，特别提出了二级保护区内潜水含水层和承压含水层水源地的污染防控要求；③饮用水水源保护区污染防治的监督管理；④奖励与惩罚
《村庄和集镇规划建设管理条例》	1993年	乡级政府应当采取措施，保护村庄、集镇饮用水水源；有条件的地方，可以集中供水，使水质逐步达到国家规定的生活饮用水卫生标准
《水土保持法》	2010年	在饮用水水源保护区，地方各级政府及其有关部门应组织单位和个人，采取预防保护、自然修复和综合治理措施，配套建设植物过滤带，严格控制化肥和农药的使用，减少水土流失引起的面源污染，保护饮用水水源
《畜禽规模养殖污染防治条例》	2013年	禁止在饮用水水源保护区内建设畜禽养殖场、养殖小区与相关的法律责任
《环境保护法》	2014年	各级政府应当在财政预算中安排资金，支持农村饮用水水源地保护
《畜牧法》	2015年	禁止在生活饮用水的水源保护区内建设畜禽养殖场、养殖小区与相关的法律责任
《固体废物污染环境防治法》	2015年	在省级以上政府划定的饮用水水源保护区内，禁止建设工业固体废物集中储存、处置的设施、场所和生活垃圾填埋场与相关的法律责任
《土壤污染防治法》	2018年	第三十一条规定：地方各级人民政府应当重点保护未污染的耕地、林地、草地和饮用水水源地
《地下水管理条例》	2021年	第二十八条规定：县级以上地方人民政府应当加强地下水水源补给保护，充分利用自然条件补充地下水，有效涵养地下水水源； 第五十条规定：县级以上地方人民政府应当组织水行政、自然资源、生态环境等主管部门，划定集中式地下水饮用水水源地并公布名录，定期组织开展地下水饮用水水源地安全评估

在地方层面上，截至2015年，已制定涉及饮用水水源保护地方法规30余部，满足了不同地域水源保护的具体需求。1985年，上海市颁布《上海市黄浦江上游水源保护条例》，划定了黄浦江上游水源保护区和准保护区，同年，新疆维吾尔自治区颁布《乌鲁木齐市水源保护区管理条例》，开启了饮用水水源地保护的地方立法。1995年10月，四川省发布了《四川省饮用水水源保护管理条例》，将饮用水水源分为集中式供水和分散式供水，根据取水方式的不同分为地面水源和地下水源两类，将集中供水作为保护关键性目标。同时，根据防护要求将这两类饮用水水源地划分为三级保护区，分别规定了各级保护区的水质标准及防治措施。2001年7月，安徽省发布了《安徽省城镇生活饮用水水源环境保护条例》，规定了公共供水和单位自建设施定义。2002年3月，陕西省发布了《陕西省城市饮用水水源保护区环境保护条例》，按照地表水水源存在的形态分为江河水源和湖泊、水库水源两类，在此基础上也对保护区内的污染防治和监督管理等内容进行了较为细

致的规定。2011年12月，浙江省发布了《浙江省饮用水水源保护条例》，创设了农村饮用水水源保护制度。

2. 相关制度

2007年以来，我国逐步建立了饮用水水源保护区划分制度、饮用水水源保护规划制度、饮用水水源环境状况调查评估制度和饮用水水源信息公开制度。

1）饮用水水源保护区划分制度

划定饮用水水源保护区是饮用水水源保护的核心。我国饮用水水源保护区划分制度的基本思路是分级划分、分级保护。

2007年国家环境保护总局制定并颁布了《饮用水水源保护区划分技术规范》（HJ/T 338—2007）。这一标准规定了地表水饮用水水源保护区、地下水饮用水水源保护区划分的基本方法，是防治饮用水水源地污染、保证饮用水安全的指导性技术标准。2018年，生态环境部对此标准进行了修订。

我国饮用水水源保护区划分方案及审批流程，根据所涉及行政区划的范围不同而有所差别，原则上由所在区域政府提出方案，报上一级人民政府批准，见图1.1。

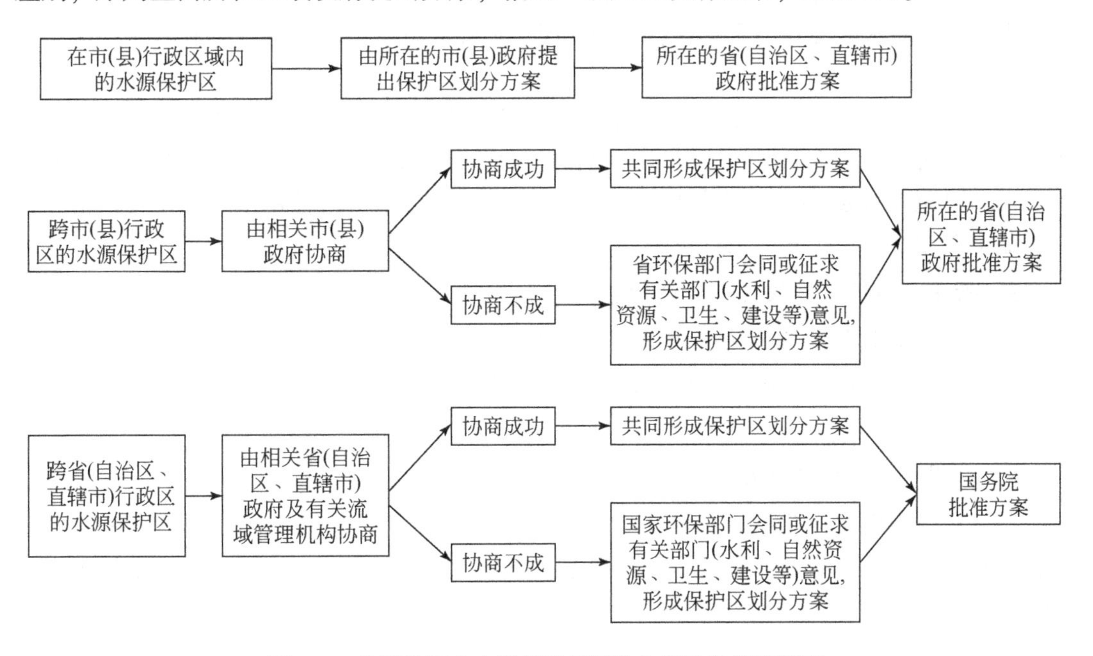

图1.1 我国饮用水水源保护区划分方案及审批流程图

我国在饮用水水源保护区内实行环境和卫生双达标制度，即水质既要符合水环境质量标准又要符合水质卫生标准。例如，地表水饮用水源一级保护区的水质基本项目限值不得高于《地表水环境质量标准》（GB 3838—2002）中的Ⅱ类标准，且补充项目和特定项目应满足该标准规定的限值要求，同时也要符合国家规定的生活饮用水水质卫生标准；地表水源二级保护区内的水质基本项目限值不得高于GB 3838—2002中的Ⅲ类标准，并保证流入一级保护区的水质满足一级保护区水质标准要求；地下水饮用水源保护区（包括一级保护区、二级保护区和准保护区）水质各项指标不得高于《地下水质量标准》（GB/T 14848—2017）中的Ⅲ类标准，且符合国家规定的生活饮用水水质卫生标准。

2）饮用水水源保护规划制度

水源保护区规划制度是环境保护规划中的城乡环境综合整治规划和水污染防治规划的首要规划，并将其纳入国家、区域、流域和社会和经济发展规划中。

2007年国务院印发《国家环境保护“十一五”规划》，提出全力保障饮用水水源安全。2007年10月，经国务院同意，国家发改委、国家环境保护总局、建设部、水利部和卫生部印发了《全国城市饮用水安全保障规划（2006～2020年）》，对全国城市和县级政府所在地城镇饮用水安全保障工作做了全面的部署。随后，水利部组织编制了《全国城市饮用水水源地安全保障规划（2008～2020年）》，卫生部编制了《全国城市饮用水卫生安全保障规划》，住建部编制了《全国城镇供水设施改造和建设“十二五”规划及2020年远景目标》。

2015年，国务院批准的《水污染防治行动计划（2015～2030年）》提出：到2030年城市集中式饮用水水源水质达到或优于Ⅲ类比例总体为95%左右，要求定期调查评估集中式地下水型饮用水水源补给区等区域环境状况，加强农村饮用水水源保护和水质检测，强化饮用水水源环境保护。

2018年，生态环境部、农业农村部联合印发《农业农村污染治理攻坚战行动计划》，提出加强农村饮用水水源保护。要求开展农村饮用水水源环境状况调查评估和保护区的划定，2020年底前完成供水人口在10000人或日供水1000t以上的饮用水水源调查评估和保护区划定工作。

3）饮用水水源环境状况调查评估制度

2008年，环境保护部印发了《全国饮用水水源地基础环境调查及评估工作方案》，建立了集中式饮用水水源环境状况年度评估机制、水源环保信息通报机制和水源环保规划联动机制。

4）饮用水水源信息公开制度

我国政府部门在相关信息公开中包含了饮用水水源信息，如环保部门的环境状况公报，水利部门的水资源公报和《地下水动态月报》，住建部门的《中国城镇供水状况公报（2006～2010年）》。

3. 饮用水水源保护管理体制

我国饮用水水源保护实行多部门、分属性管理体制。管理部门涉及环境保护、水利、住建、卫生、自然资源等多个部门，各部门根据各自职责开展饮用水水源保护工作（表1.2）。

从2011年水利部发布并调查备案的32个重要地下水饮用水源地归口管理部门分析，水源地分属市政、水务（水利）、城乡管委、国资委、城建（住建）、城管等部门，大多数水源地属城建（住建）和市政部门管理，属水利（水务）部门管理的仅占28%。

表1.2　我国饮用水水源地管理部门及主要职责表

部门	职责
环境保护部门	会同有关部门监督管理饮用水水源地环境保护工作；组织拟定并监督实施饮用水水源地环境保护规划；会同水行政、自然资源、卫生及建设等部门协调跨行政区界饮用水水源保护区划分工作
水利部门	指导饮用水水源保护工作，指导农村饮水安全
住建部门	从行业规范角度实施有关饮用水安全保障和水源保护的工作
卫生部门	负责饮用水的卫生安全监督管理，对供水单位实施卫生许可管理，开展监督监测及饮用水污染事故对人体健康影响的调查
自然资源部门	管理水文地质勘查和评价工作，监测、监督防止地下水过量开采和污染

4. 饮用水水源保护政策

国家和地方政府及有关部门出台了生态补偿、以奖促治、投资、财税、价格和土地等方面的政策，扶持饮用水水源保护。

5. 饮用水水源保护相关标准规范

我国饮用水水源保护技术标准和规范处于建设和逐步完善之中，截至2020年，涉及水源地水质的标准有5个，涉及水源（地）保护的有7个，涉及水源地环境状况调查、监测及评估的有2个，见表1.3。

表1.3　我国饮用水水源保护相关标准规范表

类别	名称	发布部门
水源地水质标准	《生活饮用水水源水质标准》（CJ 3020—93）	中华人民共和国建设部
	《地表水环境质量标准》（GB 3838—2002）	国家环境保护总局、国家质量监督检验检疫总局
	《城市供水水质标准》（CJ/T 206—2005）	中华人民共和国建设部
	《生活饮用水卫生标准》（GB 5749—2006）	中华人民共和国卫生部、中国国家标准化管理委员会
	《地下水质量标准》（GB/T 14848—2017）	国家质量监督检验检疫总局、中国国家标准化管理委员会
水源（地）保护	《饮用水水源保护区标志技术要求》（HJ/T 433—2008）	中华人民共和国环境保护部
	《分散式饮用水水源地环境保护指南（试行）》（环办〔2010〕132号）	中华人民共和国环境保护部
	《集中式饮用水水源环境保护指南（试行）》（环办〔2012〕50号）	中华人民共和国环境保护部
	《集中式饮用水水源地规范化建设环境保护技术要求》（HJ 773—2015）	中华人民共和国环境保护部

续表

类别	名称	发布部门
水源（地）保护	《集中式饮用水水源地环境保护状况评估技术规范》（HJ 774—2015）	中华人民共和国环境保护部
	《集中式饮用水水源编码规范》（HJ 747—2015）	中华人民共和国环境保护部
	《饮用水水源保护区划分技术规范》（HJ 338—2018）	中华人民共和国环境保护部
水源（地）环境调查、监测、评价	《地下水环境状况调查评价工作指南》（环办土壤函〔2019〕770 号）	中华人民共和国生态环境部
	《地下水环境监测技术规范》（HJ 164—2020）	中华人民共和国生态环境部

1.1.2 国外饮用水水源保护制度

1. 美国

1）法律法规

《清洁水法》（*Clean Water Act*）和《饮用水安全法》（*Safe Drinking Water Act*）是美国饮用水水源保护管理的两个法律依据。

1948 年颁布的《联邦水污染控制法》是美国法律体系关于饮用水水源保护法律的先驱，是控制污水排放的基础法律。1972 年对该法律进行了第一次完善，1977 年进行了第二次完善，并改名为《清洁水法》。该法律规定以下内容：①各州所有开发利用水体的水环境应达到最低要求；②治理点源污染的排放许可证计划，以及非点源污染日最大负荷量控制计划；③公民对于违法行为诉讼权利；④环保单位行政执法权力。

1974 年制定的《饮用水安全法》，是对公共供水系统饮水安全进行的法律规定。该法律分别于 1986 年和 1996 年进行了修改，规定了以下内容：①饮用水水源保护区制度，包括水源保护区划分、评估、污染物识别与筛选等；②饮用水水源水质分级标准制度，Ⅰ级标准是基于公众身体健康水质标准，Ⅱ级标准是基于社会实际科技水平与经济发展能力的饮用水水质最大浓度水平标准；③地下水水源保护计划；④水源污染应急处置制度；⑤对违反饮用水水源地保护相关规定惩处措施；⑥美国环境保护署在饮用水水质安全管理方面的职责和权力。

2）相关制度

一是建立了多渠道的饮用水水源地保护资金制度。《饮用水安全法》授权建立州饮用水循环基金计划，将联邦拨款与州配额拨款借贷给地方实施饮用水相关项目，获得的利息和本金循环使用。《清洁水法》授权建立州清洁水循环基金，长期支持保护和恢复国家水体项目。美国还建立了水源地补助资金，用于将饮用水水源保护整合到地方一级的综合性土地、水体管理保护计划的示范性建设项目中。

二是饮用水水源地生态补偿制度。建立了上下游之间或水源涵养地与清洁水使用者之间的生态补偿协议，解决相关利益矛盾。美国还可将最接近水源的土地购买收归国有，以达到保护目的。

三是各级政府部门间协调及公众参与制度。饮用水管理采取以地方行政区域管理为基本单位、联邦政府与州政府相配合的管理模式。在联邦层次，美国环境保护署、美国大城市水局联合会、美国水工程协会、联邦紧急事务管理署等进行明确分工，各负其责。美国环境保护署还发布《水源保护手册》，用于指导社会团体和公众充分参与到水源地管理和保护中。

3）地下水饮用水水源保护计划

依据《饮用水安全法》授权，美国环境保护署较早实施了对地下水源的保护计划，该计划包括井源保护计划、唯一源含水层保护计划及地下灌注井控制计划。井源保护计划包括划定保护区、确定污染源清单、应急处置和水源地管理。唯一源含水层保护计划指没有可替代水源的、提供50%以上服务区饮用水保障的含水层，一旦被确定为唯一源含水层，则该水体涉及地区的某些特定项目需经美国环境保护署特别审核。地下灌注井控制计划是针对超过80万个处理各种废物的灌注井，规范其建设和运行，保护地下饮用水水源免受污染。

2. 日本

1）法律法规

《河川法》是日本饮用水水源地保护法律体系中的基本法。由于饮用水资源的特殊性和重要性，依据《河川法》，日本又出台了《水污染防治法》、《公害对策基本法》等。

2）相关制度

一是饮用水水源水质标准制度。日本饮用水水质标准的首次颁布是在1955年，此后的几十年中进行了数次修改，以更好地应对社会和经济发展带来的各种问题。日本最新的生活饮用水水质标准于2004年4月1日执行。基本项目分两大类：第一类为50项水质基准项目，包括与健康关联的项目和自来水基本性状项目；第二类为27项水质管理目标项目。此外，还设有13项保证水的可饮用性的“快适项目”，以及35项以掌握新化学物质污染状况的监视性项目。

二是饮用水水源水质监测制度。日本的《水污染防治法》规定公共领域的水质污染必须经常进行监测，且要求在水系重点管理区域内的水域实施水质例行监测。每年主管部门都要制订并实施水质监测计划，公布全国公共水域的水质监测结果。

三是饮用水水源应急预警制度。日本在1998年修正的《水污染防治法》中规定，若辖区内某公用水域的饮用水水质污染状况越来越严重，甚至可能威胁人体健康或生活环境时，都、道、府、县知事有权公布相关信息，使民众能够及时采取措施；有权按照总理府命令，要求向相关公共水域排放污水的人员在一定期限内减少排放量或者是采取其他有效措施来改变污染现状。

3）饮用水水源管理体制

日本水管理的基本特征是多部门分工。国土交通省下设水管理国土保全局，负责全国水资源规划、开发、利用工作，并直接负责一级河川管理。环境省水和大气环境局负责水质保护工作。用水则根据用途不同确定管理部门，生活用水、农业用水、工业供水和水力发电分别由厚生劳动省、农林水产省和经济产业省负责。几个机构各司其职，并通过联席会等形式加强交流与协作，制定综合性政策。地方都、道、府、县也设有相应管理机构。

3. 德国

1）法律法规

德国在100多年前就开始了饮用水水源地保护区的建设。20世纪50年代，颁布了《水法》，规定所有饮用水取水口都要建立水源保护区。1994年颁布了《地下水水源保护区条例》《水库水水源保护区条例》《湖水水源保护区条例》，这3个条例都被西德各州政府采用，德国统一后，各州地方政府参考以上法律和条例，结合本地情况划定水源保护区，制定保护措施。德国现行的水源保护区条例中没有《河流水水源保护区条例》，原因是河流水水质一般较差，且不稳定，不推荐河水作为直接饮用水源。

2）水源保护区制度

德国具备完善的饮用水水源保护区制度，在水源保护区的建立过程、划分方法、保护措施等方面进行了详细规定，具有国际领先水平。在水源保护区建立过程方面，强调共同考虑当地居民利益及团体利益，向社会公布保护区方案，并由相关部门对水厂与受害者之间的利益矛盾进行调解后，确定最终方案；在水源保护区划分方法方面，水源保护区的面积一方面要足够大，至少要满足保护水质的基本要求，另一方面要尽量小，以减少水源保护区对当地经济发展带来的消极影响，即要在水源保护和经济发展之间寻求平衡，使二者能够和谐发展；在水源保护区保护措施方面，强调各地人文地理和政治经济差异、资源价格政策配合等。迄今为止，德国已建立近20000个饮用水水源保护区。水源保护区分为Ⅰ级、Ⅱ级、Ⅲ级，每一级保护区内部再划出2～3个分区。

3）饮用水水源保护区管控和保护措施

德国根据水源保护区控制相关经济和社会活动，评定活动的危险级别，确定保护措施。例如，德国许多地区农民有通过深坑自行处理生活污水的传统，如果一个湖泊周围农家渗水坑水位高于湖水水位，则湖水会被污染。为此，地方环保部门给农家安装了污水管道。

德国政府还积极宣传生态农业种植，减少与限制化肥和农药的使用量，凡是按照政府的规定限量使用化肥和农药的农民，可按照耕地面积获得一定的补偿费。

4）水源保护国际合作机制

德国境内许多河流湖泊是国际水体，水资源与邻国共享。因此，德国非常重视水源保护国际合作。成立于1950年的“莱茵河保护国际委员会”包括德国、法国、荷兰、瑞士和卢森堡，自20世纪70年代以来，该委员会针对莱茵河的严重污染，草拟国际条约，确定了向莱茵河排放污染物的标准。

4. 欧盟

1）法律法规

欧盟的《欧盟水框架指令》《饮用水水源地地表水指令》《饮用水水质指令》《城市污水处理指令》是欧盟饮用水管理的四大基础法律法规。《欧盟水框架指令》是一个全面的法律框架，规定了包括水源管理在内的诸多事项，后 3 部指令产生于《欧盟水框架指令》之前，分别从水源地保护、饮用水生产输送和监测、污水处理等方面进行了规定。

2）水源水质标准体系

欧盟的《饮用水水源地地表水指令》规定了饮用水水源地地表水水质标准，要求各成员国按照自来水厂的处理工艺将地表水进行分类。对每一水质指标制定了 A1、A2、A3 三级标准，每一级标准分别包含了非约束性的指导控制值和约束性的强制控制值两档，并制定了在特殊极端条件下（如自然灾害）的应急标准，在这种情况下对某些指标可以免除强制控制。

3）跨国界流域水资源管理

欧洲有多条跨国界河流。《欧盟水框架指令》建立了以流域综合管理计划为核心的水资源管理框架，要求各成员国必须鉴别自己的流域（包括地下水、河口和 1n mile① 之内海岸），将其分派到流域管理区内，每 6 年制订一次流域管理行动计划。对于跨国流域，流域内相关国家需要共同确定流域边界并分配管理任务。欧盟还要求成员国在执行行动计划时鼓励所有感兴趣的团体参与到水源保护活动中。

1.2　国内外地下水水源地保护区划分

划分地下水水源地保护区是落实地下水水源保护法规制度的基础，同时也是开展地下水水源地及保护区环境状况调查评价的重要依据。下面简要介绍国内外地下水水源地保护区划分历史演替、划分思路、划分依据和划分方法。

1.2.1　地下水水源地保护区划分历史演替

1. 德国

早在 18 世纪末，德国就在科隆（Köln）地区建立了第一个水源地保护区。德国地下水水源保护区划分的模式是，将取水口所在流域区全部划定为水源保护区，水源保护区内部划分为 3 个分区，实施分级保护，饮用水水源保护区内取水口中心区保护级别最高，向外逐渐降低。经过 100 多年的实践，德国已建立水源保护区 19815 个，面积占国土面积的 13%。

① 1n mile = 1.852km。

2. 英国

英国在地下水源保护区建设方面已有上百年的历史。1902 年，马盖特法（Margate act）要求井口附近 1500yd① 距离内作为供水保护范围。1948 年，卫生部门提出以井口为中心、半径为 3km 的圆形范围为保护区的建议被广泛采用。20 世纪 70 年代，英国开始采用简单的水力公式计算保护区范围。1991 年，英国联邦地质调查局建议考虑地下岩土层和地下水固有的特性来划定饮用水水源保护区，将饮用水水源保护区划分成内区、外区和流域区。1991～1997 年，英国国家流域委员会开展了水源井保护区划分的实验方法研究，对大约 1500 个水源井进行了保护区的划定，基本形成了地下水饮用水源保护区的划定规范和准则。

3. 美国

美国的水源地保护区划分研究起步较晚，但发展迅速。1974 年美国颁布了《饮用水安全法》，以确保公共饮用水水源免受注水井威胁。1986 年颁布了《联邦安全饮用水法案修正案》，要求在全国范围内开展水源保护计划，其中，地下水源地保护区划分是该计划的重要任务之一。1987 年美国环境保护署制定了孔隙潜水含水层中水源井保护区划分指南。1991 年美国环境保护署和威斯康星州地质自然历史调查局联合发布了裂隙含水层水源井保护区划分指南。1996 年美国环境保护署协同埃肯菲尔德股份有限公司再一次细化了碳酸盐地层地区地下水水源保护区划分方案。1997 年美国环境保护署出台了详细的水源保护区划分技术导则，提出了井口周边保护区计算方法。

4. 欧洲及北美洲其他发达国家

1964 年，法国在《水法》中提出设立“特别水域管理区”，对该区中的水流状况进行严格管理，规定了非排放区（实际就是保护区）。1997 年，丹麦基于地下水源地大小和水质状况将市属地下水源分为 3 类，即极其有价值的、有价值的和价值略低的地下水水源区。1998 年，丹麦议会提出开展水文地质调查工作，以加强地下水源地的保护。卢森堡、俄罗斯、捷克、波兰、荷兰等国都有相同或相近的规定。加拿大《水法》（1990 年）就有保护特殊水体的规定。保加利亚、匈牙利也要求在饮用水水源附近设立卫生保护带。

5. 中国

1989 年国家环境保护局、卫生部、建设部、水利部、地质矿产部联合颁布的《饮用水水源保护区污染防治管理规定》，对地表水和地下水水源保护区的划分做出了原则性规定。2007 年，国家环境保护总局首次发布《饮用水水源保护区划分技术规范》（HJ/T 338—2007），并于 2018 年进行修订，形成了 HJ 338—2018。《饮用水水源保护区划分技术规范》（HJ 338—2018）提出了不同含水介质类型、不同供水规模饮用地下水水源地一级保护区、二级保护区、准保护区划分方法等。

---

① 1yd＝3ft＝0. 9144m。

1.2.2　地下水水源地保护区划分思路

地下水水源地保护区的划分，经过百年的实践探索，国内外都趋同于采用分区划分方法，尽管各国对分区的命名、时间、距离界限值有所不同（表 1.4），但基本遵循了相同的划分思路，即从地下水水源开采井（群）为中心依次向外分为一级保护区、二级保护区、准保护区，到达井（群）地下水质点运移时间或运移距离越来越短，保护力度和强度越来越大。

表 1.4　世界各国水源地保护区划分方案表

国家	一级保护区	二级保护区	准保护区
德国	10～50m	50 天（≥50m）	2000m
英国	50 天，≤50m	4000 天，面积不大于流域的 25%	流域区界，半径不小于 5km
法国	直接保护区 10～20m	内保护区	远保护区
比利时	直接保护区 20m	被保护区 300～1000m，50 天	远保护区
瑞典	井区	≥100m，≥60 天	流域界限
澳大利亚	直接防护区 10～20m	50 天（≥50m）	局部保护区
瑞士	10～20m	≥100m，≥10 天	流域界限
荷兰	井区	集水区≥30m，50～60 天	滞留 20 年保护区
中国	100 天	1000 天	补给和径流区

1. 一级保护区

一级保护区位于开采井、井群周围，最初的目的是防止病原菌污染，保证水源地水质安全，即一旦病原菌污染了井周边地下水，可保证有一定滞后时间，消除净化病原菌。代表性的病原菌有 Salmonella 菌属、沙门氏杆菌，其在地下水中的存活时间为 44～45 天。

国内外水源地一级保护区常是开采井、井群以外地下水 50～100 天等时线围成的区域，或是 50m 以内的区域。

2017 年的《中华人民共和国水污染防治法》第六十五条规定：禁止在饮用水水源一级保护区内新建、改建、扩建与供水设施和保护水源无关的建设项目；已建成的与供水设施和保护水源无关的建设项目，由县级以上人民政府责令拆除或者关闭；禁止在饮用水水源一级保护区内从事网箱养殖、旅游、游泳、垂钓或者其他可能污染饮用水水体的活动。

2. 二级保护区

二级保护区位于一级保护区外，应包括被开采含水层的补给区，其作用是保证集水有足够的滞后时间，以防止一般病原菌以外的其他污染物对饮水水质构成威胁。在不妨碍经济发展的前提下，尽量留出足够长的运移时间或距离作为二级保护区，以充分发挥岩石、土壤及地下水自净能力。

国内外二级保护区外界时间和距离限值跨度较大，一般为到达水源地开采井、井群水流运移时间 50～4000 天，距离 50～1000m。

2017 年的《中华人民共和国水污染防治法》第六十六条规定：禁止在饮用水水源二级保护区内新建、改建、扩建排放污染物的建设项目；已建成的排放污染物的建设项目，由县级以上人民政府责令拆除或者关闭。在饮用水水源二级保护区内从事网箱养殖、旅游等活动的，应当按照规定采取措施，防止污染饮用水水体。

3. 准保护区

准保护区是二级保护区的主要补给区，即水源地所在流域的剩余部分。其作用是保护水源地补给水源的水量和水质，消除地下水和与之有关的地表水污染源，控制、堵截已发生在含水层中的污染。

准保护区的防护范围是集水区，在其范围内开采层的地下水均流向开采井群。集水区的范围可根据水文地质条件和地貌单元特征划出，也可用计算补给区的边界宽度来确定。

2017 年的《中华人民共和国水污染防治法》第六十七条规定：禁止在饮用水水源准保护区内新建、扩建对水体污染严重的建设项目；改建建设项目，不得增加排污量。

值得说明的是，地下水水源保护区划分并不是一劳永逸和一成不变的，随着对水源地所在水文地质条件认识的提高，或对补给区内人类活动产生关注污染物物理、化学、生物迁移转化过程和对环境介质（土壤、岩石、地下水等）自然净化能力研究深入和理解，或随着国家环保政策的变化，各级保护区的边界和范围也应进行相应调整和完善。

1.2.3 地下水水源地保护区划分依据

一般依据运移时间、防护距离、地下水流边界和地下水降深划分地下水水源地保护区。

1. 运移时间

运移时间是地下水中污染物运移到达水源井所需要的时间。采用运移时间划分地下水水源地保护区是真实反映污染物运移速度的一个技术指标。采用运移时间划分水源地保护区要考虑以下 3 个因素。

一是关注的污染物。最初水源地保护是为了防止一般病原菌尤其是大肠菌群对人类健康的危害，通常以大肠菌群衰减至允许浓度水平运移所需时间作为一级保护区划分标准。试验研究发现，大肠杆菌的存活期不多于 50 天，丧失其病原影响需要 60 天，故选运移时间为 60 天。然而，随着社会进步和不断发展，水源地保护区已不单单是为了病原菌而设置，很大程度上是为了防止由于人类活动而产生的各种污染物对水源地的影响。故早期的水源地保护运移时间标准（如 60 天）也应随之改变，还应考虑其他的人为污染物。

二是地下水的流动模式。目前多采用污染物在含水层中的水平对流运移模式来计算运移时间。对大多数水源井而言，特别是水流速度比较快的区域，水平对流是污染物向水源井运动的主要方式，在这种情况下可以选择相对较高的时间阈值。但是对于流速较低的含水层或以垂向补给为主（如包气带）的含水层，如果仅考虑水平对流对污染物的影响是不够全面的，必须考虑污染物的垂向运移。

三是不同介质类型含水系统中地下水流速及污染物运移时间差异。例如，在溶蚀度较大的岩溶裂隙、卵砾石及裂隙火山岩管道中，地下水流速大、运移时间短，运移时间以小时、天或者周来计算，而不是年，对污染物浓度削减作用较小，自净能力弱；而在松散孔隙介质中，地下水流速小、运移时间长，运移时间以月、年计，对污染物浓度削减作用较大、自净能力强。

2. 防护距离

距离是水源地所在地下水系统内某一点到水源井的空间距离。采用距离划分水源地保护区是最直接、最易操作的一种表达方式。但单纯地以距离为指标划分保护区，是没有科学依据的。一般在以下情况选择距离作为保护区范围的划分依据：一是对含水层介质的渗透速度及其净化能力有足够多的经验积累和实验数据支撑。二是对农村地区分散取水井保护范围的划分，或者初次进行保护区划分的水源，而这些水源保护区，还需采用更加精细方法进行调整。

多数情况下，距离应与时间相结合，作为对地下水水源地保护区划分的依据，如一级保护区是防止病原菌危害水源的有效距离，通常是 60 天中除去垂直入渗的时间、在剩余时间内病原菌所运移的水平距离；二级保护区是防止细菌以外其他污染物的有效距离。

3. 地下水流边界

地下水流边界是指地下水流动系统分界线或含水层边界。地下水流分界线是相对于地下水影响区域而言的。在固定的抽水条件（开采层位、开采强度等）下，影响区域内的地下水最终都要流入抽水井内，该影响区域的边界可视为人为影响条件下的地下水流分界线。此外，在一定条件下，相对隔水层边界、阻水构造、河流、湖泊等也可以成为地下水流边界。

采用地下水流边界划分基岩裂隙区和岩溶区水源地保护区意义显著，对小型水源地含水系统也非常重要。因为在小型水源地中，抽水产生的影响范围会受到含水层物理边界的影响，而大中型的含水层，其边界往往在几十千米至几百千米以外，对影响区范围划定意义不大。

4. 地下水降深

降深指的是抽水井（或井群）导致的潜水面或者承压含水层水头的降落值。采用降深作为划分保护区范围，可形象直观地表示抽水井（或井群）对保护区范围的影响。最大降深出现在抽水井，随着离井距离的增加逐渐减小，直到水位到达不受抽水影响的边界为止。在抽水形成的降落漏斗中，指向井方向的水力梯度和地下水流速都会增加，从而加剧了污染物向抽水井的迁移动力和速度。

以降深划分保护区，首先需要圈划出抽水井（或井群）周围降深等值线，确定影响范围的边界，然后选择一个合理的降深值作为保护区范围边界。

以上划分依据多是针对水质提出的，在实际水源地保护区的划分工作中，既要重视保护水质，也要保证水量，只有坚持水质和水量并重原则，才能促进地下水资源的可持续利用。另外，从经济利益与环境保护平衡发展的角度看，在确保水源地水质不受污染、水量有保证的前提下，应尽可能小地划定水源地保护区范围。

1.2.4　地下水水源地保护区划分方法

目前地下水水源地保护区的划分方法主要有经验值法、公式计算法、解析模型法、数值模拟法等。

1. 经验值法

经验值法是以水质为保护对象，根据多年实践得到的经验值作为保护区半径，以水源地开采井为中心，以该半径直接划定各级保护区的方法。早期的水源地保护区划分研究，经验值法得到广泛应用，包括以时间为标准的经验值法和以距离为标准的经验值法。以时间为标准的经验值法最早起源于20世纪30年代，德国研究学者M. Knorr根据饮用水中病原菌在地下含水层中的生存时间不超过50天，建立了“50日流程等值线”理论，并将其设为一级保护区范围。英国则于1984年提出以距离为标准，建立了半径为3000m的圆形保护区，该经验值也被广泛采用。我国在《饮用水水源保护区划分技术规范》（HJ 338—2018）中给出了不同介质中小型孔隙潜水水源地保护区经验范围值，一级保护区为30～500m，二级保护区为300～5000m。

经验值法由于经济成本低，仅需较少的技术经验就可以在短时间内完成大量的水源井保护区划分工作，适用于地质条件单一、小型水源地保护区的初期划分。随着资料和技术的补充，以及对划分精度要求的提高，则需要采用相对复杂的方法对原划分结果进行核实或调整。

2. 公式计算法

公式计算法是依据地下水运动的基本定律，选取具有代表性的水文地质参数，计算地下水的实际流速，并考虑时间因素，计算得到不同保护区半径的方法。

例如，在我国《饮用水水源保护区划分技术规范》（HJ 338—2018）中，采用改进的达西公式，计算中小型孔隙水潜水型水源地保护区半径，计算公式为

$$R=\alpha KIT/n$$

式中，R为保护区半径，m；α为安全系数，一般取150%；K为含水层渗透系数，m/d；I为地下水水位降落漏斗范围内的平均水力梯度；T为污染物水平迁移时间，天；n为含水层的有效孔隙度。

再如，对于无越流发生的承压型水源地保护区半径的计算，美国采用圆柱法计算保护区半径。该计算方法的原理是假定保护区呈圆柱形，根据水量守恒原理，考虑抽水井滤管长度，在假定一定时间内流入保护区体积内的补给量等于抽水量的前提下，其计算公式为

$$R=\sqrt{QT/(\pi nb)}$$

式中，R 为保护区半径，m；Q 为抽水速率，m^3/d；T 为污染物水平迁移时间，天；n 为含水层有效孔隙度；b 为抽水井滤管长度，m。

公式计算法简单易行，需要的数据量较少，但由于假设条件忽略了污染物运移的部分影响因素，与实际水文地质条件存在一定差异，计算精度不高，常导致划分的保护区过大或过小，难以解决复杂水源地保护区划分问题。

3. 解析模型法

解析模型法是将含水系统简化为理想的含水层模型，如假设含水层均质、各向同性、等厚，呈圆形、矩形或无限延伸，透水或隔水边界等，在这些假设条件下，采用连续变量以质量守恒为基础，建立地下水水流和水质运移方程，求解未知量，得到区域内任意时刻或地点所求变量的数值，然后依据时间、距离、降深等划分保护区范围。

在 20 世纪 80 年代末到 90 年代初，该方法成为划分地下水水源地保护区的主要方法，开发出的解析模型包括 CAPZONE 和 GWPATH 等模型，以及 RE-SSQC 和 DREAM 等半解析模型。近年来，国内外对解析模型法进行了大量的实例研究和论证，如变边界渗流模型的解析解，以及利用傅里叶（Fourier）变换和汉克尔（Hankel）变换推导不同边界条件下地下水非稳定流解析解等，但未见这些解析方法应用于水源地保护区的划分中。

4. 数值模拟法

数值模拟法是将整个地下水渗流区域剖分成若干个小的单元，各单元近似认为是均质的，并结合水文地质条件选择合适的水文地质参数，得到合理的水文地质概念模型；然后将变量离散化并建立方程，用数值法求解每个单元流动方程，并模拟研究区内的水流状态；最后结合质点运动轨迹与时间等条件划定各级保护区。数值模拟法常借助计算机软件实现地下水系统的模拟和计算，常用软件包括 Visual MODFLOW、MODPATH、Processing MODFLOW for Windows 和 Finite Element Subsurface Flow System（FEFLOW）等。目前比较常用的数值模拟方法是，先采用 MODFLOW 软件建立地下水渗流场，再应用 MODPATH 软件对地下水水源地抽水井进行粒子逆向示踪模拟，最后根据不同保护区的时间限值，确定各级保护区范围。

数值模拟法综合考虑了渗透系数、孔隙度、给水度、含水层厚度、含水层几何形态等多种影响因素，可以较为精确地刻画含水层结构和水文地质条件，适用于边界和水文地质条件复杂的地下水水源地保护区划分，尤其对于大型地下水水源地保护区的划分，较其他方法可靠性更高。

与经验法、公式计算法、解析模型法相比，数值模拟法虽存在诸多优点，但在实际推广应用中存在一些瓶颈：一是水源地所在水文地质单元勘探精度要求高。至少要达到 1：2.5万或 1：1 万水文地质勘查精度，要有足够多的抽水试验资料，以及多期地下水流场或多个开采含水层水位监测井数据等支撑。二是专业人员需要较长时间才能熟练掌握和运用好数值模拟软件的强大功能。

为了更好地应用上述方法，科学合理地划分水源地保护区，建议采取以下三种方法。

（1）在数值模拟法中引入不确定性分析，综合确定各水文地质参数对保护区划分结果的影响，以得到更为可靠的结果。

（2）将数值模拟法与其他划分方法相结合，减小划分结果的偏差。将公式计算法与数值模拟法相结合，先利用公式计算法粗略地确定保护区范围，使得数值模拟调整参数时不至于脱离实际，然后利用数值模拟法对已划定的保护区域进行校正，以此得到更为准确的划分结果。

（3）全面掌握水源地及保护区的环境状况，特别是水文地质特征、污染源空间分布和地下水中污染种类，将地下水防污性能（自然净化）研究结果引入水源地保护区划分工作中，综合评估地下水污染风险，制订相应的污染控制措施。

1.3 我国饮用水水源地环境状况调查评估工作

1.3.1 部署与实施情况

我国高度重视饮用水水源地环境状况调查评估工作，自“十一五”以来，环保部门和水利部门联手，按照国家饮用水水源地保护分期分批的工作策略，即“十一五”期间（2006～2010年）主要城市及重点环保城市，“十二五”期间（2011～2015年）地级及县级城市，“十三五”期间（2016～2020年）乡镇和代表性村庄，组织并逐步完成全国范围的饮用水水源地环境状况调查、监测与评估工作，基本完成县级以上城镇水源保护区划分和调整，掌握全国县级以上城镇和典型农村地区水质、水量、水源地管理等基础环境状况，建立县级及以上城市集中式饮用水水源环境状况年度评估机制、水源环保信息通报机制和水源环保规划联动机制，有力保障了饮用水水源安全。下面按照时间顺序简要介绍在全国范围内开展的主要调查、监测、评估等工作。

2005年，水利部实施《全国城市饮用水水源地安全保障规划》，第一次开展了全国661个建制市和1746个县镇4555个集中式饮用水水源地（其中地下水水源地2150个）水质监测。这些水源地涉及供水人口约3.8亿人，其中地下水水源地供水人口为1.16亿人。对照地表水及地下水质量标准，采用单因子评价法，对各水源地水质常规项目进行了评价。同年，国家环境保护总局建立了113个环保重点城市饮用水水源地常规水质指标月报制度，组织完成了56个环保重点城市206个重点水源地有机污染物的调查监测工作。

2006～2008年，国家环境保护总局组织各地相继开展了全国城市、城镇和乡镇集中式饮用水水源基础环境状况调查评估工作，截至2008年底，已完成全国655个设市城市及县级政府所在地4002个城镇集中式饮用水水源基础环境状况的调查评估，建立了31个饮用水水源地基础环境信息数据库，绘制了4000多幅饮用水水源地基础信息图，积极推进全国典型乡镇饮用水水源基础环境调查评估工作。

2010年，环境保护部对全国113个环保重点城市395个集中式饮用水水源地的水质水量进行了监测。同年，环境保护部发出《关于进一步加强分散式饮用水水源地环境保护工作的通知》，进一步拓展分散式饮用水水源地调查、监测与评估范围，及时掌握其水质及环境管理状况和变化趋势。同年，环境保护部出台了《分散式饮用水水源地环境保护指南

(试行)》。

2011年，水利部组织编制了《全国重要饮用水水源地安全保障达标建设目标要求(试行)》，对列入名录的175个全国重要饮用水水源地开展安全保障达标建设工作。同年，环境保护部印发了《关于开展全国城市集中式饮用水水源环境状况评估工作的通知》，要求在“十二五”期间开展全国地级及以上城市所有集中式水源环境状况年度评估工作，并修订完成《全国城市集中式饮用水水源环境状况评估技术方案》。

2012年，水利部开展了全国部分省（自治区、直辖市）农村生活排水和水源地保护调查评估，对农村饮用水水源地保护、饮用水水源管理、农村生活污水排放处理进行了调查研究，开展农村饮用水水源地保护的培训工作，加大宣传力度提高农民水源保护意识，在有条件的地区，大力推行城乡供水一体化。

2013年，环保部印发《关于开展地级以下城市集中式饮用水水源环境状况评估工作通知》。

2009～2018年，水利部根据经济发展速度、人口密集程度和环境污染程度等，在我国31个省（自治区、直辖市，不包含港澳台地区）选取分布均匀且代表性较强的村庄，开展农村饮用水地表水源地和地下水源地水质监测与评价，监测频次为每季度1次，全年4次。

2018年，生态环境部修订并发布《饮用水水源保护区划分技术规范》（HJ 338—2018)。同年，国务院批准印发《全国集中式饮用水水源地环境保护专项行动方案》。各地积极开展饮用水水源保护区划定工作，强化饮用水水源环境管理基础，全国大部分饮用水水源地均已依法完成保护区划定工作。

1.3.2 集中式饮用水水源地环境基本状况

2005年以来，我国环保部门、水利部门、住建部门等对全国集中式饮用水水源地水量、水质、污染风险、监管运营等情况进行了调查统计，下面以2005年和2015年两次统计资料简要说明。

1. 2005年统计情况

2005年对全国县级以上661个城市（直辖市4个、地级市283个、县级市374个）2246个集中式饮用水水源地进行了调查统计，其中721个为河流型水源地、680个为湖泊型水源地、845个为地下水水源地，年供水量为495.73亿m^3，集中式供水服务人口达到6.52亿人。

1）水源地供水量

河流型水源地供水量最大，地下水型水源地供水量相对较小。从水源地的分布情况看，南方省（自治区、直辖市）以河流与湖库型水源地为主，北方省（自治区、直辖市）以地下水型水源地为主。

2）水源地水质状况

城市集中式饮用水水源总体良好，但仍有部分水源地水质超标，无法满足饮水安全的需求，其中河流型的超标因子主要是氨氮、石油类、生化需氧量、高锰酸盐指数和总磷，湖库型的超标因子主要是总磷、高锰酸盐指数、总氮、氨氮和化学需氧量（chemical oxygen demand，COD），地下水型的超标因子主要是锰、铁、氨氮、氟化物和高锰酸盐指数。

3）水源地污染来源

河流型水源地污染来源主要是工业、生活污染源和上游不达标来水，湖库型水源地污染来源主要是生活污染、农业面源和畜禽养殖污染，地下水型水源地污染来源除地质因素外，受生活污染、工业点源和面源影响较大。

4）水源地环境监测能力

大部分县级市尚不具备饮用水水源水质监测能力。绝大部分城市地下水水源水质监测几乎空白，即使开展也仅限于常规监测项目。绝大部分省（自治区、直辖市）没有有毒有机物监测能力，部分重点城市有监测能力但监测指标非常有限，因此有毒有机污染物监测尚未列入必测项目，饮用水水源水质状况难以得到全面科学客观评价。

5）水源地环境管理

水源保护区划分尚未覆盖全部水源地，已划分的还有一些不尽合理且需要调整的地方，尚有部分保护区未按法律程序审批。各地颁布并实施的饮用水水源环保地方法规及规范性文件 394 份。执法不严、地方保护等现象时有发生，一些水源地环境管理设施形同虚设。此外，水源地环境管理体制和机制也尚存一定争议。

2. 2015 年统计情况

2015 年对全国 31 个省（自治区、直辖市）334 个城市的 930 个集中式饮用水水源地进行了调查统计，年取水量为 370.5 亿 m^3，服务人口 4.2 亿。其中，河流型水源地 328 个，取水量为 218.7 亿 m^3，服务人口 1.9 亿；湖库型水源地 256 个，取水量为 116.6 亿 m^3，服务人口 1.6 亿；地下水型水源地 346 个，取水量为 35.2 亿 m^3，服务人口 0.7 亿。总体上看，我国城市水源以地表水为主，河流型水源的取水量占比 59.0%、服务人口占比 45.2%，是城市主要的水源类型。

1）水源水质水量保障方面

930 个水源地中有 18 个水源水量不能满足规范要求。满足水质标准要求的水源不足 90%，水质安全差距较大。地表水源以常规污染物为主，总磷已成为首要污染物；地下水源以地质背景造成的铁、锰、硫酸盐和总硬度高为主。部分有毒有机物指标的检出率较高，如砷的检出率 59.6%、铅的检出率 23.1%。

2）保护区建设方面

98.4% 的水源划定了饮用水水源保护区，97.0% 的水源完成了保护区标志设置，基本满足规范化建设的要求，但是仅 66.5% 的水源完成了一级保护区隔离防护设施建设，与规范化建设要求差距较大，需加大一级保护区隔离防护工程建设的力度。

3）保护区整治方面

77.6% 的水源一级保护区整治、78.5% 的水源二级保护区整治和 70.3% 的水源准保护区整治基本满足规范要求。

4）监控能力方面

96.9%的水源监测能力可满足日常管理要求，基本满足规范化建设的要求。但仅有73.3%的地表水源开展了预警监控，61.8%的水源开展了视频监控。与规范化建设要求相比，预警监控能力存在较大差距。

5）风险防控与应急能力方面

71.6%的水源建立了风险源名录，85.3%的水源建立了危险化学品运输管理制度，97.6%的水源制定了突发环境事件应急预案编制、修订与备案制度，89.8%的水源开展了应急演练，80.2%的水源建设了应急防护工程设施，有应急物资、技术和专家储备。

6）管理制度方面

所有水源地的编码规范，97.9%的水源建立了档案制度，98.6%的水源开展了保护区定期巡查，基本满足规范化管理的要求，但仅69.9%的水源建立了信息化管理平台，79.8%的水源定期公开水质与管理信息，现状与水源地日常管理和规范化建设要求均有较大差距。

1.4　我国地下水饮用水源保护区环境状况调查评估方法

以我国环保、地矿、水利部门制定的调查评估技术标准为依据，分析总结这些技术标准的特点，指出其不足之处，旨在舍短取长、构建更为科学合理的调查评价技术体系。

1.4.1　生态环境部调查评估技术指南

2019年，生态环境部发布了《地下水环境状况调查评价工作指南》，以下简称《指南》，为我国开展集中式地下水型饮用水源，以及工业污染源、矿山开采区、危险废物处置场、垃圾填埋场等污染源及周边的地下水环境状况调查评价提供了技术指引。《指南》具有以下特点，值得借鉴和学习。

特点1：《指南》确定了更新清单-确定重点调查对象—初步调查—详细调查—补充调查的工作流程（图1.2）及各阶段目的任务。

1）更新清单-确定重点调查对象

定期更新集中式地下水型饮用水源和污染源清单，确定重点调查对象。

2）初步调查

通过资料收集、现场踏勘，对可能的污染进行识别，确定收集资料的准确性，分析和推断调查对象存在污染或潜在污染的可能性；布设初步监测点位，采集样品，初步确定污染物种类、浓度（程度）和空间分布，为下一阶段详细调查方案的制订提供科学指导。若初步调查确认调查区内及周围区域历史上和当前均无可能的污染，则认为调查区的环境状况可以接受，调查活动可以结束。

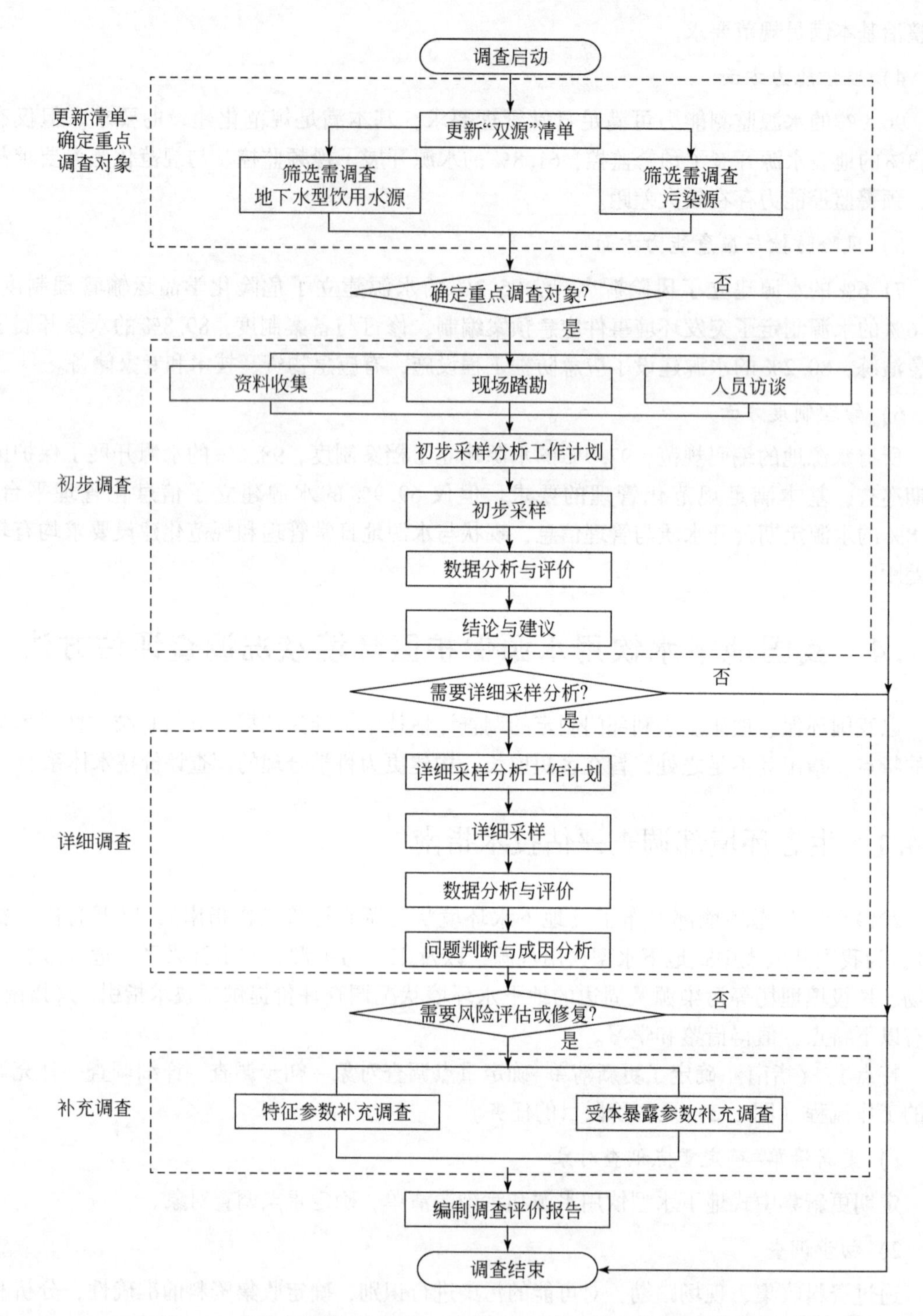

图 1.2 地下水环境调查评价工作流程图（据生态环境部，2019 年）

3）详细调查

详细调查是以采样分析为主的污染证实阶段，主要内容包括详细采样分析工作计划、详细采样数据分析与评价和问题判断与成因分析等。详细调查采用系统布点、加密布点等方式确定地下水采样点位，根据初步调查的检测结果筛选特征指标，标准中没有涉及的污染物，可根据专业知识和经验综合判断。详细调查的主要目的是在初步采样分析的基础上，进一步确定污染物种类、浓度（程度）和空间分布。

4）补充调查

在开展风险评估、风险管控和治理修复时，若发现已有调查结果不能完全满足需要，可通过补充采样和测试，开展补充调查。主要目的是完善调查结果，获取相应参数，以支撑风险评估、风险管控和治理修复等。

特点2：《指南》明确了重点调查对象，即围绕“双源”（集中式地下水水源地和七类污染源）开展地下水环境状况调查，列出了“双源”重点调查对象的筛选条件。

特点3：《指南》规定了孔隙水、裂隙水、岩溶水饮用水源地的调查范围。

特点4：《指南》分别规定了初步调查阶段布点和详细调查阶段布点要求，为掌握地下水环境状况和地下水污染分布提供了技术遵循。

特点5：《指南》给出了15个“双源”基础信息调查表，详细制作了11个“双源”清单表和调查表，清单表附有详细的填表说明和示例，以全面准确掌握调查区“双源”基础信息和规范“双源”调查。

15个“双源”基础信息调查表包括：水源地、工业聚集区、工业企业、矿山开采区、矿山废弃物排放、危险废物处置地、危险废物处置场废物处理处置、生活垃圾卫生填埋场、非正规垃圾填埋场、加油站、再生水农业区、灌溉所用再生水来源及水质、规模化畜禽养殖场、高尔夫球场、高尔夫球场化肥及农药施用情况。

11个“双源”清单表包括：水源地、工业聚集区、工业污染场地、新/改/扩建项目地下水环境监测、矿山开采区、危险废物处置场、垃圾填埋场、加油站、再生水农业区、规模化畜禽养殖场、高尔夫球场。

特点6：《指南》详细列出了水源地地下水开采井及非开采井的测定指标，以及重点工业污染源、矿山开采区、危险废物处置场、垃圾填埋场、加油站、农业污染源（再生水农用区）、农业污染源（规模化畜禽养殖场）、高尔夫球场地下水测定指标。

特点7：《指南》要求对地下水质量、地下水污染状况进行评价，对地下水污染问题和成因进行分析。

1）地下水质量评价

对于列入《地下水质量标准》（GB/T 14848—2017）的指标，参照GB/T 14848—2017评价；对于未列入的指标，需指明检出组分名称和检出值，并开展健康风险评估。

2）地下水污染状况评价

在除去对照值的前提下，采用污染指数法进行地下水污染评价。

$$P_{ki}=\frac{C_{ki}-C_0}{C_{\mathrm{III}}}$$

式中，P_{ki}为k水样i指标的污染指数；C_{ki}为k水样i指标的测试结果；C_0为k水样无机组分i指标的对照值，有机组分等原生地下水中含量微弱组分对照值按零计算；$C_{Ⅲ}$为GB/T 14848—2017中Ⅲ类水标准或GB 3838—2002中“集中式生活饮用水地表水源地特定项目标准限值”。

3）地下水污染问题分析

根据调查对象地下水质量评价和污染状况评价结果，排除由地质成因造成的指标异常，针对污染源的特征污染指标，识别地下水污染物种类、浓度（程度）和空间分布等特征。确定调查对象及周边地下水污染主要问题。

4）地下水污染成因分析

结合资料收集、现场踏勘，根据污染源分布和污染物特性，识别地下水污染分布特征，分析调查区水文地质条件，确定地下水污染的途径和方式，根据地下水污染羽与地下水型饮用水源等敏感受体的空间关系、水力联系等，判断其对下游敏感受体的影响。

虽然《指南》具有上述特点，值得学习借鉴，但也存在一些不足，需要进一步完善。

（1）《指南》对于水文地质单元面积大于300km²的孔隙水和裂隙水水源地调查范围，在规定上不太明晰。

（2）初步调查阶段的调查布点要求存在如下问题。①对某些污染源，如位于城市内的加油站、工业污染源，调查点布设数量要求过多、一般很难找到地下水井。②裂隙水水源地及其调查区布点密度高于孔隙水和岩溶水，这与我国不同介质类型地下水饮用水源地数量、供水量、供水人数不成比例。③布设方法完全以文字描述，缺少图的直观表达。

（3）详细调查阶段要求存在以下问题。①相对于初步调查阶段的布点要求，《指南》详细调查阶段监测布点要求比较粗犷，没有给出不同类型水源地及污染源的布点要求。②详细调查要求没有给出如何在初步调查基础上优化监测点的布设，以及筛选监测分析指标的指导意见，也没有体现初步调查阶段成果如何指导详细调查阶段工作方案的制订，两个阶段有脱节现象。③《指南》规定在详细调查阶段，若需圈定某个污染源的地下水污染范围，采样单元面积不大于1600m²，这一要求过于机械死板，建议视不同类型含水介质、不同污染物迁移扩散能力等确定。

（4）《指南》在初步调查阶段对水源地内所有重点污染源布点调查密度过高，相当于场地污染精度调查，这意味着集中式饮用水水源地地下水环境状况的调查将投入很大经费和人力，在较长时间内才能完成。

作者认为，集中式饮用水水源地地下水环境状况调查评估的主要目的是掌握水源地及保护区地下水环境现状及动态变化特点，《指南》在初步调查阶段的布点密度已经满足集中式饮用水源地地下水环境状况调查要求，不应包括污染源造成的地下水污染范围及污染风险，无需再开展详细调查和补充调查工作。

（5）《指南》虽然列出了10个“双源”详细地下水测定指标，但也给取样分析准备工作增加了不少难度，特别是在一个“双源”类型多、取样面积大的调查区，如何形成一个既科学又经济的地下水测定项目清单，《指南》没有具体说明。

（6）《指南》虽然给出了具体点位地下水质量和污染状况评价方法，但没有从整体上给出地下水水源地环境状况的评价方法。

1.4.2　河北省地矿部门调查评估技术文件

2020 年 6 月，河北省地质环境监测院出台了“河北省地市级地下水型集中式生活饮用水水源地地下水环境状况调查评估项目”（第一批）实施方案编制审核手册和报告编制指南，作为“开展河北省地市级地下水型集中式生活饮用水水源地地下水环境状况调查评估的技术文件”（以下简称“技术文件”）。下面简要介绍“技术文件”中的一些特点。

特点 1：“技术文件”工作目的明确。

一是摸清各市地下水水源地及补给区内的 7 类风险源底数，掌握地下水型集中饮用水水源地及补给区内地下水环境现状。

二是摸清地下水型集中式生活饮用水水源地的水文地质条件，并开展典型污染源地下水调查评价。其中有四项任务：①掌握地下水水源地及补给区与污染源之间的水文地质条件和补径排关系；②初步确定水源地及补给区地下水可能的受污染状况和典型污染源地下水污染分布情况、污染范围；③初步查明典型污染源土壤受污染程度；④建立数值模型，模拟预测典型污染源地下水中污染物的迁移路径、变化趋势，分析预测土壤和地下水污染源对水源地的影响。

三是补充和完善地下水环境监测网络，提高地下水水源地环境监测能力，提升地下水环境监督管理水平。

特点 2：“技术文件”在工作程序上，不是按照生态环境部《指南》中多阶段工作方式部署，而是按照相关资料收集、技术实施方案编制、野外调查、健康风险评估、地下水三维模型建立及数值模拟、成果报告编制与报批等工作程序进行（图 1.3）。

特点 3：“技术文件”指明了资料收集部门和内容，规定了收集成果资料的精度及动态序列长度。在资料综合分析中，强调了初步判断污染源与水源地地下水上下游关系的工作方法。

“技术文件”明确指出，在环保、地矿、水利、卫生 4 个部门收集地矿系统地质、水文地质等资料报告及图件时，精度应达到 1∶20 万～1∶5 万，水位、水质等动态资料应是近 5 年内的资料。

特点 4：该“技术文件”与前面介绍的生态环境部《指南》在调查范围、调查内容、评价内容与评价方法、问题与成因分析诸多要求方面具有相似之处。主体现在以下 3 个方面。

（1）调查范围与生态环境部《指南》要求完全一致。

（2）调查内容重点围绕“双源”，即地下水型集中式生活饮用水水源地及补给区和 7 类污染源开展地下水环境状况调查，同时重视对水文地质条件调查。此外，增加了地下水环境现状预测内容，要求建立地下水三维概念模型，采用数值方法模拟预测典型污染源地下水中污染物的迁移路径、变化趋势，这一工作内容超出了生态环境部《指南》要求。

（3）该“技术文件”中关于地下水质量评价、地下水污染现状评价、地表水环境状况评价和地下水健康风险评估，无论是采用的评价方法和标准，还是对地下水污染问题和

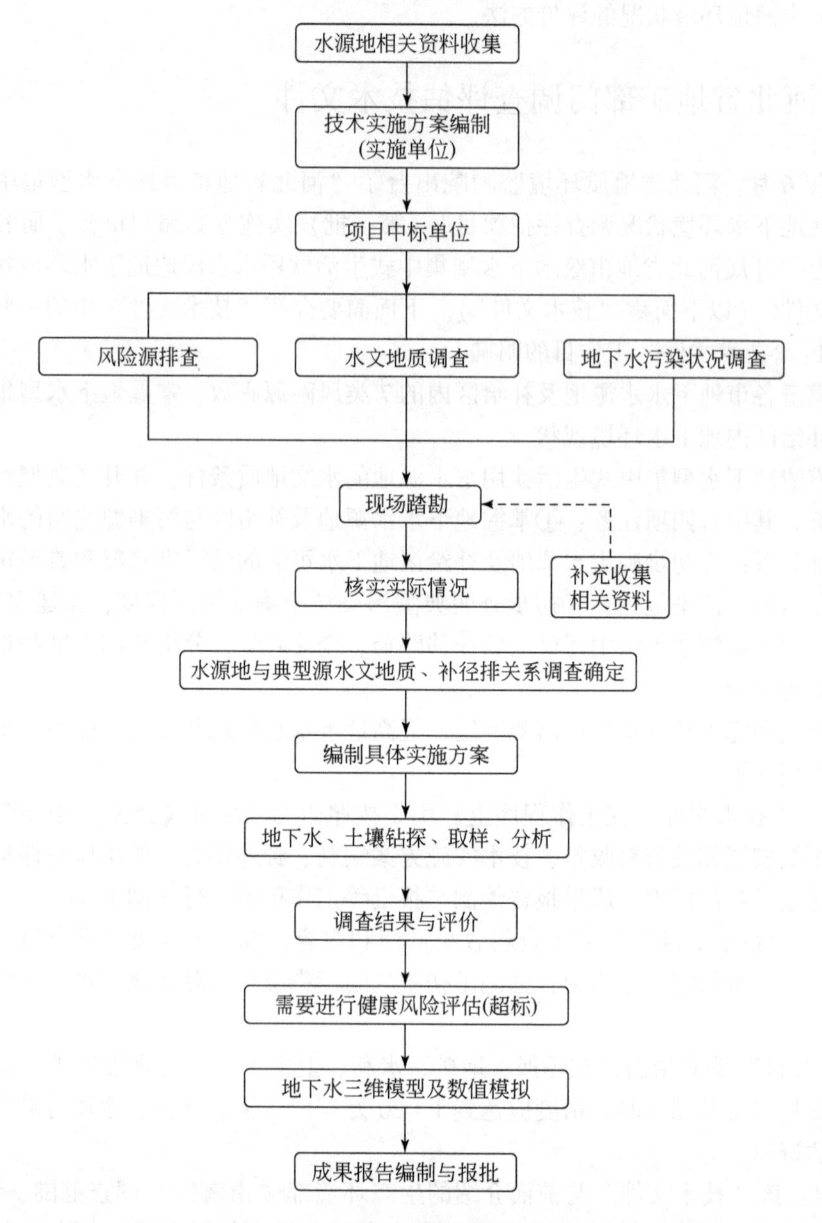

图 1 3 集中式地下水水源地环境状况调查评估程序图（据河北省地矿局，2020 年）

成因分析要求，都与生态环境部《指南》相同。

特点 5：为了便于分析调查区地下水水化学类型，“技术文件”要求水源地开采井及监测井的监测指标增加钙、镁、钾、碳酸盐、重碳酸盐、游离的二氧化碳，比生态环境部《指南》中建议的测定项目更完整。

特点 6：“技术文件”提出了集中式生活饮用水水源地地下水环境状况调查评估报告详细的编写要求，包括章节论述内容、插图及插表名称和内容、表册和图册内容等，具有较强的规范性和可操作性。

“技术文件”存在如下四点不足之处。

(1)“技术文件”对污染源调查清单的建立不太明确，没有说明如何通过资料收集、现场踏勘与人员访问等前期工作确定污染源清单。

(2)“技术文件”偏重对污染源及周边环境的调查，而对污染源分布区以外地下水赋存区域环境状况调查重视不够。特别是当污染源集中分布在水源地或保护区某一区域时，较大调查工作量集中于污染源分布区，而对地下水及保护区整体环境的把控和了解不足。

(3)实际应用过程中发现，“技术文件”要求的钻探成井工作量过大，调查人员不得不将大量野外工作时间花在钻探成井上，而无暇顾及其他环境要素调查，而钻探成井信息又难以从总体上提升调查评价质量。

(4)实际应用过程中还发现，“技术文件”要求的监测井孔径过大，成井施工占地面积大，造成时间、资金和土地资源的浪费。

1.4.3 山东省地矿部门调查评估技术要求

山东省国土资源厅于2016年12月出台了《山东省地下水水源地调查评价技术要求(征求意见稿)》，以下简称《技术要求》。该《技术要求》规定了山东省地下水水源地调查评价的目的任务、设计书编写与审批、调查内容、调查技术方法、工作定额、数据库建设、图件编制、报告编写、成果提交与验收等方面的要求，下面简要介绍《技术要求》中的一些特点。

特点1:《技术要求》提出了地下水水源地调查评价7项目标任务。

一是查明区内地下水水源地水文地质条件现状，分析多年来水文地质条件变化情况。

二是查明区内地下水水源地开采状况，复核允许开采量，提升评价精度。

三是查明区内由于地下水开采引发的地质环境问题现状，深入分析其形成机理，提出预防措施。

四是开展地下水水源地安全评价，选取典型水源地进行水质污染预警。

五是优化地下水水源地动态监测布局，为全省生态环境监测网络建设提供优选方案。

六是从水文地质视角对调查区内地下水水源地保护区进行划分，为地质环境保护提供依据。

七是建设全省地下水水源地空间数据库。

特点2:在工作部署上，《技术要求》重视已有资料的再开发利用，坚持已有资料二次开发与新资料补充完善相结合的原则。

《技术要求》指出，充分收集调查区的气象、水文、土地利用、地质、水文地质、环境地质、水资源开发利用、社会经济现状和发展规划等有关资料，特别是地下水水源地勘探、开采利用、水质监测、水位监测资料，在资料整理分析和综合研究的基础上部署调查工作。在研究程度较低、未进行过勘查的地下水水源地或富水地段重点部署工作量，在研究程度较高、已进行过地下水水源地勘探的地段作补充性调查，以满足地下水水源地调查评价要求为目的。

特点3:“技术要求”规定了调查范围，采用分区、分精度调查方法，并给出了相应的工作量定额。

1）调查范围

平面上，地下水水源地调查评价工作按照地下水系统（水文地质单元）整体部署；垂向上，以具有供水和潜在供水意义或对地质环境有影响的含水层组（带）的底界为调查的控制深度。

2）调查精度

分两个地区采用两个精度调查。一是在完整的地下水系统内（水文地质单元区）进行补充性调查，按照1∶25万精度开展水文地质调查，从面上掌握地下水水源地（富水地段）的分布、水文地质边界、开采的主要目的层、影响范围、水源地范围内污染源的分布、污染物的排放对地下水水质影响程度及水源地开采诱发的与地下水相关的地质环境问题等。二是在地下水水源地、地下水重点开发区、地下水开发利用前景区和与地下水相关的地质环境问题突出区开展复核性1∶1万水文地质调查。

3）工作定额

1∶25万补充性水文地质调查和1∶1万复核性水文地质调查工作量定额（表1.5、表1.6），依据主要地质地貌分区和水文地质条件复杂程度（表1.7）来确定。

表1.5　1∶25万水文地质调查点工作量定额表

地区类别		调查路线/（km/100km²）	调查点/（个/100km²）
平原地区	简单地区	10～40	5～20
	中等地区	20～50	10～30
	复杂地区	30～60	20～50
滨海地区	滨海平原	20～60	20～50
	丘陵台地	15～50	15～40
山地丘陵区	简单地区	20～60	20～35
	中等地区	15～50	15～30
	复杂地区	15～30	5～20
岩溶地区	简单地区	40～80	30～50
	中等地区	10～60	5～30
	复杂地区	10～50	5～20

注：补充性水文地质调查时，调查路线和调查点工作量为规定数的10%～30%。

表1.6　1∶1万水文地质调查点工作量定额表

地区类别	地质观测点数/（个/km²）	水文地质观测点数/（个/km²）	观测路线长度/（km/km²）
松散层地区	1.80～3.60	2.50～7.50	4.00～6.00
基岩地区	3.00～8.00		

注：复核性水文地质测绘时，调查点数为规定数的20%～40%。

表 1.7　水文地质条件复杂程度表

简单地区（Ⅰ类）	中等地区（Ⅱ类）	复杂地区（Ⅲ类）
①地貌类型单一； ②地层及地质构造简单； ③含水层空间分布比较稳定； ④地下水补给、径流和排泄条件简单，水化学类型单一； ⑤水文地质条件变化不大，不存在突出的地质环境问题	①地貌类型较多样； ②地层及地质构造较复杂； ③含水层层次多但具有一定规律； ④地下水补给、径流和排泄条件、水动力特征、水化学规律较复杂； ⑤水文地质条件发生较大变化，存在较突出的地质环境问题	①地貌类型多样； ②地层及地质构造复杂； ③含水层系统结构复杂、含水层空间分布不稳定； ④地下水补给、径流和排泄条件、水动力特征、水化学规律复杂； ⑤水文地质条件发生很大变化，地质环境问题突出

特点 4：《技术要求》明确了两个调查精度的调查内容，重视水文地质条件、地下水开发利用情况和地下水开采引起的环境问题调查。

1∶25 万补充性水文地质调查内容有区域水文地质条件、地下水水源地情况和地下水开采引起的环境问题。

1∶1 万复核性水文地质调查内容有不同地区（平原、滨海、岩溶、丘陵山地）地下水水源地水文地质条件、地下水水源地情况、水源地范围内其他方式的地下水开发利用情况以及地下水开采引起的环境问题。

特点 5：《技术要求》提出了两个调查精度调查路线的布设原则，指出了调查点的布设位置。

1）1∶25 万补充性水文地质调查

以控制区域水文地质条件、典型水源地水点、与地下水相关的地质环境问题为重点，采用路线穿越法与界线追索法相结合布设调查路线。

2）1∶1 万复核性水文地质调查

以控制水源地补给、径流、排泄条件、重要水点、重要地质环境问题、重要地质地貌界线为重点的路线穿越法与界线追索法相结合布置调查路线。

特点 6：《技术要求》提出了地下水动态监测时限、监测线和监测点布置原则、监测内容及要求。

1）监测时限

地下水动态监测不少于一个完整的水文年。

2）监测线布置原则

遵循点、线、面结合，浅、中、深结合，地下水、地表水兼顾的原则。为查明地表水与地下水的水力联系，宜垂直地表水体的岸边布置监测线；为查明污染源对水源地地下水的水质影响，应沿污染源至水源地方向布置监测线；为查明两个水源地在开采过程中下降漏斗的发展情况，要通过漏斗中心布置相互垂直的两条监测线。

3）监测点布置原则

以现有地下水动态监测网点为主，控制不足之处予以补足；控制性地下水监测点按剖面布置，区域性地下水监测点均匀布置。在多层含水层分布区，为查明各含水层（组）间的水力联系，应设置分层监测孔组；在水文地质单元边界、水源地补给区、径流区、排泄区布置控制性的监测孔；为了查明地下水水源地开采对周边地下水水位的影响，沿水源地地下水降落漏斗长、短轴方向布置监测点；在主要地表水体应布置监测点。

4）监测内容及要求

水位监测：每5天监测一次。

水量监测：泉水及自流井、地下水开采量、河流流量。

水质监测：在丰水期和枯水期各取一次水样，进行常规水质分析、有机污染分析，每个水源地取1组水样分析106项指标。

水温监测：选择控制性监测点，与地下水水位监测同时进行。

特点7：《技术要求》规定了六项评价内容，即地下水水源地资源量评价、地下水水源地开采潜力评价、地下水水源地质量评价、地下水水源地防污性能评价、地下水相关地质环境问题评价、地下水水源地安全评价，并给出了推荐评价方法，指出从水文地质角度进行地下水水源地保护区划分。

1. 地下水水源地资源量评价

以水源地现有评价精度或超过现有评价精度为目标，评价地下水水源地天然补给资源量和可开采资源量。

地下水水源地天然补给资源量采用长系列降水量资料，计算多年平均地下水天然补给资源量。原则上按区域水均衡原理进行计算。在平原区主要用补给量法，在山地丘陵区主要采用排泄量法评价，在岩溶地区宜采用补给量总和法或排泄量法评价。

地下水可开采资源量推荐采用以下方法评价。岩溶水水源地采用开采抽水法、补偿疏干法、试验外推法、数值法。浅层孔隙水水源地采用井群干扰法、开采强度法、水文地质比拟法。中深层孔隙水水源地采用井群干扰法、开采强度法、水文地质比拟法。

对于研究程度比较高、资料系列比较长的水源地，可建立数学模型，用数值模拟方法计算地下水天然补给资源和地下水可开采资源。

2. 地下水水源地开采潜力评价

地下水水源地开采潜力评价拟采用开采潜力指数法，计算公式如下：

$$P=Q_{允}/Q_{实}$$

式中，P 为水源地地下水开采潜力指数；$Q_{允}$ 为水源地允许开采量；$Q_{实}$ 为水源地实际开采量。

根据上述公式计算出的开采潜力指数，按表1.8的标准进行评价。

表1.8　地下水开采潜力分级（区）标准表

开采潜力指数（P）	$P>1.2$	$0.8<P\leqslant 1.2$	$0.6<P\leqslant 0.8$	$P\leqslant 0.6$
潜力划分	有开采潜力	采补平衡	超采	严重超采

3. 地下水水源地质量评价

采用单因子指数评价，公式如下：

$$F_i=\frac{C_i}{C_{0i}}$$

式中，F_i为地下水中某项组分 i 的污染程度；C_i为地下水中某项组分 i 的实测浓度；C_{0i}为地下水中某项组分 i 的标准。$F_i<1$ 表示地下水未受污染；$F_i>1$ 表示地下水已受污染，F_i越大表明受污染的程度越严重。

4. 地下水水源地防污性能评价

孔隙水水源地防污性能采用美国 DRASTIC 模型评价，岩溶水水源地防污性能采用欧洲 COP 模型评价。

1）DRASTIC 模型评价法

DRASTIC 模型主要考虑影响地下水防污性能的 7 个因子，即地下水埋深（D）、含水层的净补给量（R）、含水层的介质（A）、土壤类别（S）、地形（T）、渗流区的介质（I）、含水层的水力传导系数（C）。DRASTIC 权重的赋值分为正常和农田喷洒农药两种情况，对于正常情况，DRASTIC 地下水易污性指标由下式确定：DRASTIC $=5D+4R+3A+2S+T+5I+3C$；对于农田喷洒农药的情况，DRASTIC 地下水防污性指标由下式确定：DRASTIC $=5D+4R+3A+5S+3T+4I+2C$。DRASTIC 综合指数得分值越大，地下水防污性能越差。

2）COP 模型评价法

COP 法基于源—路径—目标模式，其中，“源”用来描述地下水潜在污染物释放的位置，“路径”是污染源从污染释放流到所要保护目标的途径，“目标”是被保护的地下水。

COP 综合指数由径流条件 C 指数、上覆岩层 O 指数和降水 P 指数乘积得到，即 COP$=C\times O\times P$。COP 指数值为 0～15，分级见表 1.9。指数越大，防污性能越差。

表 1.9　防污性指数 COP 分级表

COP 指标	0～0.5	0.5～1	1～2	2～4	4～15
防污性级别	非常高	高	中等	低	非常低

5. 地下水相关地质环境问题评价

《技术要求》指出，应对工作区内的地面沉降、海（咸）水入侵、岩溶塌陷、土壤盐渍化、区域地下水超采降落漏斗等地质环境问题做出评价，推荐了评价方法。

6. 地下水水源地安全评价

以地下水水源地为基本单元，从水质、水量等方面对水源地安全状况进行综合评价。地下水水源地安全评价指标分为目标层和指标层两个层次，评价指标见表 1.10。

1）水源地水量安全评价

评价方法与我国水利部门普遍采用的“城市饮用水水源地安全状况评价方法”中水量安全评价方法一致，参见1.4.4节有关内容。

表1.10　地下水水源地安全评价指标表

目标层	指标层
水量安全	供水能力
	地下水开采率
水质安全	风险度
	趋势度
	污染度

2）水源地水质安全评价

采用地下水污染警度评价水源地水质安全。地下水污染警度（W）由地下水污染度（L）、地下水水质变化趋势度（S）、地下水污染风险度（R）共同确定，组合评价情况见表1.11，分为无警、轻警、中警、重警、巨警五个警度。

地下水污染度（L），以我国现行的《地下水质量标准》（GB/T 14848—2017）为依据，采用单项指标和综合指标评价，污染度分为5个级别。

表1.11　地下水污染警度对照表

无警0 （绿色预警）	轻警1 （蓝色预警）	中警2 （黄色预警）	重警3 （橙色预警）	巨警4 （红色预警）
L1，S1，R0 L1，S1，R1 L1，S1，R2 L1，S2，R0 L1，S2，R1 L1，S3，R0 L1，S3，R1 L2，S1，R0 L2，S1，R1 L2，S2，R0 L2，S3，R0	L1，S2，R2 L1，S3，R2 L2，S1，R2 L2，S2，R1 L2，S2，R2 L2，S3，R1 L3，S1，R1 L3，S2，R0	L2，S3，R2 L3，S1，R2 L3，S2，R1 L3，S2，R2 L3，S3，R0 L3，S3，R1 L3，S3，R2	L4，S1，R0 L4，S1，R1 L4，S2，R0 L5，S1，R0	L4，S1，R2 L4，S2，R1 L4，S2，R2 L4，S3，R0 L4，S3，R1 L4，S3，R2 L5，S1，R1 L5，S1，R2 L5，S2，R0 L5，S2，R1 L5，S2，R2 L5，S3，R0 L5，S3，R1 L5，S3，R2

地下水水质变化趋势度（S），采用指数平滑法进行预测：

$$S_t = a \cdot X_p + (1-a) \cdot X_t$$

式中，S_t为平滑值；X_p为新数据；X_t为老数据。趋势度分为变好、稳定、恶化3个级别。

地下水污染风险度（R），采用污染源、污染途径、危害性三者乘积得分，划分为低、中、高 3 个级别。

污染源评价模型为 $P=K\times Q\times L\times D$，其中，$P$ 为单个潜在污染源污染荷载指数，无量纲；K 为污染源类型的等级，无量纲；Q 为污染物产生量的等级，无量纲；L 为污染物释放可能性的等级，无量纲；D 为污染影响半径，无量纲。若为面源，则 D 不再考虑。

污染途径评价模型为：非岩溶区采用 DRASTIC 模型评价，岩溶区采用 COP 模型评价。

危害性评价模型为：$H=V_r\times V_w+U_r\times U_w$，其中，$H$ 为地下水污染危害性综合指数；V_r、U_r 分别为含水层富水性、地下水使用功能的指标等级划分；V_w、U_w 为含水层富水性、地下水使用功能的权重值。

《技术要求》不足之处是：

（1）1∶25 万补充性水文地质调查与 1∶1 万复核性水文地质调查内容在空间上有重叠，实际工作中不易区分。

（2）地下水水源地质量采用单因子指数评价，将质量评价等同于污染评价。

1.4.4　国家层面饮用水水源地安全和环境状况评价方法

国内水质评价方法很多，有直接对标法、指数法（单指数、综合指数）、层次分析法、模糊评判法、灰色理论法、人工神经网络法等或上述方法的组合，但从评价饮用水水源地安全或环境状况系统性、全面性、权威性视角看，当属我国水利部门普遍采用的“城市饮用水水源地安全状况评价方法”和环保部门规定的“集中式饮用水水源地环境保护状况评估方法”。下面详细介绍这两种评价方法。

1. 城市饮用水水源地安全状况评价方法

这一评价方法由我国水利部门提出，并普遍运用在水利系统评价城市饮用水水源地安全状况评价工作中。

1）评价指标体系

在专家调查的基础上，利用层次分析法，对具有代表性，能反映水源地水量、水质、风险及应急能力的指标进行筛选。构建的城市饮用水水源地安全评价指标体系见表 1.12。

表 1.12　城市饮用水水源地安全评价指标体系表

<table>
<tr><th>目标层</th><th>准则层</th><th>指标层</th><th>指标适用性</th></tr>
<tr><td rowspan="8">城市饮用水水源地安全状况</td><td rowspan="3">水质安全状况</td><td>一般污染物状况</td><td rowspan="2">地表水水源地和地下水水源地</td></tr>
<tr><td>非一般污染状况</td></tr>
<tr><td>富营养化状况</td><td>湖库型水源地</td></tr>
<tr><td rowspan="3">水量安全状况</td><td>工程供水能力</td><td>地表水水源地和地下水水源地</td></tr>
<tr><td>枯水年来水变化状况</td><td>地表水水源地</td></tr>
<tr><td>地下水超采状况</td><td>地下水水源地</td></tr>
<tr><td rowspan="2">风险及应急能力</td><td>水源地风险</td><td rowspan="2">地表水水源地和地下水水源地</td></tr>
<tr><td>应急能力</td></tr>
</table>

评价指标体系分为3个层次，即目标层、准则层和指标层。目标层主要用于识别城市饮用水水源地水质、水量、风险及应急能力方面存在的主要问题，综合反映城市饮用水水源地安全状况；准则层进一步刻画饮用水安全的水平和内部协调性，反映水量是否满足水源设计水量和城市供用水要求、水质是否符合饮用水源和城市供水水质要求，水源地风险及应急能力水平是否能够满足饮用水供水安全要求等；指标层则为反映城市饮用水源地水质、水量、风险及应急能力安全的具体指标。

2）水源地水质安全评价

A. 水质标准及指标分类

地表水饮用水源地按照《地表水环境质量标准》（GB 3838—2002）、地下水饮用水源地按照《地下水质量标准》（GB/T 14848—2017）以及《生活饮用水卫生标准》（GB 5749—2006）中的指标分类，分为一般污染指标、非一般污染指标和富营养化指标。

一般污染物指标是水体中存在的经过简单或者常规的物理、化学处理、消毒处理可以满足饮用要求的污染物，如溶解氧、化学需氧量、硫酸盐、氯化物、铁、锰、总硬度等；非一般污染物指标是对人体健康危害明显和存在长期危害，且目前饮用水处理工艺难以去除的污染物，如硝酸盐、氟化物、挥发酚、重金属等；富营养化指标是反映湖库水源中的藻类生长发育状况的指标，如总磷、总氮、叶绿素等。上述3类指标清单详见2005年水利部水电水利规划设计院编写的《城市饮用水水源地安全状况评价技术细则》。

B. 水质指数计算

根据地表水和地下水水质标准中的评价级别，以及参与水质评价指标的监测值换算为1、2、3、4、5级水质指数。

a. 一般污染物指标水质指数

（1）单项指标水质指数。对于评价指标i，如监测值C_i处于评价分级值C_{ioK}和C_{ioK+1}之间，则评价指标i水质指数为

$$I_i=\left(\frac{C_i-C_{ioK}}{C_{ioK+1}-C_{ioK}}\right)+I_{ioK}$$

式中，C_i为评价指标i的实测值；C_{ioK}为评价指标i的K级标准值；C_{ioK+1}为评价指标i的K+1级标准值；I_{ioK}为评价指标i的K级标准指数值（水质标准中的Ⅰ、Ⅱ、Ⅲ、Ⅳ、Ⅴ级，对标1、2、3、4、5级标准指数值）。

（2）特殊情况水质指数处理。①溶解氧等指标，对于溶解氧等监测值越大水质越好的指标，其计算公式与其他指标的公式相反；②当指标监测值$C_i>C_{io5}$时（即超过Ⅴ类水标准限值），为劣Ⅴ类水，该指标水质指数一律计为5；③当水质指标只有一个标准限值时，如果该指标监测值未检出，则$I_i=1$；大于所给标准限值时，则$I_i=5$；④当水质标准中两级分级值或多级分级值相同时，则单项指标水质指数按下式计算，即

$$I_i=\left(\frac{C_i-C_{ioK}}{C_{ioK+1}-C_{ioK}}\right)\times m+I_{ioK}$$

式中，m为相同标准的个数，如地表水中锌的浓度为0.81mg/L，其水质指数为

$$I_i=[(0.81-0.05)/(1.0-0.05)]\times2+1=2.60$$

综合水质指数（WQI）。取各单项指标水质指数算术平均值，即

$$\mathrm{WQI}=\frac{1}{n}\sum_{i=1}^{n}I_i(i=1,\ 2,\ \cdots,\ n)$$

式中，n 为参与水质评价指标数（监测指标应全部参与评价，且 n 最少不能小于 5）。

（3）确定评价类别。①当 0<WQI≤1 时，水质指数为 1；②当 1<WQI≤2 时，水质指数为 2；③当 2<WQI≤3 时，水质指数为 3；④当 3<WQI≤4 时，水质指数为 4；⑤当 4<WQI≤5 时，水质指数为 5。

b. 非一般污染物指标水质指数

单项指标水质指数：与一般污染物单项指标水质指数的计算相同。

综合水质指数：取各单项指数最大值为非一般污染物指标的综合水质指数，即最差指标赋全权。

c. 富营养化水质指数

对湖库型水源地，则需计算富营养化水质指数。富营养水质指数也分为 1、2、3、4、5 级，计算步骤为①将单项参数浓度值查表转为评分值（表 1.13），如监测值处于表列值两者中间，则可采用相邻点内插，或就高不就低取值；②取几个参评指标评分值的平均值；③用平均值再查表得富营养化指数。

表 1.13　富营养化指标、标准、指数统计表

水质指数	评分值	叶绿素 a /（mg/m^3）	总磷 /（mg/m^3）	总氮 /（mg/m^3）	高锰酸盐指数 /（mg/L）	透明度/m
1	10	0.5	1.0	20	0.15	10.00
	20	1.0	4.0	50	0.4	5.00
2	30	2.0	10	100	1.0	3.00
	40	4.0	25	300	2.0	1.50
3	50	10.0	50	500	4.0	1.00
	60	26.0	100	1000	8.0	0.50
4	70	64.0	200	2000	10.0	0.40
	80	160.0	600	6000	25.0	0.30
5	90	400.0	900	9000	40.0	0.20
	100	1000.0	1300	16000	60.0	0.12

d. 水源地水质综合指数计算

对于河流型水源地或地下水型水源地，水质综合指数=0.3×一般污染物综合水质指数+0.7×非一般污染物综合水质指数。

对于湖库型水源地，水质综合指数=0.2×一般污染物综合水质指数+0.5×非一般污染物综合水质指数+0.3×富营养化水质指数。水质综合指数四舍五入取值。

C. 水源地水质状况评判

当水源地水质综合指数处于 1、2、3 级时，为水质合格水源地；当水源地水质综合指数处于 4、5 级时，为水质不合格水源地，相应的水源地供水量为水质不合格供水量。

3）水源地水量安全评价

A. 评价指标

a. 工程供水能力

工程供水能力主要反映取供水工程的运行状况。

工程供水能力=现状综合生活供水量/设计综合生活供水量×100%。当现状用水量未达到原设计水量或由于节水而减少现状综合供水量的，其评价指数取1。

b. 枯水年来水量保证率

枯水年来水量保证率主要表征地表水水源地来水量的变化情况。对于河道型水源地，枯水年来水量保证率=现状水平年枯水流量/设计枯水流量×100%，其中现状水平年枯水流量是指现状水平年的枯水期来水流量，其频率与设计枯水年来水量的频率相同。对于湖库型水源地，枯水年来水量保证率=现状水平年枯水年来水量/设计枯水年来水量×100%。

c. 地下水开采率

地下水开采率主要表征地下水水量保证程度。地下水开采率=实际供水量/可开采量×100%。

B. 评价指数及分级标准

上述评价指标分为1、2、3、4、5级评价指数，分别对应优、良、中、差、劣5种状况，评价指数分级标准见表1.14。

表1.14　水量安全评价指数及标准表

评价指标	评价指数及标准				
	1	2	3	4	5
工程供水能力/%	≥95	≥90	≥80	≥70	<70
枯水年来水量保证率/%	≥97	≥95	≥90	≥85	<85
地下水开采率/%	<85	≤100	≤115	≤130	>130

C. 水源地水量安全评判

水源地水量安全评价取3项指标的最大指数。水量安全指数为1、2、3级时，水源地水量状况评判为安全；水量安全指数为4、5级时，水源地水量状况评判为不安全，相应的水源地供水量为水量不合格供水量。

4）水源地风险评价

水源地风险评价主要包括水量风险和水质风险两方面，在评价时应侧重水源地水质风险。利用风险矩阵评价法，从污染可能性和污染强度两个方面进行分析，将水源地水质风险分为低、中、高3个等级。水源地风险评价等级及标准见表1.15。

由于污染物对饮用水水源的风险随着污染物进入水体的频率，以及持续时间的增加而增大，污染可能性可根据一年中污染物从污染源向水源地迁移的比例分为低（<30%）、中（30%~70%）、高（>70%）3个等级进行评价。

表 1.15　水源地风险评价等级及标准表

污染可能性	污染强度		
	低	中	高
低（<30%）	低	低	低
中（30% ~70%）	低	中	中
高（>70%）	低	中	高

地下水水源地主要分析污染源强及分布、土壤及地质条件及污染渗透系数等因素。污染强度可参照以下条件进行评判：①首先判断是否存在影响水源地水质的污染源，如无污染源分布或者污染源与水源地之间缺乏水力联系，则污染强度为低；②如有污染源，且通过入河排污口或地下水入渗影响水源地水质，则应分析其污染源强度，如污染源强度较小，则污染强度为低；污染源强度较大，但入河排污量或地下水入渗量较小，则污染强度为中；③如污染源强度较大，且进入水源地的污染物总量较大，则污染强度为高。

5）水源地应急能力评价

城市饮用水应急能力评价等级及标准见表 1.16。

表 1.16　应急能力评价等级及标准表

评价等级	评价依据		
	应急备用水源及应急供水能力	应急监测及管理能力	应急预案及其实施保障能力
高	有备用及应急水源、应急工程完好	具备应急监测及预警能力，水源地管理及应急决策机制完善	具备应急预案，可有效实施
中	有备用及应急水源、工程供水能力较差	基本具备应急监测能力，初步建立水源地管理和应急决策机制	基本具备应急预案，实施效率较低
低	无备用及应急水源	不具备应急监测及管理能力	无应急预案

6）水源地安全状况综合评价

在各饮用水水源地水质、水量安全评价及水质风险评价基础上，以城市为对象，计算水源地水质、水量不安全影响总人口（扣除重复部分）及高风险等级的水源地供水人口，分析其占城市总人口的比例，按照表 1.17 标准，综合评价城市饮用水源安全状况等级。

2. 集中式饮用水水源地环境保护状况评估方法

这一评价方法源于我国环境保护部发布的《集中式饮用水水源地环境保护状况评估技术规范》（HJ 774—2015）。

1）评价指标体系

以层次法构建指标体系，分为目标层、系统层、指标层，赋予各子系统和各指标不同的权重，见表 1.18。

表 1.17　城市饮用水源安全状况总体评价等级及标准表

目标	评价内容	评价等级		
		低	中	高
城市饮用水源安全总体状况	水质、水量安全综合评价	水质不合格影响人口比例为≥25%，或城市水质、水量不合格影响总人口（扣除重复量）比例为≥35%	水质不合格影响人口比例为5%～25%，或城市水质、水量不合格影响总人口（扣除重复量）比例为10%～35%	水质不合格影响人口比例为≤5%，或城市水质、水量不合格影响总人口（扣除重复量）比例为≤10%
	水质风险综合评价	高风险等级的水源地供水人口比例为≤25%	高风险等级的水源地供水人口比例为25%～50%	高风险等级的水源地供水人口比例为≥50%

表 1.18　集中式饮用水水源地环境保护状况评估指标体系及权重表

目标层	系统层		指标层	
	子系统	权重	指标	权重
集中式饮用水水源地环境保护状况评估指标体系（SWES）	取水量保证状况（WG）	0.1	取水量保证率（WGR）	1.0
	水源达标状况（SQ）	0.6	水量达标率（WSR）	0.7
			水源达标率（WQR）	0.3
	环境管理状况（MS）	0.3	保护区划分（PD）	0.10
			保护区标志设置（PS）	0.05
			一级保护区隔离防护（PF1）	0.10
			一级保护区整治（PCR1）	0.10
			二级保护区整治（PCR2）	0.10
			准保护区整治（PCQR）	0.05
			监控能力（WM）	0.10
			风险防控（RMR）	0.15
			应急能力（EME）	0.15
			管理措施（MSR）	0.10

2）评价指标表达

A. 取水量保证状况评价指标

取水量保证状况（WG）用取水量保证率 WGR 表示。地下水饮用水水源，实际取水量小于或等于设计取水量时，WGR 为 100%；否则，WGR 为 0。地表水饮用水水源，取水水位不低于设计枯水位时，WGR 为 100%；否则，WGR 为 0。

B. 水源达标状况评价指标

水源达标状况用 SQ 表示。评估内容为水量达标率（WSR）和水源达标率（WQR）

a. 水量达标率

水量达标率（WSR）的计算公式为

$$\text{WSR}=\frac{\text{水源达标取水量之和}}{\text{水源取水总量}}\times 100\%$$

达标水源是指依据国家环境保护主管部门的规定，水质评价结果满足国家相关标准要求的集中式饮用水水源。

b. 水源达标率

水源达标时，WQR 为 100%；否则，WQR 为 0。

未按照各级环境保护主管部门下达的监测计划完成全部水质指标监测、但据已监测指标评价结果为达标的水源，认定其水量达标率（WSR）为 60%，水源达标率（WQR）为 0。

C. 环境管理状况评价指标

环境管理状况用 MS 表示。评估内容为保护区建设、保护区整治、监控能力、风险防控与应急能力、管理措施等 5 项。

a. 保护区建设

（1）保护区划分。保护区划分状况用保护区划分完成率（PD）表示。

参照 HJ 338—2018，划分保护区并获批复，则 PD 为 100%；否则，PD 为 0。

（2）保护区标志设置。保护区标志设置状况用标志设置完成率（PS）表示。

依据 HJ/T 433—2018 完成标志设置的，PS 为 100%；未依据 HJ/T 433 设置的，PS 为 60%；未设置的，PS 为 0。

（3）一级保护区隔离防护。一级保护区隔离状况用隔离防护工程完成率（PF1）表示。

一级保护区隔离防护工程完成率（PF1）计算公式为

$$\text{PF1}=\frac{\text{实际完成的隔离防护工程量}}{\text{应完成的隔离防护工程量}}\times 100\%$$

应完成的隔离防护工程量依据 HJ 773—2015 要求确定，实际完成的隔离防护工程量为评估时段内完成的工程量。

b. 保护区整治

（1）一级保护区整治。状况用一级保护区整治完成率（PCR1）表示，包括建设项目拆除完成率（BCR1）、排污口关闭完成率（DCR1）和网箱养殖拆除完成率（CBR1）3 项指标。一级保护区整治率为 3 项指标的算术平均值。计算公式为

$$\text{PCR1}=\frac{\text{BCR1}+\text{DCR1}+\text{CBR1}}{3}$$

其中，

$$\text{BCR1}=\frac{\text{建设项目拆除的建筑面积}}{\text{需拆除的建设项目建筑总面积}}\times 100\%$$

$$\text{DCR1}=\frac{\text{关闭排污口数量}}{\text{排污口总数量}}\times 100\%$$

$$\text{CBR1}=\frac{\text{网箱养殖拆除总面积}}{\text{网箱养殖总面积}}\times 100\%$$

一级保护区整治的具体要求依据 HJ 773—2015。无需整治指标的完成率视为 100%。

（2）二级保护区整治。完成情况用整治完成率（PCR2）表示，包括点源、非点源污染控制及治理状况。分别用保护区内排污口关闭完成率（DCR2）、分散式生活污水处理完成率（DDSR2）、分散式畜禽养殖废物综合利用完成率（LWUR2）和网箱养殖整治完成率（CRR2）4 项指标表示。二级保护区整治完成率为以上 4 项指标的算术平均值。其计算公式为

$$\mathrm{PCR2}=\frac{\mathrm{DCR2}+\mathrm{DDSR2}+\mathrm{LWUR2}+\mathrm{CRR2}}{4}$$

其中，

$$\mathrm{DDSR2}=\frac{\text{分散式生活污水处理量}}{\text{分散式生活污水排放总量}}\times 100\%$$

$$\mathrm{LWUR2}=\left(\frac{\text{废水综合利用总量}}{\text{废水产生总量}}+\frac{\text{废物综合利用总量}}{\text{废物产生总量}}\right)/2\times 100\%$$

$$\mathrm{CRR2}=\frac{\text{网箱养殖整治总面积}}{\text{网箱养殖总面积}}\times 100\%$$

二级保护区整治的具体要求依据 HJ 773—2015。无需整治指标的完成率视为 100%。

（3）准保护区整治。完成情况用准保护区整治率（PCQR）表示，包括工业污染源（含工业园区）废水达标排放率（WRSR）、准保护区内水污染物排放总量削减完成率（TCWR）及水源涵养林建设完成率（WCR）。准保护区整治率为以上 3 项指标的算术平均值。

$$\mathrm{PCQR}=\frac{\mathrm{WRSR}+\mathrm{TCWR}+\mathrm{WCR}}{3}$$

其中，

$$\mathrm{WRSR}=\frac{\text{达标排放的工业污染源数量}}{\text{工业污染源总数量}}\times 100\%$$

$$\mathrm{TCWR}=\frac{\text{污染物削减量}}{\text{污染物削减目标量}}\times 100\%$$

$$\mathrm{WCR}=\frac{\text{水源涵养林建设面积}}{\text{规划水源涵养林建设面积}}\times 100\%$$

准保护区整治的具体要求依据 HJ 773—2015。无需整治的指标，PCQR 视为 100%。

未划定保护区的水源，其保护区标志设置、一级、二级和准保护区整治完成率均为 0。

c. 监控能力

监控能力状况用 WM 表示，为常规监测（含委托监测）（MI）、预警监控（WE）和视频监控（VS）的加权平均值，按下式计算。

$$\mathrm{WM}=0.7\times \mathrm{MI}+0.3\times(\mathrm{WE}+\mathrm{VS})/2$$

（1）常规监测状况

常规监测完成率（MI）计算公式如下：

$$\mathrm{MI}=\frac{\text{完成监测的指标数量}}{\text{应完成的监测指标数量}}\times 100\%$$

地表水饮用水水源地和地下水饮用水水源地应完成的监测指标数量，依据各级环境保护主管部门下达的监测任务要求确定。

（2）预警监控状况

预警监控状况包括预警监控完成率和视频监控完成率两项指标。

预警监控（WE）和视频监控（VS）完成率的计算公式分别为

$$WE=\frac{实际完成预警监控数量}{应完成的预警监控数量}\times 100\%$$

$$VS=\frac{实际完成视频监控数量}{应完成的视频监控数量}\times 100\%$$

预警监控和视频监控的建设要求依据 HJ 773—2015。不需要建设预警监控和视频监控的，WE 或 VS 视为 100%。

d. 风险防控与应急能力

（1）风险防控

风险防控状况用风险管理指标完成率（RMR）表示，包括风险源名录完成率（RDE）和危险化学品运输管理制度建立率（DCBR）两项指标。风险管理指标完成率为两项指标的算术平均值。其计算公式为

$$RMR=\frac{RDE+DCBR}{2}$$

其中，危险化学品认定及分类，参照《危险货物品名表》（GB 12268—2012）和《化学品分类和危险性公示　通则》（GB 13690—2009）。风险源名录应包括风险源名单及相应的管理措施。已建立风险源名录的 RDE 为 100%；否则，RDE 为 0。已建立危险化学品运输管理制度的 DCBR 为 100%；否则，DCBR 为 0。上游及周边无污染风险的水源地，其 RDE 和 DCBR 视为 100%。

风险源名录涉及范围：河流型水源为水源准保护区及上游 20km、河道沿岸纵深 1000m 的区域；湖泊、水库型水源为准保护区或非点源污染汇入区域；地下水型水源为准保护区及其密切相关的汇水范围。未划定准保护区的水源地，范围为二级保护区（一级保护区）外的上述区域。

发生饮用水水源地突发环境事件，并影响正常供水的，水源地及所在行政区的风险管理指标完成率（RMR）均为 0。

（2）应急能力

应急能力用应急管理指标完成率（EME）表示。包括饮用水水源地突发环境事件应急预案编制、修订与备案，应急演练，应对重大突发环境事件的物资和技术储备，应急防护工程设施建设，应急专家库和应急监测能力 6 项内容。

$$EME=\frac{\sum_{i=1}^{6}单项指标完成率}{6}$$

其中，依据环境保护主管部门下达要求完成单项指标的，完成率为 100%；否则为 0。EME 为 6 个单项指标完成率的算术平均值。

e. 管理措施

管理措施用管理制度完成率（MSR）表示，包括水源编码、水源地档案制度、保护区定期巡查、环境状况定期评估、建立信息化管理平台和信息公开等 6 项内容。

$$MSR = \frac{\sum_{i=1}^{6} 单项指标完成率}{6}$$

其中，水源编码依据 HJ 747—2015。按照各级环保主管部门下达要求完成单项指标的，单项指标完成率为100%，否则为0。MSR 为6个单项指标完成率的算术平均值。

3）分类评估

A. 分类得分计算

水源取水量保证状况评估得分为

$$WG = WGR \times 100$$

水源达标状况评估得分为

$$SQ = (WSR \times 0.7 + WQR \times 0.3) \times 100$$

环境管理状况 MS 评估得分为

$$MS = \sum (INDEX_i \times W_i) \times 100$$

式中，$INDEX_i$包括 PD、PS、PF1、PCR1、PCR2、PCQR、WM、RMR、EME、MSR，各指标符号的含义及权重参见表 1.18。

B. 分类等级评估

水源地取水量保证状况（WG）、水源达标状况（SQ）和环境管理状况（MS）各自独立评估，评估分值与等级对照见表 1.19。

表 1.19 集中式饮用水水源地环境保护状况分类评估分值与等级对照表

分类得分范围	评价结果
（WG、SQ、MS）≥90	优秀
60≤（WG、SQ、MS）<90	合格
（WG、SQ、MS）<60	不合格

4）综合评估

水源地环境保护状况综合评估得分用 SWES 表示。SWES 由取水量保证状况（WG）、水源达标状况（SQ）和环境管理状况（MS）的单项得分加权计算后得到。计算公式如下：

$$SWES = WG \times 0.1 + SQ \times 0.6 + MS \times 0.3$$

综合分值与等级对照见表 1.20。

表 1.20 水源地环境保护状况综合分值与评价等级对照表

综合得分（S）	评价结果
SWES≥90	优秀
80≤SWES<90	良好
70≤SWES<80	合格

续表

综合得分（S）	评价结果
60≤SWES<70	基本合格
SWES<60	不合格

3. 评价方法对比

通过对比分析我国水利部门和环保部门的集中式饮用水水源地状况评价方法，得出两种方法的优缺点和共同点（表 1.21）。这为作者构建集中式地下水饮用水源地及保护区环境状况评价方法提供了思路和借鉴。

表 1.21　我国权威管理部门集中式饮用水水源地状况评价方法对比表

管理部门	水利部门	环保部门
优点	①指标较全面。既有反映水源地水质及水量状况指标，又有反映水源地风险及应急状况指标； ②考虑不同水源地类型，水质及水量安全评价采用不同指标组合类型。例如，水质安全评价，地表水水源地采用一般污染物、非一般污染物、富营养物三类指标组合水质指数，地下水水源地采用一般污染物、非一般污染物两类指标组合水质指数； ③水源地水质评价采用综合水质指数。评价指标分类、分权重形成一个综合水质指数，改变了一个指标决定一个水样甚至一个水源地水质的弊端	①指标较全面、重点突出。既考虑了水源地水质及水量状况，又凸显了水源地保护区建设、保护区整治、监控能力、风险防控与应急能力、管理措施 5 个方面的 10 个环境保护状况指标； ②指标与水源地有关规范对应性较好，易获取
缺点	①地下水水量指标少； ②采用地下水开采率衡量水源地水量安全不确定性大。因为，现状开采量是个变量，受需水量、开采能力、行政管制要求等而变化，地下水可采资源也是一个变量，受某一时期、某一空间地域水文地质条件、开采经济技术条件等变化； ③风险状况为定性评价，不确定性较大，实际操作较困难	系统层及指标层权重分配不太科学，也不太合理。给出的权重，未经过数学验证；管理状况指标虽多，但权重过低（0.3）
共同点	①均采用层次分析法建立评价指标体系； ②均考虑了水源地的水量和水质状况	

1.5　本 章 总 结

我国与世界发达国家一样，非常重视饮用水水源法律法规制定、相关制度建立，以及保护计划实施和技术标准建设等，虽然起步晚于美国、德国等发达国家 30 ~ 40 年，但发展速度快，现在已迈入了世界先进水平行列。

划分地下水水源地保护区是保护地下水饮用水源的一项基础性工作，这项工作的技术性很强。德国、英国已积累了 100 多年经验（始于 20 世纪初），美国也有 50 多年经验（始于 70 年代），而我国仅有不到 30 年经验（始于 80 年代末）。将地下水水源地保护区划分为 3 个级别，是世界大多数国家的做法。以病原菌等污染物存活时间为依据，划分一级保护区边界有科学依据，已被大多数国家普遍采纳；三级保护区的边界延伸至水源地所在水文地质单元边界也已基本达成共识；目前二级保护区边界的划分科学依据不足，各国采用的标准不一，是一个值得继续探索研究的内容。针对不同类型、不同复杂程度的水源地，应采用不同的划分方法。采用数值模拟方法、以污染物运移时间为依据，划分复杂大中型地下水水源地保护区是目前技术发展的主流方向。

据环保部门信息，截至 2020 年，我国已完成 99.3% 县级以上集中式地下水水源地保护区划分、60% 农村水源地保护区划分。然而，由于地下水补给条件、开采条件变化，以及环保政策措施的调整等，不断对划分方法的科学性和合理性提出质疑，地下水保护区划分和调整将是一项长期性的工作。

对地下水饮用水源地及保护区环境状况进行定期评估已成为我国饮用水水源保护的一项制度。2005 年以来，环保、水利等部门做了几轮调查评估工作，积累了大量数据，发布了调查评估技术指南或标准，掌握了我国主要地下水饮用水源地基本环境状况。2010 年以来，一些省份地矿部门积极参与地下水饮用水源地环境状况调查评估工作，制定了具有地质特色的技术指南或标准。

作者认为，我国已有的地下水饮用水源地环境状况调查评估方法虽有许多优点，但也存在一些不足，特别是在调查的全面性、精准性和协调性，以及评估的整体性和动态性方面尚有提升的空间。以往的这些技术积累，既是压力，也是动力，为作者更加努力地探索和构建地下水饮用水源地及保护区环境状况调查评价技术体系提供了借鉴。

第 2 章　地下水饮用水源地及保护区环境状况调查评价指南

通过阅研及吸收国内相关技术文献之精华，结合京津冀地区典型地下水饮用水源地及保护区环境状况调查评价实践，编制了本技术指南。

2.1　主要内容与适用范围

本指南详细介绍了集中式地下水饮用水源地及保护区环境状况调查评价的相关定义、工作程序、主要环境因素野外调查方法、环境状况评价方法、调查评价报告论述要求、提交成果等内容。适用于我国北方地区特别是华北地区大中型集中式地下水饮用水源地及保护区环境状况调查评价，可作为其他地区、其他类型地下水水源地环境状况调查评价参考。

2.2　规范性引用文件

主要规范性引用文件如下：

《地表水环境质量标准》（GB 3838—2002）；

《生活饮用水卫生标准》（GB 5749—2006）；

《地质矿产术语分类代码　第 20 部分：水文地质学》（GB/T 9649. 20—2009）；

《水文地质术语》（GB/T 14157—93）；

《中国植物分类与代码》（GB/T 14467—2021）；

《地下水质量标准》（GB/T 14848—2017）；

《土壤环境质量　农用地土壤污染风险管控标准（试行）》（GB 15618—2018）；

《中国土壤分类与代码》（GB/T 17296—2009）；

《土地利用现状分类》（GB/T 21010—2017）；

《土壤环境质量　建设用地土壤污染风险管控标准（试行）》（GB 36600—2018）；

《岩土工程勘察规范（2009 年版）》（GB 50021—2001）；

《供水水文地质勘察规范》（GB 50027—2001）；

《河流流量测验规范》（GB 50179—2015）；

《区域地下水质监测网设计规范》（DZ/T 0308—2017）；

《地表水和污水监测技术规范》（HJ/T 91—2002）；

《地下水环境监测技术规范》（HJ 164—2020）；

《饮用水水源保护区划分技术规范》（HJ 338—2018）；

《环境影响评价技术导则　地下水环境》（HJ 610—2016）；

《集中式饮用水水源地规范化建设环境保护技术要求》（HJ 773—2015）；
《集中式饮用水水源地环境保护状况评估技术规范》（HJ 774—2015）。

2.3　术语和定义

2.3.1　地下水

赋存于地表以下岩土空隙中的重力水。

2.3.2　饮用水水源地

为居民提供饮水服务，集中建有取水、供水、保护设备设施及相关构筑物的地域。依据取水类型不同，饮用水水源地可分为地下水饮用水源地和集中式饮用水源地。

1. 地下水饮用水源地

为一定规模人口提供饮水服务，集中建有地下水取水设备设施（如抽水泵、开采井、井房等）、供水设备设施（如输水管道）、保护设备设施（如水源地保护标识牌、隔离网等）的空间地域。

地下水饮用水源地可按以下因素进一步划分。

以水源地所在地貌类型分为①山地型；②丘陵型；③山前型；④平原型；⑤滨海型；⑥河谷型等。

以开采目标含水层介质分为①孔隙型；②裂隙型；③岩溶型；④混合型，如孔隙-岩溶型、裂隙-岩溶型。

以地下水埋藏类型分为①潜水型；②承压水型；③混合型，如潜水-承压水型。

以水源地开采量大小分为①小型水源地（小于1万m^3/d）；②中型水源地（大于等于1万m^3/d小于5万m^3/d）；③大型水源地（大于等于5万m^3/d小于10万m^3/d）；④特大型水源地（大于等于10万m^3/d）。

以水源地运行状态分为①运行；②热备；③备用；④关闭或停用。

2. 集中式饮用水源地

进入输水管网送到用户和具有一定取水规模（供水人口一般大于1000人）的在用、备用和规划饮用水水源地。

2.3.3　地下水水源保护区

为保障地下水水源地水质及水量，在开采井及其外围地下水补给区和径流区划分出的不同保护等级的空间地域。地下水水源保护区一般分为一级保护区、二级保护区和准保护区。

1. 地下水水源一级保护区

以开采井为中心，为防止人为活动对开采井的直接污染，确保开采井水质安全而划定，需加以严格限制的核心区域。

2. 地下水水源二级保护区

指在一级保护区外，为防止污染源对地下水水源水质的直接污染，保证一级保护区水质，需严格限制的重点区域。

3. 地下水水源准保护区

指在二级保护区外，为涵养水源、控制污染源对地下水水源水质的影响，保证二级保护区水质，需实施污染物总量控制和生态保护的区域。

2.3.4　调查区

以水源地地下水保护区范围为基础，综合考虑自然边界（如地下水补给边界、河流边界等）、人为边界（如建筑物等）、工作条件（如道路通行）而圈定的工作区范围。按调查精度，可分为重点调查区、一般调查区和概略调查区。

1. 重点调查区

以水源地地下水一级保护区范围为基础，综合考虑自然边界、人为边界、工作条件而圈出，需投入较多工作量的调查区域。

2. 一般调查区

以水源地地下水二级和（或）准保护区为基础，综合考虑自然边界、人为边界、工作条件而圈出，需投入中等工作量的调查区域。

3. 概略调查区

水源地所在水文地质单元内扣除重点调查区和一般调查区之外，需投入较少工作量的调查区域。

2.3.5　水源地开采井

水源地内开采地下水的水井。按开采井的运行状态分为在用、备用（热备）、停用三种类型。

1. 水源地在用井

现状条件下，定期或连续性开采水源地地下水的水井。

2. 水源地（备用）热备井

现状条件下，为保证水源地供水系统正常运行，定期或不定期间歇性开采水源地地下水的水井。

3. 水源地停用井

现状条件下，已停止开采水源地地下水的水井。

2.3.6 潜在污染源

分布于饮用水水源地及保护区地表或浅地表内，可能对饮用水水源水质产生不良影响的污染源。

2.3.7 水源地及保护区环境因素

可反映水源地及保护区内自然环境和人为环境状况的因素，包括自然地理、社会经济、地质及水文地质环境、土地利用、土环境、水环境、潜在风险源、水源地管理八个方面。

2.3.8 水源地及保护区环境状况健康度评价

将水源地及保护区主要环境状况因素与人体系统类比，引入健康度评语，运用模糊层次法、等级评判法、矩阵运算法，确定权重、隶属度及健康度，形象描述和合理评价水源地及保护区环境状况等级。

2.4 总　　则

2.4.1 目的

查明并合理评价地下水饮用水源地及保护区地下水水质、水量、潜在污染风险源等环境因素的状态，为水源地地下水环境保护和科学管理提供依据。

2.4.2 任务

（1）全面系统收集地下水饮用水源地及保护区环境状况资料和信息。

（2）依据地下水饮用水源地及保护区调查研究成果及保护要求，科学合理划分调查精度不同的工作区域。

（3）采用地面调查、现场快速检测分析、样品定量分析、遥感解译等调查方法，对地下水饮用水源地及保护区环境因素开展现状调查和监测。

（4）基于收集、调查、监测获得的资料信息，综合分析地下水饮用水源地及保护区环境现状与演化特征。

（5）提交地下水饮用水源地及保护区环境状况调查评价报告。

（6）提出地下水饮用水源地及保护区环境状况改善建议。

2.4.3　工作程序

地下水饮用水源地及保护区环境状况调查评价按照资料信息收集与野外调查方案形成、环境状况调查与监测，资料信息综合整理分析与环境状况评价 3 个阶段顺序进行，每个阶段包括的主要工作内容及其衔接关系如图 2.1 所示。

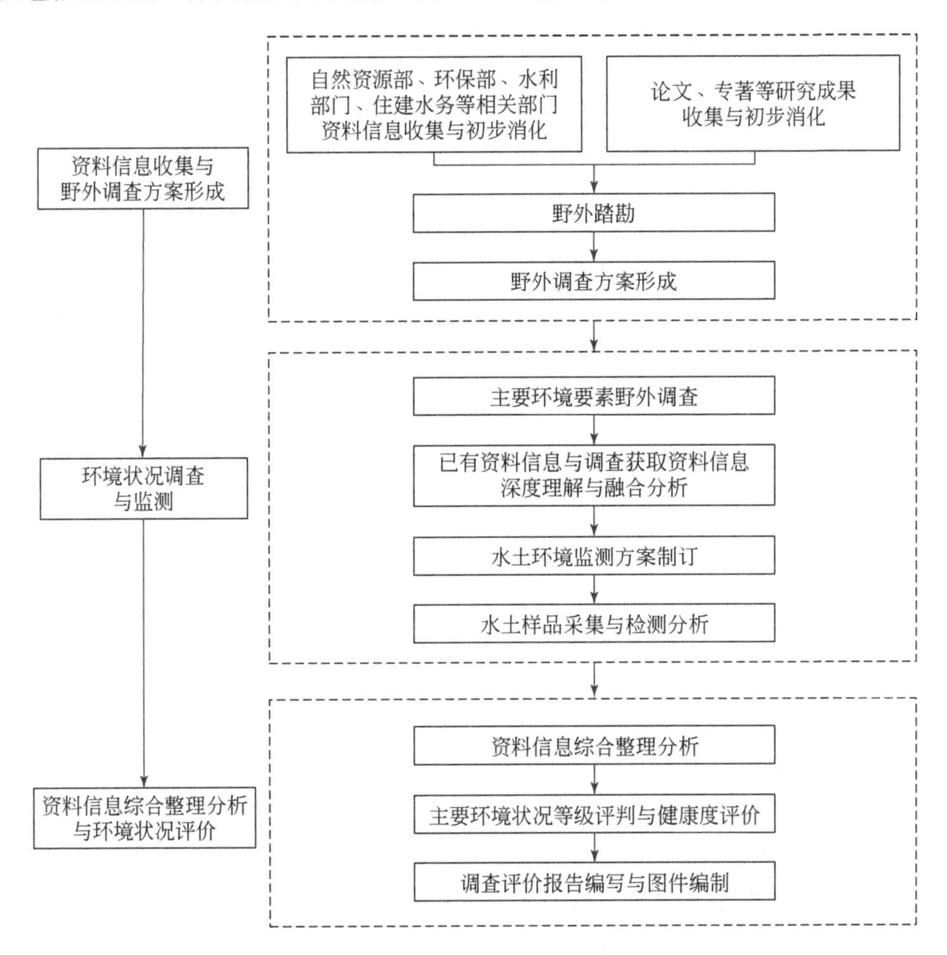

图 2.1　地下水饮用水源地及保护区环境状况调查评价程序图

2.4.4 工作原则

地下水饮用水源地及保护区环境状况调查评价应遵循以下原则。

（1）资料信息全面收集原则。由于地下水具有资源、环境、生态多重属性，决定了资料信息归属管辖的多部门性（地矿、环保、水利、住建等部门），因此，应从多个部门全面收集相关资料信息。

（2）持续跟进、不断深化认识的原则。鉴于现状条件下我国地下水饮用水源地及保护区环境要素资料信息归属多部门性和资料收集获取的渐进性，集中短时间内全面完成资料信息收集是不可能的，这就要求不断跟踪资料信息的补充状况，及时消化吸收并更新对环境状况的认识。

（3）区别对待、因地制宜原则。鉴于地下水饮用水源地所处地貌位置、地下水埋藏条件、开采量等级、调查研究程度、环境保护管理制度等方面存在较大差异，在开展野外调查和监测工作时，应区别对待、因地制宜。

2.5 资料信息收集、阅研与梳理

2.5.1 收集

1. 方式

宜采用网上查询、国家及省图书资料馆借阅、相关部门/机构走访等方式收集。

2. 来源

我国地下水饮用水源地及保护区环境状况资料信息主要来源于以下部门及其下属机构。

1）地矿部门及所属机构

（1）中国地质调查局下属的全国地质资料图书馆，水源地及地下水补给区和径流区所在省级地质资料图书馆。

（2）省级地质调查院、地质-水文地质队、水文-岩土工程勘察院等。

（3）中国煤炭地质总局及其下属的水文局、水文队、地质队等。

（4）中国冶金地质总局及其下属的水文局、水文队、地质队等。

2）生态环境保护部门及所属机构

（1）水源地及保护区所在市（区、县）环保局。

（2）从事环境调查研究与监测保护的单位，如中国环境科学研究院、水源地及保护区所在省级环境科学研究院、市（区、县）环保监测站等。

3）水利部门及所属机构

（1）水源地及补给区和径流区所在市（区、县）水资源管理办公室。

（2）水源地及补给区和径流区所在地表水流域管理机构、调查研究与监测机构，如海河流域管委会、滹沱河流域水文水资源监测站等。

4）住建部门及所属机构

（1）管理水源地或水厂的市（区、县）水务公司或水业公司。

（2）城市住房与建设部门水质监测机构。

地下水饮水水源地及保护区环境状况资料信息类别、因素、主要内容与来源提示见表 2. 1。

2. 5. 2　阅研

宜按照从基础地质到水文地质、环境地质，从小比例尺（低精度）到大比例尺（高精度）调查研究成果的顺序阅读。

阅读资料信息时，应将所阅读材料中水源地及保护区环境状况的信息如水源地保护区划分、水源地所在水文地质单元边界、水量水质信息、含水层渗透系数、水力坡度等提炼汇集，形成条例清晰、便于记忆的简要读书笔记。重要信息用手机拍照保存、随时翻阅查看。

表 2. 1　地下水水源地及保护区环境状况资料信息收集导引表

类别	因素	内容提要	来源提示
自然地理状况	地形地貌	地形地势及其空间变化，地貌及其成因等	中国及分省分区自然资源图集及说明书；中国及分省分区地形图及说明书；地矿部门地质、水文地质、环境地质等调查评价报告（以下简称地矿系统报告）；网上资料
	气象	气候类型及特点，多年气温、降水量、蒸发量等气象统计资料	气象部门资料；中国及分省分区自然资源图集及说明书；地矿系统报告；统计年鉴；网上资料（如 http://xiaomaiya. cc）
	水文	河流水系、面积、流程等特征，控制断面径流量及季节变化特征；水库名称、所在河流及位置、总库容、建成年代、主要用途等；灌溉渠系名称、分布、长度、灌溉面积等	水利系统资料；中国及分省分区自然资源图集及说明书；地矿及水利系统报告；网上资料
	土壤	土壤类型及其分布、土壤物理化学特征等	中国及分省级自然资源图集及说明书；土壤研究相关专著及论文；网上资料
	植被	植被类型、种属及其分布，植被覆盖率等	林业部门资料；中国及分省级自然资源图集及说明书；植被研究相关专著及论文；网上资料

续表

类别	因素	内容提要	来源提示
社会经济状况	社会经济	所在地（市）级行政区名称、区划、面积、人口等；所在地（市）级行政区产业结构、产值等	水源地及保护区所在行政单元社会经济发展报告；网上资料
地质环境状况	地质	地层、岩性、构造、岩浆岩、矿产等	全国地质图书资料馆；水源地及保护区所在省级地质资料图书馆；国家级、省级地矿、煤炭、冶金系统机构资料室地质、水文地质、环境地质调查评价成果报告及附图
	水文地质	含水岩系及含水岩组，地下水补给、径流、排泄条件及其演化，岩溶发育情况等	
	环境地质	水源地及保护区内因地下水开采引发的水位降落漏斗、咸水下移、地面沉降、地裂缝、岩溶塌陷、海水入侵等环境地质问题	
水量状况	补给量	大气降水量、河流入渗量、矿山开采和灌溉开采回补量等历史、现状及未来变化趋势；水库放水（弃水）补给地下水情况	
	排泄量	总开采量年变化序列；生活、工业、农业等开采量及其占比	
	储变量	不同年份补给量与排泄量均衡分析；补给区、径流区、排泄区代表性地下水水点水位动态变化数据	
	水源地现状及未来供水情况	水源地或水厂近10年来供水量及其变化情况，供水管网分布图，未来供水状态（保持原状、应急、关闭）及供水方案	住建部门水厂、水务公司供水方案及供水规划
水质状况	水源地及保护区地下水水质	水源地开采井历史及现状水质质量及其变化；主要典型或超标组分及其变化；水质评价结果等；水源地保护区内地下水、矿区地下水历史及现状水化学类型、矿化度、硬度等典型水质指标变化；水质评价结果等；反映生物群落结构异常的历史资料	环保部门对集中式饮用水水源地环境保护状况评估报告，水源地及保护区划分报告，河流、水库、湖泊等典型水质监测断面资料；住建部门水厂、水务公司日常水质监测或环保部门定期水质监测资料，水源地管理运营情况报告；地矿部门水源地及保护区地质环境监测报告等
	补给源水质	补给水源地目标含水层大气降水、水库、河流、湖泊等地表水体的水质及其变化	
	地下水污染现象	历史及现状污染点位置、污染组分、污染程度或范围变化趋势；对水源地含水层具有直接影响的污染事件等	
潜在污染源状况	潜在污染源分布及其污染风险	历史及现状各类（工业、农业、生活等）点状潜在污染源位置、规模（产生量）、年代、主要污染物类型；潜在污染源垂向下伏的目标含水层厚度、岩性及其渗透性；潜在污染源距离水源地开采中心或降落漏斗的流程距离及渗透性	环保部门第一次、第二次工业污染源普查资料，农用地及建设用地（工矿企业）详查资料；地矿系统报告；网上资料

续表

类别	因素	内容提要	来源提示
土地利用状况	土地利用类型、变化及其影响	不同年代地表环境变迁的高分辨率遥感影像图或土地利用变化图；土地利用变化对水源地及保护区地下水水质及水量可能影响等	自然资源部门土地利用图集及说明书，遥感卫星影像资料，航空物探影像资料；网上资料
水源地管理状况	水源地及其保护区划分与建设	保护区划分情况、保护区标识设置；水源地名称和水源编码的规范性；水源地档案管理制度情况；定期巡查制度及落实情况、定期评估情况；水源信息化管理平台建设以及水源地信息公开情况等	住建部门水厂、水务公司水源地管理运营情况报告；省（市、区、县）环保部门对地下水环境保护工程及措施等
	水环境及供水过程水质监测	水源井地下水（原水）、地表水、区域地下水监测机构、监测指标、监测频率等；水源井取水到水网供水过程水质（含消毒剂）监测情况等	
	水源地保护区整治工程与措施	为水源地及保护区实施的生态恢复与建设工程、固体废物处置工程、地下水及地表水保护治理工程等	
	水源污染风险防控与应急能力	水源地污染风险防控措施、指标完成情况；水源地应急供水能力、应对水源地突发环境事件的技术储备、物资储备和制度建设、应急防护工程设施建设、应急监测等	

注：资料信息收集是一个较为漫长而又不断丰富的过程，一般分为快速收集和补充收集两个阶段。快速收集主要收集一些重要的代表性的资料，用以快速了解水源地及保护区的基本状况，为制订野外调查方案做准备；补充收集是在野外调查工作之后至编写调查评价报告之前，为全面反映和合理评价水源地及保护区环境状况而进行的工作。

在制订野外调查方案之前，一般应快速集中了解水源地及保护区以下情况：①地形地貌；②交通状况；③水源地及保护区所在的水文地质单元（如泉域）范围、边界，含水系统（含水层组）划分；④水源地或水厂位置、开采层位、地下水埋藏条件；⑤水源地及保护区划分情况；⑥对水源地水量及水质具有较大影响的工程设施（如水库），矿山开采（如铁矿、煤矿），较大的点、线、面潜在污染源，地下水补给、径流、排泄条件发生重大变化的现象（如地下水上游开采造成下游泉群断流，排泄区位置及方式发生较大变化等）。

2.5.3　梳理

宜按如表 2.1 所示地下水水源地及保护区环境因素类别分别建立一级文件夹，相关的成果报告、论文、专著等建立二级文件夹。

阅研水源地环境状况资料信息后，可按照重要程度分为一般资料和重点资料，分别建立文件夹存储。重点资料包括但不限于下面 6 个方面的资料。①水源地及保护区所在水文地质单元的引用率较高的地质、水文地质、环境地质报告；②水源地及保护区划分报告或调整报告；③水源地管理运营情况；④水源地供水水文地质勘查报告；⑤水源地及保护区水质监测数据、地下水资源计算、地下水流场演变资料；⑥水源地及保护区潜在污染源分布资料等。

2.6　环境要素野外调查

2.6.1　踏勘

1. 目的

为了科学合理制订野外调查工作方案，直观快速掌握水源地及保护区环境特征，需开展野外踏勘工作。

2. 踏勘路线确定

在水源地所在水文地质单元内，选择 1 ~ 2 条路线开展踏勘。踏勘路线可咨询地方地矿系统队伍人员，并综合考虑以下因素确定：①交通便利；②可总体上把握区域内地形地貌特征；③可观察到主要地质体（地层、构造、岩体等），主要含水层与相对隔水层；④可访问代表性的地下水水源地或水厂；⑤可观察到较多土地利用类型；⑥可观察到规模及分布范围较大的主要污染源。若条件许可，宜邀请熟悉情况的专业人员陪同踏勘。

3. 踏勘要求

踏勘前应做好以下技术准备工作：①装有电子地图（如奥维互动地图）和定位功能的电子设备，如手机、平板电脑等；②各种环境要素调查表格；③野外记录本；④地质锤及罗盘；⑤便携式分析仪器（如多参数水质仪、便携式手持式 XRF 元素分析仪等）。

踏勘过程中应做好以下工作：①将踏勘点及时定位、命名、标识并存入电子设备上；②按照不同环境要素调查表格简要填写相关信息，表格内容不足以反映实际情况时，可记录在野外笔记本上；③遇到水点、潜在污染源时，应采用便携式分析仪器测量水土物理化学指标，并将测试结果保存并记录在调查表或野外记录本内；④应从不同方向（东、南、西、北）、不同视角（广角、聚焦）拍摄调查点环境照片；⑤当天回到住地，需建立以踏勘点为单元的文件夹，文件夹名宜以踏勘点编号和环境要素类别注释，及时将照片拷贝至文件夹内，并对每张照片反映的环境信息予以简要标识（如某铁矿矿坑排水水量、中奥陶统下马家沟组岩溶发育情况、第四系下更新统泥包砾地层等）；⑥应将踏勘信息整理在 Excel 电子表内，内容包括踏勘点编号、类型、行政位置、经纬度坐标、环境特征简要描述、现场检测的水土物理化学参数、照片数量等。

2.6.2　野外调查方案制订

1. 目的

为了全面系统、精准有效调查地下水水源地及保护区环境状况，避免平均使用、过度或不足使用调查工作量，需制订野外调查方案。

2. 基本要求

（1）应在充分阅研资料信息和完成踏勘后，制订地下水水源地及保护区野外调查方案。

（2）野外调查方案包括但不限于调查区范围确定、调查区划分、调查内容、调查方法及精度要求、调查工作准备等。

3. 调查区范围确定

1）平面范围

视以下 4 种情况确定调查区的平面范围。

（1）当水源地划定了保护区边界且经地方政府正式批准实施后，应按照划定的一级保护区、二级保护区、准保护区及其边界范围作为调查区的平面范围。

（2）当水源地保护区划定的不完整或不合理，如划定了一级保护区，未划定二级保护区和准保护区，或未划分保护区的水源地，首先应按照“HJ 338—2018 中 4. 5. 2 和 7. 2、7. 3、7. 4”要求和方法或其他科学合理方法，重新核实或划分水源地各级保护区，然后将各级保护区及边界范围作为调查区的平面范围。

（3）对于山地型和丘陵型水源地，其调查区的平面范围宜扩展至水文地质单元或地下水水源地勘查确定的天然边界（如隔水地层边界、阻水岩体边界、阻水构造边界、地形分水岭边界等），或较为稳定的人工开采边界（如与另一个水源地地下水分水岭边界）。

（4）对于平原型和滨海型水源地，调查区的平面范围宜按以下步骤和方法确定。

步骤 1：按照“HJ 338—2018 中 4. 5. 2（地下水饮用水源保护区划分）和 7. 2. 1（孔隙水潜水型水源保护区划分）”方法或其他科学合理方法划分出二级保护区边界。

步骤 2：以二级保护区边界线为起点，向外延伸两倍于二级保护区半径距离，形成一个调查区理论边界线。

步骤 3：考虑自然水文地质边界（如第四系与基岩接触线、开采目标含水层地下水与存在水力联系河流、湖泊、水库等边界）、地下水流向与调查区理论边界线交接关系、地下水降落漏斗形状等，修正调查区理论边界线，形成调查区平面范围。

2）垂向范围

调查区的垂向范围应是地面以下包括水源地开采含水层及其有密切水量水质交换含水层组的深度范围。视以下两种不同类型水源地确定调查区的垂向范围。

（1）对于山地型和丘陵型水源地，主要考虑开采含水层组（如中奥陶统含水层）与下伏含水层组（如下奥陶统亮甲山组、上寒武统峰峰组、中寒武统张夏组）的水质水量关系，合理确定调查含水层位和深度范围。

（2）对于平原型和滨海型水源地，主要考虑开采含水层组（如山前冲洪积扇含水层、平原区深层地下水）与浅层地下水的水质水量关系，合理确定调查含水层位和深度范围。

4. 调查区划分

1）原则

地下水水源地及保护区环境状况调查区最多划分为3种精度的调查区域，即重点调查区、一般调查区和概略调查区。

应基于HJ 338—2018中地下水水源地及保护区划分方法，以及实际划定情况，综合考虑不同类型水源地开采含水层埋藏及空间变化特征、自然边界（如地下水补给边界、河流边界等）、人为边界（如建筑物等）、工作条件（如道路通行情况）划分重点调查区、一般调查区和概略调查区。

2）典型类型地下水水源地调查区划分

A. 山地岩溶裂隙潜水型水源地

这类水源地位于山地区，如太行山区保定市、石家庄市、邢台市、邯郸市所辖山区县级水源地，燕山山区北京市、承德市所辖市县级水源地等，具有如下特点：

（1）开采含水层多为裸露岩溶裂隙含水层；

（2）含水层虽被褶皱断裂改造但总体呈连续分布；

（3）水源地地下水的补给区和径流区分布面积较大、地形地势起伏较大、河谷切割较深、交通不太便利。

山地型地下水饮用水源地调查区划分示例参见第3章。

B. 山前岩溶裂隙承压水型水源地

这类水源地位于山区与平原交接地带，如天津市北部蓟县地区水源地，太行山前的邢台市、邯郸市水源地等，具有如下特点：

（1）开采的目标含水层多为岩溶裂隙承压含水层；

（2）含水层被厚度较大的第四系或石炭-二叠系覆盖；

（3）水源地地下水与山区地下水具有密切的水力联系，常存在大气降水入渗直接补给区和河流径流间接补给区；

（4）直接补给区与间接补给区的地势起伏与交通条件差异较大。

山前岩溶裂隙承压水型地下水饮用水源地调查区划分示例参见第4章。

C. 平原及滨海孔隙承压水型水源地

这类水源地位于平原腹地或滨海地区，如位于华北平原的衡水市、廊坊市，位于滨海地区的天津市、沧州市等市级水源地，具有如下特点：

（1）开采的目标含水层为孔隙承压含水层，埋藏深度较大；

（2）目标含水层之上存在潜水含水层或微承压含水层；

（3）水源地地下水主要来源于侧向径流补给和上部含水层越流补给；

（4）地势平坦、交通便利。

平原区孔隙承压水型地下水饮用水源地调查区划分示例参见第 5 章。

5. 调查工作准备

开展野外调查工作前要做好以下准备：

（1）野外调查工作手图，一般在网上下载调查区范围内比例尺相当于 1∶2.5 万～1∶1 万的卫星地图；

（2）在手机和（或）平板电脑上安装电子地图（如奥维互动地图）软件；

（3）脱密处理后的调查区地质图、水文地质图、污染源分布图等，并将这些图件存储在手机和（或）平板电脑上；

（4）环境要素调查表格（附录 1）；

（5）野外记录本；

（6）便携式多参数水质仪、便携式手持式 XRF 元素分析仪等现场测定水土环境常规指标的仪器、试剂包、（充电）电池、校正液、校正样、校正记录表等；

（7）地质锤、罗盘、放大镜（若需要）；

（8）照相机、摄像机（若需要）；

（9）铅笔、橡皮、记录夹等文具；

（10）地表水及地下水取样器具（如水井开管、开泵扳手、无菌采样袋等）及清洗液（如纯净水）；

（11）地下水水位测量仪或河流流速仪；

（12）车辆、车载导航系统及安全平台系统；

（13）安全防护用品；

（14）每组至少 2～3 名调查人员。

2.6.3　环境要素野外调查基本要求

（1）一般按照先重点区、后一般区和概略区的调查顺序调查。

（2）要仔细观察和勤于访问，认真填写各类调查表格，将观察访问引发的调查思绪、认识、感想等记录在野外记录本内。

（3）应从不同方向、不同视角拍摄调查点环境照片。

（4）做好调查点电子定位、名称及标识的存储工作。

（5）沿途调查时，要注意观察道路两侧的地形地貌、土地利用等状况，并在工作手图上用油性笔标识出以下信息：①调查点位置及编号；②村庄名称及范围、基岩裸露及覆盖情况及范围；③用地类型、水域范围；④河流流向方向或干谷、冲沟的倾向，注明干枯段及有水段；⑤注明高铁、高速公路、国道、省道、南水北调渠等线状体的名称及延伸情况。

（6）每天出发前要做好便携式检测仪器校对记录工作，不允许将不准确或不符合精度要求的仪器带到野外。

（7）取水样检测分析时，要及时清洗采样器具及测量用过的探头，防止交叉污染。

（8）每天野外工作完成返回住地后，应做以下工作：①将手机或相机上照片以及便携式现场测试仪器内（如 XRF 仪）存储的测量数据导入电脑内；②照片宜按调查点建立文件夹，重要的照片应注释说明；③建立并补充填写野外调查点 Excel 信息表，字段一般包括编号、经纬度、行政位置、主要特征、现场测试数据、照片编号、调查日期等；④整理完善野外调查表格内容（如平面图、剖面图修饰）；⑤在野外笔记本内提炼调查方法，总结调查线路；⑥及时给仪器设备充电。

2.6.4 地质和水文地质环境调查

1. 调查对象

具有重要水文地质意义的地层（如奥陶系含水层、第四系泥包砾相对隔水层）岩体（如阻水岩体）、断层或断裂带（如透水断层、阻水断层）、岩溶发育区（如渗漏补给段岩层）等。

2. 调查方式

一般不作专门地质和水文地质环境野外调查安排，主要应通过阅研基础地质、矿产、水文地质等调查研究报告，结合其他环境要素调查，获得对调查区地质和水文地质环境的认识。

3. 调查方法

观察水源地开采含水层及相关含水层、相对隔水层地层产状、岩性结构、厚度变化、节理裂隙及岩溶发育情况。

观察并鉴定山地及丘陵区主要控水构造（如断裂带）、岩浆岩体、岩脉等地质体规模及其水文地质性质，测量具有重要水文地质意义岩层、断层、裂隙等地质体产状。

利用深切河（沟）谷、城市高大建筑物地基及输水输气管道开挖、农村砖坑等揭露的地质露头，观察第四系地层岩性、结构（如砂土颗粒沉积韵律）、颜色、厚度变化。

利用野外记录本，记录地质现象和元素含量，绘制地质剖面图。

4. 现场检测分析要求

利用便携式 XRF 仪等，现场检测分析岩石、土层元素含量。

2.6.5 地表水环境调查

1. 调查对象

地表水环境的调查对象包括河流、渠道等线状水体和湖泊、淀区、水库、休闲水域、水塘等面状水体。在山地和丘陵区，以调查河流、水库为主；在平原及滨海区，以调查河流、湖泊、淀区、休闲水域、水塘为主。

2. 调查方式

主要采用地面观察、访问、现场检测分析为主，遥感解译为辅方法。

3. 调查点布设及精度要求

在重点调查区，应对不同类型地表水体（河、渠、湖、库、塘等）至少布设 1 个调查点。当线状水体感官性状明显变化时或面状水体面积较大时，应增加调查点。

在一般调查区，针对不同类型的地表水体，调查工作量具体要求如下。

（1）线状水体。在进入和流出调查区的区段至少布设一个调查点，在中间区段出现以下情况时，可适当增加调查点：①多条线状水体交汇处下游段；②水质感官性状差异大的区段；③水质感官性状虽无较大差异，但两侧出露地层岩性差异较大的区段（如岩溶区与非岩溶区）；④上下游土地利用状况变化较大的区段（如居住区变为工业园区）；⑤垃圾、污水等污染物排放密集且感官性状突变的区段。

（2）面状水体。面积不足 $10km^2$ 时，布设 1 个调查点；面积超过 $10km^2$ 时，面积每增加 $10km^2$，多布设 1 个调查点。

在概略调查区，主要对间接补给水源地地下水的地表水体进行控制性调查，调查点密度为 1 个/（$50 \sim 100km^2$）。

4. 调查方法

宜沿河流、渠道等线状水体的延伸方向追踪调查。宜围绕湖、淀、库、休闲水域、塘等面状水体边界调查。

应观察河流、渠道、水库等水体调查点及周边渗漏情况，判断地表水与地下水补给、排泄关系。

应将河流、渠道、水库等地表水体名称、延伸轨迹、分布范围标识在工作手图上。

宜在现场对调查河段的环境状况做出初步评估，并将评估结果标识在调查手图上。河段环境状况野外评估标准见表 2.2。

表 2.2　河段环境状况野外评估标准表

序号	评估指标	好	一般	差
1	河道、河漫滩、一级阶地陡坎堆放垃圾、排污口等潜在污染风险源数量、密度等	零星分布，密度小于 1 处/km	较多分布，密度为 1 ~ 10 个/km	大量分布，密度为 10 ~ 100 个/km
2	河水感官性状	无色无味、清澈透明	颜色浅、无味	颜色重、有味
3	河道喜湿植物	无	较少	覆盖整个河床
4	现场水质参数（电导、pH、溶氧、氧化还原电位）	所有指标在正常范围	个别指标有异常	至少两个指标显示异常

注：一般三个评估指标满足要求时可确定河段的环境状况。

调查河流时，应仔细观察河流两侧环境状况特别是要观察垃圾等固废堆积的位置、洪水最大高度、河流流量沿流程变化、地层出露及岩溶发育情况，可采用浮标法、经验对比法估计河流断面流量，参照“HJ/T 91—2002 中 4. 1. 4 表 4. 1 和表 4. 2”确定河流断面垂线数和采样点数量并采集水样。调查渠道时，应弄清渠道的名称、展布、引水灌溉制度等情况。调查水库时，应访问管理处人员，问清水库建设、运营、放水灌溉等情况。

认真填写地表水调查表，见附录 1 附表 1. 1。

5. 现场检测分析要求

在地表水调查点处，应采用便携式水质多参数测量仪，现场检测分析地表水的水温、pH、电导率、溶解氧、氧化还原电位、浊度（以下简称“现场检测指标”）。

宜依据历年地表水水质监测评估结果，采用水质分析套件，对超过《地表水环境质量标准》（GB 3838—2002）的特殊指标［如总磷、总氮、COD 等］实施现场检测分析。

2. 6. 6　地下水环境调查

1. 调查对象

地下水环境的主要调查对象是井水和泉水。

水井按地下水使用功能，可分为饮用水井（以下简称“饮水井”）、农业灌溉井（以下简称“农灌井”）、工矿企业生产井（以下简称“生产井”）；水井按开采含水层的深度，可分为浅层井和深层井；水井按是否属于水源地开采井，可分为水源井和非水源井。

2. 调查点布设及精度要求

1）山地区及丘陵区水源地

依据以下原则布设调查点：

（1）以开采含水层（如中奥陶统含水层）为主，兼顾有水力联系的含水层（如下奥陶统含水层、中寒武统含水层等）；

（2）应主要沿地下水径流方向布设调查点，沿补给区—径流区—水源地开采区，调查点间距由大到小、密度由疏变密。

山地及丘陵区地下水环境调查点的密度总体上应是重点调查区大于一般调查区，一般调查区大于概略区，并按照重点调查区 10 ~ 20 个/100km^2，一般调查区 5 ~ 10 个/100km^2，概略调查区 1 ~ 5 个/100km^{2}布控。

2）平原区及滨海区水源地

依据以下原则布设调查点：

（1）以开采含水层（如深层含水层）为主，兼顾有水力联系的含水层（如浅部含水层），一般开采含水层调查点数量应占全部调查点的 60% ~ 80%；

（2）当调查区位于地下水降落漏斗内时，应以最大水位降落漏斗区为中心，向外呈放射状布设调查点，调查点间距由内向外增大；

（3）当调查区含水层处于基本均匀流场状况时，应均匀布设调查点。

当平原区及滨海区水源地调查区有大量水井可以利用时，调查点密度按照重点调查区 20~30 个/100km^2，一般调查区 10~20 个/100km^{2}布控；当水源地调查区水井少且密度达不到规定的要求时，如在南水北调工程受水区或地下水压采区，调查点数量不做硬性规定，但应全面摸排水井状况，充分利用已有水井。

应在以下位置布设地下水环境调查点：

（1）重点调查区内的水源开采井和泉水；

（2）一般调查区和概略调查区内较大的泉水；

（3）分布面积较大（不小于 1km^2）或污染物排放较大的潜在污染源内或附近水井；

（4）水化学类型或溶解性总固体（矿化度）突变区段水井。

3. 调查方法

当在某一区块布设水井调查点时，宜按照先监测井（国际级、省级、队级）、后饮水井、再农灌井或生产井顺序筛选。

当调查区位于农业农村地区，应先走访村委会，全面掌握地下水开发利用情况，包括水井数量、类型、抽水制度、供给人口数量，以及洪水灾害等突发事件卫生防疫水质监测情况等信息。

调查水井时，应注意观察、访问和测量以下内容：①水井取样和水位测量可行性；②井周边岩层露头及产状；③井深、成井年代、成井结构；④钻井过程遗弃的岩心及其岩溶裂隙发育情况；⑤出水深度、出水岩石的性状；⑥钻探及成井原始资料；⑦抽水泵类型、下放深度、出水管类型、长度及下方根数；⑧水质问题；⑨出水量及水位变化情况；⑩若发现水井有二维码信息牌，应专门拍照留存；⑪地下水水位埋深。

认真填写井水、泉水调查表，见附录 1 附表 1.2 和附表 1.3。

4. 现场检测分析要求

应采用便携式水质多参数仪现场检测水井和泉水的常规指标。

应依据历年地下水水质监测评估结果，采用水质分析套件，对超过《地下水质量标准》（GB/T 14848—2017）的特殊指标（如砷、氟化物、氯化物、硫酸盐、总硬度等）实施现场检测分析。

2.6.7　潜在污染源调查

1. 调查对象

历史上存在过或现状可观察到的地面或浅地表可能产生污染水土的工矿企业、矿业开发、固废堆积、污水处理等场所。

2. 调查方式

采用收集网上潜在污染源信息、访问水源地所辖行政地域相关部门（如环保、住建、水务），以及开展地面调查相结合的方式。

3. 调查点布设及精度要求

采用判断法布设调查点。应将调查点尽量布设在潜在污染源内。若潜在污染源难以进入，可将调查点布设在潜在污染源外大气主导风向下方或地面产流汇集的地方。

对于分布面积小于 $1km^2$ 或污染排放量小的潜在污染源，原则上只布设一个调查点；对于分布面积大于 $1km^2$ 或污染排放量大的潜在污染源，可适当增加调查点。

在重点调查区，要调查100%的潜在污染源；在一般调查区，要调查不同类型的潜在污染源且对同一类型的潜在污染源应调查80% ~100%；在概略调查区，侧重对大型、特大型潜在污染源调查。

4. 调查内容与方法

使用卫星地图（如奥维互动地图等）开展地面潜在污染源调查时，要特别注意调查时间与拍摄时间的差异，对于疑似污染源或面积较大且分布不明的场地应实地核查。

对于日常生活、工矿企业生产过程中必然要产生的潜在污染源，如垃圾填埋场、污水处理厂、矿山尾矿库、煤矸石场等要追踪调查。

调查垃圾填埋场时，要仔细观察垃圾场内的标识物（如建设情况介绍）、填埋方式、防护方式、周边出露地层等，采用便携式水质参数仪检测分析垃圾渗滤液的常规指标。

认真填写潜在污染源调查表，见附录1附表1.4。

5. 现场检测分析要求

应使用便携式XRF元素分析仪、便携式土壤物理参数仪（可测温度、含水量、电导率、pH）等检测分析潜在污染源处或附近表层土壤，检测时应注意：

（1）对于便携式XRF元素分析仪，宜选用直触式测量模式在多点测量，测量的土壤面应平坦，测量时间不少于90s，选择的测量点应能够最大限度地保留原始污染的痕迹和代表一定面积污染物的聚集范围；

（2）对于便携式土壤物理参数仪，应根据土壤质地选择测量模式（如黏土质、砂土质等），测量探头应插入表层土壤一定深度内。

2.6.8 土环境调查

1. 调查对象

土环境调查聚焦以下对象：①潜在污染源分布区内或其附近表层土壤；②地表水和地下水调查点附近的表层土壤；③自然出露或人工揭露一定深度内的第四系土层。

2. 调查方式

以地面调查为主、钻孔等人工揭露为辅。

3. 调查点布设及精度要求

一般在开展潜在污染源、水井或泉水、地表水调查时，在其附近同时布设表层土壤调查点。凡是采用便携式 XRF 元素分析仪和便携式土壤物理参数仪在潜在污染源、水井或泉水和地表水附近实施了现场检测分析的点均视为表层土壤调查点。

第四系土层调查点要尽量与潜在污染源调查点匹配。在山地丘陵区，应在调查的潜在污染源旁边，利用厚度大的第四系地质剖面作为土层调查点；在平原和滨海区，应在调查的潜在污染源旁边，利用地基开挖坑、砖坑等深度较大的凹地作为土层调查点，如有必要，可专门布设钻孔调查。

表层土壤调查点密度要求，重点调查区：100% 潜在污染源内或附近、每类裸地至少 1 个点；一般调查区：5 ~ 10 个/100km^2；概略调查区：大型、特大型潜在污染源内或附近至少 1 个点。

第四系土层调查点密度要求，重点调查区：60% ~ 80% 可见剖面；一般调查区：30% ~ 50% 可见剖面；概略调查区：大型、特大型潜在污染源附近可见剖面。

4. 调查内容与方法

1）*表层土壤调查*

应使用便携式 XRF 元素分析仪、便携式土壤物理化学参数仪等现场检测分析表层土壤，其使用要求见 2.6.7 节。

认真填写表层土壤调查表，见附录 1 附表 1.5。

2）*第四系土层调查*

利用天然或人工开挖的凹地调查第四系土层时，应做到：

（1）将露头厚度大、剖面清晰的地点作为调查点；

（2）应全方位观察描述剖面土层的颜色、岩性、结构、厚度等变化，绘制土层岩性结构剖面图；

（3）采用便携式 XRF 仪测定每个土层元素的含量，并记录在第四系土层调查表内，见附录 1 附表 1.6。

采用钻孔调查第四系土层时，应做到：

（1）根据地层岩性，选用适宜的钻探工具；

（2）根据浅层地下水的埋深，结合具体的土水环境问题（如咸水体深度），确定钻探深度；

（3）钻进过程中，应派专人核对每一回次钻进深度，监督地层岩心按钻进深度顺序摆放；

（4）应由专业人员编录钻孔岩心，土的描述、分类、定名等应按照“GB 50021—

2001（2009年版）中3.3 土的分类与鉴定”相关规定执行，标记每一回次岩心深度，认真填写钻探岩心编录及检测表格（见附录1附表1.7），并拍摄照片；

（5）钻进过程中应采用便携式仪器，跟进检测并记录岩心土壤污染物浓度、物理化学参数的变化情况，检测间距为0.5～1.0m，测量结果填写在表内，并现场绘制主要参数随深度的变化情况；

（6）若采集土层样品做定量化学分析，应以便携式仪器现场检测结果变化趋势作为主要参考依据，并按照以下原则调整：①浅部取样的密度大于深部；②岩性、颜色、结构、含水量、气味突变时应有样品控制；③地下水波动带加大取样密度。

2.6.9 土地利用类型调查

1. 调查方式

以遥感调查为主，地面验证为辅。

2. 遥感影像精度

在重点调查区，采用空间分辨率优于1m的卫星影像数据或无人机影像数据；在一般调查区，采用空间分辨率优于2.5m的卫星影像数据；在概略调查区，采用空间分辨率优于15m的卫星影像数据。

3. 遥感影像信息提取与解译

应采用至少四个不同年代（间隔10年左右）的遥感影像，提取与解译调查区土地利用类型。

依据GB/T 21010—2017标准开展土地利用类型分类。在重点调查区，宜采用面向对象的分类方法进行信息提取和目视解译，抽样验证精确度不低于95%；在一般调查区，宜采用面向对象分类方法进行信息提取和目视解译，抽样验证精确度不低于90%；在概略调查区，可采用现象对象分类方法或监督分类的方法进行信息提取，抽样验证精确度不低于80%。

4. 地面验证

对现状土地利用类型进行实地核查验证，保证准确率符合要求。随机抽取若干现状土地利用地块，样本地块需涵盖所有土地利用类型，确保准确度符合要求。对准确度不符合要求的，结合目视解译和实地验证结果，重建训练样本进行修正。

5. 统计分析

对提取土地利用类型实地核查验证，修绘土地利用类型和下垫面类型分布范围，根据地形坡度、坡向等信息判断河流流向，标注主要地名、道路、坑塘等信息，统计各种土地利用类型、潜在污染源面积及百分比，并分析其历史演变。

2.6.10　环境地质问题调查

1. 调查对象

主要对地下水开发利用引起的环境地质问题进行调查，包括地面沉降、地面塌陷、地裂缝、海水入侵、土壤盐渍化等。

2. 调查方式

以资料信息收集、整理、统计为主，补充少量地面调查工作，核查各类典型环境地质问题。

3. 调查内容与方法

1）地面沉降

应调查沉降发生年代、分布范围、最大累计沉降量（m），以及地面沉降导致的危害损失，如建筑物破坏、交通受损、城市排水不畅、河流抗洪能力下降等。

2）地面塌陷

应调查塌陷发生时间（年、季节或月）及地点，塌陷岩土的组合类型（如土类、上土下岩类、岩石类）及厚度，单个塌陷或多个塌陷分布特点、形状，单个塌陷最大深度、最大宽度，多个塌陷分布面积，地面塌陷导致的危害损失。测量地面距塌坑内积水水面深度，采用便携式多参数水质仪现场检测积水常规指标。

3）地裂缝

应调查地裂缝发生时间（年、季节或月）及地点，地裂缝穿切的地层年代，主地裂缝方向、倾向、倾角、宽度、深度，群地裂缝平面组合形态、平均间距、展布方向，地裂缝力学性质（如张性、扭性、张扭性），地裂缝导致的危害损失。

4）海水入侵

应调查海水入侵发生年代及影响范围，含水层介质类型、埋藏特征、地下水水位降深、地下水水化学特征变化，海水潮汐对地下水水位、水质动态影响，海水入侵导致的危害损失。采用便携式多参数水质仪现场检测海水入侵地下水电导率等常规指标。

5）土壤盐渍化

应调查土壤盐渍化范围及面积，土壤盐渍化区气象条件，包气带与饱水带岩性结构特征，含水层埋藏特征、地下水水位埋深及动态变化，农田水利灌溉情况。采用便携式多参数水质仪现场检测地下水常规指标。

认真填写环境地质问题调查表（附录1附表1.8）。

2.6.11 水源地环境调查

1. 调查对象

水源地及周边一级保护区内地面构筑物、供水设施、开采井、潜在风险源等。

2. 调查方式

采取收集访问与现场调查相结合的形式，开展水源地环境状况调查。主要访问水源地或水厂管理人员。

3. 调查内容与要求

应沿水源地或水厂内部及周边进行调查，主要调查以下内容：

（1）核查水源地保护区标识设置情况；

（2）在卫星地图上定位所有可以观察到的水源井，拍摄水源井及周边环境照片；

（3）拍摄水源地或水厂标志性建筑物大门（如大门、办公楼）及其环境条件；

（4）将水源地或水厂名称、范围、水源井等标识在工作手图上；

（5）绘制水源地或水厂、水源井分布平面图；

（6）潜在风险源位置、规模、建设年代、归属关系等。

4. 现场检测分析要求

应采用便携式水质多参数仪现场检测水源地开采井水质。

应采用水质分析套件，对超过《地下水质量标准》（GB/T 14848—2017）的特殊指标进行现场检测分析。

2.7 水环境监测

2.7.1 目的

掌握水源地及保护区水环境水质水量最新状况，为全面和动态评价水环境提供数据支持。

2.7.2 基本要求

只有完成了野外环境要素调查且对水源地及保护区环境状况特别是对调查区地下水流场及水质监测情况有足够认识后方可开展监测工作。

应重点监测调查区地下水水质及水位，适当补充地表水水质监测。

应充分利用环境要素调查阶段布设的水环境调查点，以及调查区已有的地下水监测井和地表水监测断面。

认真填写水样采集记录表，见附录1附表1.9。

2.7.3　地下水水质监测

1. 监测点布设

1）监测点筛选

应在布设地下水监测点前绘制水源地开采含水层及其相邻含水层水化学类型、常规水质指标（电导率、pH、溶解氧等）和特征化学指标（如砷、氟、氯化物、硫酸盐等）平面分布图，并与地下水流场图（如水头等值线图）叠加，分析上述水质指标沿地下水流程的变化。基于上述分析，综合考虑以下因素筛选出水质监测点：

（1）处于毗邻区块属于相同类型含水层的调查点，其水化学类型相同、常规水质指标和特征化学指标相对差异不大（如电导率相对误差小于10%）的多个地下水调查点，可选代表性水点作为监测点；

（2）优选分布于较大规模潜在污染源旁的地下水点；

（3）优选取样条件较好的地下水点；

（4）优选正在使用或处于热备状态的水源开采井。

2）布设原则

（1）以开采含水层为主（如深层含水层），兼顾有水力联系的含水层（如浅部含水层）；

（2）山地及丘陵区水源地监测点应主要沿地下水径流带布设，沿补给区—径流区—水源地开采区，监测点间距由大到小、密度由疏变密；

（3）当调查区位于地下水降落漏斗内时，应以最大水位降落漏斗区为中心，向外呈放射状布设，监测点间距中心区域小、外围区域大；

（4）当调查区处于基本均匀流场状况时，应均匀布设监测点。

3）监测点数量

一般要求筛选出的水质监测点数量与调查点数量比例是：重点调查区达到80%～90%，一般调查区和概略调查区达到65%～80%。

当调查区面积小于50km^{2}时，地下水水质监测点不少于7个；面积为50～100km^{2}时，监测点不得少于10个；面积大于100km^{2}时，每增加25km^{2}监测点至少增加1个。

应列表说明所有监测点布设情况（表2.3），并将监测点绘在水文地质图上，以便从总体上把握监测点的分布。

表 2.3 监测点布设情况示例表

编号	地理位置	水点类型	井深/m	含水层类型	所在水文地质区段	布设依据
XTSY-43	某市王窑镇葛家村	饮水井	200	中奥陶统马家沟组岩溶裂隙含水层	位于一般调查区西南片地下水强径流带上	了解王窑铁矿开采对岩溶水水质影响，掌握降落漏斗水质；核实是否存在硫酸-重碳酸型水；核实 2018 年Ⅳ类水质
XTSY56	某市桃城区赵圈镇张庄村	农灌井	20	第四系上更新统浅层孔隙含水层	位于重点调查区水位降落漏斗东南片区内	核实地下水水化学类型是否为氯化物-重碳酸型水；是否受到某潜在生活污染源影响

2. 监测指标

1）地下水水源地开采井监测指标

《地下水质量标准》（GB/T 14848—2017）和《生活饮用水卫生标准》（GB 5749—2006）（扣除消毒剂副产物）中包含的指标，参见生态环境部“《地下水环境状况调查评价工作指南》附录 C 表 C.1”列出的 100 项指标。

2）其他位置地下水监测指标

由必测指标和选测指标组成。必测指标由以下 3 个部分组成。

一是 GB/T 14848—2017 中表 1 列出的 39 项基本指标。

二是用于质量控制和水化学类型演化对比的指标，如钾、钙、镁、重碳酸根、碳酸根、游离二氧化碳等。

三是现场检测分析指标，如水温、pH、溶解氧、电导率、氧化还原电位、浊度等。

选测指标基于以下情况筛选和综合确定：

（1）调查区已往地下水水质监测资料超过地下水质量Ⅲ类标准的指标；

（2）调查区内土环境及潜在污染源调查超过建设用地和农用地土壤环境质量风险筛选值的污染物项目，参见“GB 36600—2018 中表 1 和 GB 15618—2018 中表 1”；

（3）调查区内存在的主要类型潜在污染源中的特征污染指标。参见生态环境部“HJ 164—2020 中附录 F 表 F1”和《地下水环境状况调查评价工作指南》中附录 C 表 C.2～表 C.8”；

（4）调查区内地下水中历史上存在过的污染物；

（5）调查区内地下水中微生物群落特征及异常指标。

3. 监测频次及时间

地下水监测频次为丰水期和枯水期各 1 次。在我国北方地区，推荐枯水期采样在 4 月中下旬至 6 月上旬的水位下降期，丰水期采样在 9 月中下旬至 11 月中下旬的水位上升期。

4. 水样采集、保存、分析与质量控制

地下水样品采集宜由调查单位和检测分析单位共同完成。调查单位主要负责取样点定位、人员联系、样品采集、过程记录、现场指标检测等，检测分析单位主要负责采样器具、样品容器、保护剂、保存、运输等。

地下水样品采集按照“HJ 164—2020 中 6. 1 和 6. 3”要求执行，地下水样品保存、运输、交接和储存按照“GB 14848—2017 中附录 A 表 A1 和 HJ 164—2020 中 7”相关要求执行。除此之外，还应做到：

（1）采样前调查单位应多方调研承担检测分析的实验室，全面认真考察检测分析实验室的业务技术能力及检测指标的合法性，质量控制、服务等信誉水平，做好检测分析实验室的筛选工作；

（2）检测分析实验室应提前做好不同类型水样（如地表水、地下水）或同一类型（如地下水）不同分析项目数量（如水源开采井 93 项、一般水井 67 项）水样的采样计划，列表说明采样容器材质及数量、添加保护剂类型及酸碱条件、储存环境及时间要求、采样量等；

（3）为了提高取样效率，应提前做好采样路线策划，原则上按照地理区间（如河流界限）、交通界限（如国道、铁路线）等分片采样。同时，应根据取样片区的交通情况、熟悉程度、当地居民的配合程度等预估日取样点数量，并提前联系取样点管理人员；

（4）不得采集储存在水塔、水箱等容器内的过时水样；

（5）采集水源地开采井水样时，应采集直接从地下抽出的水样（原水），不得采集添加了消毒剂后的水样；

（6）采集微生物学样品时，应确保程序规范，取样与操作设备洁净无菌，取样后低温冻存，干冰运输。未过滤的水样，取样量在 500mL 左右；已过滤好的水样，提供过滤相应体积水的滤膜，如微生物含量少（水质清澈），可以适当增加送样量；

（7）样品采集完成后，应核对样品种类及数量，拍摄样品照片。应在样品转运前填写好送样单（见附录 1 附表 1. 10），一式两份，委托方和检测分析实验室各一份。

地下水监测项目分析方法按照“GB 14848—2017 中附录 B 表 B1”执行。实验室检测分析质量保证和控制按照“HJ 164—2020 中 10”要求执行。水中微生物测试，按照菌群多样性组成谱的一般分析流程执行。

2. 7. 4　地表水水质监测

1. 监测点布设

应重点布设在对水源地开采含水层具有直接补给且补给量较大的地表水体，或对水源地开采含水层虽没有直接补给，但对与之有水力联系的浅部含水层具有直接补给且补给量较大的地表水体。

对于河流、渠道等线状水体，应分析现场检测指标和特征指标沿程变化，在调查区入境区段、出境区段，以及水量明显减少或有利于入渗补给地下水区段布设监测点。

对于湖、淀、库、休闲水域、塘等面状水体，应首先统计每类水体常规和特征水质指标变化，在水质指标差异明显、规模较大的水体布设监测点。

2. 监测指标

地表水水质监测指标由必测指标和选测指标组成。

必测指标：一是 GB 3838—2002 中表 1 列出的 24 项基本指标和表 2 列出的 5 项补充指标；二是现场检测指标，包括水温、pH、溶解氧、电导率、氧化还原电位、浊度等。

选测指标：应依据调查区已往地表水质监测结果，以及地表水环境、土环境及潜在污染源调查结果，对超过地表水环境和地下水质量Ⅲ类标准项目和建设用地和农用地土壤环境质量风险筛选值的污染物项目作为选测指标。

3. 监测频次及时间

地表水监测频次及取样时间与地下水监测频次及取样时间保持一致。

4. 水样采集、分析与质量控制

地表水样品采集和质量控制按照“HJ/T 91—2002 中 4. 2. 3 水样采集和 4. 2. 4 水质采样的质量控制”有关规定执行。

地表水监测项目分析方法按照“GB 3838—2002 中表 4 ~ 表 6”规定执行。

2. 7. 5　地下水水位监测

1. 监测点布设

地下水水位监测点的筛选、布设及数量原则上应与地下水水质监测点保持一致。

当水井满足采样要求，但不能监测水位时，应在取样井周边寻找水位监测井。

2. 水位测量

按照“HJ 164—2020 中 6. 3. 2 地下水水位、井水深度测量”有关要求执行。除此之外，还应注意：

（1）需根据调查区水位埋深历史变化，预先准备可测不同深度（如 50m、100m、200m）的电子水位仪、测绳等测量工具；

（2）由于电子水位仪传感器对井壁水较敏感，测量时应注意甄别水位报警信号的真伪。

（3）需两人在现场读取和核定水位数据，水位值以米为单位，小数点后保留两位有效数值，如 8. 25m。

3. 监测频次及时间

地下水水位监测频次及时间与地下水水质监测频次及时间保持一致。

2.8　调查资料整理

2.8.1　整理对象

主要对环境要素调查与监测分析获取的现状原始资料进行整理。包括调查表格完整化、调查数据表格化、调查数据图形化等工作。

2.8.2　调查表格完整化

应完整补充调查表格信息，表内不能出现空白栏。对于没有获取的信息或数据需填写“不详”或注明原因如“仪器异常，未能获取数据”。纸质调查表内测量数值要用黑色笔着墨。应修饰与规范调查表内文字、平面图、剖面图等，补充调查人、记录人、审核人等责任信息。

2.8.3　调查数据表格化

宜采用 Excel 办公软件表格或适用于其他统计分析软件或数值模拟软件数据表格将调查与监测数据表格化。一般按环境要素类别进行表格化整理。

1. 水环境调查表格整理

（1）地下水水质现场检测分析表。主要字段包括调查点编号、水点类型（如浅层地下水、深层地下水）、行政位置、经纬度坐标、现场检测分析结果、特征指标分析结果、采样方法、调查时间。

（2）地表水水质现场检测分析表。主要字段包括调查点编号、水体类型（如河、湖、库、塘、池等）、行政位置、经纬度坐标、现场检测分析结果、特征指标分析结果、采样方法、调查时间。

（3）水点实验室分析结果表。可根据水点类型（如地表水、地下水）、分析项目多少（如 93 项、67 项）分别整理成不同表格。主要字段包括调查点编号、实验室分析编号、水点类型（如浅层地下水、深层地下水）、行政位置、经纬度坐标、监测项目分析结果、采样方法、采样时间。

（4）地下水水位埋深及标高测量表。主要字段包括编号、水点类型（如浅层地下水、深层地下水）、行政位置、经纬度坐标、水位埋深、水位标高、测量方法、调查时间。

2. 土环境调查表格整理

（1）表层土壤现场检测分析表。包括潜在污染源分布区内或其附近表层土壤调查点，地表水和地下水调查点附近的表层土壤调查点。主要字段包括调查点编号、行政位置、经纬度坐标、XRF 仪测量重金属元素含量、土壤参数测量结果、土壤特征指标分析结果、调查时间。

（2）深部土层现场检测分析表。一般按剖面点或钻孔为单元建工作簿，主要字段包括深度、岩性、XRF 仪测量重金属元素含量、土壤参数测量结果、土壤特征指标分析结果、调查时间。

（3）土样实验室分析结果表。宜按表层土壤和深部土层为单元建工作簿。主要字段应包括调查点编号、实验室分析编号、土样项目分析结果、采样时间。

3. 潜在污染源调查表整理

主要字段包括调查点编号、名称、所属行业、经纬度坐标、地面土壤点 XRF 仪测量重金属元素含量、土壤参数测量结果、土壤特征指标实验室分析结果、调查时间。

4. 便携式仪器现场检测分析原始数据整理

为了永久保留便携式 XRF 仪器现场检测分析结果，应将仪器存储的所有测量点测试结果导入 Excel 表，并进行编辑。主要字段应包括测点仪器编号、测点野外编号、测试类型（如矿石、土壤等）、测试时长（秒）、元素含量（ppm，$1\,ppm = 10^{-6}$或百分含量）、测量误差（两倍标准差）。

5. 菌群多样性组成谱分析数据整理

为了保留水体微生物在当前期次下的检测分析结果，应将相关测试结果进行保存，必要时进行编辑。主要包括测序数据表、物种信息表和物种丰度表。

2.8.4 调查数据图形化

应采用 MapGIS、ArcGIS 等绘图软件整理出以下图件。

（1）环境状况分析底图。该图是其他图件的基础用图。图面上应反映出调查区及分区界限（如重点调查区、一般调查区等）、地形地势、主要交通线、主要河流名称及流向、主要含水层及隔水层分布；水源地或水厂位置，水源地所在市、县（区）、乡（镇）行政单位位置；其他重要环境地物点（如大型工矿企业、补给地下水水库等）。

（2）水源地及保护区环境状况调查实际材料图。以环境状况分析底图为基础，图面上应反映出踏勘路线轨迹、调查路线主要轨迹、踏勘点、不同类型环境要素调查点及监测取样点等。

（3）水源地及保护区潜在污染源分布图。以环境状况分析底图为基础，图面上应反映出不同类型潜在污染源（如工矿企业、垃圾场、煤场区、污水塘等）位置、河流等线状潜在污染源水质较差河段。

（4）河流、渠道流程水质变化图。图面上应反映出沿流程现场检测水质指标（如水温、pH、电导率、溶解氧等）和特征指标（如硫酸盐、氯化物等）变化情况，标识出流程距离，主要潜在污染源分布位置、主干流交叉点位置、区段土地利用状况等。

（5）地下水水质参数等值线图。以环境状况分析底图为基础，叠加地质及水文地质环境要素，绘制调查区不同含水层（如浅层地下水、深层地下水、潜水含水层、承压水含水层）地下水现场检测水质指标和特征水质指标等值线图。

（6）地下水水头等值线图。以环境状况分析底图为基础，叠加地质、水文地质环境要素，绘制调查区不同含水层地下水水头等值线图。

（7）土地利用类型演变图。应形成不同年代、不同土地利用类型遥感解译图，统计分析调查区不同土地类型分布面积及位置演变情况。

2.9　环境状况论述

地下水饮用水源地及保护区环境状况一般应论述自然地理状况、社会经济状况、地质及水文地质状况、水环境状况、土环境状况、土地利用状况、潜在污染源状况、管理状况等内容。

2.9.1　自然地理状况

1. 地形地貌

地貌类型（如山地、丘陵、平原、滨海）及所在地貌单元级别、总的地形及地势变化、主导地貌（如低山）面积及高程范围、发育的特殊地貌（如黄土地貌、岩溶地貌等）。文中宜插一张构造与形态成因组合的地形地貌图。

2. 气象

所属气候分带，气候特点，多年降水量、蒸发量、气温等气象要素统计变化（平均、最大、最小）以及多年平均年内月降水量分配。若调查区分布范围大或覆盖不同的地形地貌单元，还需分区论述。文中应插一张调查区代表性气象站最长时间系列历年降水量变化图。

3. 水文

1）基本要求

应对调查区内存在的主要水体，特别是对地下水环境有较大影响的水体予以描述。文中应插一张调查区水系分布图，图上展示主要河流、渠道、水库、湖泊/休闲水域/水塘等水文要素。

2）河流

所属水系及河流数量、河流名称沿途变化、河流流向及展布特征。宜用表说明每条河流名称、长度、发源地、流域面积、年平均径流量、季节性变化等。河流与地下水关系，渗漏补给地下水或接受地下水补给区段起始位置及水量。

3）渠道

宜用表说明渠道名称、长度、引水河流或水库名称及引水流量、引灌时间等。渠道与地下水关系，渗漏补给地下水或接受地下水补给区段起始位置及水量。

4）水库

宜用表说明水库名称、所在河流、建成年份、控制流域面积、总库容、洪水位高程、正常设计水位、用途等。历史时期水库弃水量或放水量及由此导致的河流入渗补给地下水区段起始位置及水量。

5）湖泊/休闲水域/水塘

宜用表说明湖泊/休闲水域/水塘等水体名称、面积、深度、容量等。湖泊/休闲水域/水塘等水体与地下水关系，渗漏补给地下水或接受地下水水量。

4. 土壤

按照《中国土壤分类与代码》（GB/T 17296—2009）概要描述调查区土壤种类、土壤物质、结构特征，成土母岩，土壤分布位置、厚度及范围等。

5. 植物

按照《中国植物分类与代码》（GB/T 14467—2021）概要描述调查区植物种类、分布位置、面积，森林及植被覆盖率等。

2.9.2　社会经济状况

概要描述调查区所在行政区人口数量及密度，近年国民经济生产总值及变化、产业结构、主导经济、特色旅游文化产品等。

2.9.3　地质及水文地质状况

1. 基本要求

应着重论述调查区地面以下至水源地开采含水层以上空间范围内的区域地质、水文地质、环境地质状况，综述调查区地质及环境保护工作的调查研究程度。

2. 地质状况

论述地层、构造、岩浆岩、矿产等。宜插一张地质图，综合反映调查区地层、构造、岩浆岩、矿产等分布情况。

1）地层

按照由老至新地层顺序简要描述。主要描述地层单元的岩性、厚度、产状、接触关系、出露情况、成因等。

2）构造

简要论述所处大地构造单元名称，不同地质构造期（如燕山期、喜马拉雅期）构造运动特点、构造形迹（如褶皱、断裂）的规模、方向、力学性质及其演化、切割关系等。重点论述新构造运动特点，主要控水构造规模、方向、力学性质、物质组成、水文地质意义（如阻水、导水、透水）。宜附构造纲要图和主要基岩含水层节理裂隙玫瑰花图。

3）岩浆岩

概要论述岩浆岩形成的地质时期或地质年代、名称、产状类别（如侵入岩、喷出岩）、化学类别（如酸性、碱性）岩性，以及展布特征、侵入岩与围岩的接触关系等。

4）矿产

概要论述调查区主要矿产类型、名称、成因、储量规模、分布位置等。

3. 水文地质状况

主要论述水源地及其补给区所在水文地质单元或地下水系统、地下水类型及含水岩组特征、地下水补给-径流-排泄条件、地下水动态、地下水水化学特征、开采含水层特征。文中应插一张水源地及补给区综合水文地质图，图中应附1～2条水文地质剖面图。

1）水文地质单元

天然或近于天然条件下，水源地及补给区所在水文地质单元（如泉域）名称、边界条件、分布面积，地下水类型及含水岩组构成，以及补给区、径流区、排泄区分布等。

2）地下水类型及含水岩组特征

按照地下水赋存介质类型分成孔隙水、裂隙水、岩溶水或其组合型式含水岩系，如松散岩类孔隙含水岩系、碎屑岩-变质岩-岩浆岩裂隙含水岩系、碳酸盐岩岩溶含水岩系等。应用专门段落概要论述含水岩系的组成、成因、分布、岩性结构特点、含水岩系之间的水力联系等。

以地层统为单位，依据富水性将含水岩系分为若干含水岩组，如上更新统和全新统含水岩组、奥陶系中统岩溶含水岩组等。一般描述含水岩组的分布、厚度、富水性、水化学类型、矿化度等。岩溶含水岩组还要论述岩溶发育情况。

3）地下水补给、径流、排泄条件

水源地开采含水层及与其有水力联系含水层的补给方式（如大气降水入渗补给、水库放水河道入渗补给、相邻含水层越流补给）、排泄方式（如泉排泄、人工开采排泄、侧向径流排泄），分别叙述每种补给方式及排泄方式的特点及其比重。

水源地开采含水层及与其有水力联系含水层地下水流动方向、水力坡度及其变化。若水源地开采的是岩溶地下水，应围绕地下水强径流带论述径流条件。

4）地下水动态

选取水源地开采含水层及与其有水力联系的含水层补给区、径流区、排泄区典型地下水监测点资料，论述地下水埋深或水位或流量年内及多年（10年或更长）动态变化特征。

5）地下水水化学特征

论述水源地开采含水层及与其有水力联系含水层水化学类型种类及沿地下水流程水化学类型的变化。

6）开采含水层特征

水源地开采含水层的地下水类型（孔隙水、裂隙水、岩溶水）、地下水埋藏条件（潜水、承压水）、与相邻含水层在水平和垂向上相互关系、富水性、水化学类型、矿化度等。

4. 环境地质问题

概要论述调查区存在的主要环境地质问题类型、数量、分布，以及对水源地开采含水层或相关含水层结构、水量及水质的可能影响。宜用一张插图表示其类型和分布。

5. 地质调查研究程度

应按照年代简述调查区开展的不同精度（比例尺）、不同类别（基础地质、矿产地质、水文地质、岩溶水文地质、环境地质、矿山地质等）地质工作情况。

宜用一张表格综合列出调查区地质工作成果，内容包括地质工作类别、成果名称、比例尺、工作起始时间、主要完成单位等。每一类别的地质工作宜按由老到新的时间顺序排列。

宜用一张图展示调查区内不同比例尺地质工作覆盖的范围。

应对调查区的区域地质、区域水文地质、岩溶水文地质、水源地水文地质勘察等工作的精度给予研判。

6. 环境保护调查研究程度

简述在水源地及保护区所做的环境保护工作，包括保护区划分、应急备用水源地论证、地下水污染风险防控、生态（如泉水复流）恢复及保护研究成果、水源地供水规划等。

2.9.4 水环境状况

1. 地表水状况

主要论述与地下水水源地开采含水层有直接或间接水量、水质联系的地表水体状况。地表水环境状况论述以近10年的资料为主，鼓励使用更长时间系列的动态资料。

1）地表水水质状况

充分利用调查区多年地表水体水质检测分析结果，以及地表水环境调查与现场检测及实验室分析结果，进行统计分析。

采用《地表水环境质量标准》（GB 3838—2002）评价地表水体水质状况，并做以下规定。

（1）对于列入表1的基本项目（如水温、pH、溶解氧），应依据单因子标准限值范围分五个水质类别评价，未超过Ⅲ类限值的称为达标，超过Ⅲ类限值的称为超标。

（2）对于列入表2的补充项目（如硫酸盐、氯化物）和表3的特殊项目（如三氯甲烷、四氯化碳），应依据项目分析值是否超过限值评价，未超过限值的称为达标，超过限值称为超标。

当地表水体（如水库、河流断面）积累了多年水质评价数据时，应用图、表展示主要超标项目动态，分析其水质变化趋势。

2）地表水水量状况

当地表水体是水源地所在水文地质单元地下水重要补给源或排泄源时，应论述地表水体补给量或排泄量的动态变化和沿程变化等。

2. 地下水状况

地下水环境是水源地及保护区环境状况的重要内容，应着重论述。

充分利用收集的历史资料和调查获取的第一手资料，从历史演化的视角，重点论述水源地开采含水层及相互联系含水层的地下水水质状况、地下水水量状况、地下水流场状况。

地下水环境状况论述以近10年资料为主，鼓励采用更长时间系列动态资料进行分析。

1）地下水水量状况

从水源地开采井区水量状况、水源地所在水文地质单元水量状况、水源地所在水文地质单元地下水流场状况3个方面进行论述。

A. 水源地开采井区水量状况

根据资料信息满足情况，可从下面四个方面论述。

（1）依据近10年来水源地开采量数据，分析开采量变化趋势，计算多年平均开采量，并与水源地设计开采量相比较，评价水源地开采状态（严重超采、超采、未超采等）。

（2）依据近10年来一级保护区内典型监测井水位动态监测资料，计算开采含水层多年平均盈亏水头，定量评价水源地开采含水层水量盈亏状况。

（3）以水源地处于热备状态或完全停用状态时间点为节点，观察分析水源地开采井或一级保护区内监测井地下水水位回升速度和稳定状况。

（4）在水源地正常开采运行情况下，利用某个开采井停抽水资料，观察分析停抽后井内水位回升速度和稳定状况。

B. 水源地所在水文地质单元水量状况

根据资料信息满足情况，可从下面两个方面论述。

（1）以水源地所在水文地质单元或地下水系统为均衡区，以现状调查年为起点回溯，近10年或更长时间系列为均衡期，计算水源地含水层多年平均补给量、多年平均排泄量及其差值，给出水量均衡状况的结论（如正均衡、负均衡、基本平衡），并根据均衡水量多寡程度评价水文地质单元水量状态。

（2）充分利用补给区、径流区、排泄区开采含水层代表性地下水水位监测井资料，绘制历年地下水水位动态变化曲线，分析近 10 年或更长时间以来水源地所在水文地质单元地下水储变量多年变化情况。

采用历史对比和统计方法分析补给量变化，具体要求如下。

（1）充分利用多年系列地下水补给量计算资料，统计分析各项补给量变化及其平均占比，并予以排序。

（2）采用图表形式，直观分析主要补给量（占比大于 50%）和总补给量多年变化。

（3）当大气降水补给量占主导地位时，应在调查区内选择代表性气象站，以最长时间系列年降水量为统计样本，分析其周期性和趋势性。宜采用 SPSS 等统计分析软件，确定多年降水量时间序列结构模型及参数，预测未来 5 ~ 10 年的降水量变化趋势。

（4）当河水补给量占主导地位时，应分析水库建设前后河流补给量的变化，充分利用历年水库放水资料，分析放水量与降水量的关系，合理推估河流补给量的变化趋势。

采用历史对比及统计分析方法分析排泄量变化，具体要求如下。

（1）充分利用多年系列地下水排泄量计算资料，统计分析各项排泄量变化及其平均占比，并予以排序。

（2）采用图表形式，直观分析主要排泄量（占比大于 50%）和总排泄量多年变化。

C. 水源地所在水文地质单元地下水流场状况

充分利用水源地开采含水层所在水文地质单元或地下水系统地下水水位统测资料，绘制多个年代某固定时期（如枯水期）地下水等水位线图，由老到新从历史演化角度论述地下水流向、水力坡度、降落漏斗、分水岭、排泄区位置、泉水出露及流量等变化特征。

2）地下水水质状况

充分利用调查区多年地下水水质检测分析结果，以及地下水环境现状调查结果。

统计分析现状调查检测指标，绘制单指标等值线图，分析指标平面变化。如有地下水分层水质资料，宜分层分析。

应针对水源地开采含水层，从水源地开采井区地下水水质状况、水源地所在水文地质单元地下水水质状况、主要补给源水质状况 3 个方面论述。

A. 水源地开采井区地下水水质状况

以水源地开采井原水为对象，充分利用历年历次水质检测分析结果，按照《地下水质量标准》（GB/T 14848—2017）指标分类要求，遵循单指标从优不从劣、多指标从劣不从优的评价原则，从老到新分年代评价，并给出各年代水源地开采井区水质评价结论，对于超过Ⅲ类水的评价结果，宜列出超标指标。

当水源地积累了不同年代水质检测分析资料时，应选取资料系列长的水源开采井，分析典型水化学指标的多年变化。

地下水典型水化学指标是指以下情况的任何指标：①含水层水质超标指标；②能体现地下水整体质量状况指标，如总硬度、矿化度、TDS 等；③能反映调查区特殊人类活动影响指标，如反映煤矿开采影响的硫酸盐，反映农田农药化肥施用影响的硝酸盐，反映生活污水排放影响的细菌指标、氯化物等。

B. 水源地所在水文地质单元地下水水质状况

应重点从水源地开采含水层水质、水化学类型、典型水化学指标、地下水污染现象四个方面反映水源地所在水文地质单元地下水水质状况。

a. 含水层水质

应以水源地开采含水层为主，兼顾相互联系的含水层。

充分利用调查区历年水质检测分析结果，依据《地下水质量标准》（GB/T 14848—2017）分类要求，遵循单指标从优不从劣、多指标从劣不从优的评价原则，从老到新分年代评价，并给出各年代水质评价结论。

评价结果宜以平面图和统计图形式展示，超过Ⅲ类水的评价结果，宜列出超标指标。

宜以调查获取的第一手资料为依据，绘制地下水现场检测水质指标和特征水质指标等值线图，分析其平面变化规律，作为辅助判断调查区含水层水质现状的手段。

b. 水化学类型

应按照舒卡列夫分类法命名，分年代用平面图展示调查区含水层地下水水化学类型。

依据水化学类型图，对比分析同一地域不同年代或同一年代不同地下水流程水化学类型中阴离子或阳离子排序变化情况。

c. 典型水化学指标

当调查区积累了不同年代水质检测分析资料时，应选取资料系列长的监测井，分析典型水化学指标多年变化。

d. 地下水污染现象

以历年地下水环境水质监测和地下水污染调查评价报告为依据，宜从老到新分年代论述调查区内地下水污染位置、污染组分、污染程度、污染途径、污染范围及其演化情况。必要时，可结合水体微生物组成情况与异常特征辅助判断地下水污染状况。

C. 主要补给源水质状况

论述近10年来水源地所在水文地质单元地下水水均衡补给量中占比大于20%各项补给源水质状况。一般大气降水水质不参与评价，地表水水质按照《地表水环境质量标准》（GB 3838—2002）评价，地下水水质按照《地下水质量标准》（GB/T 14848—2017）评价。

3）地下水微生物群落状况

当调查获取了地下水微生物种群分析数据时，宜论述水源地所在水文地质单元地下水微生物群落及环境响应特征。主要包括样品采集与基因组测序分析方法、地下水微生物丰度与多样性、微生物种类组成、微生物群落与环境因子响应特征。对比分析不同埋深含水层、不同人类活动影响区块（区段）（如上、下游，城市区与农业区，降落漏斗区与非漏斗区）微生物群落变化特征。

2.9.5　土环境状况

分别论述调查区表层土壤和第四系土层相关化学组分分布状况、依据相关标准评价其用地健康风险，评估第四系土层防污性能。

1. 表层土壤

1）化学组分平面分布特征

统计描述表层土壤相关化学组分变化，绘制典型化学组分平面分布图，指出化学组分异常区，考虑自然背景、人类活动影响（如潜在污染源分布）等，探讨异常区形成原因。

2）用地健康风险评价

参照《土壤环境质量　农用地土壤污染风险管控标准（试行）》（GB 15618—2018）和《土壤环境质量　建设用地土壤污染风险管控标准（试行）》（GB 36600—2018），确定表层土壤调查点和取样点所属用地类型（如农用地、第一类建设用地、第二类建设用地），分别评价单组分和多组分健康风险。按以下要求评价：

（1）参评项目。《土壤环境质量　建设用地土壤污染风险管控标准（试行）》（GB 36600—2018）中表1列出的45个基本项目和表2列出的40个其他项目，《土壤环境质量　农用地土壤污染风险管控标准（试行）》（GB 15618—2018）中表1列出的8个基本项目和表2列出的3个其他项目。

（2）风险评判原则。低于或等于筛选值的，评判为无风险；大于筛选值低于管控值的，评判为疑似风险；大于管控值的，评判为存在风险。

（3）多个项目参与评价时，从劣不从优。

宜用平面图直观表达调查区表层土壤风险评价结果，并统计无风险、存在疑似风险、有风险点的比例。

2. 第四系土层

（1）统计描述第四系土层相关化学组分垂向变化特征，计算化学元素地球化学背景值，绘制典型化学组分垂向变化线，探讨化学组分演变与地层时代、沉积物岩性等相关关系。

（2）用地健康风险评价。确定第四系土层剖面或露头或钻孔位置所属用地类型，参照表层土壤风险评价方法，评价垂向深度土层点的风险状况。

宜用钻孔柱状图或剖面图直观表达调查区第四系土层风险评价结果。

（3）防污性能评价。以观察到剖面为依据，考虑岩性、结构、厚度等因素，定性评估第四系土层防污性能。

2.9.6　土地利用状况

1. 数据源与方法

说明不同年代遥感影像数据来源、空间分辨率、时相选取、数据处理方法、土地分类方法等。

2. 土地利用类型解译与统计

建立典型的土地利用类型地物图像解译标志。

采用遥感影像及遥感图像处理软件，结合数字高程模型和地理信息系统软件，精确确定调查区面积及重点调查区、一般调查区和概略调查区面积。

结合调查区地质环境、地表环境特点和地下水水源地补给、径流、排泄条件，确定遥感解译重点关注的一级土地（如耕地、林地、草地）、二级土地（如工业用地、采矿用地、养殖区）或其他土地利用类型（采煤与煤堆放区、养殖区）。

解译结果以高程叠加山影作为底图，上覆土地利用类型解译图，标注主要地名、道路、坑塘等信息，并统计各土地利用类型的平面分布及面积百分比。

3. 土地利用类型演变分析

分析调查区及其分区内（如重点调查区、一般调查区）至少 4 期（每期间隔 10 年左右）土地利用类型演变特征（如分布面积、位置等）。

宜用遥感解译图和统计图、表显示土地利用变化，总结规律并分析土地利用变化对地下水水源地水量、水质可能的影响。

2.9.7　潜在污染源状况

应按序分别评价调查区潜在污染源荷载风险、地下水垂向污染风险、水源地地下水污染风险及综合风险。

描述调查区内潜在污染源类型、数量、分布。分区统计（重点调查区、一般调查区、概略调查区）潜在污染源数量及占比。应插一张水源地及保护区潜在污染源分布图。

绘制潜在污染源荷载风险、地下水垂向污染风险、水源地地下水污染风险及综合风险平面图，统计分析及论述不同风险等级数量及分布情况，提出防控风险的策略或建议。

2.9.8　管理状况

宜从水源地及保护区建设与整治、水质监管、风险防控与应急处置 3 个方面论述管理状况。

1. 水源地及保护区建设与整治

简述水源地及保护区划分情况，保护区标识设置及隔离防护情况，水源地开采井及保护区编号、定位、定界情况，保护区污染治理、生态保护及整治工程实施情况（包括工程名称、位置、投资、时间、效果等）。

2. 水质监管

简述水质监测机构名称及监测能力。

应分别对调查区地表水、开采含水层及相关含水层区域地下水、水源地开采井原水及管网水日常监测进行说明，主要说明监测点或监测断面位置、数量、监测指标、监测频率等。

概述应对突发水污染事故对水源井微生物、病毒等指标应急检测能力，水质监测预警设备安装及运行情况。

3. 风险防控与应急处置

简述水源地及保护区定期巡查制度、风险源名录和危险化学品运输管理制度、应急供水及应对水源地突发环境事件的处置能力。

2.10　水源地及保护区环境状况评价

采用指标体系层次法构建、指标权重模糊互补判断矩阵一致性运算、基底层指标隶属度模糊评判，引入健康度评语，通过矩阵运算，科学合理评价水源地及保护区环境状况。

2.10.1　指标体系构建

1. 指标体系构成

指标体系采用层次法构建，从上至下由目标层、方面层和基底层指标构成。目标层是对水源地及保护区环境状况做出的综合评价；方面层是反映水源地及保护区环境状况的主要因素，类比人体系统组成，由 5 个方面指标构成；基底层是对方面层指标的分解和支撑，由 14 个基底指标构成（表 2.4）。

表 2.4　水源地及保护区环境状况评价指标体系表

目标层	方面层	基底层
水源地及保护区环境状况	调查研究程度	地质及水工环工作； 环境保护工作
	水质状况	水源地开采井区水质状况； 水源地所在水文地质单元地下水水质状况； 主要补给源水质状况
	水量状况	水源地开采井区水量状况； 水源地所在水文地质单元水量均衡状况； 水源地所在水文地质单元流场状况
	潜在污染源状况	潜在污染源荷载风险； 地下水垂向污染风险； 水源井地下水污染风险
	水源地管理状况	水源地及保护区建设与整治； 水源地及保护区水质监管； 水源地及保护区风险防控与应急处置

2. 方面层及基底层指标设置依据

1）调查研究程度

反映人类对水源地及保护区结构、功能、状态、相互关系的认知程度，类似于人体结构、功能等被研究解剖的状态。根据调查研究工作性质及资料归属部门，将调查研究程度分解为两个基底层指标，即地质及水工环工作和环境保护工作。

2）水质状况

综合反映自然条件（如气象、植被、地质结构）、岩石-土壤-水相互作用、人类活动（如潜在污染源、土地开发利用）等对水源地及其所在水文地质单元水质的影响，类似于人体的血液系统和泌尿系统健康状况，是水源地及保护区环境状况的重要指标之一。根据地下水水位和补给来源，将水质状况分解为3个基底层指标，即水源地开采井区水质状况、水源地所在水文地质单元地下水水质状况和主要补给源水质状况。

3）水量状况

综合反映自然条件（如大气降水）与人类活动（如抽水开采）对水源地及其所在水文地质单元地下水补给量和排泄量影响，类似于人体的心脏及其心血管系统和呼吸系统健康状况，是水源地及保护区环境状况的重要指标之一。根据不同位置地下水水量状态和地下水流场演变，将水量状况分解为3个基底层指标，即水源地开采井区水量状况、水源地所在水文地质单元水量均衡状况和水源地所在水文地质单元流场状况。

4）潜在污染源状况

反映水源地及保护区水质污染风险状况，类似于人体的“免疫能力”健康状况。基于地表及浅地表潜在污染源与水源地开采井地下水的补给、径流、排泄的链式关系，将潜在污染源状况分解为潜在污染源荷载风险、地下水垂向污染风险、水源井地下水污染风险3个基底层指标。其中，潜在污染源荷载风险表示潜在污染源自身的危害程度，地下水垂向污染风险表示潜在污染源通过包气带或含水层顶板污染地下水的可能性，水源井地下水污染风险表示潜在污染源一旦进入地下水，通过含水层水平运移污染水源地开采井的可能性。

5）水源地管理状况

反映水源地管理、运营、维护等状况，类似于人体的大脑中枢系统健康状况。水源地管理状况分解为水源地及保护区建设与整治、水源地及保护区水质监管、水源地及保护区风险防控与应急处置3个基底指标。

2.10.2　指标权重确定

水源地及保护区环境状况方面层和基底层指标权重值按以下步骤及方法确定。

1）步骤1：模糊互补判断矩阵构建

将同一指标层级的各个指标相对重要程度进行两两比较，用数字0.1～0.9及其余数作为指标间相对重要程度的标度（表 2.5）。一个同层级 n 个指标模糊互补判断矩阵（$\boldsymbol{R}$）表达式为

$$\boldsymbol{R}=\begin{bmatrix} r_{11} & r_{12} & \cdots & r_{1n} \\ r_{21} & r_{22} & \cdots & r_{2n} \\ \cdots & \cdots & \cdots & \cdots \\ r_{n1} & r_{n2} & \cdots & r_{nn} \end{bmatrix}$$

表 2.5　模糊互补判断矩阵标度含义表

标度	含义
0.5	表示两个指标相比，具有相同重要性
0.6	表示两个指标相比，前者比后者稍微重要
0.7	表示两个指标相比，前者比后者明显重要
0.8	表示两个值指标相比，前者比后者强烈重要
0.9	表示两个指标相比，前者比后者极端重要
0.1、0.2、0.3、0.4	若第 i 个指标与第 j 个指标重要性相比得到标度值为 r，那么第 j 个指标与第 i 个指标重要性相比得到的标度值应为 $1-r$

通过专家评判，构建的水源地及保护区环境状况方面层五个指标的模糊互补判断矩阵 $\boldsymbol{R}$ 为

$$\boldsymbol{R}=\begin{bmatrix} 0.5 & 0.2 & 0.3 & 0.4 & 0.5 \\ 0.8 & 0.5 & 0.6 & 0.7 & 0.8 \\ 0.7 & 0.4 & 0.5 & 0.6 & 0.7 \\ 0.6 & 0.3 & 0.4 & 0.5 & 0.6 \\ 0.5 & 0.2 & 0.3 & 0.4 & 0.5 \end{bmatrix}$$

同理，构建的各方面层下基底层指标模糊互补判断矩阵如下。

调查研究程度方面，两个基底层指标的模糊互补判断矩阵（$\boldsymbol{R}_a$）为

$$\boldsymbol{R}_a=\begin{bmatrix} 0.5 & 0.7 \\ 0.3 & 0.5 \end{bmatrix}$$

水质状况方面，3 个基底层指标的模糊互补判断矩阵（$\boldsymbol{R}_b$）为

$$\boldsymbol{R}_b=\begin{bmatrix} 0.5 & 0.6 & 0.7 \\ 0.4 & 0.5 & 0.6 \\ 0.3 & 0.4 & 0.5 \end{bmatrix}$$

水量状况方面，3 个基底层指标的模糊互补判断矩阵（$\boldsymbol{R}_c$）为

$$\boldsymbol{R}_c=\begin{bmatrix} 0.5 & 0.4 & 0.7 \\ 0.6 & 0.5 & 0.8 \\ 0.3 & 0.2 & 0.5 \end{bmatrix}$$

潜在污染源状况方面，3 个基底层指标的模糊互补判断矩阵（$\boldsymbol{R}_d$）为

$$\boldsymbol{R}_d = \begin{bmatrix} 0.5 & 0.3 & 0.2 \\ 0.7 & 0.5 & 0.4 \\ 0.8 & 0.6 & 0.5 \end{bmatrix}$$

水源地管理状况方面，3 个基底层指标的模糊互补判断矩阵（$\boldsymbol{R}_e$）为

$$\boldsymbol{R}_e = \begin{bmatrix} 0.5 & 0.4 & 0.6 \\ 0.6 & 0.5 & 0.7 \\ 0.4 & 0.3 & 0.5 \end{bmatrix}$$

2）步骤 2：权重计算

基于模糊互补判断矩阵，采用式（2.1）计算出同层级 n 个指标在本层级的相对权重，每个层级 n 个指标权重相加的和等于 1，即 $\boldsymbol{\omega}_1+\boldsymbol{\omega}_2+\cdots+\boldsymbol{\omega}_n=1$。

$$\boldsymbol{\omega}_i = \frac{1}{n} - \frac{1}{2\alpha} + \frac{1}{n\alpha}\sum_{j=1}^{n} \boldsymbol{r}_{ij}, \alpha \geqslant \frac{n-1}{2}, i \in I \tag{2.1}$$

根据式（2.1），通过编程计算得出水源地及保护区环境状况 5 个方面层及其基底层指标权重向量如下。

目标层权重向量：$\boldsymbol{\omega} = [0.14 \quad 0.29 \quad 0.24 \quad 0.19 \quad 0.14]$

调查研究程度方面层权重向量：$\boldsymbol{\omega}_a = [0.70 \quad 0.30]$

水质状况方面层权重向量：$\boldsymbol{\omega}_b = [0.43 \quad 0.33 \quad 0.24]$

水量状况方面层权重向量：$\boldsymbol{\omega}_c = [0.37 \quad 0.47 \quad 0.16]$

潜在污染源方面层权重向量：$\boldsymbol{\omega}_d = [0.17 \quad 0.37 \quad 0.46]$

管理方面层权重向量：$\boldsymbol{\omega}_e = [0.33 \quad 0.43 \quad 0.24]$

3）步骤 3：权重一致性检验

采用式（2.2）对每个层级的权重向量进行一致性检验，对于 3 阶模糊互补判断矩阵，可取 $\rho<0.1$，对 4 阶模糊互补判断矩阵，可取 $\rho<0.15$，5 阶以上模糊互补判断矩阵的 ρ 值可适当放大。如果 ρ 的值满足一致性条件，则认为由模糊互补判断矩阵计算出的权重是合理的，否则应对模糊互补判断矩阵作适当调整，直至满足一致性检验条件：

$$\rho = \frac{2}{n(n-1)(n-2)} \sum_{i=1}^{n-1} \sum_{j=i+1}^{n} \sum_{\substack{k=1 \\ k \neq i,j}}^{n} \left| r_{ij} - (r_{ik} + r_{kj} - 0.5) \right| \tag{2.2}$$

经计算，水源地及保护区 $\boldsymbol{R}$、$\boldsymbol{R}_a$、$\boldsymbol{R}_b$、$\boldsymbol{R}_c$、$\boldsymbol{R}_d$、$\boldsymbol{R}_e$ 模糊互补判断矩阵的 ρ 值均小于 10^{-16}。因此，上述给出的目标层和方面层的权重满足一致性检验条件要求，权重计算科学合理。

2.10.3　指标隶属度评判与表达

1. 隶属度等级划分与评判

水源地及保护区环境状况目标层采用 5 个健康度评语等级评价，即优秀、良好、一般、较差、差，5 个方面层的基底层指标也采用 5 个隶属度评语等级评价，但评语等级用词有所不同，基底层指标等级由满足或不满足相关条件判定。下面列出 5 个方面层的基底

层指标等级划分、评判条件及评判标准，并作必要说明。

1）水源地及保护区调查研究程度等级划分与评判

水源地及保护区调查研究程度由地质及水工环工作和环境保护工作两个基底层指标构成，等级划分为高、较高、中等、较低、低5个级别，其评判条件及评判标准见表2.6和表2.7。

表2.6　地质及水工环工作调查研究程度等级划分与评判表

<table>
<tr><th rowspan="2">等级</th><th colspan="2">评判标准</th><th colspan="2">评判条件</th></tr>
<tr><th>山地区及丘陵区水源地</th><th>平原区及滨海区水源地</th><th>山地区及丘陵区水源地</th><th>平原区及滨海区水源地</th></tr>
<tr><td>高</td><td>满足条件①～⑦</td><td>满足件①～⑤</td><td rowspan="5">①区域地质工作。在水源地及保护区所在的水文地质单元开展了精度为1：10万或更大比例尺区域地质调查工作。
②区域水文地质工作。在水源地及保护区所在的水文地质单元开展了精度为1：10万或更大比例尺区域水文地质调查工作。
③水源地水文地质勘查评价工作。对水源地进行了1：2.5万或更大比例尺水文地质勘查，开展了大型试验性群孔抽水试验，采用解析法或数值法对开采量进行了模拟预测及保证评价。
④动态监测工作。在水源地及保护区所在的水文地质单元持续开展了开采含水层水位、水质监测工作，具有不同年代系列动态监测资料。
⑤专门水工环工作。在水源地及保护区所在的水文地质单元局部区域，开展精度不等的供水（农业供水、企业供水等）、重大工程地质、地质灾害、地下水污染等调查评价工作。
⑥岩溶水文地质工作。在水源地及保护区所在的水文地质单元开展了精度为1：10万或更大比例尺岩溶水文地质调查工作。
⑦矿山地质或水文地质工作。在水源地及保护区所在的水文地质单元内开展了煤矿、铁矿等矿山地质或水文地质工作</td><td rowspan="5">①区域地质工作。在水源地及保护区所在的水文地质单元开展了精度为1：5万或更大比例尺区域地质调查工作。
②区域水文地质工作。在水源地及保护区所在的水文地质单元开展了精度为1：5万或更大比例尺区域水文地质调查工作。
③水源地水文地质勘察评价工作。对水源地进行了1：2.5万或更大比例尺水文地质勘察，开展了大型试验性群孔抽水试验，采用解析法或数值法对开采量进行了模拟预测及保证评价。
④动态监测工作。在水源地及保护区所在的水文地质单元持续开展开采含水层水位、水质监测工作，具有不同年代系列动态监测资料。
⑤专门水工环工作。在水源地及保护区所在的水文地质单元局部区域，开展精度不等的供水（农业供水、企业供水等）、重大工程地质、地质灾害、地下水污染等调查评价工作</td></tr>
<tr><td>较高</td><td>满足条件①～④，以及满足条件⑤～⑦中任意一个</td><td>满足条件①～④</td></tr>
<tr><td>中等</td><td>满足条件①～③，以及满足条件④～⑦中任意一个</td><td>满足条件①～③，以及满足条件④、⑤中任意一个</td></tr>
<tr><td>较低</td><td>满足条件①、②，不满足条件③；部分满足条件④～⑦</td><td>满足条件①、②，不满条件③，部分满足条件④、⑤</td></tr>
<tr><td>低</td><td>满足条件①、②，不满足条件③～⑦</td><td>满足条件①、②，不满足条件③～⑤</td></tr>
</table>

表 2.7　环境保护工作调查研究程度等级划分与评判表

<table>
<tr><th>等级</th><th>评判标准</th><th>评判条件</th></tr>
<tr><td>高</td><td>满足条件①～⑤</td><td rowspan="5">①具有水源地及保护区划分报告；
②具有包括水源地在内的供水规划报告；
③具有应急备用水源资源论证报告；
④具有公开发表的论文或专著论述水源地及保护区地下水水质或污染风险等；
⑤具有水源地及保护区水生态（如泉水复流）恢复或保护研究成果等</td></tr>
<tr><td>较高</td><td>满足条件①④，同时满足条件②③⑤之一</td></tr>
<tr><td>中等</td><td>满足条件①④</td></tr>
<tr><td>较低</td><td>满足条件①～⑤之一</td></tr>
<tr><td>低</td><td>不满足①～⑤任何一个条件</td></tr>
</table>

2）水源地及保护区水质状况等级划分与评判

水源地及保护区水质状况由水源地开采井区水质状况、水源地所在水文地质单元地下水水质状况、水源地及保护区主要补给源水质状况 3 个基底层指标构成，等级划分优、良、中等、较差、差 5 个级别，评判标准及说明见表 2.8～表 2.10。

表 2.8　水源地开采井区水质状况等级划分与评判表

等级	评判标准
优	历年历次开采井水质单指标按照《地下水质量标准》（GB/T 14848—2017）评价，水质均在Ⅰ～Ⅱ级之间，即综合水质为Ⅰ～Ⅱ类水
良	历年历次开采井水质单指标按照《地下水质量标准》（GB/T 14848—2017）评价，水质均在Ⅰ～Ⅲ级之间，即综合水质为Ⅰ～Ⅲ类水
中等	历年历次开采井水质单指标按照《地下水质量标准》（GB/T 14848—2017）评价，个别感官性状指标、一般水化学指标、微生物指标水质达到了Ⅳ类水，低于Ⅴ类限值
较差	历年历次开采井水质单指标按照《地下水质量标准》（GB/T 14848—2017）评价，个别感官性状指标、一般水化学指标、微生物指标水质达到了Ⅴ类水，或个别毒理学指标及放射性指标达到了Ⅳ类水
差	历年历次开采井水质单指标按照《地下水质量标准》（GB/T 14848—2017）评价，个别感官性状指标、一般水化学指标、微生物指标水质达到了Ⅴ类水且个别毒理学指标、放射性指标也达到了Ⅳ类水，或个别毒理学指标及放射性指标达到了Ⅴ类水

表 2.9　水源地所在水文地质单元地下水水质状况等级划分与评判表

等级	评判标准
优	同时满足以下 4 个条件： ①含水层水质多年综合评价结果均在Ⅰ～Ⅱ类； ②岩溶水径流带或孔隙水富水带多年水化学类型未发生变化； ③典型水化学指标多年平稳； ④未出现污染现象

续表

等级	评判标准
良	满足①，并同时满足②～④中的两个条件： ①含水层水质多年综合评价结果均在Ⅰ～Ⅲ类； ②岩溶水径流带或孔隙水富水带多年水化学类型发生微变； ③典型化学指标多年平稳； ④未出现污染现象
中等	满足①，并同时满足②～④中的两个条件： ①含水层水质多年综合评价结果为个别感官性状指标或一般水化学指标或微生物指标水质达到了Ⅳ类水，毒理学指标及放射性指标均在Ⅰ～Ⅲ类； ②岩溶水径流带或孔隙水富水带多年水化学类型发生微变； ③典型化学指标多年变化呈现上升趋势； ④个别地点开采含水层中出现污染现象
较差	满足①，并同时满足②～④中的两个条件： ①含水层水质多年综合评价结果为个别感官性状指标、一般水化学指标、微生物指标水质达到了Ⅴ类水，或个别毒理学指标及放射性指标达到了Ⅳ类水； ②岩溶水径流带或孔隙水富水带多年水化学类型发生突变； ③典型化学指标多年变化呈持续升高趋势； ④个别地点开采含水层中出现污染现象且有一定的分布范围
差	满足①，并同时满足②～④中的两个条件： ①含水层水质多年综合评价结果为个别感官性状指标、一般水化学指标、微生物指标水质达到了Ⅴ类水且个别毒理学指标、放射性指标也达到了Ⅳ类水，或个别毒理学指标及放射性指标达到了Ⅴ类水； ②岩溶水径流带或孔隙水富水带多年水化学类型发生突变； ③典型化学指标多年变化呈跳跃式升高趋势； ④多个地点开采含水层中出现污染现象且有一定的分布范围

注：1. 水源地所在的水文地质单元，指水源地开采井区以外至补给区边界内的区域。

2. 典型水化学指标，是反映水文地质单元内地下水环境的特征指标，包括以下指标：①含水层超标指标；②能体现地下水整体质量状况指标，如总硬度、矿化度、TDS等；③能反映调查区特殊人类活动影响指标，如反映煤矿开采影响的硫酸盐，反映农田农药化肥施用影响的硝酸盐，反映生活污水排放影响的细菌、氯化物等。

3. 水化学类型微变，指参与水化学类型命名的阴阳离子中首位离子之外其他离子发生变化，如HCO_3-Ca·Mg·Na型变为HCO_3·SO_4-Ca·Na·Mg型。

4. 水化学类型突变，指参与水化学类型命名的阴阳离子中首位离子发生变化，如HCO_3-Ca·Mg型变为SO_4·HCO_3–Na型。

表2.10 水源地及保护区主要补给源水质状况等级划分与评判表

等级	评判标准
优	调查区内主要补给源历年历次水质评价结果中，参评指标平均达标率100%
良	调查区内主要补给源历年历次水质评价结果中，参评指标平均达标率95%～100%
中等	调查区内主要补给源历年历次水质评价结果中，参评指标平均达标率90%～95%
较差	调查区内主要补给源历年历次水质评价结果中，参评指标平均达标率80%～90%

续表

等级	评判标准
差	调查区内所有补给源历年历次水质评价结果中，参评指标平均达标率 0% ~80%

注：1. 水源地及保护区主要补给源是指除大气降水补给以外，对水源地开采含水层具有补给且多年平均补给量占多年平均总补给量 20% 以上补给源，如河流、水库、湖泊等地表水补给量，开采深层地下水时浅层地下水水越流补给量及深层地下水侧向补给量等。

2. 地表水水质按照《地表水环境质量标准》（GB 3838—2002）评价。地表水水质指标达标，是指基本项目满足Ⅲ类限值，补充项目和特定项目小于标准限值，否则不达标。

3. 地下水水质按照《地下水质量标准》（GB/T 14848—2017）评价。地下水水质指标达标，是指参评指标满足Ⅲ类水限值，否则不达标。

4. 若主要补给源有两项以上，则应分别评价其等级，然后扣除大气降水部分，根据其补给量占比，计算隶属不同水质等级的权重。例如，在某水源地及保护区地下水补给来源中，大气降水补给占 45%，河道水渗漏补给占 25%，地下水侧向径流补给占 30%，按照本水质评判标准得到河道渗漏补给水水质为中等级、地下水侧向径流补给水水质为良好级，那么，隶属中等水质补给源（即河道渗漏补给水）的比例为 0. 45（即 0. 25/0. 55 = 0. 45），隶属良好水质补给源（即地下水侧向径流补给水）的比例为 0. 55（即 0. 30/0. 55 = 0. 55）。

3）水源地及保护区水量状况等级划分与评判

水源地及保护区水量状况由水源地开采井区水量状况、水源地所在水文地质单元水量状况、水源地所在水文地质单元地下水流场状况 3 个基底层指标构成，其中，水源地开采井区水量状况和水源地所在水文地质单元水量状况等级划分为充足、较充足、基本平衡、亏损、严重亏损 5 个级别，水源地所在水文地质单元地下水流场状况等级划分为自然、近自然、微变异、轻变异、严重变异 5 个级别，评判标准及说明见表 2. 11 ~ 表 2. 13。

表 2. 11　水源地开采井区水量状况等级划分与评判表

等级	评判标准
充足	满足下列条件之一： ①近 10 年来水源地开采量呈急剧下降趋势，多年平均开采量小于等于 30% 的设计开采量； ②近 10 年来水源地一级保护区内开采含水层水量处于盈余状态，且典型监测井多年平均盈亏水头高度大于 10m； ③当水源地处于热备状态或完全停用状态时，水源地开采井或一级保护区内监测井地下水水位回升速度极快，4h 内水位恢复到稳定状态； ④水源地正常开采运行情况下，因井房、井管维修或开采制度调整等致使某个开采井停抽水，停抽后井内水位回升速度极快，8h 内水位恢复到稳定状态
较充足	满足下列条件之一： ①近 10 年来水源地开采量呈缓慢下降趋势，多年平均开采量是设计开采量的 30% ~80%； ②近 10 年来水源地一级保护区内开采含水层水量处于盈余状态，且典型监测井多年平均盈亏水头高度为 5 ~ 10m； ③当水源地处于热备状态或完全停用状态时，水源地开采井或一级保护区内监测井地下水水位回升速度较快，12h 内水位恢复到稳定状态； ④水源地正常开采运行情况下，因井房、井管维修或开采制度调整等致使某个开采井停抽水，停抽后井内水位回升速度较快，24h 内水位恢复到稳定状态

续表

等级	评判标准
基本平衡	满足下列条件之一： ①近10年来水源地开采量基本维持在一个开采水平，多年平均开采量是设计开采量的80%～100%； ②近10年来水源地一级保护区内开采含水层水量处于平衡状态，典型监测井多年平均盈亏水头高度为-5～5m； ③当水源地处于热备状态或完全停用状态时，水源地开采井或一级保护区内监测井地下水水位回升速度较慢，24h内水位恢复到稳定状态； ④水源地正常开采运行情况下，因井房、井管维修或开采制度调整等原因致使某个开采井停抽水，停抽后井内水位回升速度较慢，48h内水位恢复到稳定状态
亏损	满足下列条件之一： ①近10年来水源地开采量处于超采状态，多年平均开采量是设计开采量的100%～150%； ②近10年来水源地一级保护区内开采含水层水量处于亏损状态，且典型监测井多年平均盈亏水头高度在-10～-5m； ③当水源地处于热备状态或完全停用状态时，水源地开采井或一级保护区内监测井地下水水位回升速度极慢，48h内水位恢复到稳定状态； ④水源地正常开采运行情况下，因井房、井管维修或开采制度调整等原因致使某个开采井停抽水，停抽后井内水位回升速度极慢，72h内恢复到稳定状态
严重亏损	满足下列条件之一： ①近10年来水源地开采量处于严重超采状态，多年平均开采量是设计开采量150%以上； ②近10年来水源地一级保护区内开采含水层水量处于严重亏损状态，且典型监测井多年平均盈亏水头高度在-10m以上； ③当水源地处于热备状态或完全停用状态时，水源地开采井或一级保护区内监测井地下水水位无回升或呈下降态势； ④水源地正常开采运行情况下，因井房、井管维修或开采制度调整等原因致使某个开采井停抽水，停抽后井内水位无回升或呈下降态势

注：1. 当开采井区水量信息少，仅满足上述条件之一时，依据该条件评判等级；当开采井区水量信息多，且同时满足两个或两个以上条件时，优先按照编号出现的条件顺序确定等级。

2. 水源地开采量是指水源地单井开采量之和。

3. 多年平均盈亏水头高度计算。首先，以水源地开采井或一级保护区监测井近10年水位动态为依据，以降水量为平水年时地下水标高为基线水位标高；然后，计算历年水位标高与基线水位高度差，得到历年盈亏水头高度；最后，累加历年盈亏水头高度，得到多年累计盈余水头高度，并计算出多年平均盈亏水头高度。

4. 水源地处于热备状态是指水源地受地下水压采影响，不能按设计开采量正常供水，但为应对突发缺水或污染事故，周期性或循环性开采少量地下水的状态。

5. 水源地正常开采运行，是指水源地开采量不低于设计开采量60%的开采状态。

表2.12　水源地所在水文地质单元水量状况等级划分与评判表

等级	评判标准
充足	满足下列条件之一： ①以现状调查年为起点回溯，10年以来水源地所在水文地质单元水量均衡计算为正均衡，且多年平均正均衡水量达到水源地年设计可开采量50%以上； ②以现状调查年为起点回溯，10年以来位于水源地所在水文地质单元不同区域（补给区、径流区、排泄区）开采含水层中监测井的水位总体呈急剧上升态势

续表

等级	评判标准
较充足	满足下列条件之一： ①以现状调查年为起点回溯，10年以来水源地所在水文地质单元水量均衡计算为正均衡，且多年平均正均衡水量达到水源地年设计可开采量5%～50%； ②以现状调查年为起点回溯，10年以来位于水源地所在水文地质单元不同区域开采含水层中监测井的水位总体呈缓慢上升态势
基本平衡	满足下列条件之一： ①以现状调查年为起点回溯，10年以来水源地所在水文地质单元水量均衡计算为正负均衡基本相等，且多年平均均衡水量是水源地年设计可开采量±5%以内； ②以现状调查年为起点回溯，10年以来位于水源地所在水文地质单元不同区域开采含水层中监测井的水位总体保持平稳态势
亏损	满足下列条件之一： ①以现状调查年为起点回溯，10年以来水源地所在水文地质单元水量均衡计算为负均衡，且多年平均亏损水量是水源地年设计可开采量5%～50%； ②以现状调查年为起点回溯，10年以来位于水源地所在水文地质单元不同区域开采含水层中监测井的水位总体呈缓慢下降态势
严重亏损	满足下列条件之一： ①以现状调查年为起点回溯，10年以来水源地所在水文地质单元水量均衡计算为负均衡，且多年平均亏损水量大于水源地年设计可开采量50%； ②以现状调查年为起点回溯，10年以来位于水源地所在水文地质单元不同区域开采含水层中监测井的水位总体呈急剧下降态势

表2.13 水源地所在水文地质单元地下水流场状况等级划分与评判表

等级	评判标准
自然	在水源地所在水文地质单元内不存在地下水开采，地下水流场特征（如流向、水力坡度、排泄区位置等）处于自然状态，泉水长年出露，流量不减
近自然	在水源地所在水文地质单元内存在少量开采井，但未形成降落漏斗，地下水流场特征与自然状态基本一致，泉水长年出露，流量有所减少
微变异	在水源地所在水文地质单元内存在少数几个开采区，但未形成明显的降落漏斗，地下水流场特征与自然状态基本一致，泉水在丰水期出露，流量有所减少
轻变异	在水源地所在水文地质单元内存在多个开采区且出现一些降落漏斗，但漏斗中心水位标高仍大于水源地开采井平均水位标高，水源地含水层补给区及径流区域有所减少，地下水流场特征与自然状态有一定差异，泉水只在丰水年出露，流量大为减少
严重变异	在水源地所在水文地质单元内存在多个开采区且出现一些降落漏斗，多数漏斗中心水位标高低于水源地开采井平均水位标高，水源地含水层补给区及径流区域明显减少，地下水流场特征与自然状态有较大差异，泉水干、长年不出露

4）*潜在污染源状况等级划分与评判*

水源地及保护区潜在污染源状况由地面及浅地表潜在污染源荷载风险、地下水垂向污染风险、水源井地下水污染风险3个基底层指标构成，等级划分为高、较高、中等、较低、低

5 个级别，荷载得分、污染用时、等级划分、对应标度值及相关说明见表 2. 14 ~ 表 2. 16。

表 2. 14　地面及浅地表潜在污染源荷载风险等级划分与评判表

载荷得分（PL 值）	潜在污染源荷载风险等级	标度值
0<PL≤20	低	1
20<PL≤40	较低	2
40<PL≤60	中等	3
60<PL≤80	较高	4
80<PL≤200	高	5

注：1. 采用乘法公式（$PL=T\times L\times Q\times W$），对调查区内每一个潜在污染源依据其类型，从毒性（T）、释放可能性（L）、可能排污量（Q）、类别权重（W）赋值量化，得出每一个潜在污染源荷载（PL）分值。依据本表 PL 值所在区间，确定每一个潜在污染源的风险等别和标度值。

2. 调查区潜在污染源载荷综合风险等级评判方法是，首先将所有潜在污染源风险标度值作算术平均，并按照“四舍五入”原则取整，得出所有潜在污染源荷载的平均标度值，然后依据本表列出的标度值，反查对应的风险等级，即为调查区潜在污染源荷载综合风险等级。

表 2. 15　地下水垂向污染风险等级划分与评判表

垂向污染用时（T）/天	风险等级	标度值
$T\geq 1000$	低	1
$500\leq T<1000$	较低	2
$100\leq T<500$	中等	3
$10\leq T<100$	较高	4
$0\leq T<10$	高	5

注：1. 地下水垂向污染风险是地面或浅地表潜在污染源通过垂向入渗方式到达地下水的可能性，用垂向入渗厚度（D）与入渗速度（V）比值即垂向污染用时（T）表达。

2. 应根据调查区开采含水层地下水的埋藏状况，分别计算 D 和 V，可分两种情况：一是当含水层直接接受大气降水或河水入渗补给（即地下水为潜水）时，地下水埋深就是 D，可根据地面高程与地下水水位高程之差求得；大气降水入渗速度（V），宜根据监测井地下水水位埋深及年内最大降水月与年内最高水位月时间差计算得出；河流入渗补给速度（V），宜根据水库放水等事件河床区地下水埋深及水位响应时间计算得出。二是当含水层处于覆盖或埋藏状态（即地下水为承压水）时，D 就是含水层顶板至地面的距离，V 用垂向渗透系数替代（假设水力坡度为 1）。当 D 内岩性单一时，垂向渗透系数等同于单层岩土的渗透系数；当 D 内岩性多层复杂时，垂向渗透系数应采用等效渗透系数，按下式计算：

$$K = \sum M_i / \sum (M_i/K_i)$$

式中，K 为某网格单元垂向等效渗透系数，m/d；M_i 为某网格单元内第 i 个岩土层厚度，m；K_i 为某网格单元内第 i 个岩土层渗透系数，m/d。

3. 当潜在污染源及其附近区域缺少垂向入渗厚度（D）与入渗速度（V）时，应根据精度要求按一定的网格间隔剖分调查区（网格面积宜是调查区面积的万分之五左右），宜用反比距离法插值给出。

4. 调查区地下水垂向污染综合风险等级评判方法是，首先将每个潜在污染源的地下水垂向污染风险标度值加和并算术平均，按照“四舍五入”原则取整，得出一个平均标度值，然后依据本表列出的标度值，反查对应的风险等级，即为调查区所有潜在污染源地下水垂向污染综合风险等级。

表 2.16　水源井地下水污染风险等级划分与评判表

水平污染用时（T）/天	风险等级	标度值
$T\geqslant 1000$	低	1
$500\leqslant T<1000$	较低	2
$200\leqslant T<500$	中等	3
$100\leqslant T<200$	较高	4
$0\leqslant T<100$	高	5

注：1. 水源井地下水污染风险是指假设潜在污染源进入地下水后沿水平径流途径到达水源地开采井的可能性，用水平污染时间（T）表达，采用下式计算：

$$T=L/V_{\mathrm{p}}$$

式中，L 为潜在污染源至水源地开采井的欧矢距离，m；V_{p} 为潜在污染源处地下水沿水源地开采井方向的渗透速度，m/d，推荐采用下式计算：

$$V_{\mathrm{p}}=K\times I\times\{[1+\mathrm{COS}(\theta+\pi)]\}^{n}/2^{n}+0.00001$$

式中，K 为调查区内开采含水层的渗透系数，m/d；I 为地下水水力坡度，无量纲，假设为1；θ 为水源地开采井欧氏方向（α）与地下水流向（β）的夹角，弧度，计算中采用 $\alpha-\beta$ 的绝对值，如下图所示；n 为含水介质曲度指数，无量纲，取值1～100；0.00001为运算常数，防止栅格文件计算中出现无意义数值错误。

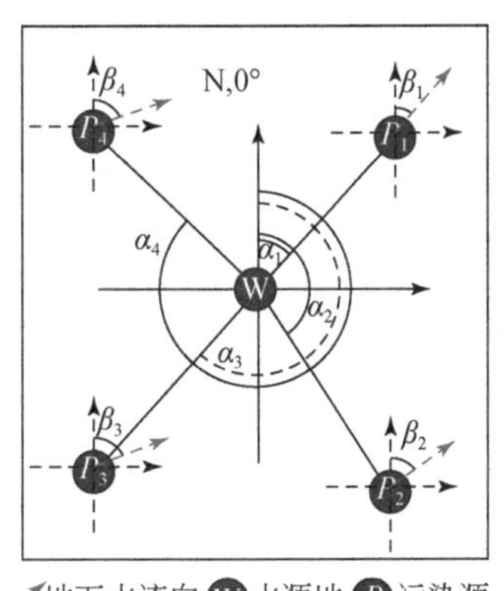

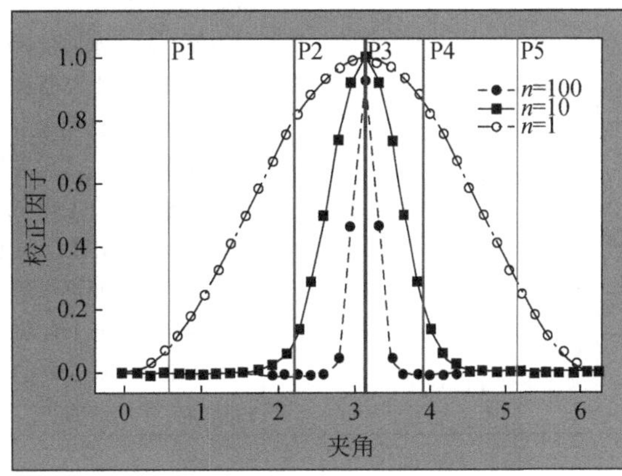

2. 应充分利用水源地开采含水层钻孔抽水试验获取的渗透系数和现状调查（或最近一期）地下水流场资料，并采用具有欧矢方向分析功能软件（推荐采用ArcGIS）将调查区栅格化，栅格面积宜是调查区面积的万分之五左右。

3. 调查区水源井地下水污染综合风险等级评判方法是，首先将每个潜在污染源至水源井的地下水污染风险标度值加和并算术平均，按照“四舍五入”原则取整，得出一个平均标度值，然后依据本表列出的标度值，反查对应的风险等级，即为调查区所有潜在污染源对水源井的地下水污染综合风险等级。

5）水源地及保护区管理状况等级划分与评判

水源地及保护区管理状况由水源地及保护区建设与整治、水源地及保护区水质监管、水源地及保护区风险防控与应急处置3个基底层指标构成，等级划分为非常到位、到位、一般、基本到位、不到位5个级别，评判标准、评判条件和相关说明见表2.17～表2.19。

表 2.17　水源地及保护区建设与整治等级划分与评判表

<table>
<tr><th>等级</th><th>评判标准</th><th>评判条件</th></tr>
<tr><td>非常到位</td><td>满足条件①～⑥</td><td rowspan="5">①按照相关标准对水源地保护区进行了划分并得到政府批复；
②依据 HJ/T 433—2008 完成了水源地保护区标志设置；
③用铁丝网等工程措施对水源地一级保护区进行了防护；
④一级保护区内建设项目和网箱养殖已拆除、排污口已关闭；
⑤二级保护区内排污口已关闭、分散式生活污水已处理、分散式畜禽养殖废物已综合利用、网箱养殖整治已完成；
⑥准保护区内工业污染源废水实现了达标排放、水污染物排放总量大幅削减、实施了水源涵养林建设</td></tr>
<tr><td>到位</td><td>满足条件①～④，且部分满足条件⑤⑥中任何一条</td></tr>
<tr><td>一般</td><td>满足条件①～③，且部分满足条件④～⑥中任何一条</td></tr>
<tr><td>基本到位</td><td>满足条件①②，且部分满足条件③～⑥中任何一条</td></tr>
<tr><td>不到位</td><td>满足条件①或条件②，其他条件不满足</td></tr>
</table>

表 2.18　水源地及保护区水质监管等级划分与评判表

<table>
<tr><th>等级</th><th>评判标准</th><th>评判条件</th></tr>
<tr><td>非常到位</td><td>满足条件①～⑥</td><td rowspan="5">①按照主管部门要求，每日检测开采井水（原水）及管网水（末梢水）常规水质指标；
②按照《地下水质量标准》（GB/T 14848—2017）或主管部门要求，定期检测开采井水（原水）地下水指标；
③按照《生活饮用水卫生标准》（GB 5749—2006）要求，定期检测管网水（末梢水）水质有关指标；
④按照国家防疫工作要求，当突发环境事故或水污染事故发生后，能及时开展开采井水（原水）微生物、病毒等指标检测；
⑤定期（如每年丰水期、枯水期）或不定期开展水源地及保护区所在水文地质单元开采含水层的水质监测；
⑥水源地及保护区内主要地表水体安装了预警监控设备，在国控或省控或市控水质断面实施了自动或在线监测</td></tr>
<tr><td>到位</td><td>满足条件①～⑤</td></tr>
<tr><td>一般</td><td>满足条件①～④</td></tr>
<tr><td>基本到位</td><td>满足条件①～③</td></tr>
<tr><td>不到位</td><td>满足条件①②或①③</td></tr>
</table>

表 2.19　水源地及保护区风险防控与应急处置等级划分与评判表

<table>
<tr><th>等级</th><th>评判标准</th><th>评判条件</th></tr>
<tr><td>非常到位</td><td>满足条件①～④，且满足条件⑤或⑥</td><td rowspan="5">①定期巡查水源地保护区；
②完成了水源地编码，建立了水源地档案制度；
③建立了水源地保护区及补给区内风险源名录和危险化学品运输管理制度；
④编制了水源地突发环境事件应急预案并备案，储备了应对重大突发环境事件的物资和监测装备、组成了应急处置队伍，开展过应急演练；
⑤定期评估水源地的环境状况；
⑥建立了水源地信息化管理平台</td></tr>
<tr><td>到位</td><td>满足条件①～④</td></tr>
<tr><td>一般</td><td>满足条件①②，且满足③～⑥中的任意一个条件</td></tr>
<tr><td>基本到位</td><td>满足条件①，且满足②～⑥中的任意一个条件</td></tr>
<tr><td>不到位</td><td>不满足①～⑥任意一个条件</td></tr>
</table>

2. 隶属度矩阵表达

水源地及保护区环境状况 5 个方面层的基底层指标隶属等级，宜用绝对隶属或模糊隶属两种方式表达。绝对隶属是基底层指标隶属于一个评语等级，模糊隶属是基底层指标可隶属于两个甚至多个评语级别。若基底层指标绝对隶属于某一等级，则以 1 表达隶属的权重，若基底层指标模糊隶属于两个以上等级，则以两个小于 1 且其和等于 1 的小数表达隶属等级的权重，其他等级权重以 0 表达。

水源地及保护区环境状况方面层的基底层指标隶属度宜用矩阵表达，并规定矩阵内从左到右依次排列由好到坏 5 个评语等级，形成以基底层指标数为行、评语等级数为列的矩阵，分别记为 $\boldsymbol{r}_a$、$\boldsymbol{r}_b$、$\boldsymbol{r}_c$、$\boldsymbol{r}_d$、$\boldsymbol{r}_e$。

2.10.4　健康度评价

1. 健康度评语矩阵

将水源地及保护区环境状况目标层和方面层健康度划分为优秀、良好、合格、较差、差五个等级。健康度评语矩阵设为 $\boldsymbol{V}=\{V_1, V_2, V_3, V_4, V_5\}$，并令：$V_1=100$、$V_2=80$、$V_3=60$、$V_4=40$、$V_5=0$。

2. 方面层健康度

评价水源地及保护区环境状况 5 个方面的健康度，按以下步骤评价。

步骤一：形成方面层健康度模糊评判向量。将基底层指标权重向量（$\boldsymbol{\omega}_a$、$\boldsymbol{\omega}_b$、$\boldsymbol{\omega}_c$、$\boldsymbol{\omega}_d$、$\boldsymbol{\omega}_e$）与隶属度矩阵（$\boldsymbol{r}_a$、$\boldsymbol{r}_b$、$\boldsymbol{r}_c$、$\boldsymbol{r}_d$、$\boldsymbol{r}_e$）相乘，即 $\boldsymbol{Z}_a=\boldsymbol{\omega}_a\times\boldsymbol{r}_a$、$\boldsymbol{Z}_b=\boldsymbol{\omega}_b\times\boldsymbol{r}_b$、$\boldsymbol{Z}_c=\boldsymbol{\omega}_c\times\boldsymbol{r}_c$、$\boldsymbol{Z}_d=\boldsymbol{\omega}_d\times\boldsymbol{r}_d$、$\boldsymbol{Z}_e=\boldsymbol{\omega}_e\times\boldsymbol{r}_e$，得到 5 个方面层健康度模糊评判向量。

步骤二：计算方面层健康度得分。将 5 个方面层健康度模糊评判向量（$\boldsymbol{Z}_a$、$\boldsymbol{Z}_b$、$\boldsymbol{Z}_c$、$\boldsymbol{Z}_d$、$\boldsymbol{Z}_e$）与健康度评语矩阵（$\boldsymbol{V}=\{V_1, V_2, V_3, V_4, V_5\}$）的逆矩阵（$\boldsymbol{V}^{\mathrm{T}}$）分别相乘，得到五个方面层健康度分值。

步骤三：确定方面层健康度等级。查健康度得分值与健康度等级对应关系表（表 2.20），得到方面层健康度等级。

表 2.20　健康度得分与等级对应关系表

健康度（HD）得分	90≤HD≤100	75≤HD<90	60≤HD<75	40≤HD<60	HD<40
健康度等级	优秀	良好	合格	较差	差

3. 目标层健康度

评价水源地及保护区环境状况总体健康度，可按以下步骤评价。

步骤一：构建目标层综合矩阵。将 5 个方面层健康度的模糊评判向量（$\boldsymbol{Z}_a$、$\boldsymbol{Z}_b$、$\boldsymbol{Z}_c$、

$\boldsymbol{Z}_d$、$\boldsymbol{Z}_e$）按行由上至下排列形成一个5行5列的目标层综合矩阵，记为$\boldsymbol{Z}$。

步骤二：形成目标层健康度模糊评判向量。将目标层权重向量$\boldsymbol{\omega}$与目标层综合矩阵$\boldsymbol{Z}$相乘，得到目标层健康度模糊评判向量（$\boldsymbol{T}$），即$\boldsymbol{T}=\boldsymbol{\omega}\times\boldsymbol{Z}$。

步骤三：计算目标层健康度得分。将目标层健康度模糊评判向量（$\boldsymbol{T}$）与健康度评语矩阵（$\boldsymbol{V}=\{V_1, V_2, V_3, V_4, V_5\}$）的逆矩阵（$\boldsymbol{V}^{\mathrm{T}}$）相乘，得到目标层健康度分值。

步骤四：确定目标层健康度等级。查健康度得分值与健康度等级对应关系表（表2.20）。

2.10.5 水源地及保护区环境状况主控因素与改善建议

依据水源地及保护区环境状况各方面层和总体健康度评价结果，识别出影响总体健康度等级的主要方面层因素，回溯分析健康度等级较差方面层的基底层指标，结合水源地所在水文地质单元条件及环境状况，分析等级较差产生的主要原因和存在问题，并提出改善等级的建议。

2.11 调查评价成果提交

水源地及保护区环境状况调查评价工作完成后，应提交以下4项成果。

（1）调查监测原始资料。包括野外工作手图、野外调查表、便携式仪器现场检测分析结果、室内水土定量检测分析结果等。

（2）水源地及保护区环境状况概要信息清单，见附录2。

（3）水源地及保护区环境状况调查评价报告。调查评价报告编写提纲及内容提要见附录3。

应按照2.9节和2.10节要求，全面完整地论述水源地及保护区环境状况，客观合理地评价其健康状况。

（4）改善水源地及保护区环境状况的建议。

第3章　山地区地下水饮用水源地及保护区环境状况调查评价

本章以位于太行山中段井陉县中型岩溶裂隙承压含水层地下水水源地及保护区环境状况调查评价为例示范。

3.1　选择依据与示范内容

3.1.1　选择依据

之所以选择井陉县供水水源地作为典型地下水饮用水源地进行调查评价，是因为这一水源地及保护区在地形地貌、含水层介质、水源地管理等方面均具代表性，理由如下：该水源地位于太行山东麓山地区内，代表了北京、河北，甚至河南西部广大太行山区的自然环境条件和人类活动强度。水源地主要开采奥陶系岩溶含水层中地下水，代表了北京西南部、河北中南部、山西东南部、河南北部山区及山前地区地下水水源地含水层介质类型。水源地开采量1.2万m^3/d为一中型水源地，开采井多为原企事业单位的自备井，供水设施陈旧简陋、管理制度较为粗犷，代表了我国广大山地区县级地下水水源地一般管理状况。

3.1.2　示范内容

在调查方面，主要示范：①踏勘路线选择；②重点调查区、一般调查区、概略调查区划分；③水井、河流、包气带、潜在污染源、断裂构造等环境对象野外调查方法；④水源地监测井选择依据、监测环节及监测指标。

在环境状况论述方面，主要示范：①地质及水文地质状况构造、地下水类型及含水岩组特征，以及地下水的补给、径流、排泄条件；②水质状况、水源地管网末梢水水质状况、水源地所在水文地质单元水质；③潜在污染源状况；④土地利用状况。

在水源地及保护区环境状况评价方面，主要示范采用较简单的层次赋权法，对调查研究程度、水量状况、水质状况、潜在污染源状况、水源地管理状况5个方面环境状况评价。

3.2　水源地及保护区概况

3.2.1　水源地概况

井陉县水源地所在水文地质单元为威州泉域，面积约1534km^2，其中碳酸盐岩裸露岩溶区面积约 724km²。

水源地位于威州泉群出露区上游 2～4km 处，共有 14 眼水源开采井，其中，7 眼在用、7 眼处于备用状态，水源井散布于县城内，多数井位于冶河以东的丘陵或沟谷内。水源井建于 1973～1986 年，平均孔深约 200m，最浅为 150m、最深为 335m，多数水井混合开采 2～3 个奥陶系中统马家沟组灰岩含水层段（图 3.1）。依据含水层段介质及地下水头与相对隔水层关系，判定井陉水源地地下水类型为岩溶裂隙承压水。

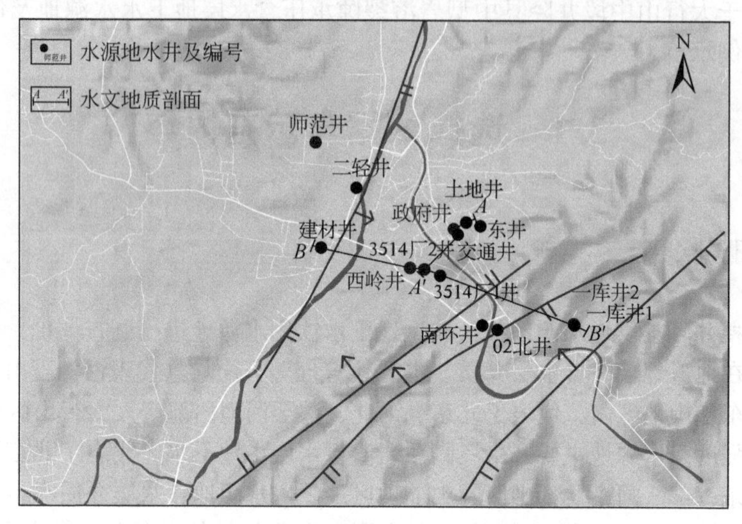

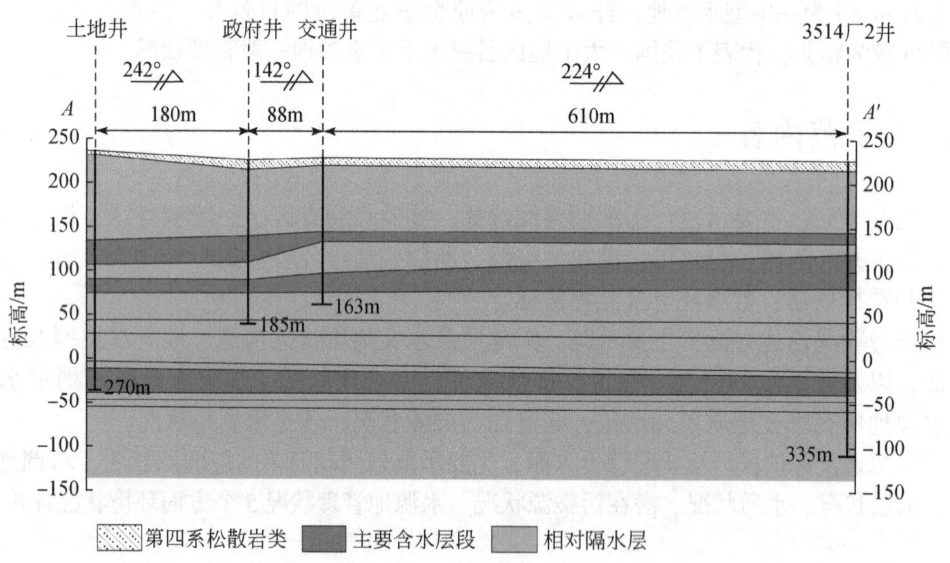

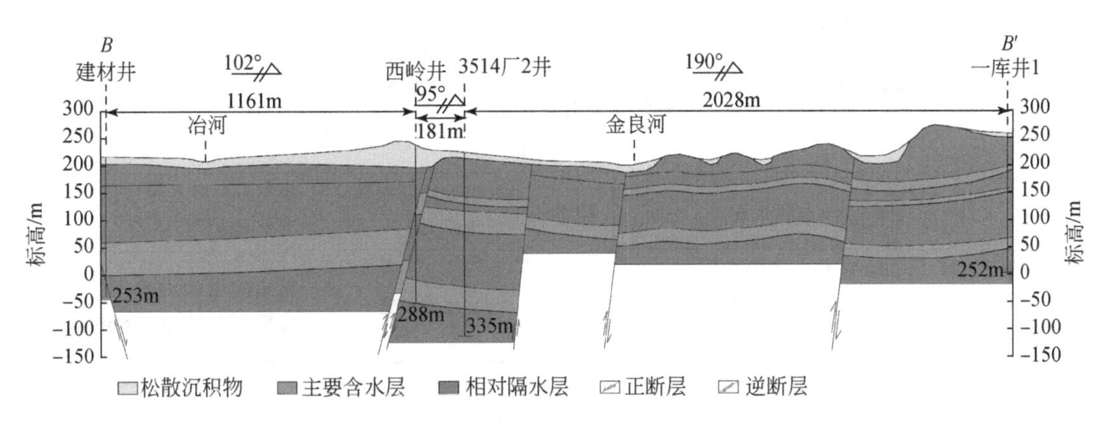

图 3.1　水源地及保护区水井分布及揭露含水层情况示意图

水源地设计日供水能力为 37000m^3，实际日供水能力为 12000m^3，供水主管网长 56km，供水面积为 6km^2，主要服务人群为县城区域 152 个单位、937 户商业用户及 18000 户家庭用户，解决县城区域 56000 余人用水问题。

水源地管理单位为井陉县供水公司。公司始建于 1982 年，前身为井陉县公用事业公司，主要承担井陉县县城区域的供水任务，上级单位为井陉县水务局。

3.2.2　水源地保护区划分情况

截至 2018 年 5 月开展水源地调查时，水源地管理部门未开展过水源地保护区划分工作，也未见相关的上报审批材料。

3.2.3　水源地及保护区调查研究程度

自 20 世纪 50 年代起，围绕着矿产资源勘查及国防建设工程，在井陉县开展了区域综合地质调查和工程地质勘察。60～90 年代围绕煤炭、硫铁矿等矿产资源开采及火电站等重大工程建设，开展了区域地质调查、煤田水文地质调查、供水水文地质调查及工程地质勘察工作，调查精度多以 1∶5 万为主。21 世纪以来，仅在井陉县开展过 1∶5 万地质灾害详细调查及两处小型滑坡崩塌的调查工作。总体而言，井陉县地质、水文地质工作集中在 20 世纪 60～90 年代开展，调查研究程度较低，资料陈旧。开展过的区域地质、水文地质、工程地质等相关工作详见表 3.1。

表 3.1　区域地质、水文地质、工程地质等相关工作研究程度表

序号	成果名称	工作精度	提交时间	完成单位	成果简述
区域地质					
1	河北省井陉县地区综合地质报告	不详	1958 年	北京地质勘探学院河北地质大队	查明了井陉县地层结构及主要水文地质条件
2	平山县幅（J-50-61-A）、井陉县幅（J-50-61-C）区域地质调查报告	1∶5 万	1991 年	河北地质学院	对工作图幅内地层、构造、地质发展史等进行系统研究
水文地质					
3	太行山东麓南麓水文地质初步总结	1∶20 万	1960 年	煤炭科学院西安研究所	对太行山东麓南麓煤矿矿床水文地质进行了综合研究
4	河北省井陉煤田贾庄井田补充水文地质报告书	不详	1960 年	河北煤矿地勘公司水文队	查明了井田内含水层结构及水文地质特征
5	河北井陉县水文地质普查报告	1∶5 万	1967 年	河北省地质局第一地质大队	查明了区内含水层富水特征，提出了地下水开发利用建议
6	河北省井陉县南关及绵河滩硫铁矿区补充水文地质报告	1∶5 万	1981 年	河北省化工地质勘探队	查明了南关矿区和绵河横滩矿区水文地质条件
7	上安火电厂厂址可行性研究水文地质初勘报告	不详	1984 年	河北省电力勘测设计院	查明了火电厂周边水文地质条件
8	河北省井陉盆地坑口电站供水水文地质普查报告	1∶5 万	1985 年	河北省地矿局第三水工工程地质大队	查明了威洲泉域边界条件，岩溶形态特征和发育规律
工程地质					
9	微水工区工程地质调查报告	不详	1951 年	中国地质工作计划指导委员会	查明了微水镇东南至微新庄一带、长岗北的工程地质问题
10	冶河支流甘陶河障城水库工程地质勘测简报	1∶1 万	1965 年	河北省地质局水文地质工程地质大队	查明了库区地质构造分布和性质
11	朔县至石家庄线修建双线初步设计：冶河特大桥工程地质说明书	不详	1987 年	铁道部第 3 勘测设计院 1 总队第 14 勘测队	查明了工区第四系、古近系地层结构
12	张河湾抽水蓄能电站可行性研究阶段工程地质勘察报告	1∶2000	1990 年	能源部水利部北京勘测设计院	查明了老爷庙上库库址、下库坝址的工程地质条件
13	井陉县苍岩山镇南高家峪村小型滑坡勘查	不详	2011 年	河北省地矿局水文工程地质勘查院	查明了地质灾害点的灾害特征、发展趋势，并提出了勘查治理方案
14	井陉县苍岩山镇杨庄村东 35 米处小型崩塌滑坡勘查	不详	2011 年	河北省地矿局水文工程地质勘查院	
15	河北省井陉县地质灾害详细调查报告	1∶5 万	2014 年	河北省地质环境监测总站	建立了地质灾害防灾工作明白卡及避险明白卡

3.3 调查评价方法

3.3.1 资料信息收集与消化吸收

自然地理与社会经济，通过网上搜索、地方志查阅等途径收集。地质及水工环地质，主要通过借阅国家地质资料馆、省级地质资料馆管馆藏资料的方式收集。水源地基本情况与管理状况，通过走访水务局供水公司和相关机构如环保局、水利局等方式收集。水源地有关的研究成果，通过数字资源网（如知网、万方、维普等）及相关网站（如生态环境部）收集。

针对不同类别资料信息，如地质及水文地质、水源地水量、水源地水质、水源地管理状况等建立一级文件夹，相关的成果报告、论文、专著等建立二级文件夹。

按照从基础地质到水工环地质，从小比例尺到大比例尺调查研究成果的顺序仔细阅读。阅读每份资料信息时，不断将阅读材料中关键信息提炼出来如水源地补给边界、水量水质信息、含水层渗透系数、水力坡度等，形成供思维联想的片段式读书笔记，并将重要信息拍照保存。

3.3.2 踏勘

踏勘路线为一条环绕县城长约 80km 的闭环线路（图 3.2）。在这条踏勘路线上，定了 23 个调查点，其中水井 14 个、泉点 2 个、地表水点 1 个、基岩地层出露及构造点 5 个、第四系包气带岩性结构点 1 个。

3.3.3 调查区划分

依据水源井影响范围、补给方式、人类影响程度，将水源地调查区域分为重点调查区、一般调查区、概略调查区。

1. 重点调查区范围划分

重点调查区是对水源井直接有水力影响、人类活动强度大、岩溶地下水直接接受补给区域，一般以水源井为中心，以抽水影响半径为中心形成的多边浑圆包络线围成的区域。按照以下步骤及方法确定重点调查区范围。

步骤 1：界定水源地等级和开采井分布特征

水源地实际供水量为 $12000m^3/d$，为一中型地下水水源地。水源井分散在 10 个不同的地方，为相对分散的水源地。

步骤 2：确定地下水赋存介质类型和埋藏特征

依据开采井（孔）岩性结构柱状图、成井结构图、抽水试验资料，分析开采含水层出

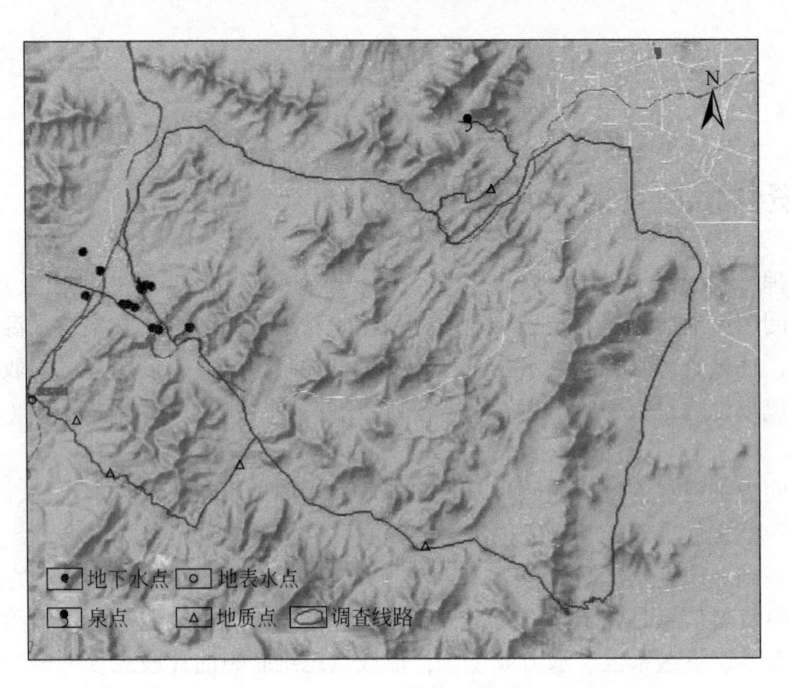

图 3.2 水源地及保护区踏勘路线及调查点位置示意图

水段地层岩性及相邻地层隔水性，以及对比水井静水位、动水位与含水层顶板相对隔水层埋深关系，认为开采含水层为中奥陶统马家沟组灰岩，地下水具承压性，主要赋存在溶蚀裂隙和小溶洞中，故水源地开采的地下水为岩溶裂隙（溶洞）承压水。

步骤 3：选用多种方法计算单个开采井的一级保护区半径

1）达西渗流公式计算

采用“1.2.4 公式计算法”中改进的达西公式计算地下水质点 100 天内迁移距离，作为一级保护区半径。

泉域水文地质调查报告认为当年泉流量与前 3 年降水量有关，这也可以看作是当年降水补给量需要 3 年才能排泄出泉口。由于泉域岩溶水补给边界距泉口最远距离约 30km，则地下水的实际流速（即 $K\times I/n$）为 30km×1000m÷3 年÷365 天=27.4m/d。

安全系数取 1.5，溶质运移时间取 100 天，地下水的实际流速取 27.4m/d，计算得到一级保护区半径 R 为 4110m，约 4km。

2）单井非稳定流 Thesis 公式计算

依据成井结构中滤水段长度与含水层厚度相对比例，可将水源地开采井视为完整井。由于水源地开采井日抽水量基本稳定，抽水时井内水位处于小幅下降状态，故将水源地开采井视为定流量非稳定流抽水井。因此，可将水源地开采井抽水状态概化为定流量非稳定承压水完整井。

由于含水层介质为岩溶裂隙，目前尚未有岩溶裂隙水定流量非稳定承压水完整井井流计算公式，近似用孔隙水 Thesis 井流计算公式代替，即采用以下两个公式计算水源地单个开采井影响半径：

$$S_w = \frac{Q}{4\pi T}\ln\frac{2.25kMt}{r^2\mu^*}, R = 1.5\sqrt{\frac{kMt}{\mu^*}}$$

式中，S_w为抽水井水位降深值，m；Q 为抽水井抽水量，m^3/d；r 为抽水井半径，m；k 为含水层渗透系数，m/d；M 为含水层厚度，m；u^* 为含水层弹性给水度；R 为抽水井影响半径，m。

依据抽水试验资料和成井资料确定，并将 k、M 合并为导水系数（T）；含水层弹性给水度（u^*）取值为 10^{-4}；抽水时间（t）统一设为 1 天。选取具有完整成井及抽水资料的 3 个开采井，先利用降深公式，不断试算导水系数（T），直到计算降深（J_s）与实际降深（S_s）相对误差小于等于 1% 时，此时的 T 就是含水层的 T；然后将 T 值代入影响半径公式，计算开采井影响半径（R）。3 个开采井影响半径计算结果见表 3.2。

表 3.2　相关参数取值及开采井影响半径计算表

井位	一库井 1	一库井 2	政府井
导水系数(T)/(m^2/d)	68	244	417
抽水量(Q)/(m^3/d)	1056	2800	4560
抽水时间(t)/天	1	1	1
抽水井半径(r)/m	0.190	0.163	0.175
含水层弹性给水度(u)	0.0001	0.0001	0.0001
计算降深(J_s)/m	21.70489506	17.99867812	17.00097886
实际降深(S_s)/m	21.7	18	17
降深相对误差	0.000225579	0.000073438	0.0000575803
影响半径(R)/m	1236	2343	3064

由上述两种方法计算的单井一级保护区范围在 1236～4110m，算术平均值为 2688m。

步骤 4：圈出重点调查区的理论范围

以 7 个在用开采井为中心，其影响半径为距离画圆，形成多个可交接的“水井圆”，连接这些“水井圆”的外围边界，形成一个多边浑圆包络线区域，这些区域就是重点调查区的理论范围。表 3.2 列出的 3 个开采井影响半径取实际计算值，其他 4 个开采井影响半径取 2688m。当某个开采井的“水井圆”不能与其他井的“水井圆”交接时，可单独形成一个区域。

步骤 5：率定形成重点调查区工作范围

经实地勘察调查区理论边界范围及其附近地域内的水文地质条件（如补给边界、阻水边界等）、交通条件、地物分布情况（如河流、水库、建筑物等），从合理性和可达性两个方面率定出重点调查区工作范围。

2. 一般调查区范围划分

一般调查区是重点调查区工作范围之外至水源地所属水文地质单元内交通可达、人类活动影响较大、土地利用程度高的区域，包括公路、铁路线，村镇（乡）所在地，煤炭等工业企业分布区，以及河谷河滩农作物区，以及山地丘陵石灰石、白云石开采区等。

一般调查区用遥感影像解译方法划分和圈定。

3. 概略调查区范围划分

概略调查区是水源地所属水文地质单元内交通不便、基本保持原始自然状态或人类活动影响强度极小的区域。

概略调查区用遥感影像解译方法划分和圈定。

井陉县水源地及保护区环境状况调查区划分结果见图 3. 3。统计显示，调查区总面积为 1322km^2，其中，重点调查区面积为 52. 26km^2、一般调查区面积为 400. 56km^2、概略调查区面积为 869. 18km^2。

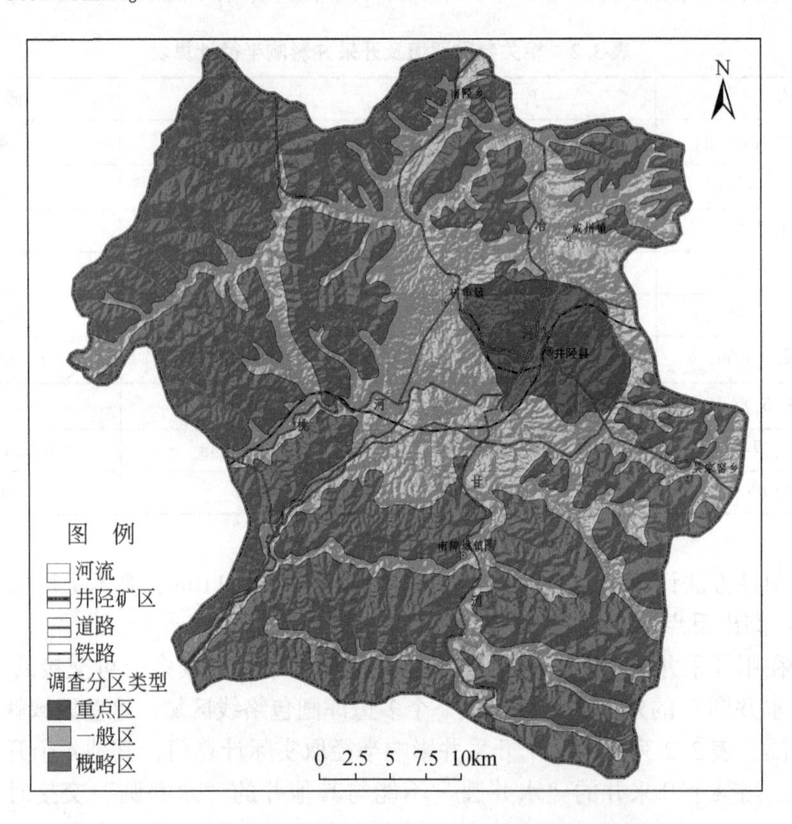

图 3. 3　水源地及保护区环境状况调查区划分示意图

3. 3. 4　调查内容及调查精度

在重点调查区、一般调查区、概略调查区采取了不同的调查策略，包括野外调查工作图比例尺、调查方式、不同环境因素调查精度，见表 3. 3。

表3.3　井陉县水源地调查内容及调查精度表

调查内容	调查分区及精度		
	重点调查区	一般调查区	概略调查区
野外调查工作图比例尺	1∶1万或更大	1∶5万～1∶2.5万	1∶10万～1∶5万
调查方式	全面摸排的“地毯式”调查方式	沿主干线路调查，兼顾侧翼的“非”字形地面调查方式	以遥感为主、地面为辅的宏观调查方式
地表水	2～3个/km	1个/(3～4km)	1个/(5～6km)
地下水	80%～100%地下水点	30%～50%地下水点	1%～5%地下水点
潜在污染源	100%潜在污染源	100%潜在污染源	100%潜在污染源
地面土壤点	1～2个/km^2	0.1～0.3个/km^2	0.02～0.04个/km^2
土地利用类型	全部	全部	全部
包气带剖面	全部可见剖面	0.05～0.1个剖面/km^2	0.01～0.02个剖面/km^2

3.3.5　主要环境因素调查

1. 基础地质

为了查明水源地开采井区水文地质条件，在重点区及其毗邻的一般区补充开展了基础地质调查工作。

依据1∶5万区域地质图，选择典型地质剖面，认知水源地工作区的地层岩性、结构、岩溶发育等，建立地层层序、含水层和相对隔水层，调查主要断裂构造产状、规模、物质组成、力学性质等，判定断裂构造的水文地质性质（如断裂带阻水、上下盘导水等）。

2. 水井

在重点调查区，对全部水源开采井和绝大多数自备井进行调查；在一般调查区和概略调查区，以水源开采井区为中心，朝地下水上游方向布置多条断面，有些断面延伸至补给区边界，水井间距由小到大、由密变疏，以控制地下水水力坡度变化，现场测定水位埋深和水质参数。井陉水源地水井调查布置见图3.4。

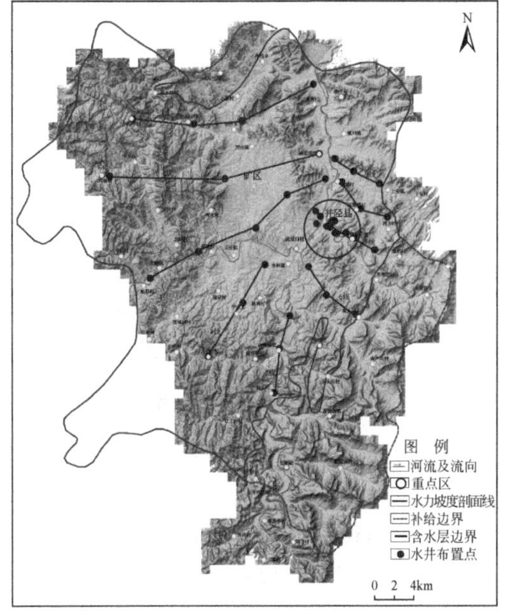

图3.4　水源地及保护区水井调查布置示意图

在广大山地区，由于成井结构问题，筛选出的既能测量水位埋深又能在原位测量水质的水井有限，因此，走访村委会是全面准确获取水井信息、提高水井调查效率重要路径之一。

调查水井时，需要特别关注以下信息：钻井时出水深度及岩心性状、钻探及成井资料、水质变化情况、抽水泵下放深度及其变化情况、供给人口数、抽水制度、发生洪水灾害等事件后对水井水质卫生防疫监测情况、原位取样和水位测量是否可行、周边地层出露情况和水井揭露的含水层。

3. 河流

山地内的河流是地面各种潜在污染源的汇，是水源地水源主要污染风险源之一，应予以高度重视。

调查之前通过数字高程模型、遥感影像资料对水源地调查区水系进行全方位解译，包括河流水面、坑塘水库、分水岭、地形高度差异等，对潜在污染源分布及地表水与地下水污染运移情况进行初步判断，为后续调查提供调查思路和路线规划等。

采用从下游向上游溯源的方式调查，全面观察河流两侧环境状况特别是要观察垃圾等固废堆积的位置、洪水最大高度、地层出露及岩溶发育情况，河流流量沿程变化，绘制调查点河流断面图，示例见图 3.5。调查点的选择综合考虑河水色度、浊度感官信息，河道、河漫滩、阶地垃圾、排污口等潜在污染源分布，主支流汇集处，以及两侧出露地层差异等确定。一般在以下河段布置调查点：主支流汇集处；感官性状差异不大，但两侧出露地层岩性不同的河段（如岩溶区与非岩溶区）；河道、河漫滩、阶地垃圾、排污口等密集分布且感官性状突变的河段。

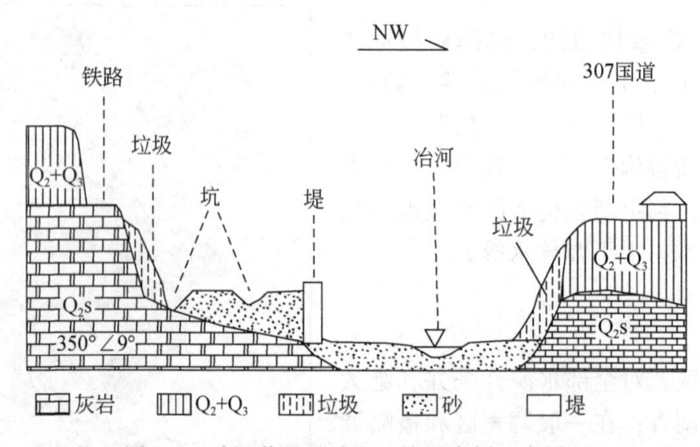

图 3.5 冶河井陉县城段环境要素剖面素描图

现场对调查点上下游目击长度内河段环境状况进行初步评估，并将评估结果标识在调查底图上，评估枯水期、洪水期等不同水文状态下河流水质变化。河段环境状况评估标准见表 2.2。

4. 渠道及水库

标识渠道轨迹及水库分布，调查渠道引水或水库放水季节性变化，观察渠道防渗及污染状况，判断渠道水及水库水与地下水的相互关系。

5. 包气带

在井陉山地岩溶型水源地，有两种类型的包气带值得关注：一是第四系地层覆盖型包气带；二是岩溶裸露型包气带。

第四系地层覆盖型包气带一般分布在山体与河谷之间的坡地及阶地上。寻找露头厚度大、断面清晰的剖面作为调查点。围绕调查点，全方位（上、下、左、右）观察剖面的颜色、岩性、结构、厚度等变化，用 XRF 仪现场测定各岩性结构层元素的含量，绘制包气带剖面图，示例见图 3. 6。

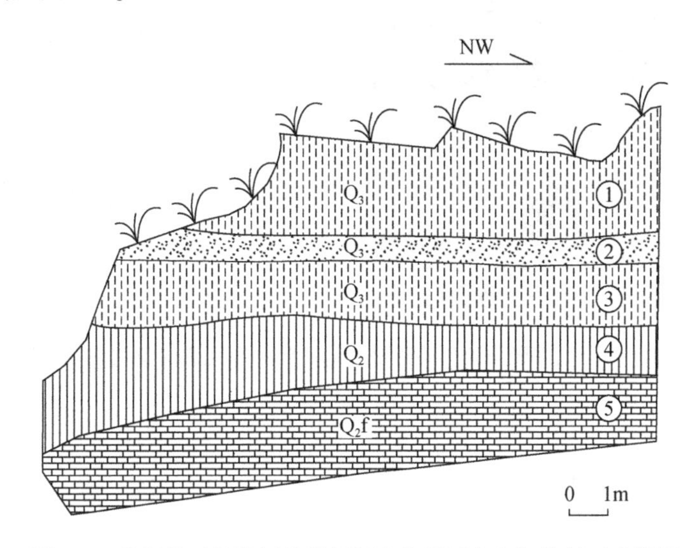

图 3. 6　井陉县天长镇河北乾昊钙业公司西南包气带剖面素描图

①为浅黄色粉土层；②为含大量姜石（大于 50%）浅黄色粉土层，最大姜石长度 5cm；③为浅黄色粉土层；④为棕红色粉质黏土层，质地干硬，Fe、S 含量较低；⑤灰岩强风化层，被棕红色黏土充填，黏土 Fe、S 含量较高

对于岩溶裸露型包气带，主要观察和测定岩层产状，统计不同层位岩溶发育率（如溶隙、溶洞的线百分率），测量并统计构造裂隙的产状和发育率，观察构造裂隙的穿层性和力学性质（如张裂隙、压裂隙等）。

值得注意的是，布设包气带调查点时，要尽量与潜在污染源调查点匹配。

6. 潜在污染源

通过网络搜索、卫星地图跟踪和走访水源地所辖行政地域相关部门（如环保、住建、水务）等方式，收集水源地范围内工矿企业、矿业开发、固废、污水处理等潜在污染源信息。

使用卫星地图时，要注意调查时间与卫星地图拍摄时间的季节差异可能引起的误判，对于疑似污染源或较大面积不明的地物需现场核实。

对于日常生活、工矿企业生产过程中必然要产生但未发现的潜在污染源（如垃圾填埋场、污水处理厂、矿山尾矿库、煤矿矸石场等）进行追踪调查。

调查垃圾填埋场时，仔细观察垃圾场内的标识物（如建设情况介绍）、填埋方式、防护方式、周边出露地层等，采用便携式水质仪现场测量渗滤液的水质参数。

调查煤场、钙厂等潜在污染源时，在多个地面点采用便携式 XRF 仪测量元素含量，绘制测量点相对位置，并将测量结果记录在调查表或笔记本内。地面点应能够最大限度地保留“原始污染”的痕迹（即未被后期扰动的地面）和代表一定面积污染物的聚集范围，如图 3.7 所示。

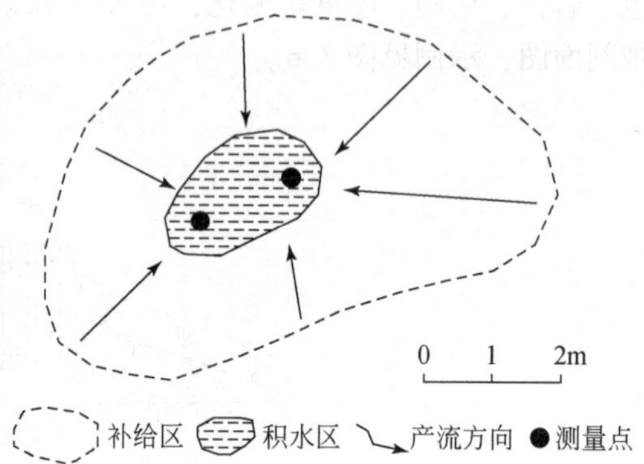

图 3.7　XRF 仪测量井陉焦化厂附近潜在地面污染源元素含量代表点选取示意图

3.3.6　水源地水质监测

野外调查完成后，在综合分析已有信息及调查资料的基础上，对监测井位、监测环节、监测指标做了如下安排。

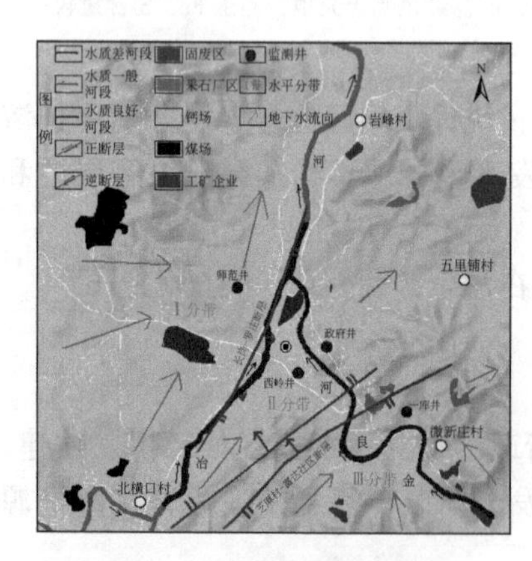

图 3.8　水源地监测井位置及环境条件分布示意图

1）监测井选择

选择监测井时考虑了以下几个条件：①控制不同径流方向；②控制不同深度含水层；③反映不同类型潜在污染源可能影响；④现场监测条件；⑤供给人数。

井陉水源地监测井位置及其选择依据见图 3.8 和表 3.4。

2）监测环节

这里所指的监测环节是供水过程的水质卫生控制环节，一般有 3 种供水过程的组合方式：一是原水-用户式，即抽出的地下水未经消毒处理直接送入用户饮用；二是原水-现场消毒-用户式，即抽出的地下水在井旁消毒处理后送入用户饮用；三是原水-管网消毒-用户式，即从单个水井抽出的地下水在水厂某个地方汇集，统一添加消毒剂后，经供水管网送入用户。水质监测应依据水源地供水过程的上述组合方式确定。对于原水-用户式供水，应监测抽出的地下水；对于原水-现场消毒-用户式和原水-管网消毒-用户式供水，既要监测抽出的地下水，又要监测消毒后进入用户的管网水。井陉县水源地水源井属于原水-现场消毒-用户式供水方式，采集了抽出的地下水（原水）和消毒后进入用户的管网水。

表3.4 井陉水源地监测井位置及其选择依据表

监测点	开采含水层位及标高	水平径流分带	控制地下水补给、径流方向	控制潜在污染源类型	现场监测条件
师范井	中奥陶统马家沟组灰岩，主要含水层标高0～60m	Ⅰ分带，位于长岗-罗庄阻水断层以西	西部及西南南区域	煤场、钙厂，井陉煤矿矿坑水影响	可取水样，但不能测水位
政府井	中奥陶统马家沟组灰岩，主要含水层标高80～90m、100～130m	Ⅱ分带，位于芝麻峪村-富达社区阻水断层与长岗-罗庄阻水断层之间	西南区域	煤场、固废区、金良河污染、县城内工矿企业	可取水样，但不能测水位
西岭井	中奥陶统马家沟组灰岩，主要含水层标高-50～-20m、130～150m	Ⅱ分带，位于芝麻峪村-富达社区阻水断层与长岗-罗庄阻水断层之间	西南区域	煤场、固废区、冶河污染	可取水样，但不能测水位
一库井1	中奥陶统马家沟组灰岩，主要含水层标高50～70m、150～160m、180～200m	Ⅲ分带，位于芝麻峪村-富达社区阻水断层以东	西南及南南东区域	金良河污染、山体开挖、工矿企业污染	可取水样，但不能测水位

3）监测指标

在全部监测井处取原水（即抽出的地下水）水样，分析《地下水质量标准》（GB/T 14848—2017）规定的93项指标，在两口监测井的管网输水处采集水样，分析《生活饮用水卫生标准》（GB 5749—2006）规定的106项指标。

3.3.7 评价方法

借鉴《集中式饮用水水源地环境保护状况评估技术规范》（HJ 774—2015）评价方法，采用指标体系层次构建法、指标权重专家评判及量化方法，建立井陉县水源地及保护区环境状况评价方法。

1. 指标体系构成与指标权重分配

水源地及保护区环境状况指标体系名称及代号、体系权重、指标名称及代号、指标权重和指标序号见表3.5。

表 3.5　水源地及保护区环境状况指标体系构成与权重分配表

目标	指标体系名称及代号	体系权重	指标名称及代号	指标权重	指标序号
水源地及保护区环境状况	调查研究程度（A）	0.10	水源地所在水文地质单元调查程度（A_1）	0.40	1
			水源地勘查报告及精度（A_2）	0.40	2
			相关研究程度（A_3）	0.20	3
	水质状况（B）	0.25	水源井水质达标率（B_1）	0.30	4
			水量达标率（B_2）	0.70	5
	水量状况（C）	0.25	水量保证率（C_1）	0.70	6
			水位达标率（C_2）	0.30	7
	潜在污染源状况（D）	0.20	点片状潜在污染源率（D_1）	0.30	8
			线状潜在污染源率（D_2）	0.30	9
			面状潜在污染源率（D_3）	0.40	10
	管理状况（E）	0.20	管理措施落实率（E_1）	0.10	11
			水源地保护区划分与标识设置（E_2）	0.30	12
			水源地水质监测（E_3）	0.30	13
			水源地保护区风险防控（E_4）	0.20	14
			水源地保护区风险应急能力建设率（E_5）	0.10	15

2. 指标量化

1）调查研究程度指标体系

水源地所在水文地质单元调查程度指标（A_1）：以收集到地质及水文地质勘查报告等资料的总体精度（比例尺）量化。打分原则是，达到 1：5 万或更大比例尺精度的水源地得 100 分；精度在 1：20 万～1：10 万的水源地得 50 分，精度低于 1：20 万的水源地得 0 分。

水源地勘查报告及精度指标（A_2）：以是否进行水源地勘查及其勘查精度量化。打分原则是，进行了水源地勘查且精度高（如具有群孔抽水试验结果、数值模拟研究成果等）的水源地得 100 分；进行了水源地勘查但精度较低（如只有单孔或多孔抽水试验，没有数值模拟研究成果等）的水源地得 50 分；未进行水源地勘查的水源地得 0 分。

相关研究程度指标（A_3）：以是否发表对水源地环境条件认识的论文和专著及数量量化。打分原则是：论文和专著 10 篇以上得 100 分；论文和专著 5～10 篇得 50 分；论文和专著不足 5 篇得 0 分。

2）水质状况指标体系

水源井水质达标率（B_1）：对于只有一个开采井的水源地，水源水质达到生活饮用水标准或地下水Ⅲ类水质标准时，达标率为 100%；否则为 0；对于具有多个开采井的水源地，达标率为水质达标开采井数占水源地实际开采井数的百分比。

水量达标率（B_2）：水源水质达到生活饮用水标准或地下水Ⅲ类水质标准开采水量占水源地实际开采水量的百分比。

3）水量状况指标体系

水量保证率（C_1）：用水源地实际开采量是否满足供水需求量化，完全满足供水需求的，保证率为100%；不能满足供水需求的，按实际保证率百分比计。

水位达标率（C_2）：水源地平均水位降深未超过允许降深，水位达标率100%，得100分，超过允许降深，水位不达标，得0分。

4）潜在污染源状况指标体系

点片状潜在污染源率（D_1）：以水源地补给范围内工厂、企业、养殖、固废堆积（垃圾、煤场）、污水塘等面积之和的10倍面积（由于点片状风险源面积小，毒性及强度大，故将其面积扩大10倍）占水源地所在水文地质单元面积百分比表示。

线状潜在污染源率（D_2）：以水源地所在水文地质单元内常年性河流和季节性河流环境质量差的河段长度占河流总长度百分比表示。

面状潜在污染源率（D_3）：以水源地补给范围内施用化肥农药等的农地、园林地等分布面积较大潜在污染源面积之和占水源地所在水文地质单元面积百分比表示。

5）管理状况指标体系

管理措施落实率（E_1）：由水源编码、水源地档案制度、保护区定期巡查、环境状况定期评估、信息化管理平台和信息公开6项内容组成，完成1项得1分，未完成不得分，以得分总和除以6的百分比表示。

水源地保护区划分与标识设置（E_2）：划分了保护区并设置了标识牌的水源地得100分；划分了保护区但未设置标识牌的水源地或未划分保护区但设置了标识牌的水源地得50分；未划分保护区也未设置标识牌的水源地得0分。

水源地水质监测（E_3）：指对水源地地下水（原水）、管网水或末梢水的监测完成情况。按规范要求全部完成（原水）、管网水或末梢水规定指标及监测频率的水源地得100分；部分完成（原水）或管网水或末梢水规定指标及监测频率的水源地得50分；未开展监测工作的水源地得0分。

水源地保护区风险防控（E_4）：风险防控状况用风险源名录完成率和危险化学品运输管理制度建立率两项指标算术平均值表示。已建立风险源名录的水源地为100%；否则为0；已建立危险化学品运输管理制度的水源地为100%；否则为0。

水源地保护区风险应急能力建设率（E_5）：应急能力用饮用水水源地突发环境事件应急预案编制与备案、应急演练、应对重大突发环境事件的物资和技术储备、应急专家库、应急监测能力5项内容评估，完成1项得1分，未完成不得分，得分总和除以5的百分比为应急能力建设率。

3. 分类评价

按照各指标系统得分多少分别评价，计算公式如下：

调查研究程度（A）得分$=0.4\times A_1+0.4\times A_2+0.2\times A_3$

水质状况（B）得分=$(0.3\times B_1+0.7\times B_2)\times 100$

水量状况（C）得分=$0.7\times C_1\times 100+0.3\times C_2$

潜在污染源状况（D）得分=$100-(0.3\times D_1+0.3\times D_2+0.4\times D_3)\times 100$

管理状况（E）得分=$0.1\times E_1\times 100+0.3\times E_2+0.3\times E_3+0.2\times E_4\times 100+0.1\times E_5\times 100$

水源地及保护区环境状况分类指标体系得分值与评价等级对照见表 3.6。

4. 综合评价

水源地及保护区环境状况综合评价，考虑各指标体系的相对贡献，将各指标体系分类得分及其权重乘积加和，得到一个综合分值（S），即

环境状况综合得分（S）=$0.1\times A+0.25\times B+0.25\times C+0.2\times D+0.2\times E$

环境状况综合得分值（S）与评价等级对应关系见表 3.7。

表 3.6 环境状况分类指标体系得分值与评价等级对照表

分类得分范围	评价等级
（A、B、C、D、E）≥90	优秀
60≤（A、B、C、D、E）<90	合格
（A、B、C、D、E）<60	不合格

表 3.7 水源地环境状况综合分值与评价等级对照表

综合得分（S）	评价等级
$S\geq 90$	优秀
$80\leq S<90$	良好
$70\leq S<80$	合格
$60\leq S<70$	基本合格
$S<60$	不合格

3.4 水源地及保护区环境状况

3.4.1 自然地理状况

1. 地形地貌

水源地及保护区位于太行山中段东侧，基本形态是中心凹陷、周边翘起、西部及南部高、东部及北部低。区内山峦起伏，丘陵迤逦，河谷、盆地错落其间。中低山集中分布在西部和东南部，除少数山峰海拔超过1000m 外，大部为 400～800m，部分为 200～400m，河谷、盆地海拔多在200m 以下。

地貌以其成因可划分为侵蚀-堆积、构造-堆积、构造-侵蚀-溶蚀、构造-剥蚀地貌。侵蚀-堆积地貌分布在中低山较大河流两岸（如绵河、甘陶河），以河漫滩、一级、二级、三级阶地为特征。构造-堆积地貌分布在构造升降差异造成的四周高、中心低的凹陷地形内，如矿区盆地周边残丘、垄岗、黄土崖、冲沟发育，中心堆积较厚的侵蚀-剥蚀物及黏土类堆积物。构造-侵蚀-溶蚀地貌分布于中低山区的寒武-奥陶系碳酸盐岩内，主要类型有中低山峡谷、低山丘陵沟谷、溶洞、岩溶泉、溶隙、岩溶洼地、天生桥、陷落柱等。构造-剥蚀地貌分布于西北和东南部前寒武系变质岩山区，沟谷宽阔呈箱形，山体常以断崖、单面山、穹状山等为特征。

2. 气象

调查区为暖温带半湿润大陆季风气候。其主要特点是四季分明，季节性强，光照充足，夏暑冬寒，温差较大。根据统计资料，多年平均降水量为547.7mm，最大年降水量为1209mm（1996年），降水量集中在7～8月，占全年降水量的56%左右。多年平均蒸发量2106.5mm，5～7月蒸发量最大；多年平均气温为12.8℃，1月最冷月，平均气温为-2.8℃，7月最热，平均气温26.6℃，夏天极端最高气温42.7℃，冬天极端最低气温-26.5℃。

3. 水文

调查区属海河流域、子牙河水系、滹沱河支流的冶河水系流经区，水源地开采井分布于冶河两岸。冶河上游主要由两条常年性河流汇集而成：一支为绵河，发源于山西省寿阳县龙潭，流经阳泉、娘子关等，在北横口村与甘陶河汇合；另一支为甘陶河，发源于山西省昔阳县窑上，东北流至神河庄入工作区，在北横口村与绵河交汇，张河湾水库控制着流入调查区甘陶河的地表径流。冶河尚有小作河、金良河两条季节性河流汇入，金良河在井陉县城所在地微水镇汇入冶河，小作河在井陉矿区盆地北边汇入冶河。冶河向北径流注入滹沱河上的黄壁庄水库。调查区内农灌渠纵横交错，引用绵河水的有绵右渠、绵左渠、民主渠和人民渠；引用甘陶河水的有西跃渠、引甘济绵渠；引用冶河水的有胜利渠、南跃渠、源泉渠、民建渠和大同渠等。

据井陉县水利局1956～1982年统计资料，各河流和渠道情况如下：

冶河：由北横口村至河口村长39.4km。在岩峰村以下河段，是威州岩溶泉群地下水的溢出地段，泉沿河道及两岸的河漫滩和一级阶地溢出，为枯水期冶河河水的主要来源。泉群流量多年平均（1967～1982年）流量为9.466m^3/s。

绵河：长120km，流域面积为2736km^2，常年有水，地都水文站所测多年平均流量为14.1m^3/s（包括绵右渠约5.0m^3/s）。绵右渠渠首在山西省苇泽关，流至乏驴岭后分为绵右渠和绵左渠（绵左渠引水量约2m^3/s），每年3～12月引水灌溉。天长镇以下绵右渠分出两条引水渠，即河东岸的民主渠和河西岸的人民渠，引水量分别为1.8m^3/s和1.5m^3/s。经四条灌渠引水后，在旱季（4～5月）绵河微水段地表径流量几乎为零。

甘陶河：全长150km，流域面积为2564km^2，多年平均流量为2.7m^3/s。绝大部分水量被张河湾水库拦蓄后引入西跃渠及引甘济绵渠，张河湾水库以下河道内所剩水量有限，故在南障城以下河段常年断流。

金良河：季节性河流，发源于县境内吴家窑乡金柱岭，在微水村北汇入冶河，全长23.3km。多数河道常年无水，只是在临近县城地段因么么泉水补给河道有水，泉水多年平均流量为0.27m^3/s。

小作河：季节性河流，中游有菩萨崖泉出露，流量不大，泉水被引入人民渠。在冶河附近有扬青泉补给，泉水多年平均流量为0.2m^3/s。

割髭河：季节性河流，上游为非岩溶地区，非灌溉季节河道有水，流至下游可溶岩区，河道常年无水（图3.9）。

上述河流和渠道渗漏水是井陉水源地及保护区地下水的重要补给来源之一。

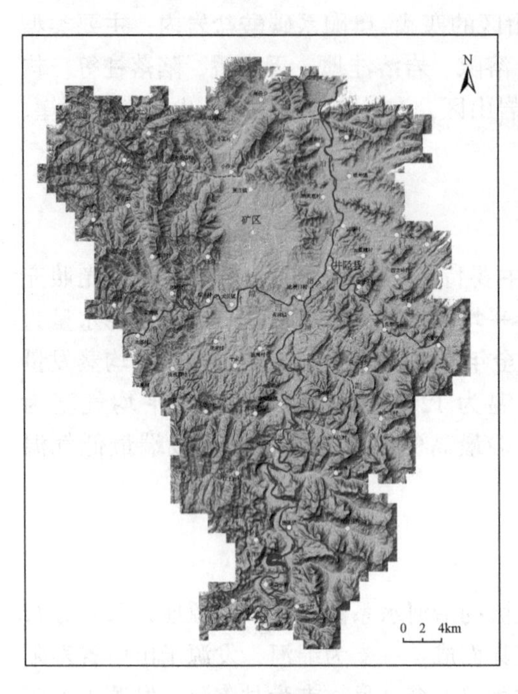

图3.9　水源地及保护区主要河流分布示意图

4. 土壤

井陉县内土壤分为棕壤、褐土、草甸土3个土类。棕壤分布于县南部海拔1000～1200m以上的中山区，是天然次生林的立地土壤。褐土广泛分布在800m以下的低山、丘陵地区，上至中山区的阳坡面，下至盆地中的岗坡台地及高阶地，占全县总面积的98.76%。草甸土分布于绵河、甘陶河、冶河两侧的低阶地及河漫滩上，是重要的耕种土壤之一。

5. 植被

井陉县植被为落叶阔叶林，主要有乔木、灌木、草本三大类型植被。主要乔木树种有橡栎、松、柏、杨、柳、榆、槐、桐、核桃、柿子、黄连子、苹果、梨等。灌木主要有胡枝子、山荆条、皂角等。草本植物主要有白草、羊胡子等。据报道，2015～2018年，井陉县大力实施太行山绿化工程，通过矿山复绿、荒山增绿、封山护绿，年均植树500万株，森林覆盖率达52.3%。

3.4.2　社会经济状况

据第六次全国人口普查结果，2010年井陉县人口总数30.98万人，每平方千米约232人；县城人口约5.6万人，每平方千米约9333人。

据2016年统计资料，全县地区生产总值151亿元，同比增长3.2%。一般公共预算收入6.5亿元；固定资产投资171亿元；规模以上工业增加值和规模以上工业利润分别为33.8亿元和10.4亿元；社会消费品零售总额49.4亿元，同比增长11.2%；实际利用外资达到3141万美元；城乡居民可支配收入达到2.5万元和1.1万元，分别增长8%和7.7%。

井陉县农业、工业和服务业情况是：在农业方面，突出规模效应，流转土地1.2万亩①，新增农业专业合作社49家，培育种养结合型农业产业园4个，新建标准化规模养殖示范场5个，建成省级中药材种植基地5个，成为全省中药材主要供应地之一；在工业方面，坚持化解产能过剩和对标科技创新，关停并转矿山、煤炭等落后企业44家，实施工业技改项目56项，建成了太行智慧众创空间，设立了全县第一家中小企业孵化器，省级高新技术企业达到3家，成功举办了全国第24届钙镁年会，被评为中国碳酸钙创新基地；在服务业方面，形成了6条旅游精品线路，创建省级旅游示范村4个、星级农家乐8家；新增个体工商户1272户；农村电子商务平台建成投用，营销网点覆盖全县所有行政村。第三产业对经济增长的贡献率超过工业，达到51.1%，服务业逐渐成为当地主要支柱产业。

3.4.3　地质及水文地质状况

1. 地层

区内出露太古宇阜平群，古元古界甘陶河群，中元古界长城系，下古生界寒武系、奥陶系，上古生界石炭系、二叠系和新生界第四系，其中，下古生界寒武系和奥陶系地层总厚度为980~1534m，出露面积约占井陉县行政区的70%，是井陉县山区主要开发利用的岩溶含水层。地层由老至新分述如下。

1）太古宇阜平群（Ar_{fp}）

分布于西北部，地层厚度约5390m。由深变质的非岩溶夹岩溶层组成。

A. 团泊口组（Ar_{fpt}）

主要岩性为浅粒岩夹黑云斜长片麻岩、斜长角闪岩、黑云斜长片麻岩、大理岩及含磁铁石英岩透镜体，厚度约2414m。

B. 南营组（Ar_{fpn}）

主要岩性为黑云斜长片麻岩、角闪黑云斜长片麻岩、浅粒岩，夹大理岩、磁铁石英岩，厚度约2976m。

2）古元古界甘陶河群（Pt_1gt）

为一套浅变质的碎屑岩、白云岩、安山岩组成的多旋回、多韵律地层。上部为灰绿色变质安山岩夹薄层砂岩、板岩、长石石英砂岩、粉砂质板岩、泥质白云岩；中部为变质安山角砾岩、集块岩、砂岩、含砾石英砂岩与泥质板岩互层；下部为变质含砾长石石英砾岩夹二云长英变质片岩。总厚度为5387~7780m。

3）中元古界长城系（Pt_2ch）

本区出露长城系，厚度为79~740m，在横纵方向上沉积岩相及厚度均有变化。缺失

① 1亩≈666.667m^2。

团山子组，与古元古界为不整合接触。

A. 常州沟组、串岭沟组（Chc+ch）

以砂砾岩、石英砂岩、页岩、含铁砂岩为主的碎屑岩，厚度为12～284m。

B. 大红峪组（Chd）

以石英砂岩、细粒砂岩、含铁石英砂岩为主的碎屑岩，厚度为45～89m。

C. 高于庄组（Chg）

以含燧石结核、燧石条带白云岩夹含锰白云岩为主，厚度为22～367m。

4）下古生界寒武系（Є）

寒武系分布于井陉县北部、东部及南部，厚度为378～586m，与长城系呈假整合接触。

A. 下寒武统（$Є_1$）

厚度为70～120m，主要由砂质、泥质碎屑岩夹碳酸盐岩组成。本区出露馒头组和毛庄组。

馒头组（$Є_1m$）：厚度为33～67m，主要岩性为砖红色砂岩、页岩、泥灰岩、白云质灰岩。

毛庄组（$Є_1mz$）：厚度为39～55m，主要岩性为紫红色页岩夹泥质白云岩。

B. 中寒武统（$Є_2$）

厚度为180～290m，主要由紫红色含云母砂质页岩、灰岩、白云质灰岩组成。本区出露徐庄组和张夏组。

徐庄组（$Є_2x$）：厚度为41～107m，主要岩性为暗紫红色含云母砂质页岩、夹砂岩和泥质条带灰岩、白云质灰岩。

张夏组（$Є_2z$）：厚度为145～178m，主要岩性为深灰色厚层灰岩、鲕粒灰岩、泥质条带灰岩。

C. 上寒武统（$Є_3$）

厚度为120～179m，主要由碳酸盐岩夹泥质页岩组成。本区出露崮山组、长山组、凤山组。

崮山组（$Є_3g$）：厚度为26～35m，主要岩性为紫灰色泥质条带白云质灰岩、竹叶状灰岩、绿色页岩。

长山组（$Є_3c$）：厚度为11～29m，主要岩性为紫红色竹叶状灰岩、条带状白云质灰岩。

凤山组（$Є_3f$）：厚度为83～115m，主要岩性为条带状泥质白云岩、灰白色白云岩。

5）下古生界奥陶系（O）

主要分布于井陉县的中部和西部，与寒武系呈整合接触关系，厚度为603～948m。

A. 下奥陶统（O_1）

地层厚度110～190m，主要由白云岩组成，本区出露冶里组和亮甲山组。

冶里组（O_1y）：厚度为34～51m，主要岩性为灰色、黄灰色细晶白云岩，夹黄绿色、灰绿色白云质页岩。

亮甲山组（O_1l）：厚度为77～140m，主要岩性为浅灰色、灰色含燧石结核及条带细、中晶白云岩，夹钙质白云岩。

B. 中奥陶统（O_2）

厚度为490～760m，主要由泥质白云岩、角砾状泥灰岩、白云质灰岩组成。本区出露下马家沟组、上马家沟组和峰峰组。

下马家沟组（O_2x）：厚度为145～187m，分三段：一段厚度为2～11m，主要岩性为灰、黄绿色钙泥质白云岩，钙泥质页岩；二段厚度为8～24m，主要岩性为浅灰、浅黄色角砾状泥灰岩，夹白云质灰岩；三段厚度为135～152m，主要岩性为深灰色厚层状白云质灰岩，花斑状灰岩。

上马家沟组（O_2s）：厚度为246～397m，分三段：一段厚度为20～66m，主要岩性为浅灰、杂色角砾状泥灰岩，白云质灰岩；二段厚度为130～160m，主要岩性为深灰色厚层花斑状泥质、白云质灰岩，偶含燧石结核；三段厚度为96～171m，主要岩性为深灰色厚层致密状白云质灰岩、花斑灰岩、偶含少量燧石结核。

峰峰组（O_2f）：厚度为101～173m，分两段：一段厚度为23～62m，主要岩性为浅灰白色、杂色角砾状泥灰岩，白云质灰岩；二段厚度为78～111m，主要岩性为深灰色厚层状灰岩、花斑状白云质灰岩，夹角砾状灰岩、含铁质结核灰岩。

6）上古生界石炭系（C）

主要分布于井陉矿区一带，厚度为101～151m，主要由砂岩、页岩、煤层组成，与奥陶系呈假整合接触关系。本区出露本溪组和太原组。

本溪组（C_2b）：厚度为21～48m，主要岩性为灰色砂质页岩、砂岩夹灰岩、鲕粒状铝土页岩、煤层。

太原组（C_3t）：厚度为80～103m，主要岩性为白色粗砂岩、灰黑色砂质页岩、砂岩夹灰岩、煤层。

7）上古生界二叠系（P）

主要分布于井陉矿区一带，厚度为386～723m，主要由砂岩、页岩、煤层组成。本区出露山西组、下石盒子组、上石盒子组和石千峰组。

山西组（P_1s）：厚度为97～145m，主要岩性为深灰色中细粒砂岩、砂质页岩夹煤层。

下石盒子组（P_1x）：厚度为179～222m，主要岩性为灰白色粗砂岩、灰绿色砂岩，局部夹灰岩。

上石盒子组（P_2s）：厚度为110～136m，主要岩性为紫色、灰黄色粗、中、细粒砂岩，砂质页岩，局部夹铁质砂页岩。

石千峰组（P_2sh）：厚度约220m，主要岩性为灰色粗砂岩、紫红色中、细粒砂岩，局部夹砂页岩。

8）新生界第四系（Q）

主要分布于井陉县、井陉矿区、冶河、甘陶河、绵河等山谷及河流两侧，厚度为40～175m。本区缺失下更新统，出露中更新统、上更新统和全新统。

A. 中更新统（Q_2）

厚度为20～100m，下部为红褐色、黄色泥砾石层，夹红色黏土、粉质黏土；上部为黄土夹砾石。砾石成分在绵河一带以灰岩为主，而在甘陶河一带以石英岩为主。砾石粒径在15cm左右，最大可达80cm，分选性差。

B. 上更新统（Q_3）

厚度为15～55m，下部为黄色砾石层，厚度为2～30m；中部、上部为灰黄色黄土、砂砾石、含钙核的黏土及粉质黏土。

C. 全新统（Q_4）

厚度为5～40m，主要岩性为砂卵砾石、粉质黏土等。

2. 构造

井陉县水源地所在的威州泉域属于中朝准地台构造单元，处于沁源台陷的东北端，为受断裂构造破坏的一大型宽缓复向斜构造，核部由石炭系、二叠系组成，向两侧过渡到长城系，轴面近于直立，枢纽呈北东向延伸，盖层断裂及节理裂隙发育。

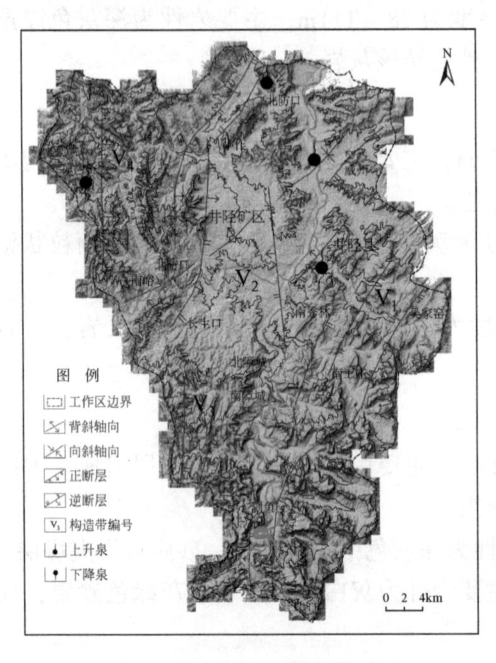

图3.10 威州泉域构造纲要示意图

1）构造带及其水文地质性质

依据断层带构造性质及其水文地质特征等，将井陉县威州泉域划分为四个构造带，见图3.10。

A. 甘陶河东逆断层阻水构造带（V_1）

分布于甘陶河、冶河以东，断层带走向25°～50°，南端逐渐变为南北向，倾向为295°～320°，倾角为40°～80°。断裂带北宽南窄，中部宽约12km。断裂带内约有37条断层，其中逆断层21条，断层呈东高西低的叠瓦状形式排列。该断裂带东侧为隔水岩层，受逆断层影响隔水层被抬高，形成阻水构造带；西侧为碳酸盐岩，在断层的影响下南端是甘陶河强渗漏补给区段，北端为威州泉群排泄区。

在断裂带分布区水源地附近开展野外地质调查时发现，北东向、北北东向断裂构造发育，断裂带具有以下特征：①断裂带内透镜状岩块和糜棱化现象明显，有多个断裂面，经过多期运动，以挤压作用为主，见彩图3.1；②主断裂面倾角较大，一般在60°～80°，可观察到擦痕，擦痕指示西北盘为主动上升盘、东南盘为被动下降盘，且具左旋性质，见彩图3.2；③断裂带两侧岩层裂隙发育且破碎，但一般不形成次一级褶曲构造，影响宽度不大，一般在几十米内两侧地层就恢复至正常产状。

由于北东向及北北东向断裂带内存在浅黄色断层泥、充填有棕红色黏性土等阻水物质，由此判定为这一方向的断裂带的水力性质是断裂带阻水、两侧岩层透水的断裂。

B. 井陉地堑带（V_2）

分布于井陉矿区一带，走向南北，倾向东和西，倾角为63°～83°，断距为100～500m，由两列正断层控制，地堑带中部宽约9km、北部宽约2km，南部逐渐消失。地堑内可见断层13条。地堑西侧断层中段具有阻水性，上盘为相对隔水的石炭系和二叠系，下盘为寒武系和奥陶系碳酸盐岩；地堑东侧断层南段上下盘均为碳酸盐岩，地堑南段蔡庄附近上下盘均为碳酸盐岩，为导水构造。

C. 吕家、营庄断层导水构造带（V_3）

分布于井陉县南部甘陶河以西。断层带内发育13条断层，断层带总体走向南北，倾向西或东，由倾角45°～86°的正断层与逆断层组成，宽度为2～3km。断层带北端在大梁江、吕家村以北消失，南端在营庄以南与 V_1 构造带合并。断层呈西高、东低的阶梯状排列，断层带上下盘地层岩性均为碳酸盐岩，属于透水构造带。

D. 洪河槽、张家庄断层导水构造带（V_4）

分布于井陉县西北部，断层带总体走向南北，倾向东，由倾角40°～85°的正断层组成。断层呈西高东低的阶梯状排列，断层带内发育24条断层。断层带内的再吊沟、神峪、仙洞等处发育褶皱构造。断层带处于碳酸盐岩分布区内，以正断层为主，总体上属于导水构造带。由于岩脉和变质岩地层的影响，局部区域属于阻水构造而形成泉水，如观南庄泉、孤山泉等。

2）新构造

工作区域内新构造运动以差异性地壳升降运动为主，伴有断裂活动和岩浆活动。

A. 差异性地壳升降运动

主要表现形式是发育一二级阶地、深切河曲、河谷不对称、河谷多裂点、叠叠冲洪积扇、多级夷平面、抬升的多层溶洞等。

B. 断裂活动

主要在绵河、冶河沿岸断面可观察到新的断裂活动，如井陉县石桥头村绵河北岸公路边二级阶地前缘近南北向正断层，切穿了半胶结的砂砾岩和棕褐色粉质黏土；井陉县天长镇西绵河东岸胶结、半胶结的中更新统砂砾岩中见近南北向正断裂。发育的这些南北向正断层，显示了东西向拉伸的新构造应力格局。

C. 岩浆活动

在东窑岭、雪花山、秀林东山等地可见中更新世时期沿断裂溢出的基性橄榄玄武岩。

3）节理裂隙

井陉县内经过数次区域性的构造运动，硬脆且厚度较大的碳酸盐岩地层屡遭破碎，节理裂隙极其发育。主要发育走向为近南北向、北东向、北西向和近东西向4组节理裂隙（图3.11），平均裂隙率为6.7%。产状简述如下，近南北向：走向为350°～20°，倾向为260°～290°或80°～110°，倾角为45°～90°；北东向：走向为30°～50°，倾向为300°～320°或120°～140°，倾角为45°～86°；北西向：走向为300°～330°，倾向为210°～240°或30°～60°，倾角为42°～90°；近东西向：走向为70°～90°，倾向为340°～360°或160°～180°，倾角为40°～90°。

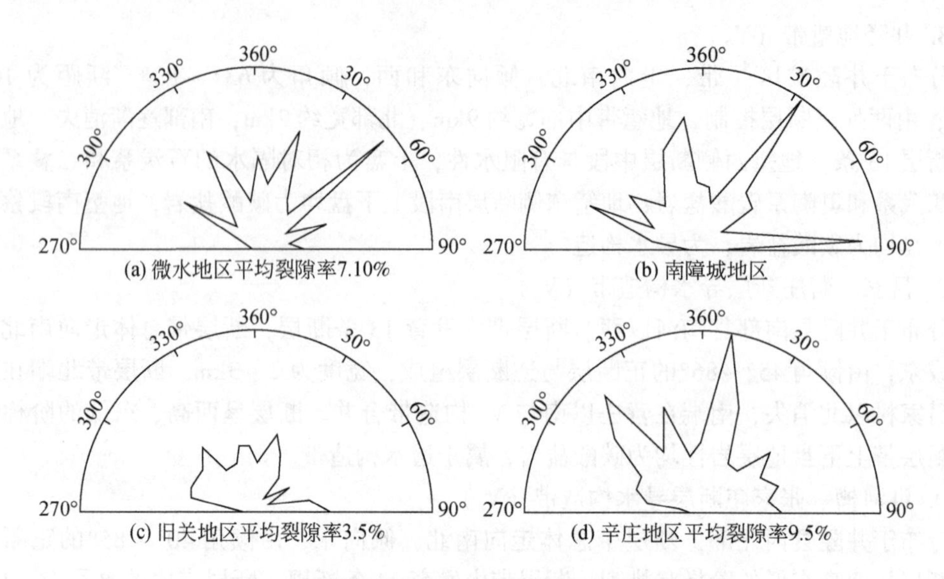

(a) 微水地区平均裂隙率7.10%　(b) 南障城地区

(c) 旧关地区平均裂隙率3.5%　(d) 辛庄地区平均裂隙率9.5%

图 3.11　碳酸盐岩地层中节理裂隙走向玫瑰花图

3. 岩浆岩

多以岩脉、岩墙等形式侵入围岩。

1）燕山期辉石闪长岩脉（δ_5）

分布于西北部地区洪河槽、张家庄西、桃林坪、梅家庄西的寒武系、奥陶系岩层中，呈灰绿色、黑绿色，板状构造，基质为斜长石、角闪石，斑晶为辉石、长石。

2）喜马拉雅期玄武岩（β_6）

分布于绵河以南雪花山、秀林等地，呈层状产于中更新统岩层中，在板桥后山呈脉状产于奥陶系灰岩中，呈黑绿色、灰紫色，具气孔状、杏仁状构造，基质为斜长石、橄榄石、辉石，斑晶为橄榄石。

4. 地下水类型及含水岩组特征

井陉县水源地所在水文地质单元为威州泉域，基底、东部、北部、南部为中—下寒武统页岩、太古宇及元古宇变质岩系的相对隔水层，四周边界清楚，是一个独立的盆地型水文地质单元，岩溶水的补给、径流、排泄都发生在盆地内，泉域面积约 1534km^2，其中碳酸盐岩裸露岩溶区面积约 724km^2。

依据含水介质类型，将区内地下水划分为第四系松散岩类孔隙水、寒武系及奥陶系碳酸盐岩类岩溶水和前寒武系变质岩风化裂隙水，区内地下水主要赋存在寒武系及奥陶系碳酸盐岩岩溶裂隙含水介质中。

1）第四系松散岩类孔隙水

一般分布于河漫滩和一级阶地，赋存于第四系全新统冲洪积堆积层中。主要岩性为卵砾石、中粗砂，磨圆度和分选性好，具有二元结构，水位埋深 1 ~ 5m，单井涌水量 20 ~

$70m^3/h$。

野外调查发现，在不同的河段，第四系孔隙水与下伏基岩地下水相互关系复杂：在冶河微水至北防口段，岩溶水顶托补给孔隙水；在甘陶河北横口至南漳城段，第四系直接上覆于碳酸盐岩，孔隙水渗漏补给岩溶水；在金良河中上游河段，孔隙水难以下渗补给相对隔水的变质岩。

2）寒武系及奥陶系碳酸盐岩类岩溶水

依据岩性、岩溶发育程度和富水性，将寒武系和奥陶系碳酸盐岩类岩溶水进一步划分为中奥陶统岩溶含水岩组、下奥陶统亮甲山组岩溶含水岩组、中寒武统张夏组岩溶含水岩组和下奥陶统冶里组与上寒武统裂隙岩溶含水岩组。碳酸盐岩类岩溶水含水岩组分布见彩图3.3。

A. 中奥陶统岩溶含水岩组

分布于井陉县的中部和西部。主要岩性为中厚层、厚层花斑状、角砾状灰岩。发育溶洞、溶孔和溶隙，地表裂隙率6.5%，地下岩溶多以溶隙和蜂窝状溶孔出现，特别是在角砾状灰岩中蜂窝状溶孔非常发育。泉水出露多，最大泉流量为$1.923m^3/s$，成井孔段多，单井单位最大涌水量为$133.3m^3/(h·m)$。井陉县水源地的所有水源井均开采这一含水岩组中的地下水。

B. 下奥陶统亮甲山组岩溶含水岩组

分布于井陉县的东南部、西部和北部。主要岩性为中厚层燧石条带及燧石结核的结晶白云岩。地表溶洞发育，裂隙率4.6%，地下岩溶以溶隙为主，也有溶孔发育带。泉水出露多，最大泉流量为$1.807m^3/s$，成井孔段多，单井单位最大涌水量为$251.36m^3/(h·m)$。

C. 中寒武统张夏组岩溶含水岩组

分布于井陉县的北部和东南部。主要岩性为中厚层、厚层白云质鲕粒灰岩夹厚层灰岩。地表岩溶以溶隙为主、溶洞少见，裂隙率为9.1%，地下岩溶多为溶隙和蜂窝状溶孔。泉水出露较多，最大泉流量为$0.135m^3/s$，单井单位最大涌水量为$70.64m^3/(h·m)$。

D. 下奥陶统冶里组与上寒武统裂隙岩溶含水岩组

分布于井陉县的北部、东部和南部。主要岩性为白云岩、泥质条带灰岩及竹叶状灰岩，局部夹薄层页岩。岩溶不发育，仅在中部凤山组有溶隙和蜂窝状溶孔，裂隙率为5.6%。泉水出露较少，最大泉（凉沟桥泉）流量为$0.5m^3/s$，单井单位最大涌水量为$11m^3/(h·m)$。该含水层组垂向含水性不均一，冶里组、崮山组和常山组富水性弱，凤山组富水性较强，成井多在此组段。

3）前寒武系变质岩风化裂隙水

分为古—中元古界变质岩风化裂隙夹白云岩岩溶裂隙含水岩组和太古宇变质岩系风化裂隙含水岩组。

A. 古—中元古界变质岩风化裂隙夹白云岩岩溶裂隙含水岩组

分布于井陉县北部、东部和东南部。主要岩性为变质安山岩、片岩、板岩局部夹白云岩，石英岩。地表0~50m风化裂隙发育，含风化裂隙潜水。白云岩岩溶裂隙发育不均，含岩溶裂隙潜水。泉水出露较多，流量一般在0.05~0.8L/s，最大为4L/s，流量季节变化较大，单井单位最大涌水量为7.86m^3/(h·m)。

B. 太古宇变质岩系风化裂隙含水岩组

分布于井陉县北部、东部和东南部。主要岩性为坚硬片麻岩、片岩及混合岩。地表0~20m风化裂隙较发育，含风化裂隙潜水。泉水出露少，流量一般在0.05~1L/s，单井单位最大涌水量为1m^3/(h·m)。

5. 岩溶含水层富水性分区及其埋藏条件

按单井涌水量大小划分岩溶含水层的富水性，在此规定单井涌水量大于60m^3/h为强富水区，单井涌水量大于等于10m^3/h、小于60m^3/h为中等富水区，单井涌水量小于10m^3/h为弱富水区，强富水区、中等富水区、弱富水区分布见彩图3.3。

强富水区主要分布在绵河地都以东河谷及两岸、甘陶河南障城以北河谷及两岸、冶河河床及两侧、金良河下游微水段。强富水区地下水埋深在河谷地带为0~50m、河岸为50~100m。

中等富水区分布在强富水区外围，主要包括泉域径流区和部分补给区，分布面积较大。中等富水区地下水埋深变化较大，在矿市镇至高家庄一带和冶河河谷区地下水埋深为0~50m；在南部八盘山、里干沟和西部大台垴埋深大于200m；在矿市镇煤矿区埋深可达400m以上，其他地区为50~200m。

弱富水区分布在中等强富水区外至泉域边界，主要位于补给区，处于盆地边缘地带。埋深较大，东部区一般在50~100m、南部区一般大于200m。

6. 地下水的补给、径流、排泄条件

由于岩溶水是本区地下水的主要类型，因此，主要论述岩溶水的补给、径流和排泄条件。

1）*岩溶水补给*

主要补给来源是大气降水补给和河流渠道入渗补给。

A. 大气降水补给

区内寒武系和奥陶系碳酸盐岩分布广泛，裸露面积约724km^2，岩溶裂隙较发育，给降水入渗补给提供了良好的条件，补给特征为就地入渗，一般形不成或较少形成地表径流，如在西南部的固兰、大梁江、核排园3条近东西向的宽大沟谷，多年来均为干沟；小作河、甘陶河南横口至南漳城段河谷及各支沟，均为干谷或干沟，充分说明了降水就地入渗补给特征。据1982~1983年水均衡计算，大气降水补给量为2.2937亿m^3/a，占补给量的66.28%。

B. 河流渠道入渗补给

冶河及其支流流经碳酸盐岩分布区段时入渗补给岩溶地下水，在枯水季节，河流补给地下水现象表现得最为直观。观察和观测证明，绵河蔡庄至北横口段、甘陶河柿庄至北横口段、冶河北横口至岩峰段、金良河微水镇段、小作河下游段等河水补给岩溶地下水。例如，1982年实测绵河蔡庄至北横口段河水补给地下水量为0.316亿m^3/a；1984年实测甘陶河柿庄至水流沟段河水补给地下量为0.17m^3/s。2018年5月，课题组野外调查时发现，在南障城至北横口奥陶系碳酸盐岩分布区段，河水渗漏明显。在雨季，当降水量足够大时，如1982～1983年在小左河汇入冶河断面径流观测数据，当日降水量大于30mm时，河中才有径流。

渠道水渗漏也是补给地下水重要来源之一。资料显示，绵河上游至微水镇之间有四大渠系，每年引水量为2亿～3亿m^3，甘陶河上游张河湾水库通过引甘济绵渠每年向下游引水约0.2亿m^3。

据1982～1983年水均衡计算，河流及渠系渗漏量为0.9743亿m^3/a，占补给量的28.31%。

2）*岩溶水径流*

区域内岩溶水在盆地东部、南部、西部高地势岩溶地下水的驱动下，主要沿3条岩溶水强径流带向盆地中心的井陉矿区和井陉微水镇一带汇集，以威州泉群为排泄中心，地下水径流方向及流场特征见图3.12。

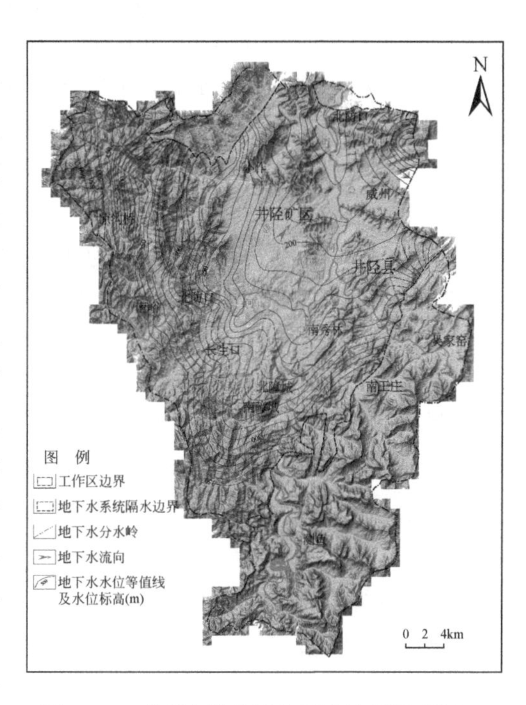

图3.12　威州泉域岩溶地下水流场示意图

3条岩溶水强径流带位置及径流路径分别是：南部强径流带，从上游至下游沿大梁庄—固兰—梅庄—微水镇—威州泉群路径运移；西南部强径流带，从上游至下游沿槐树铺—天水镇（旧井陉县城所在地）—矿市镇—威州泉群路径运移；西部强径流带，从上游至下游沿贵泉—台头—北风山—矿市镇—威州泉群路径运移。强径流带岩溶地下水具有水力坡度小、水位低且变幅小的特征。

区内岩溶水具有统一地下水面，水力坡度变化较大，补给区一般为0.5%～1.5%，排泄区为0.1%～0.6%。

3）*岩溶水排泄*

天然条件下，区内岩溶地下水主要以泉群的形式集中排泄于冶河微水镇至北防口段河谷地带，多股泉水从河漫滩或一级阶地厚10～40m砂卵砾石层中涌出（图3.13），形成威州泉群。1982年5月，实测泉群流量为7.421m^3/s。1982～1983年水均衡计算，泉群排泄量为3.0563亿m^3/a（约9.63m^3/s），约占总排泄量的81.78%。

人为影响下，除威州泉群排泄外，煤矿矿坑排水（如井陉矿区），以及县、乡（镇）、村机井开采生活饮用水及灌溉用水也是区内岩溶水不可忽视的排泄方式。据1982～1983年水均衡计算，煤矿矿坑排水量为0.1524亿m^3/a，约占总排泄量的4%；机井生活饮用及灌溉用水量为0.5285亿m^3/a，约占总排泄量的18.22%。

7. 岩溶水水化学特征

据20世纪80年代区域水化学调查资料，补给区地下水水化学类型主要为HCO_3-Ca型

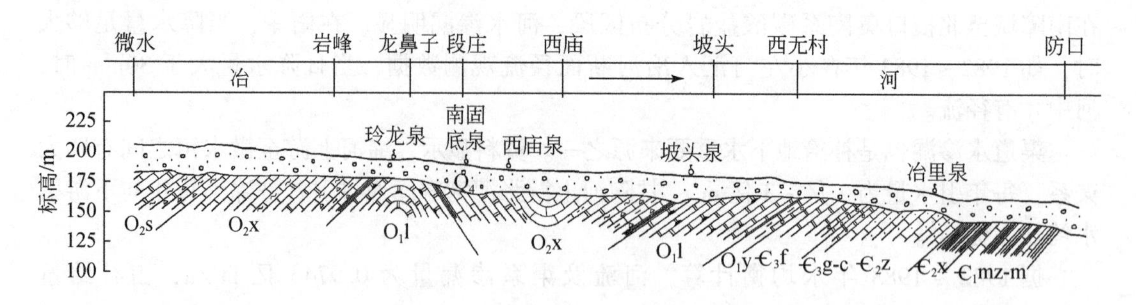

图 3.13　威州泉群出露条件示意图

Q_4. 第四系砂卵砾石孔隙含水层；O_1l. 下奥陶统亮甲山组裂隙岩溶含水层；O_2s、O_2x. 中奥陶统上、下马家沟组裂隙岩溶含水层；O_1y. 下奥陶统冶里组相对隔水层；$∈_3f$. 上寒武统风山组裂隙岩溶含水层；$∈_3g$-c. 上寒武统固山组—长山组相对隔水层；$∈_2z$. 中寒武统张夏组裂隙岩溶含水层；$∈_2x$. 中寒武统徐庄组相对隔水层；$∈_1mz$-m. 下寒武统毛庄组—馒头组相对隔水层

或 HCO_3-Ca · Mg 型，矿化度一般为 0.1 ~ 0.4g/L，分布面积最大；径流区特别是在盆地中心的井陉矿区、冶河及绵河河谷区出现了 HCO_3 · SO_4-Ca 型和 HCO_3 · SO_4-Ca · Mg 型水，矿化度一般为 0.4 ~ 0.6g/L，分布面积较大；在冶河河谷排泄区地下水为 HCO_3 · SO_4-Ca · Mg 型，矿化度约为 0.5g/L。

另据 20 世纪 80 年代初绵河滩硫铁矿区勘查资料，井陉城关一带地下水硫酸根、氯离子含量高，局地地下水为 SO_4 · Cl-Ca · Mg 型，矿化度为 0.5 ~ 0.7g/L。

8. 岩溶水动态特征

1）水量动态

从位于泉域南部补给区和径流区（南障城一带）某一监测井 1981 ~ 1983 年岩溶水水位动态分析（图 3.14），水位与降水量密切相关，季节变化明显，一般规律是 5 ~ 6 月为水位最低期、8 ~ 9 月为水位最高期，年内最高水位滞后最大降雨月（7 月）1 ~ 2 个月。

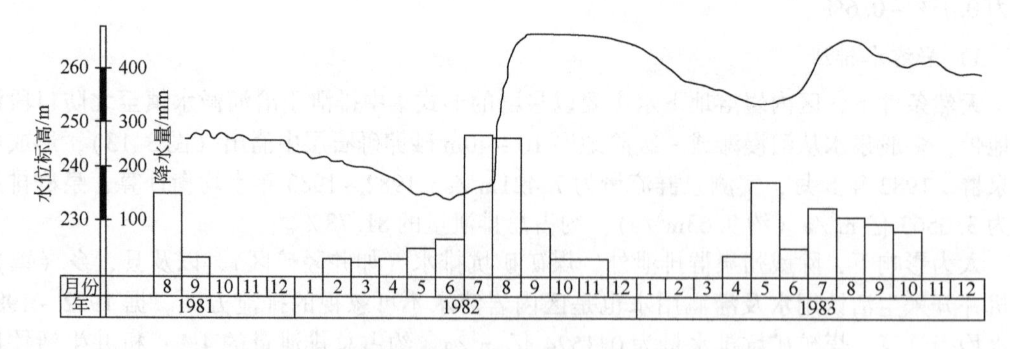

图 3.14　威州泉域南部补给区和径流区岩溶水位动态图

另外，从井陉威州泉域排泄区威州泉群 1976 ~ 1983 年流量动态分析可知（图 3.15），泉流量具有明显的年周期变化特征。一般规律为泉的最小流量出现在 6 ~ 7 月，最大流量

出现在11月至次年1月，月最大泉流量滞后月最大降水量5～6个月，年内泉流量与年内降水量成正比。

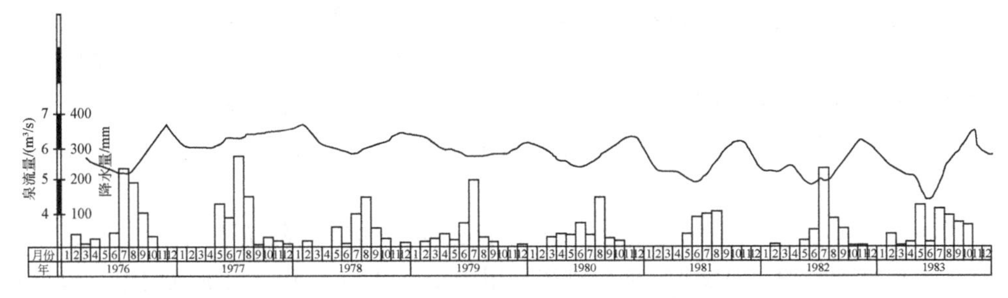

图3.15　威州泉域排泄区泉流量动态图

2）水化学动态

位于井陉威州泉域排泄区中最大流量的坡头泉1978～1983年岩溶水主要水化学组分动态监测结果说明（图3.16）：①Ca^{2+}、Mg^{2+}、SO_4^{2-}、HCO_3^-、矿化度具有季节变化，SO_4^{2-}、Ca^{2+}、HCO_3^-动态变幅较大，而Mg^{2+}、矿化度变幅较小；②这些离子具有不同的变化趋势，一般在每年水位下降期（如6月）HCO_3^-、Mg^{2+}含量较低，而Ca^{2+}、SO_4^{2-}含量较高，水位上升期（如9月、12月）HCO_3^-、Mg^{2+}含量较高，而Ca^{2+}、SO_4^{2-}离子含量较低；③岩溶水水化学类型为$HCO_3 \cdot SO_4$-$Ca \cdot Mg$型，类型稳定。基于化学组分动态特征，认为Ca^{2+}、SO_4^{2-}离子是反映泉域环境变化最敏感的水化学组分。

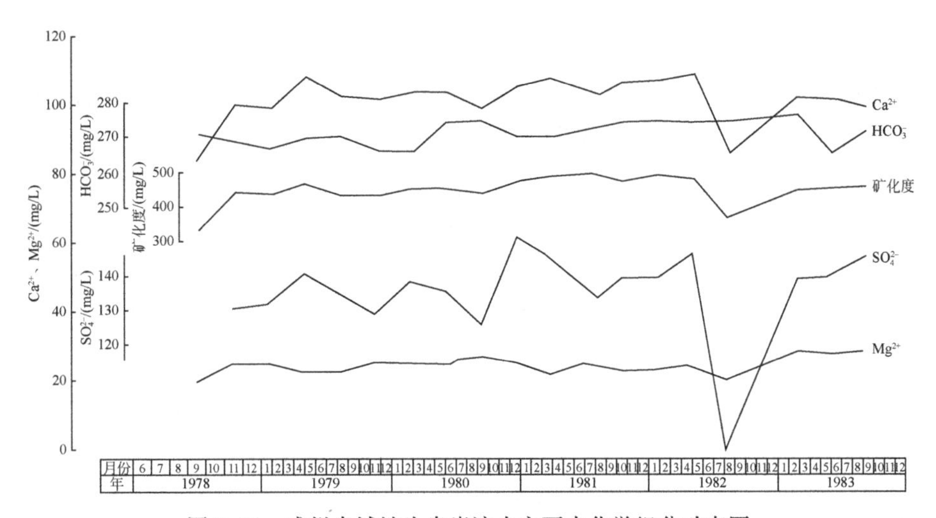

图3.16　威州泉域坡头泉岩溶水主要水化学组分动态图

9. 岩溶发育规律

1）地层岩性结构及其组合与岩溶发育关系

室内试验和微观研究表明，岩石中泥质、硅质等酸不溶物含量是影响岩溶发育的主要控制因素之一，酸不溶物含量越高，越不利于岩溶发育；在纯灰岩或纯白云岩中，CaO/MgO 值越高，岩溶越发育；在碳酸岩盐岩石矿物成分相近的情况下，岩石结晶度越大，越有利于岩溶发育，即粗晶、中晶结构的岩石一般比微晶、隐晶结构岩石岩溶发育。野外调查发现，在易溶岩与难溶岩界面的易溶岩一侧，岩溶发育，常发育大、中型溶洞。

综合野外调查及钻孔揭露区内寒武-奥陶系各组（段）岩溶发育特征，并分析各组（段）岩层结构特征及主要岩石类型的化学成分特征，建立的区内寒武-奥陶系碳酸盐岩垂向岩溶分带如下。

强岩溶岩组（段）：包括 5 个组（段），自上而下为中奥陶统下马家沟二段（O_2s^2）中奥陶统上马家沟二段（O_2x^2）、下奥陶统亮甲山组（O_1l）、上寒武统凤山组二段（$€_3f^2$）和中寒武统张夏组（$€_2z$）。该岩组（段）岩石中酸不溶物含量一般小于 5%，地表及地下溶洞十分发育，溶蚀裂隙发育，裂隙岩溶率一般大于 5%。

弱岩溶岩组（段）：包括 4 个组（段），自上而下为上寒武统凤山组一段（$€_3f^1$）、中奥陶统下马家沟组一段（O_2s^1）、中奥陶统上马家沟组一段（O_2x^1）和下寒武统毛庄组（$€_1m$）。该岩组（段）岩石中酸不溶物含量一般为 6% ~ 12%，地表及地下溶洞少见，多为小溶孔，裂隙岩溶不发育。

难岩溶组（段）：有 2 个组（段），自上而下为下奥陶统冶里组（O_1y）和上寒武统崮山-长山组（$€_3g$-$€_3c$）。该岩组（段）岩石中酸不溶物含量一般为 6.14% ~ 71.15%，地表及地下溶洞罕见，裂隙溶蚀甚微，裂隙岩溶率一般小于 1%。

非岩溶组（段）：有 2 个组（段），自上而下为下寒武统徐庄组（$€_1x$）和下寒武统馒头组（$€_1m$）。主要为砂质页岩，无岩溶现象。

2）地质构造与岩溶发育关系

间歇式构造运动，发育形成了标高不同的多层岩溶带。从域内溶洞发育的高程看，自盆地中心至盆地边缘，由低到高呈阶梯状分布，如位于盆地中心北固底沿绵河河谷延伸至南峪一带钻孔揭露的溶洞发育带高程（表 3.8）。这反映出在构造升降运动相对稳定期内，地下水受泉域侵蚀基准面控制，可发育不同高程的强岩溶径流带。

表 3.8　北固底至南峪钻孔揭露溶洞高程对比表　　（单位：m）

盆地边缘	过渡带	盆地中心
南峪	东葛丹	北固底
349 ~ 355	316 ~ 327	199 ~ 201
304 ~ 305	231 ~ 235	72 ~ 79
244	201 ~ 205	14 ~ 19
70 ~ 75	60 ~ 111	-91 ~ -84

难岩溶岩组的向斜构造形态对岩溶泉形成具有控制作用，如营房泉、达柯泉、神木泉均是由于冶里组泥质白云岩以平缓向斜为底，于向斜轴部亮甲山组白云岩标高最低处出露。再如，流量较大 57.6m³/s 的艮洞泉，出露于凤山组灰岩中，其下伏崮山-长山组难溶岩组呈向斜形态展布，形成汇水构造，河谷切割含水岩组，于高程最低处出露。

断裂构造带对岩溶发育具有差异性影响。当断裂带内有阻水岩脉或阻水构造岩时且地下水流横穿断裂带时，上游岩层岩溶发育，而下游岩溶不发育。例如，张家庄-洪河槽断裂带，由于断裂带内燕山期闪长岩脉阻水，使其西侧（上游）凤山组岩溶发育，出露凉沟桥泉组和发育 39 个 1 ~ 2m 溶洞；而构造带西侧（下游）岩溶不发育，未见溶洞，单井涌水量小于 $5m^3/h$。当断裂带导水且地下水流沿断裂带方向流动时，断裂带内侧比外侧岩溶发育，如核桃园-北凤山-矿区断裂带，带内溶洞、陷落柱十分发育，而带两侧少见。

3.4.4　水量状况

1. 水源地开采井区水量

水源地共有 14 眼机井，其中，7 眼在用、7 眼备用，设计取水量为 $37000m^3/d$。目前，7 眼在用水井为师范井、西岭井、交通井、东井、3514 厂 1 井、02 北井、一库井 2（图 3.1），实际取水量为 $12000m^3/d$。据调查访问，井陉县水源地开采井出水量稳定，未发生吊泵、出水量小等水量不足的现象。

另外，依据开采井多年维修登记水位埋深数据变化情况（表 3.9）也可折射出水源地开采井区的水量状况。由表 3.9 看出，自 20 世纪 70 ~ 80 年代以来，开采井水位埋深变化不大，一般为 2 ~ 17m，大部分开采井水位埋深变幅在 5m 左右，且地下水水位有上升的趋势。基于但多数开采井多年水位埋深变化数据，认为水源地开采井区水量稳定。

表 3.9　井陉县水源地开采井水位埋深统计表

井名	测量时间	水位埋深/m	井名	测量时间	水位埋深/m
府南井	1981 年 6 月	16	西岭井	2000 年 12 月	32.6
	2003 年 1 月	26.1		2004 年 5 月	32
	2004 年 6 月	30.25		2009 年 5 月	31.5
	2006 年 4 月	23		2013 年 4 月	29
	2011 年 6 月	25		2017 年 3 月	28
东井	2002 年 3 月	44	交通井	1973 年 1 月	27.94
	2004 年 5 月	45.2		2003 年 2 月	10
	2008 年 4 月	44	一库井 1	2013 年 11 月	38
	2011 年 8 月	44		2017 年 8 月	38
	2017 年 3 月	42.5	一库井 2	2016 年 7 月	48
政府井	1976 年 8 月	8		2018 年 2 月	43
	2003 年 2 月	6	二轻井	2011 年 6 月	12
	2008 年 8 月	6		2013 年 12 月	11
	2009 年 8 月	6	师范井	2005 年 9 月	50
	2013 年 6 月	6		2018 年 4 月	48.2

2. 水源地所在水文地质单元水量状况

区域地下水补给来源主要是大气降水和河渠入渗补给。近年来，年平均降水量变幅不大，河道灌溉用水量变化也不大，故地下水补给量变化不大。

区域地下水排泄方式主要是威州泉群排泄、井陉县城水源地集中开采、分散式的农业灌溉、饮水及工矿企业开采。2018 年野外调查时发现，威州泉群多个泉眼仍在排泄且排泄量不小。井陉县城水源地开采量基本稳定在 1.2 万 m^3/d。2018 年野外调查乡（镇）、村庄水井时，得知井陉县行政村一般有 1～2 眼水源井，乡（镇）政府所在地有 2～3 眼水源井。若一个行政村按 2 眼水源井计算，井陉县辖 10 个镇、7 个乡、4 个社区居委会，共计 318 个村委会，辖区内约有 636 眼水源井，井陉县行政面积为 1381km^2，水源井平均密度为 0.46 眼/km^2。乡（镇）水源井一般 24h 不间断抽取地下水，自然行政村水源地或每天定时抽水通过供水管网进入农户，或几天集中一段时间抽水存入水塔（水窖）后，再通过供水管网进入农户。据调查访问，近 20 年来，威州泉域南部、东部大部分岩溶地区水源井地下水水位都有不同程度的下降，特别是西部地区下降幅度可达20～30m；在上安电厂周边区域，由于电厂长期大量开采地下水，造成地下水水位下降幅度为20～30m；在盆地中心井陉矿区，由于近 10 年来采煤及洗煤活动停止，该区域地下水水位呈小幅回升态势。

总之，随着河北省地下水压采措施的进一步落地，可以预计，未来井陉县内地下水开采量将维持在一个较低水平上，大部分地区的地下水水位将得以回升。

3.4.5 水质状况

1. 水源地开采井区水质

2018 年，在 5 口水源井进行原水水质分析，同时对其中两口主要开采井的管网末梢水进行水质及卫生状况分析。原水测试指标是《地下水质量标准》（GB/T 14848—2017）中规定的 93 项指标，管网末梢水测试指标是《生活饮用水卫生标准》（GB 5749—2006）中规定的 106 项指标。

1）水源地开采井原水水质状况

参照 GB/T 14848—2017 中Ⅲ类水限值，对 5 口井地下水质量进行评价。结果表明，水源地原水仅个别无机指标超标，水质整体良好（表 3.10）；超标指标主要是总硬度（占 80%）、硒（占 60%）、菌落总数（占 20%）；开采井区达标水井 1 口，占取样总数的 20%，不达标水井 4 口，占取样总数的 80%。

表 3.10 水源地供水井原水水质超标统计结果表

样品编号	水源井名称	超标指标	测试结果	地下水Ⅲ类水标准	超标率
JC01	师范井	总硬度	544mg/L	450mg/L	20.9%

续表

样品编号	水源井名称	超标指标	测试结果	地下水Ⅲ类水标准	超标率
JC02	一库井 2	总硬度	453mg/L	450mg/L	0.7%
		菌落总数	320CFU/mL	100CFU/mL	220.0%
		硒	0.0218mg/L	0.01mg/L	118.0%
JC03	3514 厂 1 井	总硬度	520mg/L	450mg/L	15.6%
		硒	0.0116mg/L	0.01mg/L	16.0%
JC04	西岭井	无超标			
JC05	交通井	总硬度	496mg/L	450mg/L	10.2%
		硒	0.0176mg/L	0.01mg/L	76.0%

2）管网末梢水水质状况

管网末梢水是集中开采的地下水经消毒处理后通过管网输送供给用户生活饮用的水。参照《生活饮用水卫生标准》（GB 5749—2006）规定，对交通井和西岭井管网末梢水进行评价。从消毒剂指标检测情况看（表 3.11），交通井和西岭井末梢水中氯气及游离氯制剂（游离氯）、一氯胺（总氯）符合卫生标准，而臭氧、二氧化氯不符合卫生标准。从交通井和西岭井管网末梢水其他水质指标看，交通井末梢水总硬度、硒超过生活饮用水标准，超标率分别为 7.6%、83.0%，见表 3.12，而西岭井末梢水水质无超标现象。

表 3.11　管网末梢水中消毒剂指标检出情况表

样品编号	井名	氯气及游离氯制剂（游离氯）/(mg/L)		一氯胺（总氯）/(mg/L)		臭氧（O_3）/(mg/L)		二氧化氯（ClO_2）/(mg/L)	
		管网末梢水余量	测试结果	管网末梢水余量	测试结果	管网末梢水余量	测试结果	管网末梢水余量	测试结果
JC06	交通井	≥0.05	0.08	≥0.05	0.14	0.02	<0.01	≥0.02	<0.01
JC07	西岭井	≥0.05	0.04	≥0.05	0.11	0.02	<0.01	≥0.02	<0.01

表 3.12　管网末梢水非消毒剂指标超标情况表

样品编号	管网末梢水	超标指标	测试结果/(mg/L)	生活饮用水卫生标准/(mg/L)	超标率/%
JC06	交通井	总硬度	484	450	7.6
		硒	0.0183	0.01	83.0

3）水源地开采井水质多年变化

以开采量最大的西岭井为分析对象，利用 2012 年、2013 年、2017 年、2018 年多期水质测试数据，分析总硬度、总溶解性固体（TDS）、硫酸盐、硝酸盐氮、菌落总数 5 个典型指标多年变化，见图 3.17。总硬度反映地下水中钙镁离子总体含量变化，TDS 反映地下水水质整体状况，硫酸盐反映调查区内煤矿开采、洗煤活动影响，硝酸盐氮反映耕地农药化肥施用影响，菌落总数反映水源井周边生活污水影响。

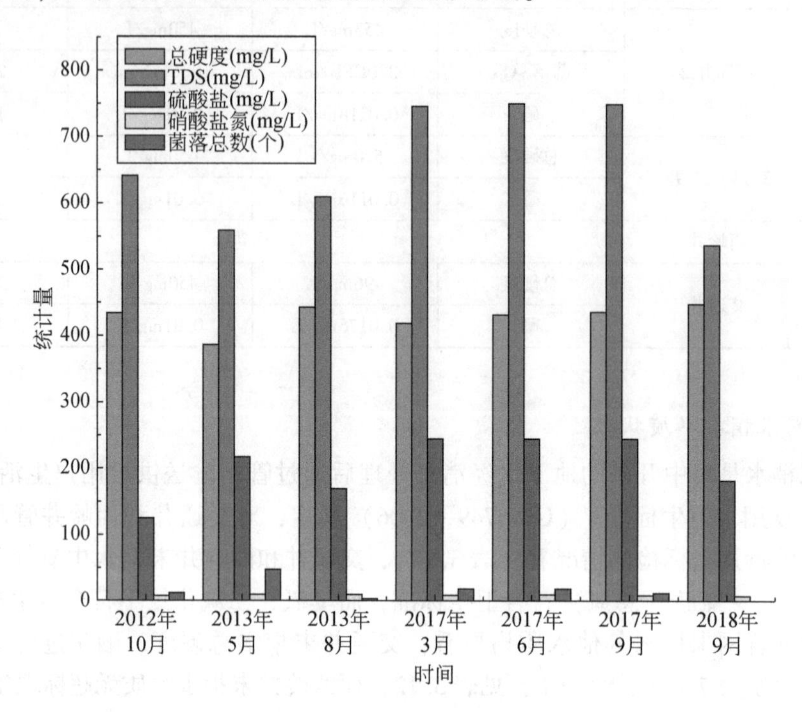

图 3.17 西岭井地下水典型水质指标多年变化图

对照《地下水质量标准》（GB/T 14848—2017），西岭井地下水中上述 5 个指标含量多年均低于Ⅲ类水限值，水质优良。TDS 为 550 ~ 750mg/L，多年变幅较大，具有较高—较低—高—低的变化特点，2017 年为高值，2018 年为低值。总硬度为 390 ~ 440mg/L，多年变幅不大，含量基本稳定。硫酸盐含量为 120 ~ 240mg/L，多年变幅较大，呈现 2012 ~ 2017 年逐渐升高、2018 年有所回落的变化特点，这可能与近两年来环保力度加大，大部分工矿（如煤矿、洗煤）企业关停有关。地下水中硝酸盐氮含量多年低于 15mg/L，且变幅不大，说明泉域内耕地农药化肥施用强度较低。菌落总数多年较低，说明井口及周边环境防渗效果较好。

从西岭井地下水主要宏量组分含量及其多年变化分析认为，硫酸盐与 TDS 多年变化具有高度相似性，硫酸盐是控制 TDS 变化的主要组分之一。

2. 水源地所在水文地质单元水质

1）现场水化学指标变化特征

以 2018 年 5 ~ 6 月野外调查获取的 45 个岩溶地下水点现场检测数据为依据，绘制指标等值线图，分析指标空间变化。

A. 地下水水温

水源地所在水文地质单元岩溶地下水水温等值线及变化趋势见图 3.18。地下水水温为

18.0~20.5℃，总体呈现出井陉矿区、西南山区、冶河下游区段水温较高，井陉县城、秀林镇、西北山区和东南山区水温较低。从地下水流动方向观察，位于地下水下游区的井陉矿区水温较高，而其周边地下水补给区特别是西部山区水温较低，这与矿区地下水埋深较大、水井深度较大有关；井陉县城位于地下水排泄区，其水温较周边补给区地下水水温低，这与县城一带地下水埋深较浅、水井深度较小有关。

图3.18　岩溶地下水水温变化示意图

以全球陆地地温梯度为3℃/100m、井陉县域年平均气温为12.8℃推算，水源地所在水文地质单元岩溶地下水多年循环深度为173~257m。

B. 地下水pH

水源地所在水文地质单元岩溶地下水pH等值线及变化趋势见图3.19。地下水pH为7.50~7.90，为弱碱性环境。pH变化规律是，在补给区（如西部、西南部、南部）较低，沿地下水径流途径逐渐升高，在集中开采区较高，如井陉矿区、县城、秀林镇等地。

C. 地下水电导率

水源地所在水文地质单元岩溶地下水电导率等值线及变化趋势见图3.20。地下水电导率为600~1400μs/cm，电导率较低，变化较大。电导率总体上呈现从补给区向排泄区逐渐增高的变化规律，局部开采量大或径流条件好的区域电导率低。

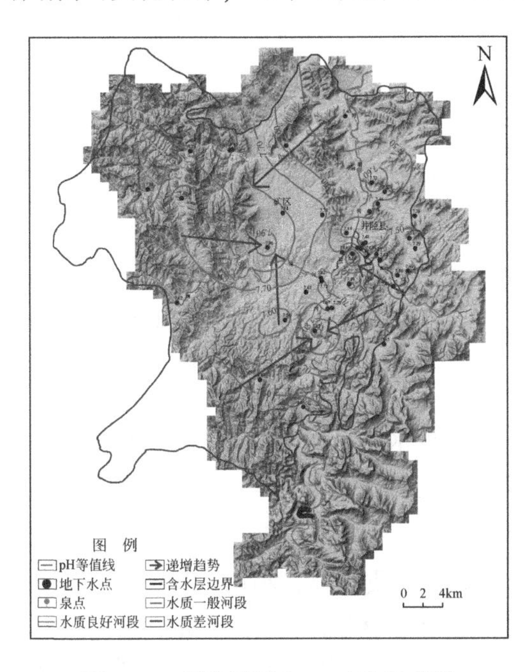

图3.19　岩溶地下水pH变化示意图

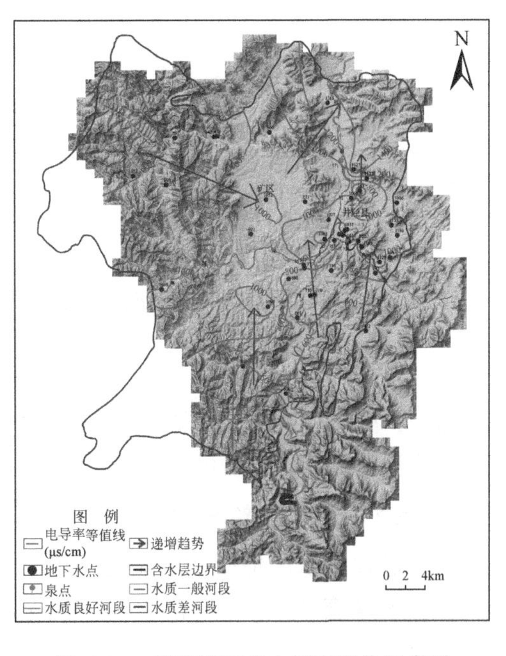

图3.20　岩溶地下水电导率变化示意图

D. 地下水溶解氧

水源地所在水文地质单元岩溶地下水溶解氧等值线及变化趋势见图 3. 21。地下水溶解氧为 4. 00 ~ 10. 00mg/L，变幅较大，沿地下水流程变化较为复杂。总体变化趋势是补给区（如西部及南部山区）溶解氧较高，排泄区（如冶河两岸）、集中开采区（如井陉县城水源地）较低。

E. 地下水氧化还原电位

水源地所在水文地质单元岩溶地下水氧化还原电位（oxidation-reduction potential，ORP）等值线及变化趋势见图 3. 22。地下水 ORP 在 125 ~ 460mV，变幅较大，不同区域呈现较大差异变化。在西北、西部补给山区向井陉矿区一带径流的地下水，ORP 由高变低；井陉矿区向威州泉群运移的地下水 ORP 由低变高；在东部山区向威州泉群径流排泄的地下水，以及东南部、南部山区向秀林镇和井陉县城水源地径流排泄的地下水，ORP 由低变高。ORP 上述岩溶地下水演变现象揭示出地下水埋藏越深或循环深度越大，ORP 越低，地下水环境越趋向还原状态。

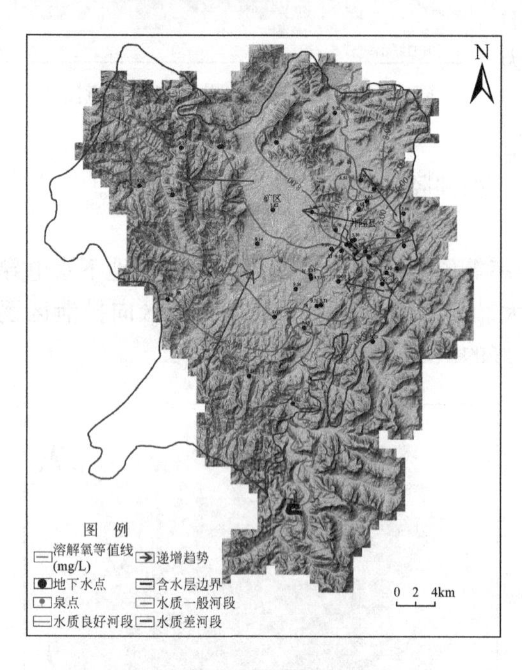

图 3. 21 岩溶地下水溶解氧变化示意图

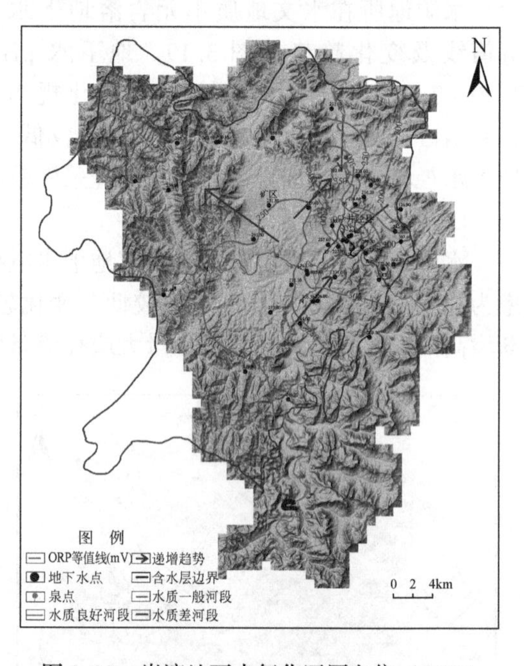

图 3. 22 岩溶地下水氧化还原电位（ORP）变化示意图

另外，野外调查访问得知，95% 以上的村庄反映饮水井水质硬度高、开水锅垢多；位于泉群排泄区岩峰一带村民反映近年来机井水质变差。

2）室内分析水质数据

为准确评价水源地所在水文地质单元岩溶地下水水质状况，2018 年 10 月在重点调查区和一般调查区采集 18 个地下水样品进行分析测试。利用单因子评价法进行水质评价，评价结果见表 3. 13。统计显示，18 个地下水样品中，Ⅱ类水的 1 个、Ⅲ类水的 7

个、Ⅳ类水的9个、Ⅴ类水的1个，Ⅱ类水及Ⅲ类水（达标率）占比44.4%，水源地所在水文地质单元岩溶地下水水质整体较差，主要影响指标依次是总硬度、硫酸盐、TDS和硝酸盐。

表3.13　水源地所在水文地质单元岩溶地下水水质评价结果表

水样编号	质量类别	影响指标	水样编号	质量类别	影响指标
JCD01	Ⅲ	总硬度	JCD11	Ⅳ	总硬度、硝酸盐
JCD03	Ⅱ	总硬度、硫酸盐、TDS	JCD12	Ⅳ	总硬度
JCD04	Ⅲ	总硬度	JCD13	Ⅳ	总硬度、硫酸盐
JCD05	Ⅲ	总硬度、硫酸盐	JCD14	Ⅲ	硫酸盐、TDS
JCD06	Ⅲ	总硬度	JCD15	Ⅳ	总硬度、硫酸盐
JCD07	Ⅲ	总硬度、硫酸盐	JCD16	Ⅳ	总硬度
JCD08	Ⅳ	总硬度、硝酸盐	JCD17	Ⅳ	总硬度、硝酸盐
JCD09	Ⅳ	总硬度	JCD18	Ⅳ	总硬度
JCD10	Ⅴ	总硬度、硫酸盐	JCD19	Ⅲ	总硬度、硫酸盐、TDS

3.4.6　土环境状况

在冶河、甘陶河、绵河河谷两侧，低山丘陵区坡地及冲沟区，可清晰地观察到第四系（Q_2+Q_3）土层剖面，一般厚几米至十几米。Q_3为浅黄色粉土、粉质黏土夹砾石，垂向裂隙发育，多被开挖成窑洞；Q_2为红褐色、棕褐色含姜石的粉质黏土、黏土层，夹0.5m厚的泥包砾石层，第四系土层或Q_3缺失、Q_2单独出露，或Q_3和Q_2都出露。

采用XRF仪测量了4个Q_2地层剖面和3个Q_3地层剖面中环境特征元素和重金属元素含量，见表3.14。选择钙、铁、硫作为环境特征元素理由是，钙是碳酸盐岩地区的宏量成土元素，铁和硫是硫化铁矿和煤系地层指示性元素。表3.14中Q_2和Q_3各元素含量平均值差异不大，钙、铁、硫环境特征元素含量大小排序为Ca>Fe>S，重金属元素含量排序为Mn>Cr>Zn>Ni>Cu>Pb>As。地层中各元素含量及其相对大小排序可作为调查区土环境背景状况。

表3.14　第四系土层剖面中元素含量统计表

地层	统计值	环境特征元素/%			重金属元素/ppm						
		Ca	Fe	S	Pb	Cr	As	Zn	Mn	Ni	Cu
Q_3	最大值	7.44	2.79	0.30	9.00	117.00	6.0	71.00	563.0	43.00	26.00
	最小值	4.11	2.09	0.05	6.00	117.00	4.0	54.00	471.0	43.00	23.00
	平均值	5.54	2.46	0.14	7.67	117.00	5.0	63.33	530.3	43.00	24.50
Q_2	最大值	5.54	4.70	0.54	22.00	117.00	9.0	70.00	530.3	60.00	37.00
	最小值	1.65	2.10	0.05	6.00	16.00	4.0	54.00	310.0	43.00	23.00
	平均值	3.77	3.10	0.24	11.90	83.30	6.0	62.40	437.1	48.70	28.20
Q_2+Q_3	平均值	4.66	2.78	0.19	9.79	100.15	5.5	62.86	483.7	45.85	26.35

3.4.7 潜在污染源状况

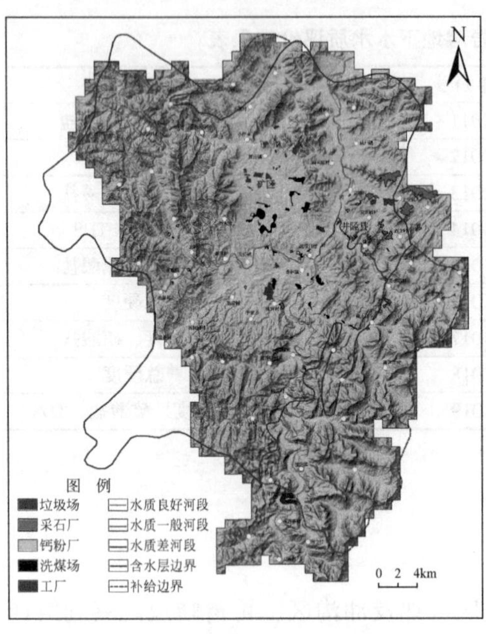

图 3.23 点片状潜在污染源分布及河段质量示意图

1. 点片状潜在污染源

调查各类点片状潜在污染源 65 个，分布情况见图 3.23，其中，工厂 13 个、洗煤场 20 个、采石场 13 个、钙粉厂 12 个、垃圾场 5 个、粉煤灰场 2 个。采用 XRF 仪测量了一些典型点片状潜在污染源处的元素含量，见表 3.15。下面就各类污染源分布、元素富集、污染风险等进行阐述。

1）工厂

工厂包括发电厂、焦化厂、轧钢厂、化工厂等，主要分布于矿区盆地、微水镇冶河及金良河阶地、上安及天长镇等丘陵区，分布范围有限，大部分厂区下伏为第四系土层，与第四系背景土层元素含量比较，明显富集硫和铅。值得注意的是，位于冶河及金良河“二元结构”阶地区的原微水发电厂，建厂时间长，分布面积较大，厂内脱硫车间废水 pH 低（4.83）、电导率高（4640μs/cm）、污染负荷大，对地下水环境污染风险较大。

表 3.15 点片状典型潜在污染源元素含量平均值表

类型	测点位置	测点数/个	环境特征元素/%			重金属元素/ppm						
			Ca	Fe	S	Pb	Cr	As	Zn	Mn	Ni	Cu
工厂	原微水电厂内	4	4.95	1.30	3.98	21	43.5	5	89.25	287	nd	34
	焦化厂外地面	1	7.91	2.72	5.72	17	86	7	122	600	nd	25
	轧钢厂外废渣	3	18.61	1.25	6.02	6	40	nd	84	225	nd	nd
储油罐区	油罐区外废渣	3	5.26	40.43	1.28	631	384	28	1100	1600	nd	33
洗煤场	煤场内地面	20	7.1	1.8	3.7	24.8	73.1	4.8	115.2	370.5	nd	22.3
采石场	岩石表面	2	3.71	4.39	0.15	21	nd	11.5	94.5	2347	68.5	66
钙粉厂	钙粉表面	5	36.65	1.22	0.86	7	nd	nd	60.2	323.8	46.4	nd
垃圾场	垃圾覆土表面	5	6.48	2.09	0.96	23.4	137.5	4.2	112.8	386.8	59	34
粉煤灰场	堆场表面	6	2.77	2.56	0.85	33	75.5	nd	55	229.5	nd	31

注：nd 表示低于检出限。

2）储油罐区

储油罐区仅见于井陉县天长镇东窑岭长青油库。罐区分布范围虽小，但建在裸露灰岩区上，与第四系背景土层元素含量比较，油罐区外废渣明显富集铁、硫、铅、铬、砷、锌、锰。降水可直接淋滤废渣区，对岩溶地下水形成污染，建议对废渣区进行清理或采取防渗措施。

3）洗煤场

洗煤场广泛分布于中部地区的井陉矿区和东南地区秀林镇至南王庄一带。煤场或坐落于盆地较厚的第四系土层上，或坐落于丘陵坡地较薄的第四系土层上。洗煤消耗大量水，洗煤水或直接渗入地下，或沿地面径流进入沟谷或河流中。与第四系背景土层元素含量比较，煤场富含硫、铅、锌元素。野外调查发现，沿绵河河谷区蜿蜒的阳泉—石家庄公路旁沉积了厘米级厚的煤粉层，其元素含量与煤场元素含量相同。

井陉水源地所在水文地质单元的上述煤环境特征，可使硫氧化、地表水及地下水环境酸化，造成地下水硫酸根、硬度等升高。

4）采石场和钙粉厂

井陉地区采石场和钙粉厂点多面广，主要分布于县城以东的岩峰至下安、北部贾庄镇和小左乡、中部秀林镇的低山丘陵区。采石场是钙粉厂的原料地，钙粉厂是产品加工区，两者往往相伴而存。与第四系背景土层元素含量比较，采石场和钙粉厂富含钙、铅、锰。

井陉地区这种高钙地面环境结合新鲜灰岩采石面裂隙岩溶发育，可使岩溶地下水环境钙离子和硬度增加。

5）垃圾场

井陉地区垃圾场数量较多、面积小，大多为非正规垃圾场。与第四系背景土层元素含量比较，垃圾场覆土元素含量基本正常。据对井陉县城西南约7km太行正规垃圾填埋场实际测量，垃圾滤液具有弱酸性（pH为6.08）、极高电导率（31100μs/cm）、强还原（ORP为-70.4mV）的污染特征。

调查发现，在金良河入冶河县城段，在长约150m河道内堆积有厚1～2m生活垃圾，河水浑浊、水质较差；在冶河北横口至微水镇段、绵河天长镇至北横口局部河床和阶地陡崖面上也有垃圾堆积。

6）粉煤灰场

井陉地区粉煤灰场数量少，仅见于上安电厂附近和县城西南。堆积厚度为10～20m，分布面积较小。与第四系背景土层元素含量比较，粉煤灰主要富集硫、铅。据野外观察，堆场防护效果较好，对地下水污染风险较小。

2. 线状潜在污染源

井陉威州泉域内的冶河、绵河、甘陶河、金良河等是岩溶地下水主要补给来源之一，在河流流经的碳酸盐岩区，河床或直接裸露碳酸盐岩，或通过卵砾石层接触碳酸盐岩，河床中碳酸盐岩裂隙岩溶发育，河水与地下水水力联系密切。河水水质状况将直接影响岩溶水水质。依据河段环境状况评估指标及评判标准，将冶河及其3条支流（绵河、甘陶河、金良河）不同河段水质分为良好、一般、差3个等级，结合河段位置、人类活动方式及强度、河水与地下水补给、排泄关系，初步评估水质差河段对地下水污染风险。

1）金良河—冶河段水环境状况

金良河—冶河段环境状况调查始于长峪水库终于罗庄村，长约21.5km。该河段环境包括2个良好河段、2个差河段，环境状况总体一般，如图3.24所示。

良都店村—微新庄段，长约5.17km，为环境差河段。该河段主要污染方式为岸边农村垃圾堆放、支流牲畜养殖污水排放等，河水水量不大，具有电导率（electrical conductivity，EC）高、溶解氧（dissolved oxygen，DO）和氧化还原电位（ORP）低的特点。该段河床上的砂卵砾石层直接接触碳酸盐岩，河水易入渗补给岩溶地下水。由于这段河床距水源地开采井区较远、河水水量又较小，故对水源地地下水污染风险较小。

县城么么泉下游约2km处至罗庄村段，为另一个环境差河段，长约2.33km。该河段主要污染方式为岸边高密度生活污水排放管道、河床底部生活垃圾堆积、工业污水排放等，河水具有EC高、DO和ORP低特点。该段河床或砂卵砾石层直接接触碳酸盐岩或河水直接接触碳酸盐岩，河水与岩溶地下水联系密切。由于这段河床距水源地开采井区近，水质较差，故对水源地地下水污染风险较大。

2）甘陶河—冶河段水环境状况

甘陶河—冶河段环境状况调查始于张家湾水库终于北横口村，长约39km。该河段环境包括1个良好河段、1个一般河段，不存在差的河段，环境状况总体良好，如图3.25所示。

该河段居住村镇少、以农业活动为主，两岸少有垃圾堆积，在梅庄村至北横口段岸边偶见煤场存在。水质具有EC低、DO和ORP较高的特点。在流经的碳酸盐岩分布区，河床或以砂卵砾石层直接接触碳酸盐岩，或直接裸露碳酸盐岩，河水渗漏补给岩溶地下水，河水水量由上游至下游逐渐减少，但常年有水。由于中下游河段位于泉域南部岩溶强径流带上，水质良好、水量又较大，故对水源地水质和水量具有重要影响。

3）绵河—冶河段水环境状况

绵河—冶河段环境状况调查始于娘子关泉终于北横口村，长约28km。该河段环境均为一般河段，环境状况总体一般，如图3.26所示。

该河段人类活动影响类型多样，既有零散村庄和集中乡镇区，又有零星的工矿企业和煤场。河段水质具有EC和pH普遍较高特点，但在天长镇至铺上村河段，水质较差，具有ORP低、EC高特点。该段河水全部位于碳酸盐岩分布区，河床或以砂卵砾石层直接接触碳酸盐岩，或碳酸盐岩直接裸露，河水渗漏补给岩溶地下水。由于中上游河段与泉域西南部岩溶强径流带高度吻合，水量又较大、水质较差，故对水源地水质和水量具有重要影响。

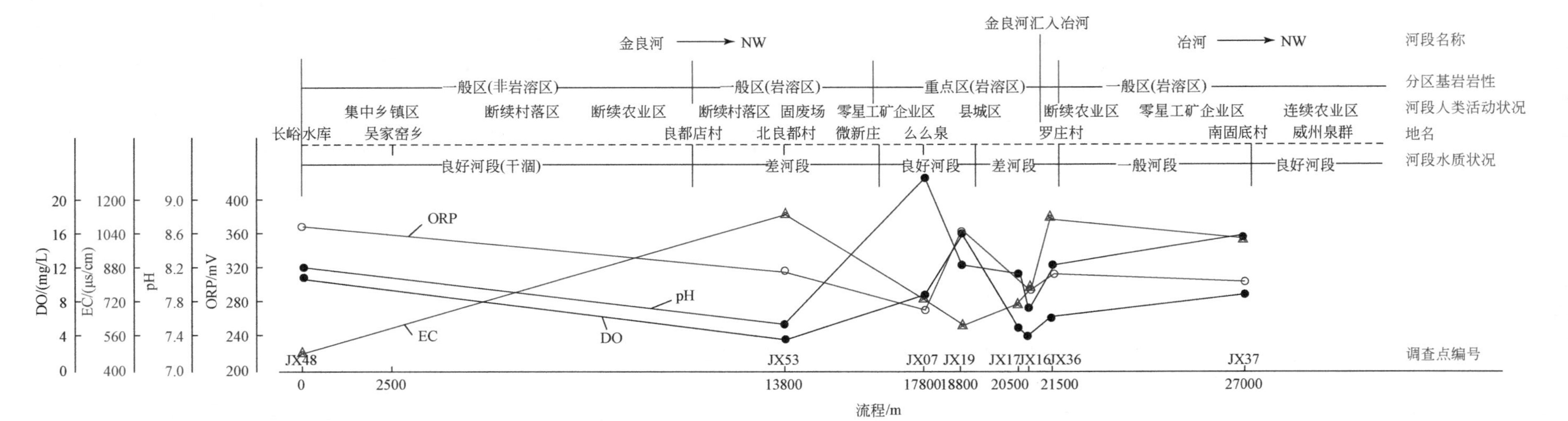

图3.24 金良河—冶河段水质及环境状况示意图

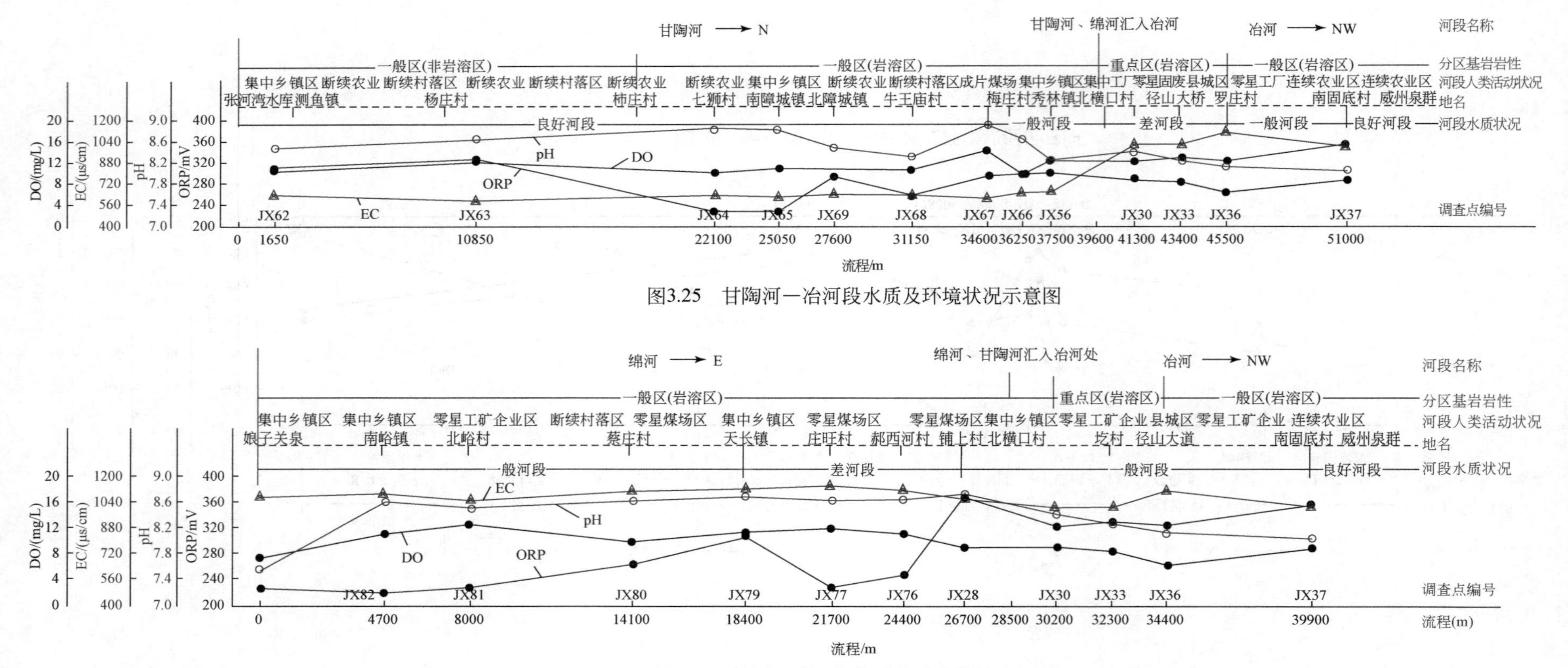

图3.25　甘陶河—冶河段水质及环境状况示意图

图3.26　绵河—冶河段水质及环境状况示意图

4）冶河干流段水环境状况

冶河干流段水环境状况调查南起北横口村北至南固底村，长约11.4km。该河段环境包括1个一般河段和1个差河段，环境状况总体较差，参见图3.25和图3.26。

北横口村绵河汇入冶河处至微水电厂段，长约5.9km，为环境差河段。该河段人类活动方式多样、强度较大，主要污染方式为二级阶地上高密度生活污水排放管道及生活、建筑、工厂垃圾随意堆积，一级阶地上养猪场污水排放、垃圾堆积和河床卵砾石层随意开挖等。河水具有EC高、DO低的特点。该段河床或砂卵砾石层直接接触碳酸盐岩或河水直接接触碳酸盐岩，河水与岩溶地下水联系密切。由于这段河床距水源地开采井区近，河水水量大，水质较差，故对水源地地下水污染风险较大。

3.4.8　土地利用状况

选取1988年（TM741_1988.05.14）、2000年（ETM7418_2000.05.07）、2008年（TM741_2008.05.21）和2017年（OLI7538_06.15）Landsat系列和SPOT7卫星数据为数据源，对井陉县内土地利用类型及面状潜在污染源进行信息提取、统计与分析。

1. 煤污染区

井陉县煤污染区包括煤炭堆积区、煤矸石、洗煤场等，其分布演变情况见彩图3.4，面积演变见图3.27（a）。1988~2008年煤污染区面积急剧增加，1988年零星分布于井陉矿区西部区域，面积不足5km^2；2008年扩展到整个井陉矿区、天长镇、秀林镇等，面积达24km^2；2008年后煤污染区面积呈下降趋势，2017年减少到14.9km^2。

煤中矿物杂质含量为5%~50%，地球上的一百多种元素，几乎都能在煤中找到，煤中较常见且对环境危害较大的微量元素有硫、砷、锰、铂、镍、铅、铜、硒、氟等。采煤不仅破坏地层及含水层结构，而且还会产生酸性地下水，导致地下水水量水质发生变化；煤矸石、尾矿、煤堆沥水等可污染水环境；煤的燃烧和汽化等也会污染大气环境。因此，煤污染区增加对井陉水源地及保护区环境具有负面影响。

2. 人工开挖区

井陉县的人工开挖区包括采石场、地基、土石开挖等各种对原有地表及生态产生破坏的区域，其分布演变情况见彩图3.5，面积演变见图3.27（b）。人工开挖区主要集中分布于绵河两岸、冶河以东的碳酸盐岩低山丘陵区，1988~2017年面积呈持续增加，从2.9km^{2}增加到9.5km^2。

已有研究表明，在碳酸盐岩分布区采石，会改变地下水入渗条件，增加岩溶地下水系统的开启性，增加地下水中钙、镁离子硬度，对岩溶地下水水质产生负面影响。

3. 林地

井陉县林地分布演变情况见彩图3.6，面积演变见图3.27（c）。林地主要分布于西部、西南部、南部中低山区，分布面积大。1988~2017年，林地呈快速持续增加，由1988年

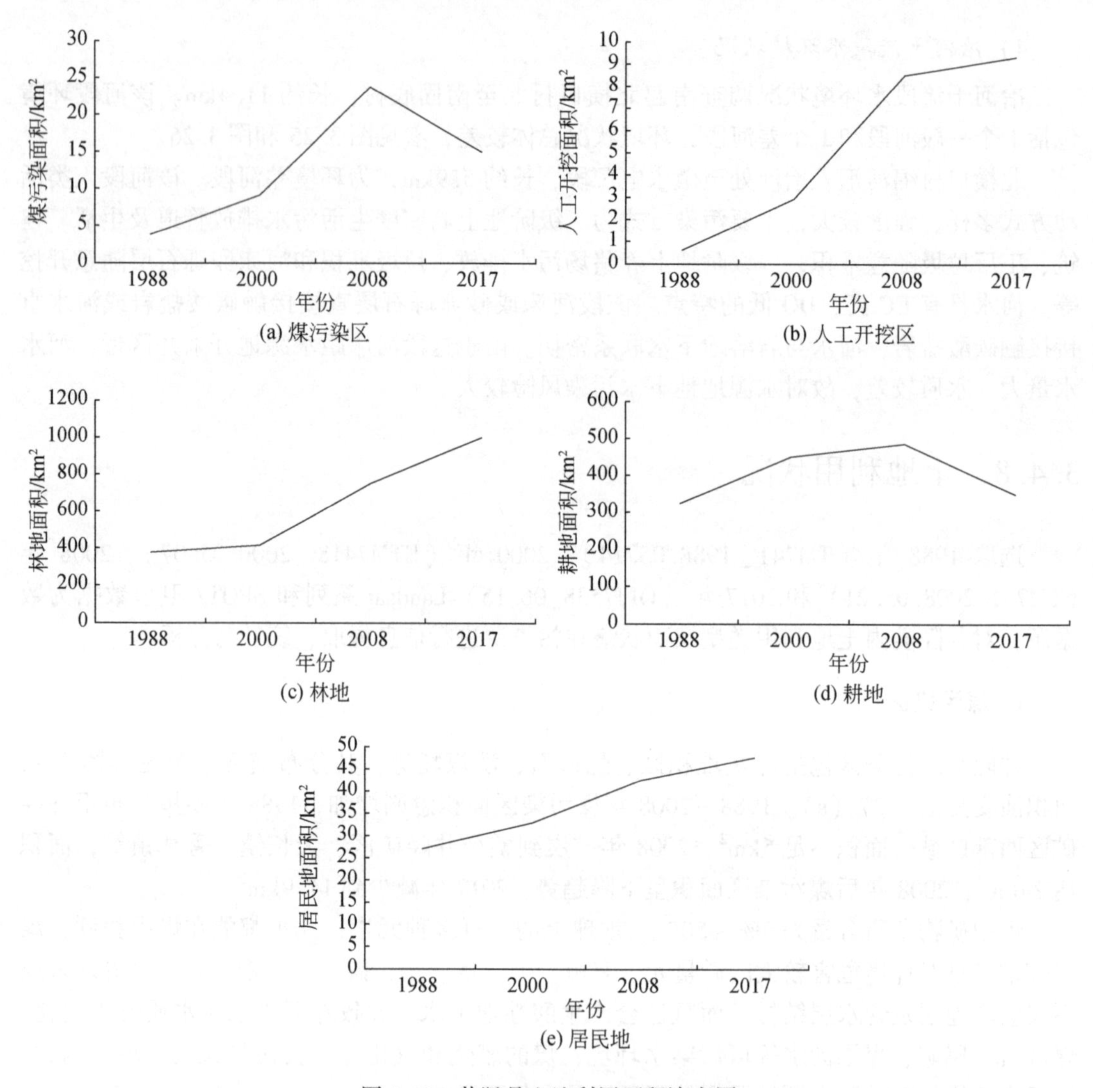

图 3.27　井陉县土地利用面积演变图

的 378.9km²增加至 2017 年的 1002.7km²，比 1988 年增加近两倍。

林地作为重要的下垫面，不仅对大气悬浮物及粉尘具有一定的吸收和吸附作用，改善大气环境质量，而且对调节地面径流、涵养土壤水分、增加地下水水量具有重要作用。近 30 年来，井陉水源地及保护区林地面积的持续增加，对维持和改善本区地下水环境具有重要贡献。

4. 耕地

井陉县耕地分布演变情况见彩图 3.7，面积演变见图 3.27（d）。耕地广布于井陉盆地区及低山丘陵的河谷和沟谷区，面积较大。1988～2017 年耕地面积呈先增加后减少变化特点，1988～2008 年，面积从 300km²增加至 500km²，2008 年之后面积减少至 350km²。

耕地是化肥和农药等污染负荷聚集地，其面积的增加或减少将直接与施用量成正比。

位于井陉县碳酸岩盐河谷和沟谷区的耕地，土层厚度较小，耕地长期施用化肥和农药，再加上灌溉水入渗驱动，对这些地区的地下水水质造成不利影响。

5. 居民地

井陉县居民地分布演变情况见彩图3.8，面积演变见图3.27（e）。居民地集中分布于井陉县城、井陉矿区及各乡镇，面积较小。1988～2017年居民地面积呈持续增加态势，从1988年26km^{2}增加至2017年47km^2，30年增加近一倍。

居民区存在生活污水、生活垃圾、养殖场等分散污染源，其面积增加将对地下水水质产生负面影响。

3.4.9 管理状况

井陉县水源地由供水公司统一管理，该公司持有卫生许可证，有健全的管理、消毒制度及操作规程，对水源井进行了编号，并按相关规定建立了水源井定期巡查、监测、维护制度。调查时，供水公司水源信息化管理平台正在建设过程中。

1. 保护区建设与整治

截至2018年10月，尚未进行井陉县水源地保护区划定工作，但在水源井附近设立了饮用水源保护标牌。由于没有划定水源地一级保护区，故未见一级保护区隔离网等防护设施。

野外调查发现，位于水源地重点调查区内金良河么么泉上下游约各1km河段，以及冶河井陉微水电厂至南固底村河段，已进行了河道清理工作。

2. 水质监管

县供水公司设有常规水质检测分析室，每天对供水的9项指标［色度、混浊度、臭和味、肉眼可见物、二氧化氯、pH、耗氧量（COD_{Mn}）、总大肠菌群、菌落总数］进行日常监测分析。

供水公司采用全自动高纯度二氧化氯投加器、不间断在自来水中注入消毒剂。井陉县疾病预防控制中心每季度对西岭井、东岭井、一库井1、政府井等供水井水质进行长年系统监测，并以检测报告形式反馈给供水公司。监测指标为上述9项指标以及总硬度、溶解性总固体、挥发酚类、硫酸盐、氯化物、氟化物、氰化物、硝酸盐、氨氮、铝、砷、汞、硒、六价铬、耐热大肠菌群、大肠埃希氏菌等39项。

县供水公司每年1次按照《生活饮用水卫生标准》（GB 5749—2006）中规定的106项指标，采集代表性供水水井管网水水样，送至河北省城市供水监测站检测分析。

3. 风险防控与应急能力

井陉县供水公司将供水区域内深度小于100m水井用井闭管封死，仅开采深度大于200m地下水，以防止浅层地下水污染。

水源地供水采用变频无塔式恒压供水，并在每个供水区域配备了备用水源井，县城全部供水区域实现了管网连接，有效保证了水源地应急供水能力。

为应对水源地突发性环境污染及供水系统重大事故，成立了由县委、县政府指导，主管部门牵头，多部门协同配合的应急组织指挥体系，编制并发布了《城市供水系统重大事故应急预案》，并不断演练，提高了应对供水突发事故能力，确保水源地供水安全。

3.5 水源地及保护区环境状况评价

按照3.3.7节介绍的评价方法，对井陉县水源地及保护区环境状况进行评价。

3.5.1 指标体系评分量化

1. 调查研究程度指标体系（*A*）

1）水源地所在水文地质单元调查程度（A_1）

水源地所在水文地质单元的地质及水文地质勘查精度在1∶20万~1∶10万。因此，该指标得分为50。

2）水源地勘察报告及精度（A_2）

井陉县水源地供水井大多为原工矿企业的自备井改造而来，未进行过专门的水源地水文地质勘察，仅在成井时开展过单孔抽水试验，未进行过数值模拟试验。因此，该指标得分为50。

3）相关研究程度（A_3）

通过网上资料收集得知，发表的对井陉威州泉域地质、岩溶地下水水资源、水环境条件及成因研究的论文在5~10篇，研究程度较低。因此，该指标得分为50。

2. 水质状况指标体系（*B*）

1）水源井水质达标率（B_1）

据2018年10月对井陉县水源地5口供水井原水水质检测分析结果评价，只有1口井水质达标（表3.10），其他4口井水质未达标，超过Ⅲ类水标准的指标主要是总硬度。假设没有取样的另外2口供水井水质达标，那么，水源井水质达标率（B_1）为3/7×100% = 42.85%。

2）水量达标率（B_2）

在井陉县水源地7口地下水开采井中，西岭井开采量最大，约3360m³/d，其他水井开采量相对较小且开水量近乎相等。由于水源地每天开采量为12000m³，可推算出其他6口水井每天开采量为1440m³。由于西岭井水量达标，且假设未取样的2口井水质全部达标，那么，水源地达标水量为5640m³/d，水量达标率（B_2）为5640/12000×100% =47%。

3. 水量状况指标体系（*C*）

1）水量保证率（C_1）

井陉县水源地现状实际日供水能力 12000m³，完全满足县城区域 152 个单位、937 户商业用户、18000 家户共计 56000 余人用水问题。因此，水量保证率（C_1）为 100%。

2）水位达标率（C_2）

通过核查供水井维修记录，访问供水公司管理人员，得知井陉县水源地供水井现状水位与建井初水位比较，变化不大，变幅为 2 ~ 17m，未发生吊泵、出水量不足现象，两口供水井（政府井和 3502 井）平均水位降深为 19. 3m。由此判断水源地开采井区平均水位降深未超过允许降深，水位达标率（C_2）为 100%，得分为 100。

4. 潜在污染源状况指标体系（*D*）

1）点片状潜在污染源率（D_1）

井陉水源地所在水文地质单元内存在的点片状潜在污染类型、数量及面积统计信息见表 3. 16。

若井陉水源地所在水文地质单元以威州泉域补给区计算，面积为 1534km²，点片状潜在污染源率（D_1）= 29. 93×10/1534×100% = 19. 51%。

表 3. 16　威州泉域点片状潜在污染源信息一览表

类型	数量/个	单个面积/km²	占地面积/km²
工厂	13	1	13
钙粉生产厂	12	0. 25	3
采石场	13	1	13
洗煤场	20	0. 04	0. 8
垃圾场	5	0. 01	0. 05
粉煤灰场	2	0. 04	0. 08
合计			29. 93

2）线状潜在污染源率（D_2）

井陉县水源地所在水文地质单元内主要河流及其水质差河段长度统计见表 3. 17，线状风险率（D_2）= 13. 4/99. 9×100% = 13. 4%。

表 3. 17　威州泉域线状潜在污染源信息一览表　（单位：km）

河段名称	河段总长	水质差河段长度
金良河—冶河段	21. 5	7. 5
绵河—冶河段	28	0

续表

河段名称	河段总长	水质差河段长度
甘陶河—冶河段	39	0
冶河干流段	11.4	5.9
总计	99.9	13.4

3）面状潜在污染源率（D_3）

井陉县面状潜在污染源主要包括耕地、居民地，面积以 2017 年遥感解译土地利用面积统计，分别为 347.71km^2和 47.51km^2，合计为 395.22km^2。

井陉水源地所在水文地质单元面积为 1534km^2，面状潜在污染源率（D_3）= 395.22/1534×100% =25.76%。

5. 管理状况指标体系（*E*）

1）管理措施落实率（E_1）

井陉水源地编码、档案制度、保护区定期巡查、环境状况定期评估、信息化管理平台和信息公开 6 项管理措施，落实了 4 项内容。因此，井陉县水源地管理措施落实率（E_1）= 4/6×100% =66.66%。

2）水源地保护区划分与标示设置（E_2）

截至 2018 年 10 月，井陉县水源地尚未划分保护区，但已在水源井附近设置了水源保护标识牌，因此，水源地保护区划分与标示设置（E_2）得分为 50 分。

3）水源地水质监测（E_3）

据访问及核实得知，井陉县供水公司每天对原水进行 9 项指标自检，县疾病预防控制中心每季度对供水井原水和管网水进行 39 项指标监测，河北省城市供水监测单位每年对井陉县水源地管网水进行 106 项生活饮用水指标监测。因此，井陉县水源地管理部门按规范要求全部完成（原水）、管网水规定指标及监测频率的水质监测，水源地监测（E_3）得分为 100 分。

4）水源地保护区风险防控（E_4）

通过访问及核实得知，井陉县供水公司已建立了风险源名录和危险化学品运输管理制度。因此，水源地保护区风险防控（E_4）为 100%。

5）水源地保护区风险应急能力建设率（E_5）

通过访问及核实得知，井陉县水源地编制了饮用水水源地突发环境事件应急预案与备案，多次开展应急演练，有应对重大突发环境事件的物资和技术储备，具有相关的应急专家库和应急监测能力，全部满足水源地保护区风险应急能力建设要求。因此，井陉县水源地保护区风险应急能力（E_5）= 5/5×100% =100%。

3.5.2　分类评价

1. 调查研究程度等级

按照调查研究程度（A）得分计算公式为$A=0.4\times A_1+0.4\times A_2+0.2\times A_3$，将$A_1$、$A_2$、$A_3$值代入，得到调查研究程度（$A$）得分为50。对照表3.6，调查研究程度等级为不合格。

2. 水质状况等级

水质状况（B）得分计算公式为$B=(0.3\times B_1+0.7\times B_2)\times 100$，将$B_1$、$B_2$值代入，得到水质状况（$B$）得分为45.76。对照表3.6，水质状况等级为不合格。

3. 水量状况等级

水量状况（C）得分计算公式为$C=0.7\times C_1\times 100+0.3\times C_2$，将$C_1$、$C_2$值代入，得到水质状况得分为100。对照表3.6，水量状况等级为优秀。

4. 潜在污染源状况等级

潜在污染源状况（D）得分计算公式为$D=100-(0.3\times D_1+0.3\times D_2+0.4\times D_3)\times 100$，将$D_1$、$D_2$、$D_3$值代入，得到潜在污染源状况得分为79.82。对照表3.6，潜在污染源状况等级为合格。

5. 管理状况等级

管理状况（E）得分计算公式为$E=0.1\times E_1\times 100+0.3\times E_2+0.3\times E_3+0.2\times E_4\times 100+0.1\times E_5\times 100$，将$E_1$、$E_2$、$E_3$、$E_4$、$E_5$值代入，得到管理状况得分为81.67。对照表3.6，管理状况等级为合格。

3.5.3　综合评价

依据水源地及保护区环境状况综合评价公式$S=0.1\times A+0.25\times B+0.25\times C+0.2\times D+0.2\times E$，将调查研究程度（$A$）、水质状况（$B$）、水量状况（$C$）、潜在污染源状况（$D$）、管理状况（$E$）得分值代入，得到一个综合分值，$S=73.73$。对照表3.7，综合评定井陉县水源地及保护区环境状况等级为合格。

3.5.4　水源地及保护区环境状况主控因素及改善建议

通过综合评价，得出井陉县水源地及保护区环境状况等级为合格，其中，调查研究程度和水质状况两个方面为不合格，水量状况为优秀，潜在污染源状况和管理状况为合格，显然，调查研究程度和水质状况是影响井陉水源地及保护区环境状况的主要因素。对此，提出以下两点改善环境状况的建议。

1）加强对井陉水源地所在水文地质单元环境状况调查研究

从该区地质、水文地质、环境地质等相关工作研究程度历史沿革可以看出，20 世纪 90 年代之前，由于煤炭能源开发利用、坑口电站建设等投入较多勘查工作，而近 30 年来，除在山区局地开展滑坡、崩塌地质灾害外，几乎没有新的或大比例尺水文地质、环境地质调查研究工作投入，导致该区出现调查研究不能持续深入、资料陈旧、关注度低、论著发表少的状况。要改变这一现状，生态文明建设和乡村振兴战略是提升该区环境状况调查研究程度的新引擎。结合井陉资源环境生态状况，建议深度开展煤矿开采塌陷区治理、石灰岩采石场植被恢复、废旧矿坑资源利用、威州泉群流量及生态景观恢复等工程，合理划分县城、乡镇、村水源地或水源井保护区，并定期评估其环境状况。

2）多措并举改善水源地开采井区地下水水质

水源地供水井主要开采的是奥陶系灰岩岩溶含水层，从 5 个开采井地下水水质评价结果分析可知，位于不同位置的水井水质差异较大，如西岭井水质达标、其余 4 个水井水质超过Ⅲ类标准，其中，4 个水井总硬度超标、3 个水井硒超标、1 个水井菌落总数超标。另外，在水源地开采井区外，岩溶地下水局部补给区和径流区还存在总硬度、硫酸盐、TDS 和硝酸盐超标。

鉴于对水源地及其所在区域岩溶水文地质条件及环境状况的调查认识，提出以下五点改善水源地开采井区地下水水质的措施。

（1）深入调查研究威州泉域地下水径流带，精细划分总硬度、硫酸盐等超标指标含量低的区带（如强径流带）在水源地开采井区的延伸范围。

（2）开展水源地开采区岩溶含水层分层水质精细调查，从成井工艺上，封闭水质较差含水层段（如硫酸根含量较高的膏溶角砾岩含水层段），开采水质较好的含水层段地下水。

（3）大力整治和改善水质较差河段环境，特别是河水补给地下水差河段，如冶河北横口村至微水电厂段、金良河么么泉下游汇入冶河段、绵河天长镇至铺上村河段，防止硝酸盐、氯化物、细菌等污染水源地地下水。

（4）禁止在低山丘陵区从事灰岩开采活动，禁止在包气带防污性能较差区域（如裸露灰岩区、第四系土层薄区）从事洗煤活动，绿化采石场，以切断地下水中钙离子、硫酸盐等增量。

（5）调整水源地开采井位置、层位和开采量。在平面上，将开采井调整到水质较好的地下水径流带内，如西岭井所在南部地下水强径流带；在垂向上，集中开采水质较好含水层段地下水，以提高水源井水质达标率。

3.6 示范成果和认识

通过对井陉县城地下水水源地及保护区环境状况调查评价，取得了以下成果和认识。

（1）水源地及保护区环境状况具有代表性。水源地及保护区位于太行山东麓山地区，代表了北京、河北西部广大太行山区的自然环境条件和人类活动强度。水源地主要开采奥陶系岩溶含水层中地下水，代表了北京西南部、河北中南部、河南南部山区地下水水源地含水层介质类型。水源地开采量1.2万m^3/d为中型水源地，开采井多为原企事业单位的自备井，供水设施陈旧简陋，管理制度较为粗犷，反映了京津冀山地区县级水源地管理的一般状况。

（2）初步建立了集中式地下水水源地及保护区环境状况调查评价技术体系。在调查方面，根据水源井地下水埋藏类型、影响范围、人类活动状况等，首次探索了分区（重点调查区、一般调查区、概略调查区）、分环境要素、分精度的调查方法，建立了野外评估河流环境等级的方法和遥感解译风险源及土地利用方法。在评价方面，借鉴人体系统健康状况指标体系和我国生态环境部有关评价方法，构建了水源地及保护区5个方面环境状况指标体系及评价方法。

（3）通过调查评价，识别出井陉县水源地及保护区普遍具有高钙、高硫岩土环境，以及高硬度、高硫酸盐地下水环境特点。

（4）评价显示，井陉县地下水水源地及保护区环境状况总体合格，其中，调查研究程度和水源地水质是影响环境状况等级提升的主控因素。综合分析水源地所在水文地质单元环境状况特点，指出了调查研究方向，提出了改善水源地水质状况的建议和措施。

第4章　山前区地下水饮用水源地及保护区环境状况调查评价

本章以位于太行山山前河北省邢台市区大型岩溶裂隙承压含水层地下水水源地及保护区环境状况调查评价为例示范。

4.1　选择依据与示范内容

4.1.1　选择依据

选择邢台市地下水水源地作为示范案例，主要是因为这一水源地在自然环境条件、人类活动影响、含水层介质类型、水源地管理等方面具有代表性。

水源地位于太行山东麓山地区与平原区的交接部位，属山前倾斜平原区，代表了太行山及燕山山前多个大中型地下水水源地的自然环境条件和人类活动强度。

水源地主要开采奥陶系岩溶承压含水层中地下水，代表了河北邯郸、邢台、廊坊市及北京、天津蓟县等北方山前地区地下水水源地含水层介质类型。

邢台市地下水水源地2010～2018年开采量为9.61万m^3/d，为一大型水源地，开采井为集中式水源井，供水设施先进、管理制度完善，代表了京津冀地区地市级水源地管理的普遍状况。

4.1.2　示范内容

在水源地及保护区概况方面，主要示范：①水源地概况；②水源地及保护区调查研究程度论述。

在调查方面，主要示范：①踏勘；②调查区范围确定及调查区划分；③水质监测点筛选。

在环境状况论述方面，主要示范：①地质及水文地质状况；②地下水水量状况；③地下水水质状况；④土地利用状况；⑤潜在污染源状况。

在水源地及保护区环境状况评价方面，主要示范：①指标体系构建、权重确定；②基底层指标隶属度等级评判；③方面层及目标层健康度评价；④水源地及保护区环境状况主控因素分析及改善建议。

4.2　水源地及保护区概况

4.2.1　水源地概况

邢台市有地下水饮用水水源地3处，分别是董村水厂、紫金泉水厂和韩演庄水厂（图4.1），邢台冀泉供水有限公司负责管理运营3个水厂，3个水厂均开采百泉泉域奥陶系岩溶含水层中的地下水。

董村水厂位于邢台市桥西区新兴西路459号，占地70.64亩。董村水厂有2个集中水源开采区，共有水井15眼，其中，位于葛村村东的1号水源井区有水源井5眼，成井时间为1986～1988年，井深约400m；位于董村水厂后面的2号水源井区有10眼水源井，成井时间为1996～1997年，井深约450m。水厂设计供水能力10万m^3/d，2010～2018年平均开采量约5.10万m^3/d，最低水位埋深为47m，最大可开深度为70m。

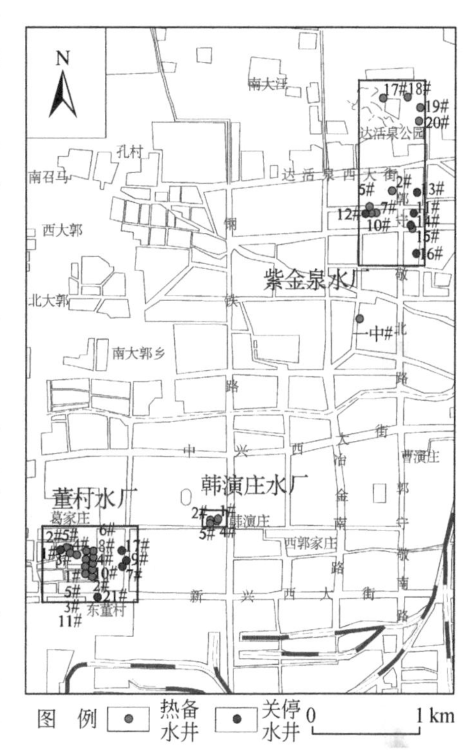

图4.1　水源地及开采井分布示意图

紫金泉水厂位于紫金泉路1号，占地8.9亩。紫金泉水厂所辖水井15眼，散布于达活泉公园、第一中学、第十二中学、邢台市环卫处、紫金泉水厂、民政局家属院等地，成井时间不等，或1979年，或1994年，井深约400m。水厂设计供水能力4万m^3/d，2010～2018年平均开采量约3.34万m^3/d，最大可开采深度为50m。

韩演庄水厂位于钢铁南路86号，占地19.8亩。韩演庄水厂所辖水井4眼，均分布在水厂院内，成井时间为1985～1987年，井深约400m。水厂设计供水能力2万m^3/d，2010～2018年平均开采量约0.96万m^3/d，最低水位埋深为43m，最大可开采深度为60m。

3个水厂地下水主要供市区生活用水，兼具市政用水和小型工业用水，供水人口68.4万人。

由于南水北调中线工程实施，2020年以来3个水厂处于热备状态，热备水量约1.2万m^3/d。作为城市应急供水水源，2020～2022年设计的应急供水能力分别为10.92万m^3/d、11.55万m^3/d、13.23万m^3/d。

邢台市3个水源地位于百泉泉域内，百泉泉域为一相对完整的水文地质单元（图4.2）。北部边界为内丘-西北岭地下水分水岭，与石鼓泉泉域毗邻；南界为北洺河地下水分水岭，与邯郸黑龙洞泉泉域相接；西界为河北与山西省地表分水岭；东界为内丘-邢台弧形大断裂。泉域总面积约3843km²，其中西部赞皇群、甘陶河群变质岩与长城系砂岩裂隙水亚系统分布区面积约2204.4km²，中部寒武系、奥陶系裸露灰岩岩溶水亚系统分布区面积约338.6km²，东部第四系与石炭-二叠系煤系地层覆盖区面积约1300km²。

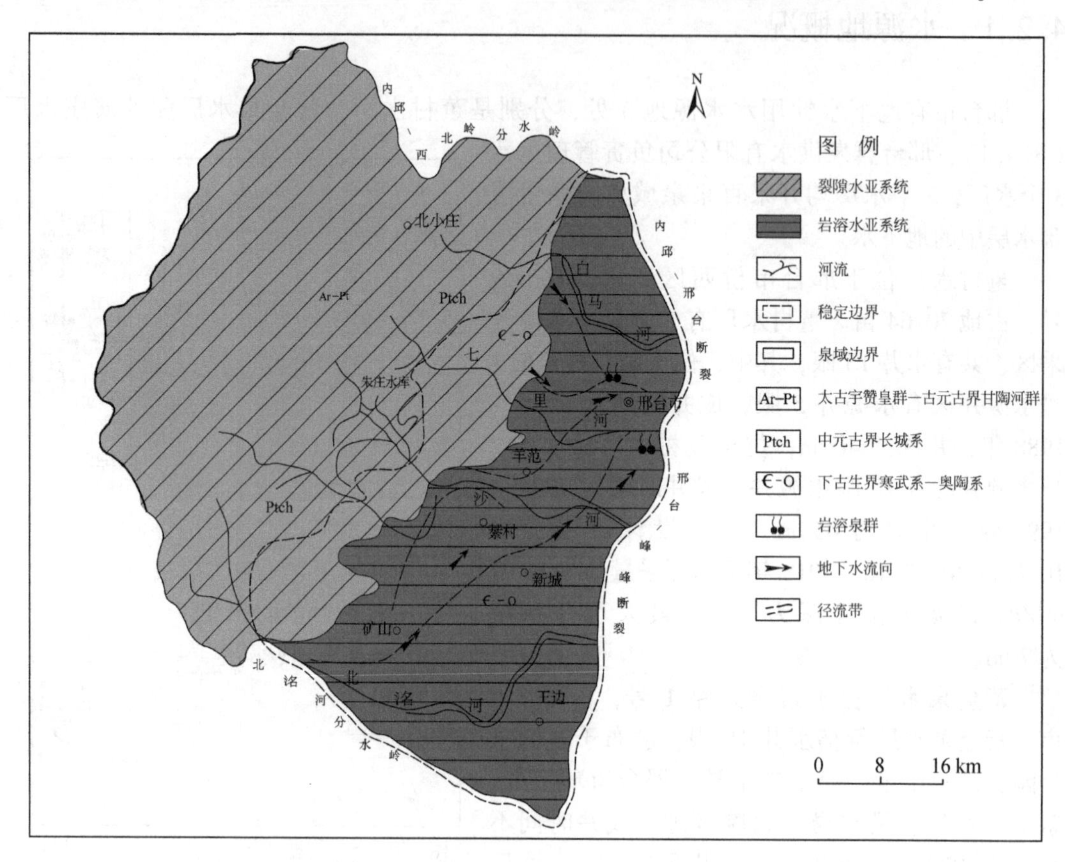

图 4.2 水源地所在水文地质单元示意图

4.2.2 水源地保护区划分情况

邢台市水源地保护区进行过四次划分。

第一次划分：1985年邢台市出台了《紫金泉饮用水水源污染防治管理办法》，并经市政府同意以（邢市政〔1985〕4号）文件形式印发执行。

第二次划分：1999年由环保部门牵头，组织水利、国土、建设等有关部门，按照国家环境保护总局发布的《饮用水水源保护区划分纲要》的技术规范要求，依据水文、地质基础资料，编制了《邢台市城区生活饮用水水源保护区划分技术报告》，划分了一级、二级和三级（准）保护区的范围，并在1999年11月12日以冀环控函〔1999〕216号文件形式批复通过。

第三次划分：2006年由邢台市环保局牵头，依照国家环境保护总局颁布的《饮用水水源保护区划分技术规范》（HJ/T 338—2007），对市区地下饮用水水源保护区范围进行了重新核定和调整。2009年1月7日经省政府批准，由省环保厅以冀环控函〔2009〕4号文批准通过了《邢台市区饮用水水源地环境保护规划方案》。该方案确定了紫金泉水厂水源地、韩演庄水厂水源地、董村水厂水源地、朱庄水库为备用水源地。

第四次划分：2011年，邢台市环保局委托华北有色工程勘察院有限公司，依据《饮用水水源保护区划分技术规范》（HJ/T 338—2007）等技术标准，对邢台市水源地保护区进行了再次调整。水源地划分方案：一级保护区为各井口半径30m范围内的区域；二级保护区主要为百泉岩溶水系统的灰岩裸露区，外加会宁、百泉、达活泉、狗头泉4处，面积为431.81km²；准保护区面积为103.95km²。第四次划分的各级保护区边界及范围见图4.3。

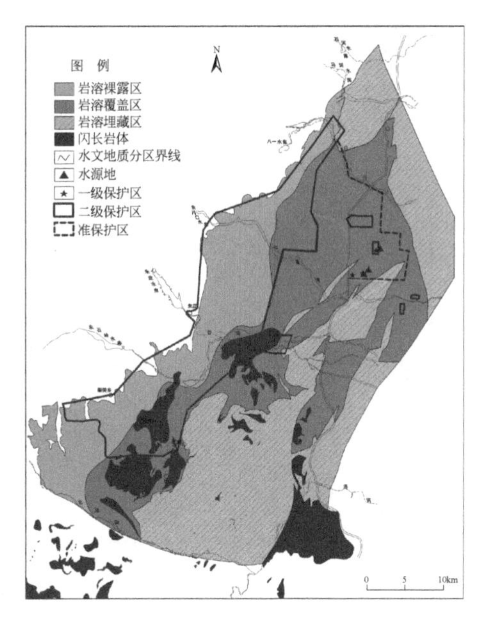

图4.3　地下水水源地保护区划分示意图

4.2.3　水源地及保护区调查研究程度

邢台市的三个水源地均位于百泉岩溶泉域之内，在此区域开展过的地质、水文地质、环境地质、矿产地质等相关工作，见图4.4，并简述如下：

20世纪50～60年代，开展了1：20万区域地质工作、水文地质调查和1：5万西部山区供水水文地质普查，研究了白马河、沙河地下水运动规律及其动态，开展了1：5000太行山东麓煤田地质详查、铁矿地区水文地质勘探，初步查明了工作区地质背景与煤田、铁矿等矿产分布。

20世纪70～80年代，完成了1：10万邢邯基地、1：20万太行山南段、百泉泉域区域水文地质勘察，对邯邢地区岩溶发育机理和分布规律进行了系统研究，为邢台电厂、邢台市城市供水（达活泉水厂、紫金泉水厂、董村水厂）开展了1：2.5万～1：1万供水水文地质勘察，在邢台市开展了水文地质工程地质环境地质综合调查评价，对王窑铁矿、中关铁矿、白涧铁矿、西郝庄铁矿、店上铁矿开展了1：5000～1：2000地质及水文地质勘探。这一时期的工作，奠定了对工作区及铁矿区地质、水文地质、岩溶发育规律的认识，为城市供水提供了科学依据。

20世纪90年代，开展了1：5万区域地质调查，提交了将军墓、西丘、西黄村、邢台市等标准图幅区调报告，开展了太行山区地壳演化及成矿规律研究，编制了包括研究区内的河北省地质志，提高了工作区的地质研究程度。

进入21世纪，围绕邢台市城市建设规划、水源地保护、泉水恢复等社会经济发展及

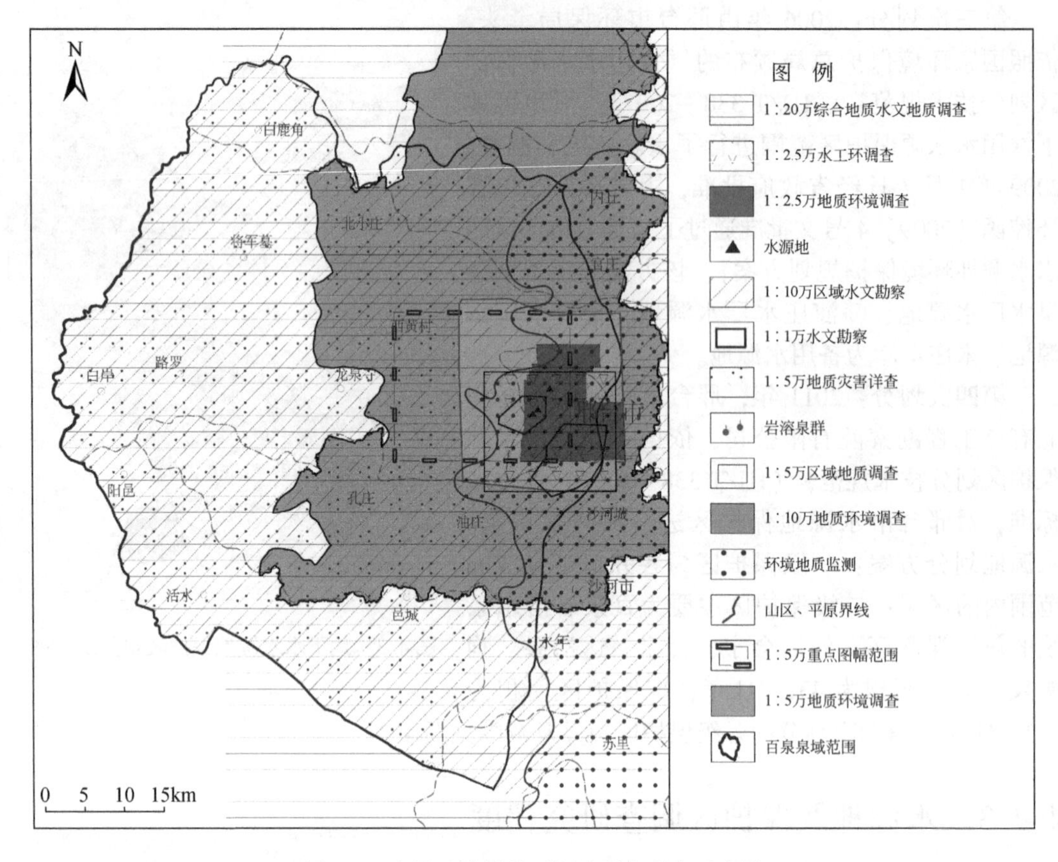

图 4.4　水源地及保护区调查研究程度示意图

生态文明建设需求，开展了1∶5万～1∶1万地质环境综合调查及承载力评价、水源地保护区划分、百泉复流人工回灌条件试验、煤矿及铁矿开采对岩溶水影响等工作。

总体而言，邢台市水源地及保护区地质调查与研究程度高、资料齐全与完整，极大地减轻了环境状况调查的野外工作量。

4.3　调查评价方法

4.3.1　工作程序

按照资料初步收集与资料概略消化吸收、路线踏勘、野外工作方案形成、野外调查、水源地及保护区水质监测、调查评价报告形成工作程序进行。

4.3.2　资料初步收集与资料概略消化吸收

在河北省地质图书馆、河北省地质矿产局所属地质队收集各类成果报告及资料信息50

余份。收集的成果报告及图件比例尺（精度）横跨1∶1万、1∶2.5万、1∶5万、1∶10万、1∶20万、1∶25万，内容涵盖区域地质矿产普查及区域水文地质普查，岩溶发育机理与规律专项研究，水文地质、工程地质、环境地质调查，铁矿区及煤矿区水文地质勘探，城市供水水源地勘探，地下水污染调查，泉水复流人工回灌与调蓄试验，以及近10年来地质环境监测、水源地保护区划分、城市供水专项规划、城市应急备用水源资源论证等。

4.3.3 踏勘

邢台市水源地及保护区踏勘路线西至朱庄水库、东到百泉和狗头泉、南到百泉泉域北铭河边界，以中低山区和山前倾斜平原为主，兼顾平原区。踏勘了14个点，其中，地质点6个、矿区点1个、矿山开采排水点3个、泉点2个、水库1个、河流渗漏段1个，踏勘点情况见表4.1。

表4.1　水源地及保护区踏勘点情况表

编号	类型	经纬度	地理位置	特征
XTTK01	断裂带点	114°20.4′4.21″E，36°59′19.83″N	咽喉村北东喉崔线公路西	断裂带呈近南北向延伸，宽十余米，产状不明。断裂带内见不连续青灰色薄-中层灰岩、膏溶角砾岩及糜棱岩，断裂带具有一定阻水性
XTTK02	岩溶塌陷点	114°15′16.47″E，36°59′12.18″N	西坚固村西南约1000m路边	岩溶塌陷坑分布在沙河二级阶地上。塌坑呈不规则状，深4～8m，沿河岸分布，坑壁见下奥陶统白云岩及第四系黏性土，主要是河水侧蚀作用所致
XTTK03	地层岩性点	114°13.45′45.54″E，36°58′54.66″N	西坚固村西南约1000m路边	为下奥陶统冶里组白云岩。岩石亮晶体明显，似沙糖状，表面溶窝较发育，见刀砍状节理
XTTK04	岩层及岩体点	114°11′24.64″E，37°0′28.93″N	朱庄水库坝肩右侧附近	为长城系大红峪组紫色中-厚层石英砂岩，产状近水平，岩石节理裂隙发育。库岸边坡陡峻，落石多且不稳定。灰白色闪长岩体以顺层状侵入砂岩层中。库区有温泉出露，与闪长岩体侵入有关
XTTK05	水利工程点	114°11′48.51″E，37°0′28.68″N	朱庄水库坝上	坝体长约150m、高约100m。坝下河道有水。南岸见长城系紫红色石英砂岩和闪长岩体，北岸为紫红色石英砂岩。库水与砂岩面长期接触呈白色，可推测历史时期库水位高度
XTTK06	岩体地质点	114°15′21.33″E，36°58′5.29″N	大沙河南岸西九家村路边	为燕山期灰绿色闪长岩体。与朱庄水库边岩体不是同一期侵入的。新鲜面上见角闪石、斜长石，岩面上发育两组裂隙，风化带赋存地下水
XTTK07	铁矿矿区点	114°15′22.56″E，36°53′48.91″N	沙河市上关村东南S329公路旁	为中关铁矿矿井处。矿井塔高15m左右。铁矿主要是由闪长岩与石灰岩交代作用形成
XTTK08	铁矿排水点	114°17′26.78″E，36°53′10.85″N	李家庄村西南邢峰公路S222与S329公路交叉处	为中关铁矿矿井排水。排水沿沟谷由西向东流淌，水体混浊，呈灰黑色，流量约0.8m^3/s
XTTK09	铁矿排水点	114°13′21.52″E，36°50′56.75″N	沙河市东下河村南约200m	为王窑矿区矿井排水。排水沿沟谷由西向东流淌。水体较混浊，呈灰白色，流量大于1m^3/s

续表

编号	类型	经纬度	地理位置	特征
XTTK10	冰川堆积点	114°10′5.54″E，36°47′28.11″N	武安市淮河沟村邢峰公路S222旁	冰积物厚度大于20m，沿北东-南西向呈丘岗状堆积。主要为黏性土、砂包裹卵砾石。卵砾石分选性差、磨圆度较高，主要成分为石英砂岩，卵砾石周边由砂质、黏土包裹
XTTK11	河流渗漏段	114°8′0.09″E，36°44′37.81″N	武安市上团城乡三街村北约600m	北洺河渗漏段。河床无水，公路直通两岸。河床宽约200m，河床内见卵砾石。两岸有较多工厂，见垃圾堆积
XTTK12	煤矿/铁矿排水点	114°28′58.30″E，36°53′56.32″N	沙河市西环路老庄村北	为沙河故河道。主要由上郑、下郑煤矿及铁矿排水所致。水体静止，水较混浊，呈黑褐色
XTTK13	泉点	114°31′43.65″E，37°0′57.15″N	邢台市经济开发区百泉街百泉村东	为百泉泉群出露区。泉坑呈南北向延伸，北浅南深最深处约20m。坑内无水，当地居民在坑底坑坡种植花生、蔬菜等。坑底见灰白色厚层石灰岩，坑侧壁为第四系砂性土
XTTK14	泉点	114°32′35.54″E，37°1′54.76″N	邢台市七里河北百泉大道南武家庄村西北	为狗头泉。泉坑呈圆形，坑底有水，水面低于地面约20m。据访，水位逐年下降。泉坑南见细砂层与黏性土层，细砂层交错层理发育

踏勘前技术准备及踏勘过程按照2.6.1节中踏勘要求执行。

4.3.4 野外工作方案形成

1. 调查范围

平面上与邢台百泉泉域的补给边界一致，垂向上从地面至水源地开采含水层（即中奥陶统含水层）底界。

2. 调查分区

邢台市水源地各级保护区范围边界清楚，但水源地所在百泉泉域面积较大，故将邢台市水源地及保护区调查区划分为3个不同精度调查区，即重点调查区、一般调查区和概略调查区（图4.5）。重点调查区包括水源地的一级保护区和二级保护区（裸露岩溶直接补给区），面积为432km^2；一般调查区包括百泉泉域岩溶覆盖区和岩溶埋藏区，面积为868km^2；概略调查区为百泉泉域非岩溶补给区，面积为2204km^2。

3. 调查内容、调查方法与调查精度

鉴于邢台市水源地及保护区地质、水文地质、环境地质调查研究程度较高的状况，野外调查主要聚焦水点（如泉水、水源地水井、河流、水库等）、潜在污染源（铁矿、煤矿、固废、工厂等）及其附近的表层土壤和第四系土层剖面、地质露头。

采用1：2.5万卫星地图作为工作手图，携带便携式多参数水质仪和便携式XRF元素分析仪，采用点、线结合的方式调查。在重点调查区和一般调查区主要沿南北向和东西向

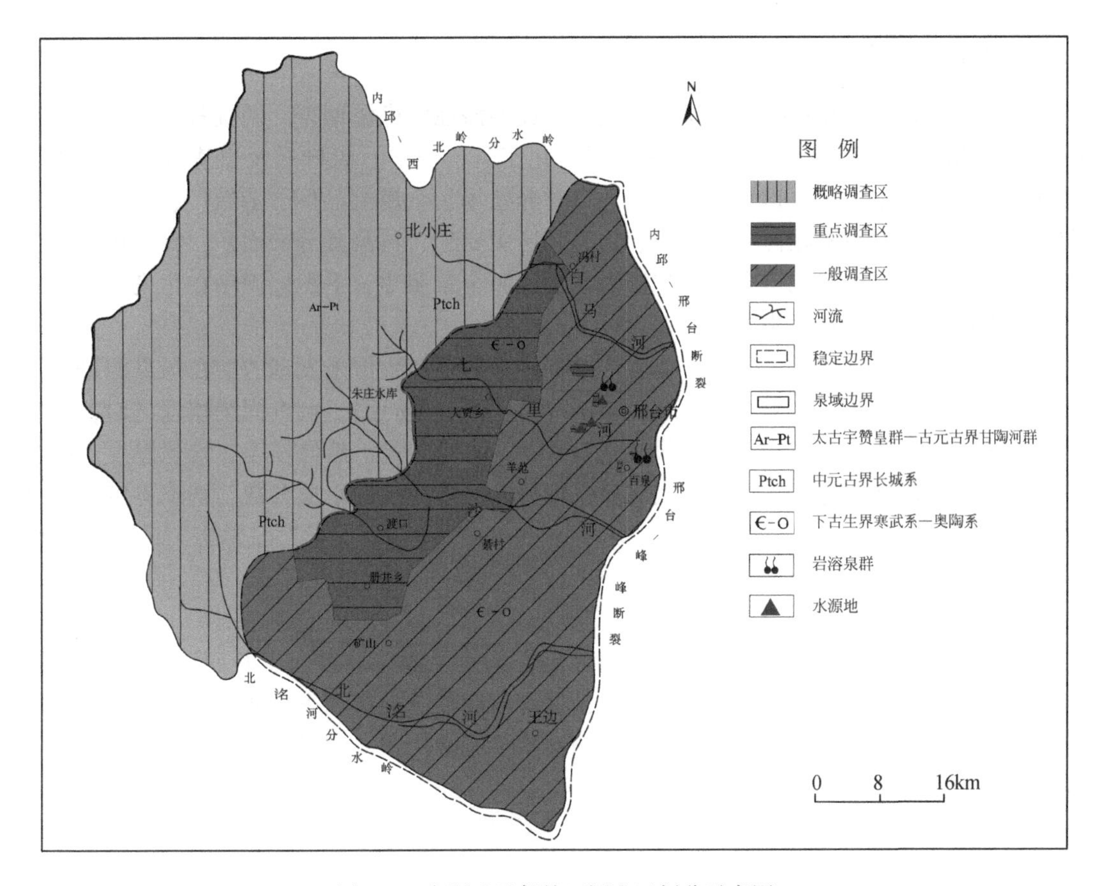

图 4.5　水源地及保护区调查区划分示意图

主干公路并向两侧目标物展开调查，在概略调查区，沿七里河、沙河、白马河的河谷公路穿插调查。

不同调查区内调查内容的精度按照 2.6.4 ~2.6.11 节相关要求控制。

4.3.5　野外调查

1. 地表水

调查各类地表水点 14 个，类型包括沙河、七里河、白马河有水河段，位于间接补给区且毗邻岩溶水直接补给区的水库（如沙河中游的朱庄水库）、位于城市区（岩溶埋藏区）污水河段，以及煤矿和铁矿排水点。野外主要观察河床岩性结构、河岸地层岩性产状、河流排污情况、河流内及阶地上固废堆积物类型及规模、人类对河床改造造成的入渗条件变化等，现场测量河床有水段、库水、矿坑排水水质，估测河床宽度和洪水高度，以及河水、矿坑排水流量，拍摄地表水点全景照片，填写地表水调查表。

2. 潜在污染源

主要围绕现状可见潜在污染源和历史上存在的潜在污染源调查。调查各类潜在污染源69个，包括生活或建筑垃圾堆场、电镀厂、化工厂、煤矿、煤矸石及煤渣堆场、粉煤灰堆场、热电厂、水泥厂、钢厂、薄板厂、畜禽养殖场、金属制品厂、造纸厂、选矿厂、医院等。野外主要观察潜在污染源类型、访问其历史变迁、估测其分布面积，测量潜在污染源附近表层土壤重金属元素含量，拍摄潜在污染源全景照片，手图标识潜在污染源类别及其分布范围，填写潜在污染源调查表。

此外，对于日常生活、工矿企业生产过程中必然要产生但未发现的潜在污染源进行追踪调查［如垃圾填埋场、铁矿（煤矿）排水处、煤矸石场等］。调查固废填埋场时，仔细观察固废成分组成、标识物（如建设情况介绍）、填埋方式、延伸长度、堆积厚度、防护措施、周边出露地层等，采用便携式水质仪现场测量渗滤液的水质参数，初步界定固废种类和危险级别。

3. 第四系土层

为了解重点区和一般区的包气带防污性能，调查了露头厚度大、断面清晰的11个第四系土层剖面。布设第四系土层调查点时，尽量与潜在污染源调查点匹配。主要观察第四系土层颜色、岩性、结构、厚度变化，现场绘制土层结构图，测量不同土层元素含量，拍摄土层剖面照片，填写第四系土层调查表。

4. 含水层露头

调查水源地开采含水层6处。观察含水层岩溶裂隙发育状况，测量岩层及裂隙产状（倾向、倾角、走向），统计裂隙发育密度，拍摄岩层露头及岩溶发育照片。

5. 水源地

调查董存水厂和紫金山水厂。定位水厂位置，观察水源地保护区标识牌设置情况，拍摄典型照片。

6. 环境地质问题

调查岩溶塌陷1处。塌陷由开采石膏矿引起。观察塌陷裂隙延伸方向，实测裂隙走向、宽度和深度，拍摄岩层露头及岩溶发育照片。

4.3.6 水源地及保护区水质监测

掌握邢台百泉泉域岩溶含水层地下水及地表水水质现状，核实并对比分析水源地开采井、局部水质超标点或污染点、水化学类型异常点水质，揭示人类活动影响下泉域岩溶水水化学演变特征。

经过野外环境调查且对水源地及保护区地质、水文地质条件、水量、水质等环境状况有足够的认识后，开展水质监测工作。

1. 取样点布设

第一步，项目组初步筛选取样点。

主要依据以下信息初筛取样点：①2015 年 6 月（枯水期）百泉泉域岩溶水流场图；②百泉泉域岩溶水径流带图；③2016 年 1 月、2018 年 8 月百泉泉域岩溶水水化学类型：④2018 年 8 月百泉泉域岩溶水水化学类型及水质图；⑤2016 年 1 月、2018 年 8 月百泉泉域岩溶水取样点图；⑥百泉泉域岩溶水历史时期污染分布情况；⑦水源地历年取样分析情况。

取样点筛选依据以下五个原则。

（1）分区分片原则。以最近几年流场特别是 2015 年流场分布情况作为分区原则，沙河为界，分为沙河以北区和沙河以南区。以地下水降落漏斗、地下水强径流带、河流区间带作为分片依据。

（2）地下水及地表水兼顾原则。除采集地下水样品外，还要考虑对岩溶地下水具有重要补给作用的河水水质，如朱庄水库水，七里河、白马河渗漏段河水。

（3）上下游及不同强度岩溶径流带兼顾原则。以强径流带为中心线，沿地下水流向上下游串联、兼顾旁侧的中–弱径流带。

（4）考虑人类活动影响原则。在水源地、大型工矿企业自备井、百泉泉群、达活泉群出露点、历史上岩溶水污染点、水化学类型与所处径流区段水化学类型异常点筛选。

（5）同类选一、基本均匀的原则。对于在同一个片区存在较多水化学类型和矿化度（或 TDS）基本相同的取样点，只选择一个代表点。该点的加入，要有助于取样点空间分布均匀化。

依据上述原则和相关信息，初步筛选出 46 个取样点，取样点所在分区、片区、拟布取样点、布点目的、样品数量、分析指标数见表 4. 2。

第二步：与地方水质监测单位讨论、核实，并调整取样点。

考虑水井会随时间的推移发生较大变化，以前可以取样的水井，由于城市及农业农村建设的快速发展，可能会发生水井被填埋、被处置而不能取样的状况。为此，取样点初步筛选后，有必要邀请正在开展水位和水质监测取样的地方单位人员一起讨论，核实取样井取样的可行性，调整取样井位置。

2. 取样准备

水源地地下水水质检测分析涉及的指标多（93 项），对实验室的检测能力提出了较高要求。因此，取样前调查单位要做好检测分析实验室的筛选工作，全面考察检测分析实验室的业务技术能力及检测指标的合法性，以及质量控制、服务等信誉水平。

取样准备工作可由调查承担单位和检测分析承担单位共同完成。调查单位主要准备取样点定位及相关人员联系、过程记录及现场指标检测。检测分析实验室主要准备样品采集、保存、运输。

表 4.2　水源地及保护区取样点布设表

分区	片区	拟布取样点	布点目的	样品数量	分析指标数
沙河以南	矿山、王窑、西石门、云驾岭片区	JJJQ0312 或 XTSY-59； JJJQ032 或 XTSY-56； XTSY-43； JJJQ030； 王窑铁矿排水点	了解北洺河-百泉径流带中云驾岭-矿山-王窑-中关段岩溶水水质； 了解郭二庄煤矿、云驾岭煤矿开采对岩溶水水质影响； 了解王窑、西石门、恒辉铁矿开采对岩溶水水质影响，以及掌握降落漏斗水质； 核实是否存在硫酸-重碳酸型水； 核实 2018 年Ⅳ类水质区分布范围	4～5 个	67 项
	显德汪、中关、邑城片区	XTSY-55； XTSY-67； 中关铁矿排水点	了解北洺河-百泉径流带中王窑-邑城段岩溶水水质； 了解显德汪煤矿、章村煤矿开采对岩溶水水质影响； 了解中关铁矿开采对岩溶水水质影响	2～3 个	67 项
	新城、西赫庄片区	JJJQ34； XTSY-70； JJJQ033 或 XTSY-66 JJJQ039	核实新城一带是否存在氯化物-重碳酸型水； 掌握新城-西赫庄降落漏斗水质； 了解北洺河-百泉径流带中新城-高店段水质	4 个	67 项
沙河以北	水源地片区	董村水厂 3、4、20 号井任选一口； 韩演庄水厂 4 号井 紫金泉水厂 20 号井	掌握水源地开采井水质及其变化	3 个	93 项
	邢台煤矿及其以东洛阳、东九家、百泉片区	XTSY-61； XTSY-60； JJJQ037 或 XTSY-53 选一口井； 百泉村井或新百村井或狗头泉选一口井； XTSY-49	掌握原泉域排泄区水质及其变化； 核实重碳酸-氯化物水	5 个	67 项
	百泉泉域东北部边界邢东煤矿-东庞煤矿片区	XTSY-7； XTSY-62	了解百泉泉域东北部边界石炭-二叠煤系地层下岩溶水水质特征	2 个	67 项

续表

分区	片区	拟布取样点	布点目的	样品数量	分析指标数
沙河以北	白马河–达活泉径流带及以东地带	XTSY-11或会宁镇中学附近选一口井	监测会宁中学2009年8月以来岩溶水水质是否变好	7个	67项
		白马河强渗漏段河水	掌握白马河补给区域地表水水质		
		XTSY-64	了解白马河–达活泉径流带岩溶裸露区水质		
		XTSY23、XTSY27或JJJQ035任选一口井	了解白马河–达活泉径流带径流区水质		
		XTSY-65	控制白马河–达活泉径流带旁侧白马河以东大孟村以西岩溶水水质		
		XTSY-30或XTSY-8任选一口井	控制白马河–达活泉径流带旁侧岩溶水水质		
		XTSY-25或XTSY-10任选一口井	控制白马河–达活泉径流带旁侧岩溶水水质		
	七里河–白马河径流带之间	XTSY32	控制白马河–达活泉径流带与七里河渗漏段–南石门之间地带水质	9个	67项
		XTSY21	控制白马河–达活泉径流带与七里河渗漏段–南石门之间地带水质		93项
		XTSY42	核实白马河–达活泉径流带与七里河渗漏段–南石门之间地带重碳酸–氯化物水		67项
		XTSY-63或JJJQ023任选一口井	控制白马河–达活泉径流带与七里河渗漏段–南石门之间地带水质		67项
		JJJQ022	核实Ⅵ水质及硫酸–重碳酸水		67项
		XTSY28	了解七里河渗漏段–南石门径流带水质		67项
		XTSY-47或JJJQ041任选一口	了解七里河–白马河间接补给区水质		67项
		XTSY-52	了解七里河渗漏段–南石门裸露区径流带水质		67项
		XTSY-35			67项
		七里河上游周公村水井	了解1998年邢台县五金厂（原合金厂）六价铬污染状况		67项

续表

分区	片区	拟布取样点	布点目的	样品数量	分析指标数
沙河以北	朱庄水库及以下沙河-七里河之间区域	朱庄水库库水或坝下地表水	掌握朱庄水库库水水质	10个	93项
		JJJQ028 或 XTSY-68 选一口井	掌握朱庄水库库水弃水对岩溶水影响；沙河-羊范径流带岩溶裸露区水质		67项
		XTSY-54	了解七里河-沙河之间裸露区水质		67项
		XTSY-2	核实七里河-沙河之间裸露区重碳酸-硫酸水质		67项
		JJJQ025			67项
		JJJQ024	了解七里河径流带水质		67项
		XTSY-58	了解羊范-董村水厂径流带水质		93项
		XTSY-16	了解羊范-董村水厂径流带水质		67项
		XTSY-37	了解邢台煤田埋藏岩溶水水质		67项
		XTSY-40	了解羊范-董村水厂径流带与煤田接触带水质		67项

邢台水源地及保护区水样分成两类检测项目：一是水源地及周边水样，按照《地下水质量标准》（GB/T 14848—2017）93 项分析要求准备；二是水源地所在泉域补给区及径流区水样，按照《区域地下水污染调查评价规范》（DZ/T 0288—2015）67 项分析要求准备。93 项检测项目的采样容器、保护措施及采样量见表 4.3。

表 4.3　93 项检测项目的采样容器、保护措施及采样量

项目	采样容器	保护措施	采样量/mL
色、嗅和味、浑浊度、肉眼可见物	P	冷藏	500
pH、电导率、偏硅酸	P	冷藏	500
总硬度、溶解性总固体、耗氧量（COD_{Mn} 法）	P	冷藏	500
硝酸盐氮、氟化物、硫酸盐、氯化物	P	冷藏	500
锰、铜、锌、铝、汞、硒、镉、铅、铍、锑、钡、镍、钴、钼、银、铊	2P	硝酸，pH<2	500
挥发性酚类	G	氢氧化钠，pH≥12，4℃冷藏	1000
阴离子表面活性剂	P	原样	500
氨氮	P	硫酸，pH≤2	500
硫化物	G	每 100mL 水样中加入 4 滴乙酸锌溶液（200g/L）和氢氧化钠溶液（40g/L），避光	500
钠、铁、砷、铬（六价）、硼	P	原样	500

续表

项目	采样容器	保护措施	采样量/mL
总大肠菌群、菌落总数	灭菌袋	1～4℃冷藏	500
亚硝酸盐氮、碘化物	P	—	500
氰化物	G	氢氧化钠，pH≥12，4℃冷藏	1000
总α放射性，总β放射性	P	—	5000
氯乙烯、1,1-二氯乙烯、二氯甲烷、1,2-二氯乙烯、三氯甲烷、1,1,1-三氯乙烷、四氯化碳、苯、1,2-二氯乙烷、三氯乙烯、1,2-二氯丙烷、甲苯、1,1,2-三氯乙烷、四氯乙烯、氯苯、乙苯、二甲苯（总量）、苯乙烯、三溴甲烷、邻二氯苯、对二氯苯	VOCs 棕色G	1～4℃冷藏	2×40
萘、蒽、荧蒽、苯并荧蒽、苯并芘	G	1～4℃冷藏	1000
多氯联苯（总量）	G	1～4℃冷藏	1000
三氯苯（总量）、六氯苯、邻苯二甲酸二(2-乙基己基）酯、2,4,6-三氯酚、五氯酚	G	1～4℃冷藏	1000
六六六（总量）、γ-六六六（林丹）、滴滴涕（总量）、2,4-滴、七氯	G	1～4℃冷藏	1000
克百威、马拉硫磷、乐果、甲基对硫磷、敌敌畏、毒死蜱、百菌清	G	1～4℃冷藏	1000
莠去津、草甘膦、2,4-二硝基甲苯、2,6-二硝基甲苯	G	1～4℃冷藏	1000
涕灭威	G	1～4℃冷藏	500

注：G. 硬质玻璃瓶；P. 聚乙烯塑料瓶（桶）。分析93项指标时，每个取样点需准备2个40mL棕色玻璃瓶、8个1L硬质磨砂棕色玻璃瓶、2个500mL硬质磨砂棕色玻璃瓶、10个500mL聚乙烯塑料瓶、1个5L聚乙烯塑料桶和1个500mL无菌袋。

3. 取样

取样包括采样路线及片区安排，采样数量预估及联系，寻找取样点，以及现场采样、记录、观察、访问、拍照等。

为了提高取样效率，提前谋划了采样路线，按照地理区间如河流界限、交通界限如国道、铁路线等分片采样。同时，根据取样片区的交通情况、熟悉程度、当地居民的配合程度等预估日取样点数量，并提前联系取样点管理人员。

当水井由于维修、停电、间断性供水、报废等原因不能在原来设计的点位取样时，调整取样点位。

现场采样时，采集开泵抽水一段时间后或连续抽水的新鲜水样，尽量快速采集、最大限度地减少地下水扰动，不得采集储存在水塔、水箱等容器内的过时水样。按照采样技术要求采集各类化学组分样品，如采样顺序、容器材质、样量、保护剂添加等。样品采集完成后，核对样品种类及数量，拍摄样品照片，放置在1～4℃冷藏内保存。

4. 样品转运和交接

邢台水源地及保护区采集的样品要求在24h内送达检测分析实验室，为此专门配备了具有冷藏功能的样品转运车。在转运前填写好送样单，一式两份，委托方一份、检测分析实验室一份，双方核验后签字。

4.3.7 评价方法

地表水水质状况按照2.9.4节的“地表水水质状况”评价方法评价。地下水水质状况按照2.9.4节的“地下水水质状况”评价方法评价。

水源地及保护区环境状况采用层次分析法、指标隶属度模糊评判、健康度评语，通过矩阵运算进行定性和定量评价。评价方法和步骤见2.10节。

4.4 水源地及保护区环境状况

4.4.1 自然地理状况

1. 地貌

水源地及保护区位于太行山南段及华北平原西部边缘结合部，地形起伏悬殊，地貌形态复杂多样，自西而东依次为：中山区（海拔1000～1898m）、低山区（海拔500～805m）、低丘垄岗区（海拔100～280m）、倾斜平原区（海拔40～100m）。源于中山的河流蜿蜒迂回横贯全区，大小不一的断陷盆地及条带状的河谷平原点缀于山间及丘陵。浅洼地（最低海拔24.9～30m）展布在倾斜平原的前缘。

按构造运动性质划分三个区：新华夏强烈隆起区（Ⅰ）、新华夏缓慢（过渡）隆起区（Ⅱ）、新华夏强烈沉陷区（Ⅲ）。按成因类型划分三个区：侵蚀构造地形（I_A）、侵蚀剥蚀堆积地形（I_B）、堆积地形（I_C）；按地貌形态成因类型细化为七个区：中切割断块中山（I_{A-1}）、中切割断块低山（I_{A-2}）、低切割低丘垄岗（I_{B-1}）、断陷盆地（I_{B-2}）、山前洪冲积扇（裙）倾斜平原（$Ⅲ_{C-1}$）、河流冲洪积平原（$Ⅲ_{C-2}$）、山间河谷侵蚀堆积平原（$Ⅲ_{C-3}$）。水源地及保护区地貌特点见图4.6。

2. 气象

水源地及补给区属北温带大陆性半干旱季风气候，四季分明。春季多风干旱，夏季炎热多雨，秋季昼暖夜凉、少雨干旱、秋高气爽，冬季雨雪稀少、干燥寒冷。据邢台市1956～2019年（64年）气象站观测资料统计，多年平均气温为13～14℃，多年平均降水量为519.7mm，多年平均蒸发量为1953.3mm，多年平均风速为2.1m/s，冻结期为11月至次年2月，冻土深度平均为31.3cm。

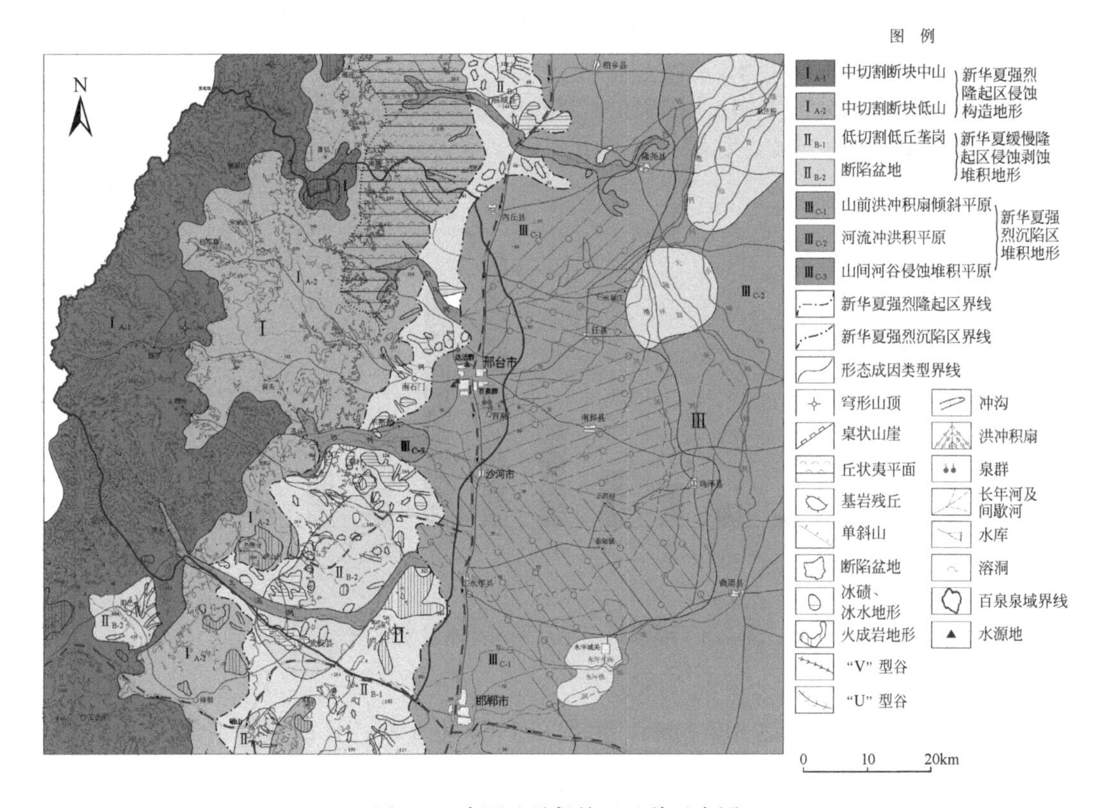

图 4.6　水源地及保护区地貌示意图

对水源地地下水补给具有控制作用的气象要素主要是降水量，其变化具有以下特征。

（1）年际降水量变化大、多年降水量呈现周期性和趋势性（图 4.7）。最大年降水量为 1269.0mm（1963 年）、最小年降水量为 228.2mm（1986 年），相差 5.56 倍。大于等于 800mm 降水量具有 7～27 年的周期，小于等于 300mm 具有 5～8 年周期。1956～1977 年

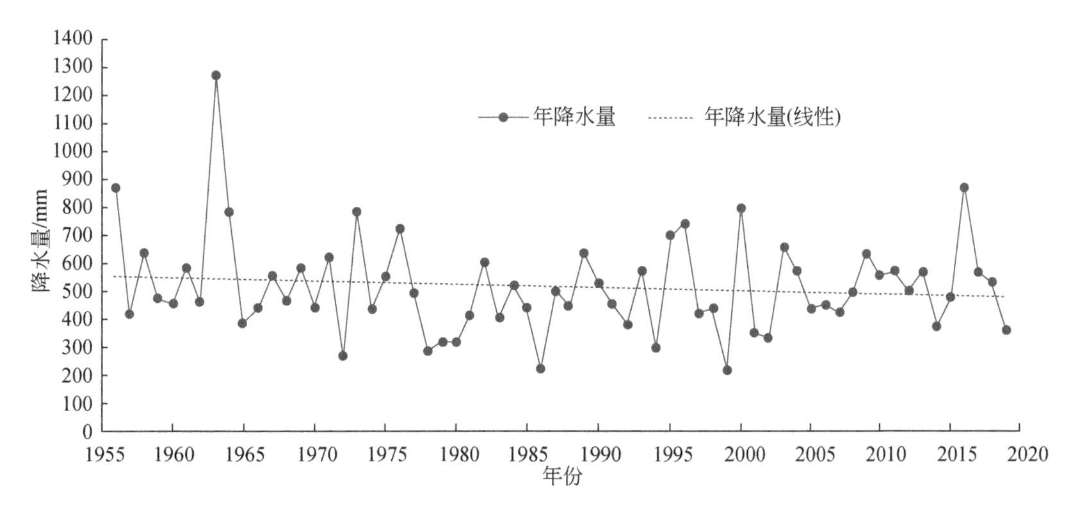

图 4.7　邢台站 1956～2019 年多年降水量变化图

（22 年）降水量偏高且呈下降趋势，1978～1994 年（17 年）降水量偏低，1995～2019 年（25 年）降水量呈缓慢上升趋势。

（2）年内降水量分配不均。以 1956～2009 年逐月降水量资料分析，降水多集中于6～9 月，占全年降水量的 75%，如图 4.8 所示。

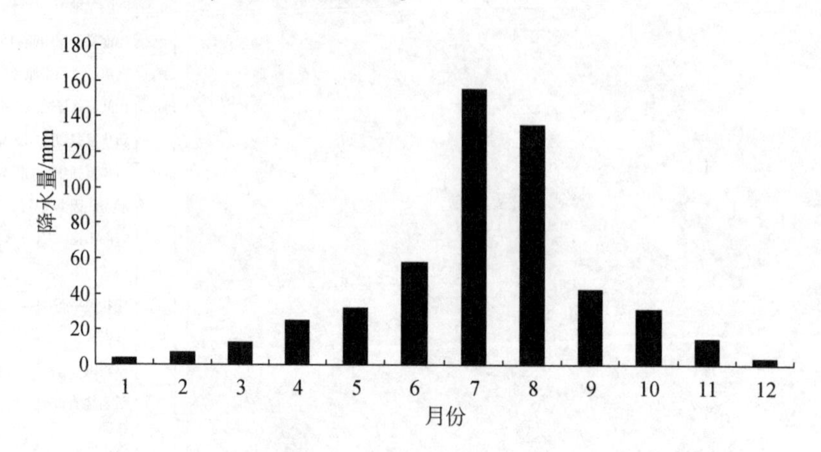

图 4.8　邢台站多年月平均降水量变化图

（3）月最大降水量可达 817.5mm，出现在 1963 年 8 月，日最大降水量为 304.3mm，出现在 1963 年 8 月 4 日。

（4）据 13 个站 1961～1981 年降水量资料，从空间分布看，西部山区降水量大、东部平原降水量小、北部降水量略高于南部（表 4.4）。

表 4.4　降水量空间分布特征表

地形分区	气象站	多年平均值/mm	丰水年均值/mm
山区	由北向南：獐、浆水、马店头、阳邑、涉县	618.9	1963 年：1610.8
			1973 年：925.5
丘陵	由北向南：临城、朱庄、武安、峰峰	575.5	1963 年：1451.0
			1973 年：865.6
平原	由北向南：隆尧、邢台、邯郸、磁县	520.8	1963 年：1282.6
			1973 年：778.7

3. 水文

水源地及补给区河流属海河流域子牙河水系，发源于西部太行山区，多为季节性河流，自北向南有小马河、白马河、七里河、沙河、马会河、北铭河。受地势控制，河流总体由西向东流，上游呈北西-南东向，中游向南呈弧形凸起，下游转至北东，并收敛进入大陆泽-宁晋泊洼地，于艾辛庄一带汇入滏阳河（图 4.9）。各河流基本情况见表 4.5。1958～1979 年 20 年间，修建了 8 座水库，主要用于防洪、灌溉、发电等（表 4.6），其中建于沙河上游的朱庄水库库容最大，目前既是邢台市钢厂、发电厂供水水源，也是邢台市生活饮用水后备水源地之一。

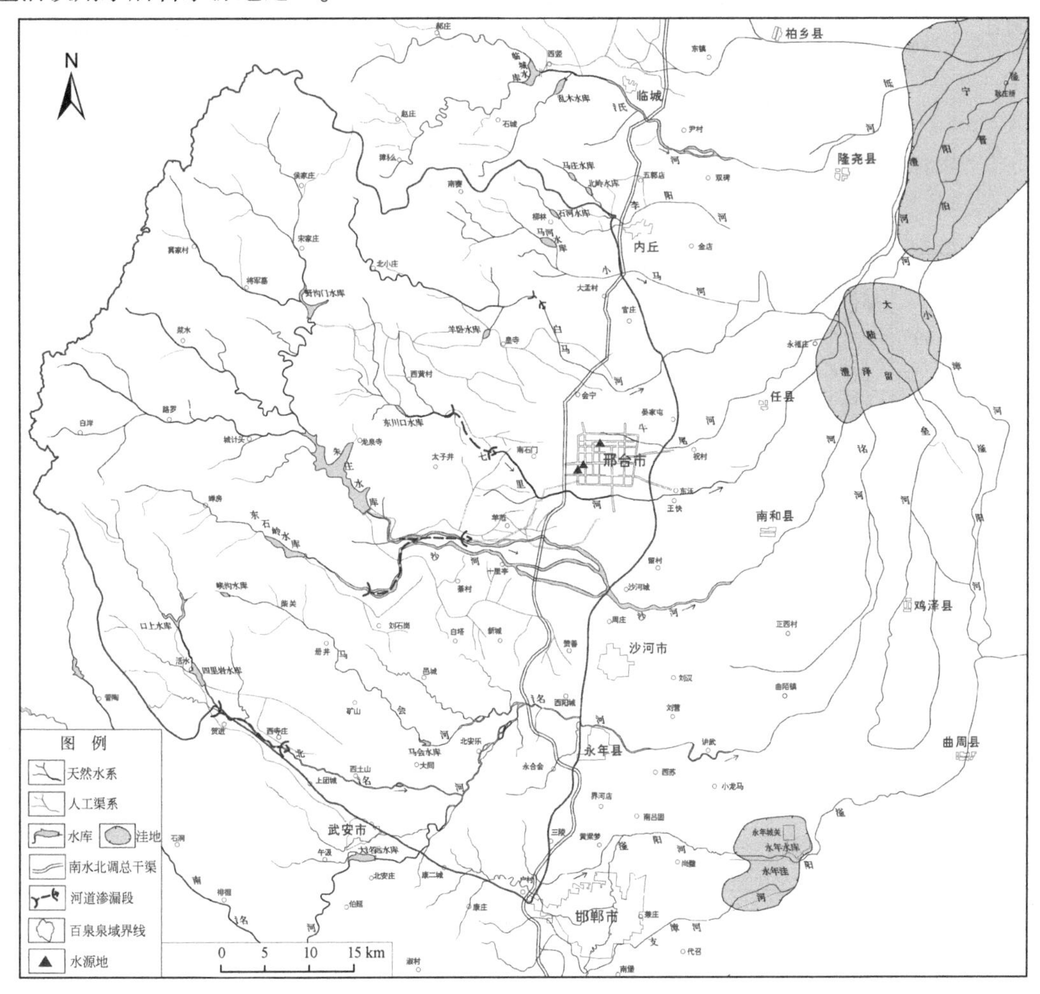

图4.9　水源地及补给区水系示意图

表4.5　百泉泉域河流一览表

河名	河长/km	发源地	流域面积/km^2	年平均径流量/亿 m^3	渗漏段位置	渗漏段以上汇水面积/km^3	渗漏量/(m^3/s)及实测日期	说明
北洺河	55	武安市秋村坪	2280(包括南洺河)	0.79(1977～1985年洺关站)	活水以下至西营井村	204	0.35，1982年计算	活水以上常年有水
马会河	45	沙河市峡沟、温家园一带		2.473	柴关以下至西石门	50	0.5，1973年实测	柴关以上常年有水

续表

河名		河长/km	发源地	流域面积/km^2	年平均径流量/亿 m^3	渗漏段位置	渗漏段以上汇水面积/km^3	渗漏量/(m^3/s)及实测日期	说明
沙河	渡口川	35	沙河市石盆、禅房一带	158(东石岭水库以上)	—	渡口以下至八里庙	180	2.00，1975年8月22日实测	渡口以上常年有水，流量一般为0.5~1.5m^3/s
	朱庄川	50	邢台县白鹿角、冀家村、白岸一带	1220(朱庄水库以上)	3.96(1959~1987年)；3.054(朱庄站)	朱庄以下至东坚固	1220	4.18，1975年8月22日实测	朱庄以上常年有水流量多年平均3.96m^3/s
七里河		68	邢台县西部山区	137(东川口水库以上)	—	北会以下	123	0.346	黄店以上常年有水，渗漏段仅汛期有短暂洪流
白马河		65	邢台县西部沟底村一带	216(羊卧水库以上)	—	东青山以下至谭村	287	0.372，1981年7月8日实测	1975年7月3日在南青山实测流量为0.48m^3/s
小马河		50	内丘县西部低山丘陵区	104(马河水库以上)	0.120(马河水库坝下)	交会(台)村以下	113	—	上游常年有水，下游汛期有短暂洪流

表 4.6　百泉泉域水库一览表

水库名称	所在河流	建成年份	控制流域面积/km^3	总库容/亿 m^3	洪水位高程/m	正常设计水位/m	用途
口上水库	北洺河	1969	139.1	0.246	603.78	596.0	防洪、发电设计700kW，灌溉设计8.78万亩
峡沟水库	马会河	1960	11.0	0.057	—	—	灌溉1万亩
东石岭水库	渡口川	—	169.0	0.680	—	—	防洪、灌溉设计10.6万亩
朱庄水库	朱庄川	1979	1222.0	4.160	—	—	灌溉设计21万亩、城市供水引朱济邢
野沟门水库	朱庄川	1976	518.0	0.492	—	—	灌溉设计18万亩
东川口水库	七里河	1967	84.0	0.090	230.00	225.4	防洪、灌溉1.6万亩

续表

水库名称	所在河流	建成年份	控制流域面积/km^3	总库容/亿 m^3	洪水位高程/m	正常设计水位/m	用途
羊卧水库	白马河	1958	39.5	0.070	100.00	91.0	灌溉2.1万亩
马河水库	小马河	1959	113.0	0.220	—	119.2	灌溉6万亩

除山区发源的上述河流外，市区还有小黄河、牛尾河、围寨河，三条河流在市区东部小吴庄一带汇合。详细情况见表4.7。

表4.7　市内河流情况表

河流名称	发源地	河流长度/km	流域面积/km^2	说明
小黄河	邢台县南石门镇火石岗和张果老山一带	21.25	163.54	现成为市内排污河
牛尾河	邢台市西北石井冈瓦瓮泉（营头泉），下汇达活、紫金、野狐诸泉	50	—	现成为市内排污河
围寨河	—	6.459	16.02	现成为市内排污河

河流流经灰岩裸露区时渗漏严重、甚至断流，河床渗漏补给是邢台市岩溶地下水水源地主要补给方式之一。渗漏强度与构造方向和河床底部岩性分布有关：当河床分布灰岩时，南北向或北东向构造发育河段的渗漏量大于东西向构造控制的河段；卵砾石河床的渗漏量大于冰积河床的渗漏量。

4. 土壤

邢台市西部山区的土壤成土母质，主要是花岗岩、片麻岩、砂岩、页岩、灰岩等岩石风化残积物，以及坡积物和洪积物以及黄土母质等。根据河北省国土资源调查资料，全区土壤为棕壤土、褐土、风砂土、潮土四个土类。棕壤土分布在区内西部海拔1000m以上的中山阴坡上；褐土分布最广，遍及全区，占全区土壤面积的98%左右；风砂土分布于各大河流下游沿岸。山地区以草棕壤土、山地褐土为主，丘陵区主要是碳酸盐褐土、淋溶褐土，倾斜平原区以耕种褐土、耕种潮土型褐土为主，低洼地区见有盐化潮土、湿潮土、沼泽土等。

5. 植被

区内植物繁多，初步统计有119科700余种，全区多为灌木和草本植物，主要有黄栌、荆条、酸枣、绣球、黄北果、穴草等。其他树种有松柏、杨柳、泡桐、椿树、核桃、花椒、黄连木等。植被发育受标高及岩性制约，中山区植被较发育，低山区植被较差。西部片麻岩区较灰岩区植被发育。

邢台市西部中低山区，森林覆盖率达40%，植被覆盖度达70%以上，生态环境较好。中部丘陵山岗地区森林覆盖率12%以下，植被覆盖度小于40%，旱灾频繁，水土流失严重，生态环境较差。东部平原为粮棉生产区，森林覆盖率为6.8%，多为农田防护林。

4.4.2 社会经济状况

1. 行政区划、面积、人口

邢台市所辖17个县（市）、3个区、1个管理委员会，面积约1.25万km^2，其中市区行政区域面积约187km^2，外环路以内为主城区，主城区面积约45km^2；总人口约730万，其中市区人口约96万。

2. 产业结构、产值

2015年末，邢台市生产总值为1668.1亿元，其中，第一产业增加值完成273.4亿元，第二产业增加值完成836.5亿元，第三产业增加值完成558.2亿元，三产结构比例为16.4∶50.1∶33.5，全市人均生产总值为23051元。

邢台市为一新兴工业城市，工业企业是市区经济的主体，工业以钢铁深加工、煤化工、装备制造、食品医药、纺织服装、新型建材为主，各县已经形成省级工业园区。2015年邢台市工业总产值711.6亿元。

邢台农业作物主要以小麦、玉米、谷子、花生、棉花为主，是全国优质粮和棉花生产基地，素有“粮仓棉海”之称。2015年邢台市农林牧渔业总产值491.4亿元。

4.4.3 地质及水文地质状况

1. 地层

泉域内地层由老至新有：太古宇赞皇群，古元古界甘陶河群和中元古界长城系大红峪组，下古生界寒武系、奥陶系，上古生界石炭系、二叠系，中生界三叠系和新生界第四系，地层走向近北北东，倾向南东东，岩层倾角一般为5°~10°，局部地段受构造影响，地层产状有所变化，由老至新分述如下：

1）*太古宇赞皇群*（Arzn）

为一套中深变质作用生成的片麻岩、片岩岩类。主要岩性有黑云母斜长片麻岩、含石榴石黑云斜长角闪片岩、角闪斜长片麻岩、黑云片岩、黑云角闪片岩、长石石英板岩及各种类型混合岩组成，其间夹有磁铁石英岩、大理岩透镜体。厚度大于7400m。

2）*古元古界甘陶河群*（Pt_1gn）

为一套浅变质的碎屑岩、白云岩、安山岩组成的多旋回、多韵律地层。上部灰绿色变质安山岩夹薄层砂岩、板岩、长石石英砂岩、粉砂质板岩、泥质白云岩；中部变质安山角砾岩、集块岩、砂岩、含砾石英砂岩与泥质板岩互层；下部变质含砾长石石英砾岩夹二云长英变质片岩。厚度为5387~7780m。

3）中元古界长城系（Pt_2chd）大红峪组

与下伏地层呈角度不整合接触。

为浅海相沉积为主的碎屑岩-石英砂岩、长石石英砂岩。上部灰白色、粉红色、紫红色中厚层中细粒石英砂岩；中部紫红色、暗紫色中厚-薄层中粗粒长石石英砂岩，交错层发育；下部粉红、灰白色中厚层中细粒石英砂岩，波痕发育；底部具不稳定页岩或砾岩。厚度为60～798m。

4）下古生界寒武系（€）

以浅海相沉积的碳酸盐类地层为主，与长城系地层假整合接触。

A. 下寒武统（$€_1$）

上部为紫红色页岩夹灰绿色页岩及泥灰岩，近顶部为白云质灰岩；下部为砖红色页岩夹薄层泥灰岩；底部见有不稳定的含砾石英砂岩或灰白色泥灰岩。厚度为50～114m。

B. 中寒武统（$€_2$）

中上部以灰色厚层状及巨厚层状鲕状灰岩为主夹致密灰岩，顶部为涡卷状灰岩；下部暗紫色纸片状富含云母的页岩夹薄层泥炭岩、鲕状灰岩、生物碎屑灰岩。厚度为192～314m。

C. 上寒武统（$€_3$）

上部灰白色薄-中厚层泥质条带灰岩夹紫色竹叶状灰岩、页岩；中部泥质条带灰岩、黄绿色中厚层竹叶状灰岩夹致密灰岩；下部灰、灰白色薄层灰岩、泥质条带灰岩夹黄色竹叶状灰岩、鲕状灰岩、页岩。厚度为41～199m。

5）下古生界奥陶系（O）

为一套潟湖、滨海-浅海相碳酸盐岩建造，与寒武系整合接触。

A. 下奥陶统（O_1）

与寒武系整合接触，自下而上分为两组。

（1）冶里组（O_1y）：岩性主要为浅灰色、灰白色巨厚层粗粒结晶白云岩，结晶颗粒自上而下逐渐变粗，以薄层似竹叶状白云岩与寒武系分界，局部见不稳定之底砾岩，厚32～149.9m。

（2）亮甲山组（O_1l）：连续沉积在冶里组之上，岩性主要为浅灰色、灰白色中厚至厚层状富含燧石结核或不连续燧石条带细粒结晶白云岩、白云质角砾状灰岩，夹有黄绿色页岩及似竹叶状灰岩；底部似竹叶状白云岩与下伏治里组分界。厚度为33～118.1m。

B. 中奥陶统（O_2）

平行不整合于下奥陶统之上，自下而上分为3组9段。中奥陶统在沉积厚度、岩相上差异较大，3个组底部多具不稳定的角砾状白云质灰岩，其顶部伴随的膏盐假晶层，反映了3个沉积旋回层间构造的差异性。岩溶角砾、溶孔裂隙发育，富水性强，是邢台市水源地主要开采含水层。

下马家沟组（O_2x）：厚度为145.4～219.1m，自下而上分为3段。

（1）下马家沟组一段（O_2x^1）：为黄色、黄绿色钙质页岩夹泥灰岩、泥质白云岩，即“贾旺页岩”。厚度为15～19m。

（2）下马家沟组二段（O_2x^2）：为灰色、灰黄色白云质角砾灰岩，团块角砾状灰岩。

厚度为35.4~75.2m。

(3) 下马家沟组三段(O_2x^3):中厚层致密灰岩、薄层白云质灰岩、灰红色白云质角砾状灰岩相间出现。顶部以灰黄色花斑灰岩为主,夹白云质灰岩及角砾状灰岩互层,以含石盐假晶灰岩与上马家沟组分界。厚度为95~124.9m。

上马家沟组(O_2s):与下马家沟组整合接触。总厚度为138.2~251.4m。自下而上分为3段。

(1) 上马家沟组一段(O_2s^1):为灰黄色、灰红色大小混杂的白云质角砾状灰岩。底部有5m厚的灰白色页片或板状泥灰岩。厚度为56.2m。

(2) 上马家沟组二段(O_2s^2):为厚层灰黄花斑灰岩、含硅质小瘤致密灰岩、薄层白云质灰岩夹少量角砾状灰岩,层瘤灰岩顶部为致密灰岩。厚度为48~135.6m。

(3) 上马家沟组三段(O_2s^3):为黄灰色白云质团块角砾状灰岩、中厚层层瘤致密灰岩与黄灰色白云质角砾状灰岩互层。厚度为34~59.6m。

峰峰组(O_2f):与上马家沟组整合接触。厚度为164.2~168.7m。自下而上分为3段。

(1) 峰峰组一段(O_2f^1):为黄灰色、粉红色泥质白云质角砾状灰岩。底部夹一层厚约2m的浅灰色缟纹状致密灰岩,为与上马家沟组的分界标志层,厚度为43.5m。

(2) 峰峰组二段(O_2f^2):浅黄灰色厚层花斑灰岩及乳白色花斑灰岩,夹白云质泥灰岩和红褐色角砾状灰岩,厚度为107.2m。

(3) 峰峰组三段(O_2f^3):为厚层状致密灰岩,暗灰褐色纤维纹理白云质角砾状灰岩、薄层白云质灰岩和泥质白云岩、缟纹状灰岩等。厚度为13.5~18m。

6) 上古生界石炭系(C)

以陆相沉积为主的碎屑岩及海陆交互沉积的薄层碳酸盐类和砂页岩互层。平行不整合于中奥陶统之上,缺失下奥陶统。

A. 中石炭统(C_2)

底部为明显侵蚀面,常以山西式褐铁矿层与中奥陶统分界。主要为灰白色鲕状铝土岩、铝土质页岩,以及黑色、黄绿色砂岩、粉砂岩、砂质页岩夹不稳定薄层灰岩,厚度为11~55m。

B. 上石炭统(C_3)

与中统连续沉积。岩性为灰色、黄绿色砂岩、砂质页岩夹8~10层煤和3层以上灰岩,是区内主要含煤地层。底部以尽头煤与中石炭统分界,厚度为115~145m。

7) 上古生界二叠系(P)

为一套陆相碎屑岩沉积,与石炭系整合接触。

A. 下二叠统(P_1)

下部为灰色、灰黄色、暗紫色中细砂岩、粉砂岩夹砂质页岩、铝土质页岩,含2~6层煤;上部为紫红色、灰绿色、黄色细砂岩、粉砂岩、砂质页岩等,以紫色鲕状铝土质页岩与上二叠统分界。厚度为180~236m。

B. 上二叠统(P_2)

与下二叠统整合接触。底部为灰白色、黄绿色中细粒含砾石英砂岩；下部为灰紫色、紫色、黄绿色细中粒砂岩、粉砂岩、砂质页岩、页岩夹黑色页岩和鲕状砂页岩；上部为含砾砂岩、暗紫色细砂岩、粉砂岩、板状砂质页岩、页岩，局部夹泥灰岩、砾状灰岩。厚度约800m。

8）中生界三叠系（T）

为陆相沉积的碎屑岩，与二叠系整合接触。

底部以紫绿色薄层片状页岩与二叠系分界。主要岩性为薄层至中厚层灰黄色、紫红色中粗砂岩、粉砂岩夹薄层暗红色、紫灰色、黄绿色页岩。厚度为106～255m。

9）新生界第四系（Q）

为冰积、冲洪积等堆积物。在山间河谷及山前断陷盆地、低丘垄岗及东部平原区沉积了厚度不等、沉积物组合及成因类型不同的松散堆积物。由西向东沿沉积方向逐渐增厚，沉积物的颗粒由粗变细。

A. 下更新统（Q_1）

冰积泥砾多出露于山前低丘垄岗的顶部及河谷沿岸，厚度为5～62m。湖积物呈小片在岗地出露，以灰绿色夹棕黄色、紫红色的黏土为主，夹有窝状砂和不稳定的含砾中细砂层。冰水堆积主要分布在东部倾斜平原，底板埋深为470～558m。以泥砾和古近系、新近系分界。

B. 中更新统（Q_2）

为冲积、洪积、冰水堆积等堆积物，零星出露于山间、山前沟谷两侧，河谷I级阶地。为红黄色、红褐色亚黏土、黏土组成，含有钙质结核及混粒砂窝，底部多见岩石碎屑和褐红色古土壤。冰水堆积多沉积于倾斜平原下部。厚度大于100m，底板埋深为200～350m。

C. 上更新统（Q_3）

以冲积、洪积为主堆积物，广布于山麓与平原接壤地带；盆地、河谷I级阶地之上，主要为灰黄色或稍带红色黄土状粉土质亚砂土、亚黏土。底部有砾岩层，厚度为3～60m。底板埋深为40～180m。

D. 全新统（Q_4）

为冲积、洪积、坡积-残积物，分布在山间河谷、I级阶地、河床、山麓坡脚及山前盆地和东部沉积平原区。岩性主要为卵石、砾石、砂、亚砂土、亚黏土等。残积-坡积物为黏土、亚黏土夹碎石等。厚度为0～40m。

2. 构造

调查区属新华夏构造体系第三隆起带太行山复式背斜之东翼，与第二沉降带华北平原相毗邻，从宏观上构成大型新华夏系左行斜列“多”字形构造形式，这是区内构造格局的基本轮廓。这一构造格局制约着区内低序次的各种构造形迹的成生、展布与变化。同时，对新生代以来地质地貌的发展、挽近构造、地震及岩浆的活动，以及裂隙岩溶的发育和水文地质条件具有控制作用。

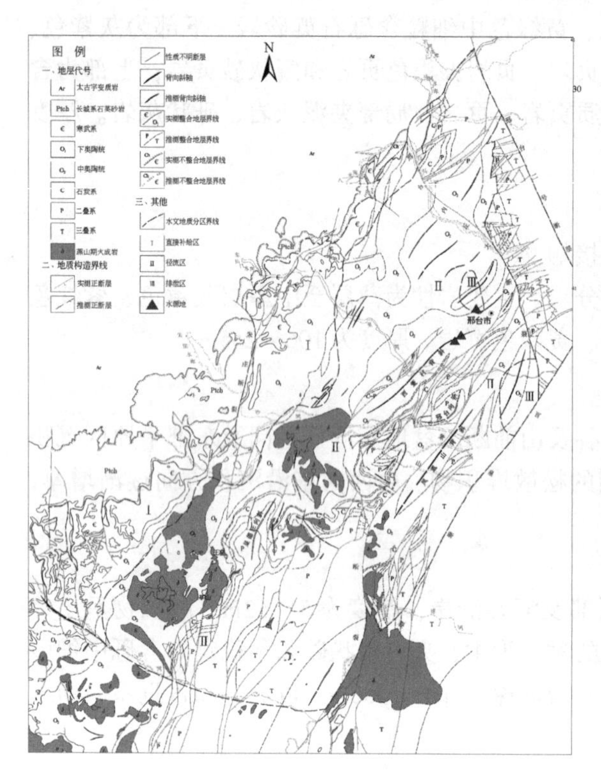

图 4.10　百泉泉域构造示意图

区内构造按其展布方向可分为东西向、北北东向、南北向和北西向 4 种构造形迹（图 4.10）。以北北东向和南北向构造最为发育，北西向构造以褶皱为主，伴有纵、横张性断裂。断裂以高角度冲断层为主，力学性质复杂，既具有张性特征又具有强烈挤压特点，这是由于经受过多次复杂构造运动所反映出来的复合力学性质。

依据构造形迹特征、力学性质、成生联系、展布方位，按成生先后大体可归纳为纬向构造体系、经向构造体系和扭动构造体系。其中，扭动构造体系主要包括北西（河西式）向、北东（华夏系）—北北东（新华夏系）向、帚状构造、格子（网）状及“入”字形构造 5 种构造形迹。上述构造体系中主要构造形迹的力学性质、生成年代及其演化见表 4.8。

区内新构造运动较活跃，第四纪以来以垂直运动为主，具明显的差异性和继承性。

差异性：从区内西部山区溶洞发育的 5 级标高和 3 级夷平面的分布特点来看，本区自晚中生代以来地壳有 5 次相对上升及 5 次相对稳定期。由山区到倾斜平原河谷发育的 3 级阶地及第四系堆积物厚度的变化表明，新构造运动西部上升幅度大于东部，而西部山区升降幅度局部又有明显差异，故导致一些山间盆地、地堑的形成。

继承性：燕山期构造运动控制着本区地质、地貌的演变与发展。新构造运动明显继承老构造重新活动。进入第四纪以来，早、中更新世的火山喷发均沿北东或北西向构造发生。人类有史记载以来，区内多次中强地震活动也均沿北东或北西向构造发生。

3. 岩浆岩

区内有元古宙基性岩浆的侵入和喷发、中生代燕山期中性岩浆的侵入、新生代玄武岩浆的喷发，其中，燕山期岩浆岩对百泉泉域岩溶含水系统的分割及地下水运移影响较大。

燕山期岩浆活动强烈，主要分布于沙河—南铭河，以武安-上团城为中心分布范围约 2000km^2。岩性主要为闪长岩、闪长岩玢岩等。由西向东大体可分西、中、东 3 个条带八大岩体。岩体以复杂的似层状接触侵入于古生界地层并发生交代作用，形成“邯邢式”夕卡岩型铁矿床。中部、东部岩带的展布方位为北北东向，与区内新华夏构造方向一致。中部岩带在地表出露为几个岩体，依据区内地质勘探资料，下部基本相连。

表4.8 主要构造形迹的力学性质、生成年代及其演化表

结构面 构造运动期 力学性质 结构面展布方向	前震旦纪期		震旦纪-石炭纪-中三叠世期		燕山期 早	燕山期 晚	喜马拉雅期
近东西向							
近南北向							
北东向							
北西向							
北北东向							
平面组合图示和主应力方向							
体系归属	东西(纬)向	南北(经)向	东西(纬)向	扭动构造 北西(河西式)向	北东(华夏系)向	北北东(新华夏系)向	
同位素年龄/亿年	地壳形成以后至17.00		17.00~2.00	3.20~2.00(?)	2.00(?)~1.40	1.40—	
图例	压性结构面	张性结构面	压性后转扭性	张性后转扭性	扭性结构面	主应力方向	

4. 含水岩组划分及其特征

根据地下水赋存介质、水理性质、地层岩性，将百泉泉域地下水划分为三大含水岩系和11个含水岩组，分布见图4.11。

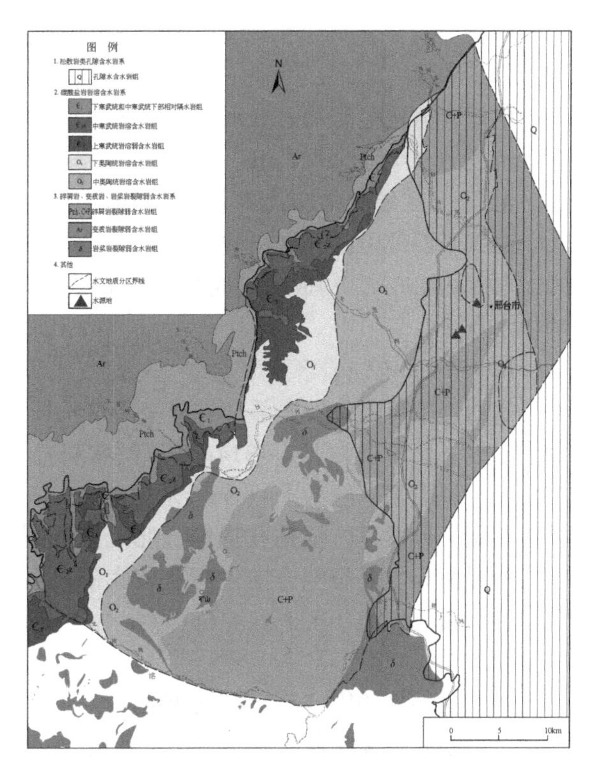

图4.11 百泉泉域含水岩系及其含水岩组分布示意图

1）松散岩类孔隙含水岩系

主要分布于山间河谷和冲洪积扇群构成的山前倾斜平原。岩性西部以卵砾石中粗砂为主，逐渐向东以中细砂为主。厚度数米至390余米，一般西薄东厚，西部单层厚度大，层数少，而东部单层厚度薄，层数多。含水层界面坡降西部较陡，逐渐向东变缓。依据地层层序、成因，划分为3个含水岩组。

A. 上更新统和全新统含水岩组（Q_{3+4}）

主要分布于北铭河、沙河、七里河、白马河冲洪积扇（群）构成的山前倾斜平原区。含水层岩性为砂砾卵石层，总厚度一般为20～50m，最薄4.5m，最厚可达 85m。富水性与冲洪积扇地貌位置关系密切：扇顶单位涌水量为 30 ~ 50m^3/(h · m)，扇间及扇缘单位涌水量为 5 ~ 10m^3/(h · m)，含水层厚度小于 5m 的中细砂地区单位涌水量小于 5m^3/(h · m)。水化学类型为 HCO-Ca · Mg 型水，矿化度一般为 0. 5 ~ 1. 0g/L。

B. 中更新统含水岩组（Q_2）

岩性为冰水、河湖积形成的微胶结一半胶结、薄层含砾中细砂和砂砾石层。含水层层数较多，单层厚度一般为 3 ~ 5m，最厚 10 余米，总厚度一般为 20 ~ 40m，最大厚度为 115m。富水性较差，单位涌水量一般为 10 ~ 30m^3/(h · m)。

C. 下更新统含水岩组（Q_1）

含水层岩性为冰碛泥砾层，且混杂黏土，一般厚度为 2 ~ 30m，富水性极差，单位涌水量为 0. 001 ~ 0. 5m^3/(h · m)。

2）*碳酸盐岩岩溶含水岩系*

由下古生界寒武系和奥陶系组成，分布于泉域中部和东部，中部裸露地表，东部被第四系覆盖或被石炭系、二叠系埋藏，部分被岩浆岩穿插。地下水主要赋存于裂隙、溶隙、溶孔和溶洞之中。含水体厚度大、水量丰富、成为邢台市的主要供水水源之一。

碳酸盐岩岩溶含水岩系是一个岩溶含水多层体。在剖面上具有一定的层位关系，各层组本身具有相似的含水特征和独立的水动力系统。但由于断裂分割和裂隙、岩溶的连通，使各层组间产生了广泛的水力联系，形成统一的水动力系统。因此，既可将各层组单独视为具有一定厚度的含水岩组，又可将整个碳酸盐岩建造视为 1 个统一的岩溶综合含水体。

根据岩溶化程度和岩溶水的赋存条件和运移规律，可将其划分为既有统一又保持各自含水特征的 3 个强含水岩组、1 个弱含水岩组和 1 个相对的隔水岩组。

A. 下寒武统和中寒武统下部相对隔水岩组（ϵ_1、ϵ_2x）

出露于西部山区，沿长城系石英砂岩外侧并呈带状分布。以页岩为主夹有薄层碳酸盐岩，厚度约 190m，构成区域性相对隔水层。但其中所夹薄层碳酸盐岩层，局部尚有一定的供水意义。

B. 中寒武统强岩溶含水岩组（ϵ_2z）

在西部中低山沟谷底部和谷壁呈条带状连续出露，地层以 4° ~ 15°缓倾角向东南倾伏深埋于地下，厚度为 192 ~ 314m。以鲕状灰岩为主夹少量碎屑岩。灰岩质纯性脆、裂隙岩溶发育，裂隙宽一般为 1 ~ 6cm，最宽达 20cm，尤其是北北东、北北西和近南北向 3 组区域性节理十分发育，据钻孔揭露，北北东向裂隙发育深度最大。在其底部相对隔水层之上，沿层面和主要裂隙方向发育有较大的溶洞，以莲花寺溶洞为最大，体积达 15500m^3。单位涌水量一般为 0. 437 ~ 14. 6m^3/(h · m)，水化学类型为 HCO_3-Ca · Mg 型水，矿化度为 0. 3g/L 左右。

C. 上寒武统裂隙岩溶弱含水层组（ϵ_3）

沿中寒武统鲕状灰岩东侧呈条带状出露。以竹叶状灰岩和泥质条带灰岩含水为主。厚度为 41 ~ 174. 25m。地表节理裂隙较发育，但多被充填，局部有溶洞发育，但规模较小。单位涌水量为 0. 052m^3/(h · m)。水化学类型为 HCO-Ca · Mg 型水，矿化度在 0. 25g/L 左右。

D. 下奥陶统强岩溶含水层组（O_1）

白云岩尤其是粗粒结晶白云岩是最富水层位，岩溶较发育，风化似刀砍状溶隙常见，溶沟密集成群，长为 1～3m，高为 0.5～1.5m，层间溶洞呈串珠状沿主要裂隙方向分布，溶孔、溶坑随处可见。单位涌水量为 0.71～110.36m^3/(h · m)。水化学类型为 HCO_3-Ca 型水和 HCO-Ca · Mg 型水，矿化度小于 0.3g/L。

E. 中奥陶统强岩溶含水层组（O_2）

在西部中低山区分布于峰顶和山脊，到东部低山丘陵一带，出露在沟谷两侧和谷底，在山前倾斜平原则隐伏于孔隙介质及煤系地层之下。厚度为 447.8～639.2m，由 3 个旋回碳酸盐岩建造组成（相当于 O_2x、O_2s、O_2f），每一旋回构成一个完整的韵律层系，具有各自的水动力系统和明显的水头差。但从整体上看，又具有广泛的水力联系。因此，可以认为中奥陶统是一个既独立又统一的岩溶多层含水体。

每一旋回的底部普遍分布有白云质角砾状灰岩、薄层泥灰岩和钙质页岩，偶见溶孔，是具相对隔水作用的含水层段，单位涌水量一般为 0.8～1.44m^3/(h · m)；中上部以亮晶颗粒灰岩为主，发育溶隙和溶孔，局部见有溶洞，具层控规律，为主要富水层段，单位涌水量达 3.6～100m^3/(h · m)；顶部以泥晶灰岩占优势，以溶隙为主，在构造适宜部位，常有岩溶水富集。水化学类型为 HCO_3-Ca 型水或 HCO-Ca · Mg 型水，矿化度小于 0.35～0.41g/L。

3）*碎屑岩、变质岩、岩浆岩裂隙含水岩系*

分布于泉城东南部和西部山区，由石炭系、二叠系、三叠系、长城系、甘陶河群、赞皇群和燕山期岩浆岩组成。依据岩性、地下水赋存条件及水动力特征，可划分为三个弱含水岩组。

A. 碎屑岩裂隙弱含水岩组（Ptch、C+P、T）

分布于泉域东部和东南部，地下水主要赋存于长城系、石炭系、二叠系、三叠系构造裂隙之中。主要含水层岩性为砂岩、石英砂岩及灰岩夹层。富水性受岩性和构造控制，变化较大：在石炭-二叠系砂岩中，一般为 0.001～1.44m^3/(h · m)；在石炭系薄层灰岩中，矿坑涌水量可达 120～600m^3/h；在二叠系细粒岩构造破碎带中，单位涌水量为 6～14m^3/(h · m)；在长城系石英砂岩中，单位涌水量为 1～10m^3/(h · m)。

B. 变质岩裂隙弱含水岩组（Arzn、Ptgn）

分布于泉域西部山区，地下水主要赋存于甘陶河群、赞皇群风化裂隙之中。强风化层一般厚 10～20m，最厚可大于 80m。风化裂隙水多以泉水排泄并补给河水，其下游河床在平水年一般有汇流。单位涌水量一般为 0.01～0.8m^3/(h · m)，水化学类型为 HCO_3-Ca 型水，矿化度小于 0.3g/L。

C. 岩浆岩裂隙弱含水岩组

分布于泉域西南、南部的新城、矿山村、紫山和綦村一带，以似层状侵入在中奥陶统灰岩中。地下水主要赋存于燕山期岩浆岩风化裂隙和构造裂隙之中。岩性以闪长岩为主，节理裂隙较发育，风化后变成粒砂，强风化带厚度一般为 15～20m。在沟谷汇合处及大的沟谷两侧赋存有较丰富的风化裂隙潜水，单位涌水量一般为 0.2～20m^3/(h · m)，最大为 41.6m^3/(h · m)。此外，在构造影响带范围内常形成脉状分布的强含水带，如洪山岩体在新华夏构造断裂破碎带范围内，单位涌水量达100m³/(h · m) 以上。水化学类型为HCO_3-Ca型水，矿化度小于0.5g/L。

5. 地下水补给、径流、排泄条件

1) 补给条件

现状条件下碳酸盐岩分布区地下水的补给方式有4种：一是裸露区大气降水直接入渗补给；二是西部山区河流或水库放水入渗补给；三是矿山排水回渗补给；四是百泉泉群出露区第四系补给。大气降水入渗补给和河流或水库放水入渗补给是最主要的两种补给方式。

A. 裸露区大气降水直接渗入补给

分布于高村-云驾岭-王窑-西郝庄-皇台底-营头岗-西丘以西，碳酸盐岩裸露区面积为338.6km²。入渗条件受区域节理裂隙的控制，面裂隙率一般为7%～20%，以北—北东向裂隙为主，且很少有植被覆盖，形成了良好的入渗条件，入渗系数为0.3～0.7。根据野外小流域观测，在碳酸盐岩分布区，一般雨后无地表径流，即使在暴雨之后，地表径流亦极短暂。

B. 西部山区河流、水库放水入渗补给

来自西部变质岩区和碎屑岩区的地表径流，以及雨季水库放水进入碳酸盐岩裸露区后，渗漏补给岩溶水。渗漏条件与区域构造带复合部位（如北西向构造穿插南北向构造处）、节理裂隙发育方向（如南北向大于北北东向）、河床岩性结构（如卵砾石层大于黏性土层）有关。据观察和试验，白马河的东青山—谭村段、七里河的北会段、沙河北支朱庄川的朱庄—东坚固段、沙河南支渡口川的渡口—八里庙段、马会河的柴关—西石门段、北铭河的活水—西营井村段为强渗漏段。1957～2009年观测资料和资源计算显示，河流年均入渗补给量为1.45～4.23m³/s，占百泉泉域岩溶水补给量的24.74%～62.57%。

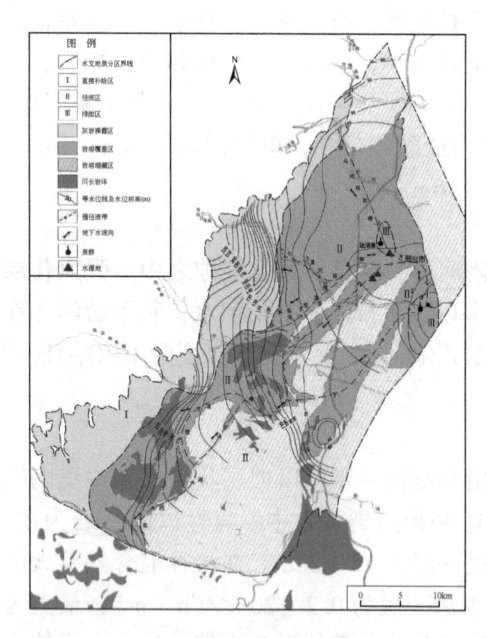

图4.12　百泉泉域岩溶水径流带分布示意图

C. 矿山排水回渗补给

矿山排水一部分水直接排入河道，形成对岩溶地下水补给，矿山排水回渗补给岩溶地下水多年平均补给量为0.59m³/s。

D. 百泉泉群出露区第四系补给

百泉泉群出露区西侧，第四系含水层与灰岩直接，枯水季节孔隙水向下补给岩溶水。

2) 径流条件

在天然条件下，百泉泉域岩溶水在地势、褶皱、断裂构造、水文网、岩体诸因素的控制下，以径流带的形式运移并汇集于排泄区，以泉群形式溢出地表。径流由北西、西、西南3个方向向百泉泉群和达活泉泉群汇集，自北而南形成了白马河、七里河、沙河、北洺河4个径流带（图4.12），4个径流带特征见表4.9。在岩

溶水的径流区，存在着水动力、水化学、富水性等不同的径流带，可进一步划分为岩溶水的强、中、弱、极弱径流带，不同发育程度径流带特征见表 4.10。岩溶水强径流带具有岩溶发育较均匀、富水性强、水力传递迅速、水力梯度平缓（为邻区的 1/100 ~ 1/10）、动态稳定、水位变幅小（仅为邻区的 1/3 ~ 1/2）特点。

表 4.9　百泉泉域岩溶水径流带特征表

径流带名称	径流带位置	地质特征	径流带规模			水力坡度/‰	径流带岩性	钻孔平均裂隙率/%	钻孔见溶洞情况	
			长/km	宽/km	深/m				溶洞数/个	最大溶洞/m
白马河-百泉径流带	西起东青山河谷渗漏段，经会宁于达活泉部分出露，最终到百泉	主要受地层单斜构造的控制，小褶曲发育，覆盖浅，裂隙发育，灰岩零星出露	25	2 ~ 4	420	0.45	O 碳酸盐岩	2.78 ~ 4.89	7	4.00
七里河-百泉径流带	西起姚坡河谷渗漏段，经南石门穿邢台向斜背斜倾伏端汇入百泉	主要受地层单斜构造的控制，上游出露面积大，下游受褶皱构造的控制	20	2 ~ 5	400	0.1 ~ 0.5	€-O 碳酸盐岩	—	72	3.30
沙河-百泉径流带	西起八里庙河谷渗漏段，一部分汇入中关，另一部分绕綦村岩体北缘经羊范汇入七里河径流带，注入百泉	受火成岩的阻隔以及构造复合带的控制	22	2 ~ 4	450	2 ~ 4	O_2灰岩	1.71 ~ 3.78	39	33.88
北洺河-百泉径流带	西起北洺河渗漏段，经云驾岭过矿山村火成岩体和与煤系地层夹持的灰岩过水廊道，一股经王窑到中关，另一股经邑城到新城汇入紫金泉径流带，最终两股合流汇向百泉	矿山村一带：受火成岩的控制，地下水于灰岩过水廊道中运移	8	1 ~ 2	500	2.4 ~ 5.43	O_2灰岩	1.76 ~ 2.89	49	48.83
		王窑一带：受小向斜的控制，地下水于灰岩和煤系地层接触带部位运移	6	2 ~ 4	600	1.14 ~ 5.42	O_2灰岩		35	7.00
		中关一带：受火成岩体阻隔和煤系地层夹持，地下水在岩体和构造复合带之间运移	10	1 ~ 3	600	1.25 ~ 4.20	O_2灰岩	1.82 ~ 3.34	48	13.16
		史石门-邑城-新城一带：受深部灰岩与煤系地层的接触带控制，地下水于深部运移	14	1 ~ 3	600		O_2灰岩		12	1.7

表 4.10　不同岩溶发育程度径流带特征

径流带等级	标高/m	水力梯度/‰	岩溶裂隙率/%	单位涌水量/[m^3/(h · m)]	水化学类型	年水位变幅/m
强径流带	地下水水位以下至-150	0.034 ~ 0.1428	5.04 ~ 55.30	>10	HCO_3-Ca · Mg	15 ~ 20
中径流带	-400 ~ -150	0.12 ~ 0.363	2.43 ~ 25.7	5 ~ 10	HCO_3-Ca · Mg 或 HCO_3 · SO_4-Ca · Mg	10 ~ 15
弱径流带	-650 ~ -400	0.66 ~ 0.925	2.75 ~ 11.5	1 ~ 5	HCO_3-Ca · Mg 或 SO_4 · HCO_3-Ca · Mg	
极弱径流带	-650 以下		<2.75	<1		<1

构造对径流带形成具有控制作用：①径流带多呈北北东和南北向条带状展布；②埋藏条件决定着径流带的强弱，在较大地堑和向斜盆地中，因构造作用使灰岩含水层埋深增大，从而形成了弱或极弱径流带，在较弱径流带中，因构造（地垒）作用使灰岩含水层埋深变浅而形成中径流带；③东西向和北西向构造控制着各径流带和含水层间的水力联系，使得岩溶水呈现为自西向东径流的总趋势；④除断裂破碎带外，强径流带多位于背、向斜翼部，在隐伏区多位于背斜轴部；⑤两个较大构造带复合部位常是岩溶水富集场所或构成区域地下分水岭，造成地下径流方向发生重大改变。现状条件下，由于矿山（铁矿、煤矿）排水量加大以及市区集中式水源地开采，百泉泉域岩溶水天然流场发生了分化，呈现出以多个集中开采区为中心的降落漏斗，四周向降落漏斗汇集的径流特征。

3）排泄条件

在天然条件下，岩溶水主要通过百泉泉群和达活泉泉群排泄，部分顶托与侧向补给第四系孔隙水。

百泉出露于邢台市东南西楼下，出露标高 60m。由于紫山-内丘弧形断裂巨大断距形成岩性阻水，以及北北东向和北西向背斜反接复合造成的地表高程最低，灰岩埋藏最浅（小于 50m）的出露条件，形成面积数平方千米的涌泉溢出区。

达活泉泉群，出露标高为 71.5m，属于径流带上局部溢出，位于邢台市西北南小汪，由于断裂阻隔致使水位抬高而溢出成泉。

自 20 世纪 80 年代以来，由于大量开采岩溶水，水位多年呈持续下降趋势，达活泉群（1981 年）和百泉泉群（1986 年 6 月）相继断流，仅在降水量极大年份百泉短期复流，至今尚未恢复至天然状态，人工开采取代了泉群的天然排泄。现状条件下，人工开采方式有铁矿区和煤矿区集中排水开采、城镇集中式水源地生活用水连续开采、工矿企业集中式生产生活用水连续开采及分散式季节性农业灌溉开采。

6. 岩溶发育特征

岩溶作用是一个复杂的物理、化学作用过程，岩溶发育主要与地层岩性、结构、地质构造、水动力特征和岩溶水化学作用性质及其强度等有关。

1）岩溶形态及其层控性

在百泉泉域内寒武-奥陶系碳酸盐岩裸露地表和地下主要存在溶孔（直径小于2cm无充填的小孔）、孔洞（直径在2～20cm的无充填的小洞）、溶隙（沿节理溶蚀，一般长几厘米至50cm的无充填或半充填裂隙）、溶洞（长、宽、高均大于50cm且人可进入的洞穴）4种溶蚀形态的岩溶，在裸露的地表，还可见到大量的溶沟、溶槽。这些形态的岩溶与地层岩性和沉积结构密切相关，有以下规律。

（1）在角砾状白云质灰岩及泥灰岩（如中奥陶统下马家沟组一段，上马家沟组一段、峰峰组一段）中，均可见到蜂窝状或网格状溶孔，溶孔间连通性较差，透（富）水性亦差，常视为相对隔水层。

（2）以泥晶灰岩、致密纯灰岩、泥晶花斑灰岩、鲕状灰岩、部分细晶白云岩或白云质灰岩为主的岩层，在地表可见大量的溶沟、溶槽和孔洞，在构造裂隙作用下被溶蚀加宽，可形成较大的溶洞。

（3）以白云岩、泥质灰岩、粗晶白云岩、白云质灰岩等为主的岩层，岩溶形态为溶孔、蜂窝状溶孔、网格状溶孔，进一步发展可形成溶洞，可顺层发育成溶洞群。

（4）在泥晶花斑灰岩中，花斑由白云石组成，常出现溶孔-溶洞混合形态。

（5）据邢台市、王窑、冯村铁矿和峰峰王凤矿区228个钻孔22000余米岩心资料统计，在奥陶系中统灰岩中均可见到直径2～20cm溶孔、溶隙和孔隙，只是在不同灰岩中各种岩溶形态所占的比例不同。在泥晶灰岩、泥晶花斑灰岩和大理岩中，溶隙所占比例较大，溶孔和孔隙所占比例较小；在白云岩、角砾状白云质灰岩、角砾状泥灰岩、中-粗晶灰岩和白云质灰岩中，溶孔所占比例较大，孔隙次之，溶隙较少。

鉴于上述岩溶形态发育特征与岩石性质和结构关系，从沉积相总结看，潮下、潮间带沉积的泥晶灰岩和泥晶花斑灰岩、细晶灰岩等，岩溶形态以溶隙为主；潮间、潮上带蒸发岩相，岩溶形态以溶孔为主。由此可知，在寒武-奥陶系岩层中，岩溶形态发育具有明显的层控规律，区内灰岩既具有使岩溶水作“快速流”的裂隙系，亦具有一定赋存能力并使岩溶水作“慢速流”的溶孔和微裂隙系，因而，可以说灰岩介质具有“双重性”。

2）构造对岩溶的影响

地质构造对寒武-奥陶系灰岩岩溶发育程度的影响，表现在灰岩中形成规模不等、大小不同的导（储）水溶隙溶洞网络和阻（隔）或相对隔水界面系。

A. 节理裂隙的影响

寒武-奥陶系灰岩中分布着数量和密度较高的构造节理和裂隙，其展布具有疏密规律且在不同构造和构造复合部位裂隙发育程度各不相同，这是灰岩岩溶发育不均匀的根本原因。在单一构造区，灰岩岩溶发育方向具有与主干构造展布方向的一致性，佐证如下：以北北东向构造为主的地段，岩溶发育方向亦呈北北东向；河流流经中寒武统北东向漏失量大于东西向3.3倍；邢邯矿区大型抽水试验降落漏斗长轴方向皆近南北向。在构造复合部位，两组或两组以上不同展布方向构造所形成的裂隙，各有一组主要裂隙与其相交而控制着岩溶水的流动方向，进而控制了岩溶发育方向。

B. 断裂、褶皱的影响

断裂带附近岩溶发育强度和深度要比一般区域大。

升降运动使灰岩相对抬升或下降而加强或消弱岩溶发育。泉域分布区构造表现为两种截然不同的运动方向：一种是背斜或地垒“台阶”式抬升，抬升区灰岩相对变浅，地下水循环条件变好，加强了岩溶发育；另一种是向斜或地堑“阶梯”式下降，下降区灰岩埋深相对增大，地下水循环条件较差，削弱了岩溶发育，如径流区煤系地层下伏灰岩和较大向斜轴附近岩溶发育较弱。

断层落差变小地段和向斜翘起端，“多”字形褶皱斜列交叉地段，岩溶相对发育。在隐伏的背、向斜上，次一级的纵张断裂比较发育，增强了导水性，促进了岩溶的发育。

两个方向向斜重叠则会加深中奥陶统灰岩的埋深，使地下岩溶发育程度降低。例如，区内北北东向的向斜与北西向的向斜重叠在一起的康二城、显德旺、邢台煤矿、葛泉煤田等向斜。

C. 火成岩体对岩溶的影响

侵入岩体对灰岩岩溶发育程度的影响，表现如下。

由于较大隐伏或裸露侵入体的阻（隔）水作用，常将一个地区在平面或剖面上分割成许多相互略有联系或各自独立的块段，从而造成岩溶发育程度的不同。

在岩体之上灰岩较厚并形成一定过水断面，在两个岩体之间灰岩过水通道，岩溶均较发育，如西石门、西郝庄、西冯村等地。

在剖面上，火成岩体普遍沿着中奥陶统灰岩各组底部第一段顺层侵入，从而在一些地区形成垂直方向分隔的情况。由于岩体的机械作用，使岩体周围的灰岩更为破碎，有利于岩溶的发育，但因围岩蚀变作用，使岩石变质而具有限制岩溶发育的作用。

3）补给区岩溶发育特征

这里补给区指的是寒武－奥陶系碳酸盐岩裸露区和第四系覆盖半裸露区，面积约为 338.6km^2。

（1）补给区的大气降水和岩溶水具侵蚀性。裸露地表的灰岩、白云岩等均受到雨水及其下渗水的溶蚀，在不同岩石中形成不同的岩溶形态。据 1983～1987 年水化学研究，百泉泉域补给区 76% 岩溶水具有侵蚀性；当岩溶水的矿化度小于 0.23g/L、Ca^{2+} 含量小于 70mg/L、pH 小于 7.69 时，各离子含量未饱和，并随矿化度增加以一定的斜率呈直线积累；补给区岩溶水离子含量特点是：$HCO_3^- > SO_4^{2-} > Cl^-$，$Ca^{2+} > Mg^{2+} > Na^+$，$HCO_3^-$、$Ca^{2+}$ 占优势，水化学类型为 HCO_3-Ca 型水。

（2）溶洞具有层控性和台阶性。补给区地表出现较大溶洞的层位主要是中寒武统鲕状灰岩、下奥陶统冶里组粗晶白云岩和中奥陶统各组二段泥晶灰岩。依据上述岩层中发育的 79 个溶洞实测标高，推测出不同岩溶发育期及其层位对应关系（表 4.11）。7 个岩溶发育期可视为构造控制的 7 个侵蚀基准面“台阶”，在每个发育期，区内各灰岩地层中地下水在统一“古”排泄基准点的作用下，自西而东、从高到低发育不同标高的岩溶（溶洞）。

表4.11　裸露区中寒武统—中奥陶统灰岩溶洞发育标高统计表　(单位：m)

层位	第四纪岩溶发育期			古近纪新近纪岩溶发育期			
	Ⅰ	Ⅱ	Ⅲ	Ⅳ	Ⅴ	Ⅵ	Ⅶ
$€_2$	280~400	450~620	720~810	—	1000~1200	—	—
O_1	180~220	350~480	600~750	—	—	—	1400
O_2	135~165	190~290	360~550	600	720~880	1000	1200

4）径流区岩溶发育特征

这里径流区指的是百泉泉域第四系覆盖下和埋藏于石炭–二叠系下的寒武–奥陶系碳酸盐岩承压水分布区，面积约1300km^2。

（1）在第四系覆盖的潜水区岩溶发育标高，自西向东逐渐降低，受当地侵蚀基准面和地下径流深度的控制，一般均在百泉出露标高以上。沿地下水径流方向岩溶发育程度，由弱变强。在承压水地段灰岩中的溶隙、溶洞发育段标高，均在泉群最低标高以下。

（2）依据径流区碳酸盐岩溶解–沉淀水化学模型（开系统、闭系统）、温度（20℃）及压力（一个大气压）条件、水点水化学分析数据及取样深度，建立百泉泉域径流区岩溶水点方解石饱和指数与取样点（钻孔）中奥陶统灰岩顶板标高关系曲线发现，在非构造影响的径流区，标高–350m以上为碳酸盐岩溶解区；在构造影响的径流区，标高–510m以上为碳酸盐岩溶解区；岩溶水侵蚀蚀能力自强径流带至中径流带，由大变小直至平衡；从中径流带至极弱径流带，侵蚀性逐渐消失、沉淀性逐渐增强。

（3）1983~1987年水化学研究成果显示，径流区水化学作用和水化学特征具有以下特点：强径流带岩溶水的pH小于7.7、Ca^{2+}小于70mg/L、矿化度小于0.31g/L时，大部分水具有侵蚀性，Ca^{2+}、HCO_3^-未达饱和而随矿化度呈直线变化；随强径流带矿化度增加，Ca^{2+}，SO_4^{2-}绝对含量增大，以SO_4^{2-}最为显著，矿化度大于0.5g/L时，Cl^-含量增加较显著，矿化度小于0.3g/L时，Mg^{2+}、Na^+含量较少且$Mg^{2+}>Na^+$，反之$Na^+>Mg^{2+}$；当强径流带Ca^{2+}、SO_4^{2-}含量小于70mg/L，矿化度小于0.31g/L时，为HCO_3-Ca或HCO_3-Ca·Mg型水，当Ca^{2+}在70~150mg/L、SO_4^{2-}在70~275mg/L、矿化度在0.31~0.69g/L时，为HCO_3·SO_4-Ca型水，大于上述值时，则为SO_4·HCO_3-Ca型水；中径流带岩溶水的pH小于7.7、Ca^{2+}小于65mg/L时，大部分水具有侵蚀性。

（4）据邢邯地区中奥陶统灰岩中271个揭露溶洞钻孔统计，在径流区强、中径流带，溶洞发育段标高为–100~200m，强发育段在0~100m。

（5）岩溶充填方式和充填物均不相同。充填方式随深度增加由以机械充填为主逐渐变为以化学充填为主，充填物也随之变化。岩溶充填程度与中奥陶统灰岩含水层埋藏深度关系密切。据王窑、中关、西郝庄一带资料统计，在标高0~150m，溶隙、溶洞充填率较高；在0m以下，充填程度在一定深度范围内随深度增加而减弱。

（6）径流带岩溶发育具有垂向分带，各带上下界起伏较大。据董村水源地勘探钻孔揭露（图4.13）岩溶发育自上而下可分为3个带：①充填带，岩溶发育程度极强，而充填程度极高，一般不含水，该带底界埋深为 166 ~ 298m；②岩溶强发育带，该带溶孔、溶隙、溶洞均较发育，溶洞多呈半充填状，富水性极强，底界埋深一般在 330m 以上，局部可达 430. 5m；③岩溶弱发育带，位于强发育带之下，岩溶不甚发育，一般多为小型溶孔和溶隙。

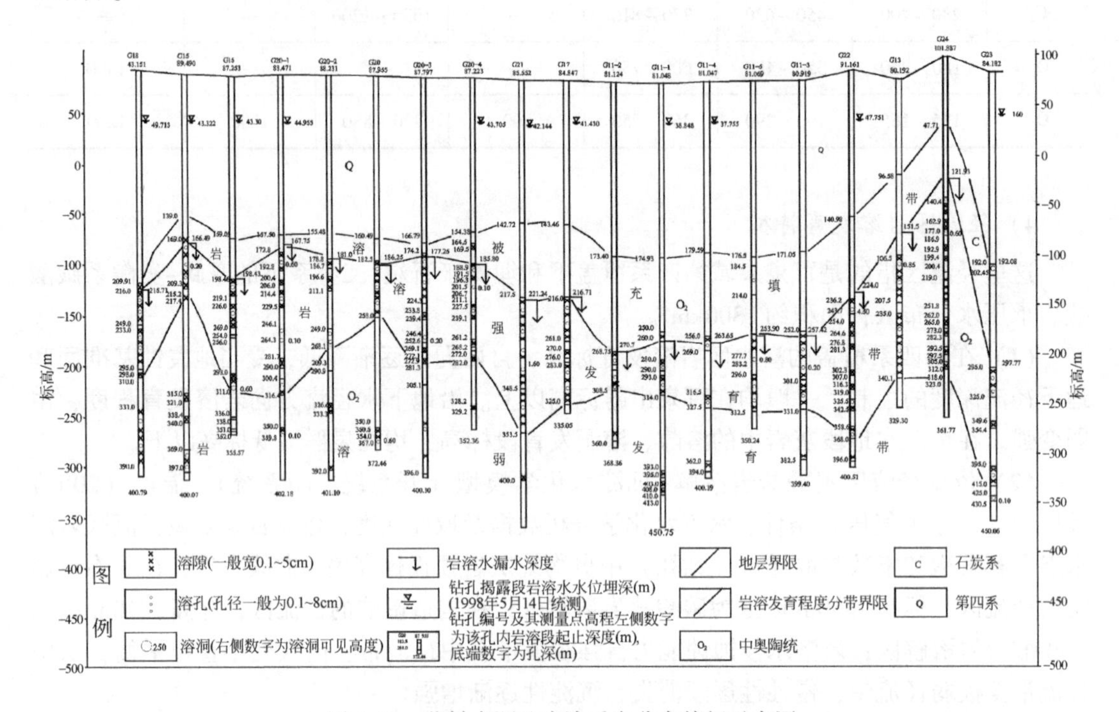

图 4. 13　董村水源地岩溶垂向分布特征示意图

5）排泄区岩溶发育特征

这里排泄区指的是天然条件下百泉、达活泉等泉群排泄的区域，面积约数平方千米。

承压含水层中的岩溶水到达排泄区后，则以泉的形式集中排泄，由承压状态转变为无压状态并与大气相接触，岩溶水化学作用由封闭体系转为开放体系，岩溶水对 $CaCO_3$ 的侵蚀性既与碳酸盐平衡亦与二氧化碳分压有关，排泄区岩溶水基本上均具有侵蚀能力。由于水的循环交替增强，水流相对集中致使岩溶相当发育；在由高水位向泉群方向运移的过程中，在水头差的作用下，流线向深部作较大弯曲，可达到较大的深度。

4. 4. 4　地下水水量状况

1. 水源地开采井区水量状况

以近 10 年来水源地开采量变化和一级保护区含水层水量盈亏状况，综合反映水源地水量状况。

1）水源地开采量变化

图4.14为2011～2020年邢台市3个地下水水源地（董村水厂、紫金泉水厂和韩演庄水厂）总开采量变化情况。由图不难看出，2011～2017年，开采量持续增加，由7万m^3/d增至13万m^3/d，2018～2020年，开采量总体呈急剧下降趋势，由13万m^3/d锐减至1万m^3/d左右，但在个别时间段开采量有较大反弹，如2019年10月开采量为14万m^3/d。

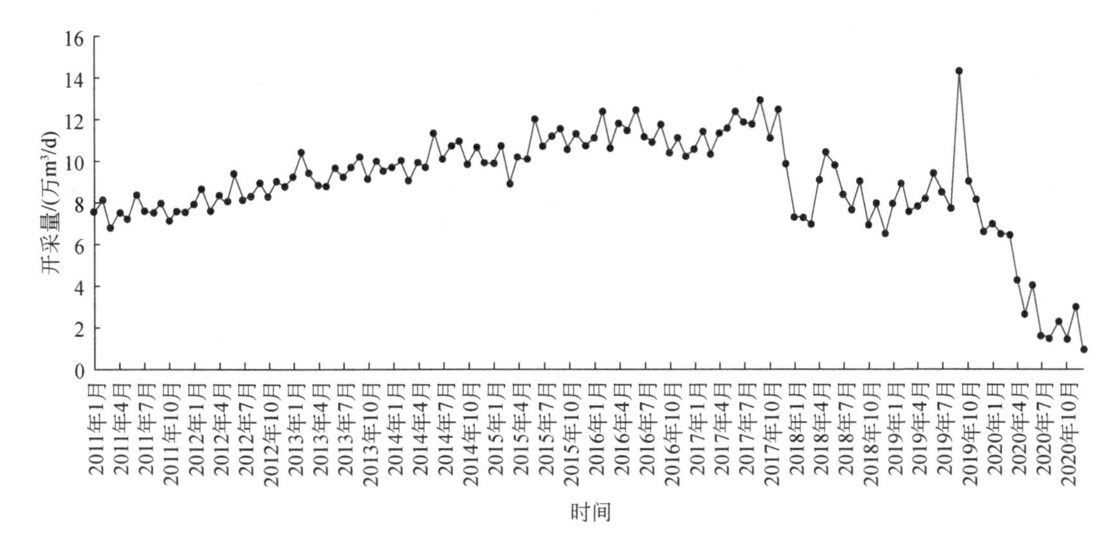

图4.14　近10年来邢台市城区地下水水源地开采量图

据资料统计，近10年（2010～2018年）董村水厂、紫金泉水厂、韩演庄水厂地下水平均开采量分别为5.10万m^3/d、3.34万m^3/d、0.96万m^3/d，3个水厂总平均开采量为9.4万m^3/d，占3个水厂总设计供水能力（16万m^3/d）的58.75%，处于未超采状态。

2017年以来，由于南水北调水的引入，邢台市城区饮用水供水格局发生较大变化。2017年11月之前，城区以地下水单一供水为主，朱庄水库作为备用水源；2017年11月至2020年6月，城区以地下水和南水北调引水（召马地表水厂）联网供水，朱庄水库作为备用水源；2020年6月以后，实现了供水水源切换，即以南水北调引水为主要供水水源，日均供水量在15万m^3/d左右，地下水作为应急备用水源，日均供水量为0.95万～3.01万m^3/d，朱庄水库为备用水源。2017年7月至2020年12月邢台市城区水源地逐月日均供水量见表4.12，由表可见，随着南水北调地表水供水量的增加，水源地地下水开采量逐年压减，最终压至1.2万m^3/d左右。

基于上面分析，认为近10年来邢台市地下水水源地处于未超采、低水平开采状态，水源地含水层水量处于恢复状态。

2）一级保护区含水层水量盈亏状况

A. 监测井及年水位动态资料选取

在邢台市董村水厂一级保护区内有一口监测开采含水层水位变化的水井，定名为G4监测井。以2019年为起点，采用10年内逐年（2009～2019年）G4监测井年水位动态资料（表 4.13），表内年水位标高取每年 1～12 月水位标高的算术平均值。

表 4.12　2017 年 7 月至 2020 年 12 月邢台市城区水源地逐月日均供水量统计表

时间	日均供水量/(万 m³/d)			时间	日均供水量/(万 m³/d)		
	地下水	地表水	合计		地下水	地表水	合计
2017 年 7 月	11.90	0	11.90	2019 年 4 月	7.79	7.58	15.37
2017 年 8 月	11.81	0	11.81	2019 年 5 月	8.24	6.86	15.10
2017 年 9 月	12.97	0	12.97	2019 年 6 月	9.40	8.56	17.96
2017 年 10 月	11.14	0	11.14	2019 年 7 月	8.51	8.26	16.77
2017 年 11 月	12.49	0.29	12.78	2019 年 8 月	7.75	8.54	16.28
2017 年 12 月	9.86	1.85	11.71	2019 年 9 月	14.31	3.12	17.43
2018 年 1 月	7.32	4.01	11.33	2019 年 10 月	9.06	5.89	14.95
2018 年 2 月	7.25	5.66	12.91	2019 年 11 月	8.15	8.51	16.67
2018 年 3 月	7.05	4.00	11.06	2019 年 12 月	6.67	8.31	14.98
2018 年 4 月	9.08	3.79	12.88	2020 年 1 月	6.99	8.23	15.22
2018 年 5 月	10.42	2.15	12.57	2020 年 2 月	6.50	8.63	15.13
2018 年 6 月	9.79	5.49	15.28	2020 年 3 月	6.46	7.34	13.81
2018 年 7 月	8.44	6.45	14.89	2020 年 4 月	4.26	8.44	12.71
2018 年 8 月	7.70	7.13	14.83	2020 年 5 月	2.57	13.53	16.10
2018 年 9 月	9.02	7.30	16.32	2020 年 6 月	4.03	15.00	19.03
2018 年 10 月	7.04	7.93	14.97	2020 年 7 月	1.58	14.72	16.30
2018 年 11 月	7.95	7.93	15.88	2020 年 8 月	1.49	15.13	16.62
2018 年 12 月	6.55	7.56	14.11	2020 年 9 月	2.29	15.75	18.04
2019 年 1 月	8.01	6.31	14.32	2020 年 10 月	1.46	14.71	16.17
2019 年 2 月	8.91	6.19	15.10	2020 年 11 月	3.01	13.93	16.95
2019 年 3 月	7.55	6.16	13.71	2020 年 12 月	0.95	14.63	15.57

表 4.13　G4 监测井年水位及降水量统计表

年份	2009	2010	2011	2012	2013	2014	2015	2016	2017	2018	2019
年水位标高/m	30.02	8.55	-1.96	6.77	26.20	29.41	9.00	3.53	41.96	44.17	44.83
降水量/mm	638.9	559.1	573.5	505.5	570.3	380.6	481.4	879.1	569.2	534.2	364.1

B. 水源地补给区平水年降水量确定

以邢台市区 1956～2019 年（64 年）降水量资料为样本，采用皮尔逊Ⅲ型理论模型拟合年降水频率，得出邢台市降水频率、降水量及特征参数（表 4.14）。

以降水频率 40%～60% 对应的降水量作为平水年降水量界限值，得出邢台地下水水源地补给区域平水年降水量在 480.37～524.57mm。

C. 平水年地下水监测井水位

由 2009～2019 年邢台市降水量可知（表 4.14），2012 年和 2015 年降水量落在平水年降水量界限范围内，故取2012年和2015年G4监测井水位标高平均值7.89m，作为平水年G4监测井水位标高值，并将其作为基线水位标高。

表4.14　邢台市区降水频率、降水量及特征参数统计表

频率/%	降水量/mm	频率/%	降水量/mm	频率/%	降水量/mm
0.01	1828.84	20	651.2	80	373.13
0.05	1590.32	25	611.68	85	355.97
0.1	1486.68	30	578.62	90	337.86
0.5	1243.11	40	524.57	95	317.3
1	1136.54	50	480.37	97	307.39
2	1028.55	60	441.96	99	294.5
5	882.83	70	406.89	99.9	284.26
10	769.31	75	389.98	99.99	281.57
特征参数	样本均值：Ex=524.56mm；变异系数：Cv=0.35；偏态系数：Cs=1.5；倍比系数：Cs/Cv=4.3；理论频率拟合经验频率的拟合度：0.955142				

D. 含水层水量盈亏状况计算

将G4监测井2009～2019年逐年水位标高减去基线水位标高，得到逐年盈亏水头高度，将逐年盈亏水头高度相加，得到多年累计盈亏水头高度值为155.69m，多年平均盈余水头高度为14.15m。

基于一级保护区G4监测井近10年水位变化计算分析，认为邢台市水源地一级保护区含水层水量处于盈余状态。

2. 水源地所在水文地质单元水量状况

1）多年水量均衡状况及均衡要素占比

若按多年均衡期计算，1958年以来百泉泉域岩溶地下水均衡计算结果如表4.15所示。1958～1979年均衡期补给量与排泄量（泉排泄）相等，可视为天然条件下水量均衡的状况。1980年以后为人工开采影响下的均衡结果。1980～1988年地下水资源为正均衡，平均年盈余0.54m^3/s；1991～2008年地下水资源为负均衡，平均年亏损1.03m^3/s；2012～2019年地下水资源为正均衡，平均年盈余0.98m^3/s。由表数据统计得出，1980年后40年内，百泉泉域岩溶地下水盈余水量1532.55万m^3/a（0.49m^3/s），总体处于正均衡状态。

表4.15　1958年以来百泉泉域岩溶地下水均衡计算表

均衡期起止年份	平均补给量		平均排泄量		补给量与排泄量差	
	水量/(万m^3/a)	流量/(m^3/s)	水量/(万m^3/a)	流量/(m^3/s)	水量/(万m^3/a)	流量/(m^3/s)
1958～1979	21381.41	6.78	21381.41	6.78	0.00	0.00
1980～1988	19766.80	6.27	18054.40	5.73	1712.40	0.54
1991～2008	18980.77	6.02	22236.37	7.05	-3255.60	-1.03
2012～2019	20085.85	6.37	17010.09	5.39	3075.75	0.98

若按年度均衡期计算，并体现逐年均衡要素变化，近 10 年来（2010～2019 年）百泉泉域岩溶地下水均衡计算结果如表 4.16 所示。从表得知，近十年来水源地及保护区所在的水文地质单元地下水补给量大于排泄量，为水量正均衡，盈余水量年均约 80.8 万 m^3/a（折合流量约为 0.0256m^3/s）。

表 4.16　百泉泉域岩溶地下水 2010～2019 年均衡计算表

年份	补给量/（万 m^3/a）					排泄量/（万 m^3/a）						补排差/（万 m^3/a）
	裸露区入渗补给量	间接入渗补给量	水库放水补给量	水库渗漏量	合计	城区开采量	农村开采量	邢台铁矿排水量	武安铁矿排水量	煤矿排水量	合计	
2010	10588.0	2374.8	1903.2	630.7	15496.7	3367.2	2516.0	7512.1	2901.4	2370.7	18667.4	−3170.7
2011	9533.3	2294.1	984.8	630.7	13442.9	3217.4	2141.6	7439.2	2768.7	2247.7	17814.5	−4371.7
2012	10539.4	3913.3	4171.0	630.7	19254.4	3533.7	1852.1	3849.4	2344.5	2205.7	13785.4	5468.9
2013	12998.5	4692.8	1881.1	630.7	20203.1	3916.0	1879.6	3849.5	2271.5	2093.7	14010.3	6192.7
2014	4328.0	2239.7	1939.9	630.7	9138.3	4060.9	2929.7	4178.0	2344.7	2052.8	15566.1	−6427.8
2015	5199.1	1548.4	500.5	630.7	7878.7	4204.7	4308.7	7822.6	2709.5	2036.9	21082.4	−13203.7
2016	23006.1	4581.3	9655.4	630.7	37873.5	4587.9	1964.4	7222.5	2321.7	1860.8	17957.3	19916.1
2017	11733.0	3596.4	4057.9	630.7	20018.0	4994.1	2221.2	7330.1	2368.3	1906.0	18819.7	1198.3
2018	12766.7	2567.3	4442.3	630.7	20407.0	3358.7	2239.2	6222.4	2368.3	3437.9	17626.6	2780.5
2019	4268.7	2059.9	1900.2	630.7	8859.5	3641.2	2916.8	5601.9	2368.3	1906.0	16434.3	−7574.7
平均	10496.1	2986.8	3281.4	630.7	17257.2	3888.2	2494.8	6102.8	2476.7	2211.8	17176.4	80.8

由表 4.16 统计计算得出，在补给量中，多年平均大气降水入渗补给量占 78%，多年平均水库放水补给量占 19%，多年平均水库渗漏补给量占 4%；在排泄量中，多年平均邢台铁矿排水量占 36%，多年平均城区开采量占 23%，多年平均农村开采量及武安铁矿排水量各占 15%，多年平均煤矿排水量占 13%。

2）主要补给量分析

水源地及保护区所在的百泉泉域水文地质单元主要有大气降水入渗补给量和河流入渗补给量，下面分别就其历史变化、现状及未来趋势予以论述。

A. 大气降水入渗补给量

若采用大气降水入渗系数法计算水源地及保护区降水补给量，补给面积以寒武-奥陶系裸露区面积 338.6km^2 计，大气降水入渗系数取常数（0.3～0.6），那么大气降水入渗补给量就与大气降水量完全成正比关系，基于此，以大气降水量代替大气降水入渗补给量来论述。

a. 大气降水量历史及现状

若将邢台市气象站 1956～2019 年降水量极大值与极小值分别连线，可形成降水量一个极值带，类似一个缓“U 形条带”。从这个“U 形条带”变化不难看出降水量大周期变化：一是 1956～1986 年（31 年）降水量呈缓慢下降趋势，1986～2019 年（33 年）呈缓慢上升趋势。二是 2019 年为现状调查年，虽然从 2016 年以来降水量呈下降趋势，但处于大周期降水量的上升段。

b. 降水量未来趋势

依据邢台市气象站1956～2019年降水量资料，采用SPSS时间序列分析软件建立了结构模型及参数估计较好的ARIMA（9，1，2）预测模型，预测的未来6年（2020～2025年）降水量及其95%置信区间见图4.15和表4.17。

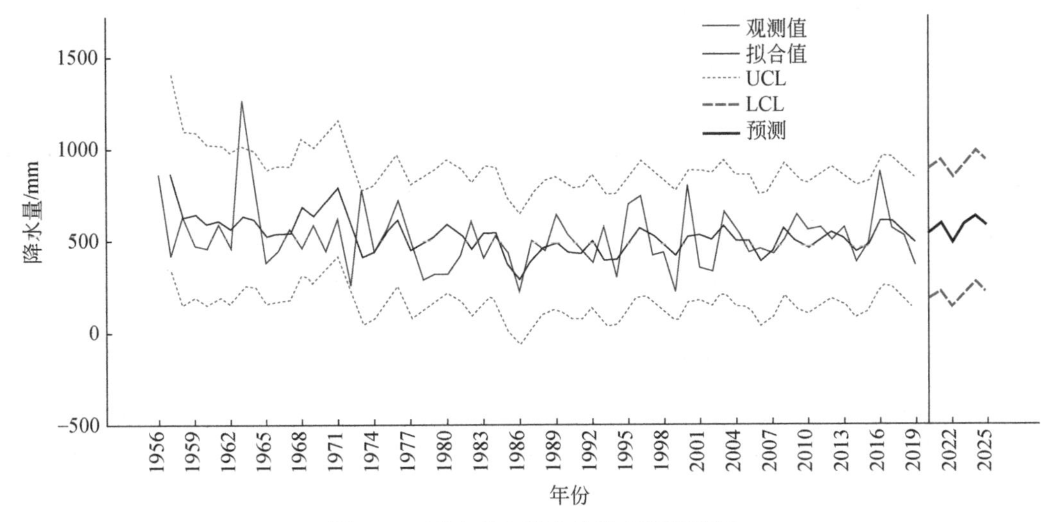

图4.15　邢台市年降水量拟合及预测图

表4.17　邢台市2020～2025年降水量预测值表

预测年份	2020	2021	2022	2023	2024	2025
预测值/mm	539	582	500	585	631	580
预测值95%置信区间上限	895	938	858	942	989	943
预测值95%置信区间下限	182	226	143	227	273	216

将预测的未来6年邢台市降水量平均值与邢台市1956～2019年降水量百分位数统计结果（表4.18）对比可知，未来6年邢台市降水量平均值为569.50mm，高于前64年降水量均值（519.88mm）和中位数（488.50mm），相当于历史年份上50%～75%降水量范围。以此认为未来6年内，邢台市岩溶水水源地来自大气降水入渗补给量将保持平稳或略有增加的趋势。

表4.18　邢台市1956～2019年降水量统计表　　（单位：mm）

均值	中值	极小值（1986年）	极大值（1963年）	降水量百分位数						
				5%	10%	25%	50%	75%	90%	95%
519.66	488.50	223	1269	270.25	322.50	420.75	488.50	584.75	763.00	852.75

B. 河流入渗补给量

a. 河流入渗补给量变化

1961～1981年的百泉泉域河流入渗量平均为3.47m^3/s，占百泉泉域地下水补给量

(6.87m³/s）的50.50%，1957~1987年白马河、七里河、沙河、北洺河4条河流入渗量为4.23m³/s，占百泉泉域地下水补给量（6.76m³/s）的62.57%。由此得出，1957~1987年30年内，河流入渗补给量占百泉泉域地下水补给量的50.50%~62.57%，这一时间段的河流入渗量及其占比，可视为水库未全面建成前河流入渗量的平均状况。

1991~2006年朱庄水库、峡沟水库、口上水库放水河道入渗补给量为1.73m³/s，占泉域岩溶水补给量（6.02m³/s）的28.74%，1991~2009年朱庄水库、东石岭水库、口上水库放水量年均值为3.43m³/s，河道入渗系数为0.437，产生的河道入渗补给量为1.50m³/s，占泉域地下水补给量（5.86m³/s）的25.59%。由此得出，1991~2009年近20年内，河流入渗补给量占百泉泉域地下水补给量的25.59%~28.74%，可视为水库全面修建后河流入渗量的平均状况。

从上述两个时段河流入渗补给量的对比可知，修建水库后近20年内河流入渗补给量减少了约50%。

b. 朱庄水库入渗补给量及其地位

位于沙河北支渡口川之上的朱庄水库，控制流域面积为1220km²，占百泉泉域面积的31.7%。1979年正式投入运营以后，担负邢台市灌溉、防洪及后备水源地的重任。据1991~2009年放水量数据统计，朱庄水库年放水量均值为8835万m³/a（约2.8m³/s），占山区水库总放水量的77.26%。若按水库放水量的43.7%沿河床渗漏补给地下水，那么朱庄水库因放水补给地下水量约为1.22m³/s。由此可见，在现状条件下，朱庄水库放水量在百泉泉域河流入渗量中占主导地位，掌握了朱庄水库放水量的动态，就基本掌握了百泉泉域河流入渗补给量总体趋势。

c. 水库放水量与降水量的关系

图4.16是1991~2009年朱庄水库、东石岭水库、口上水库3座水库年放水量之和与

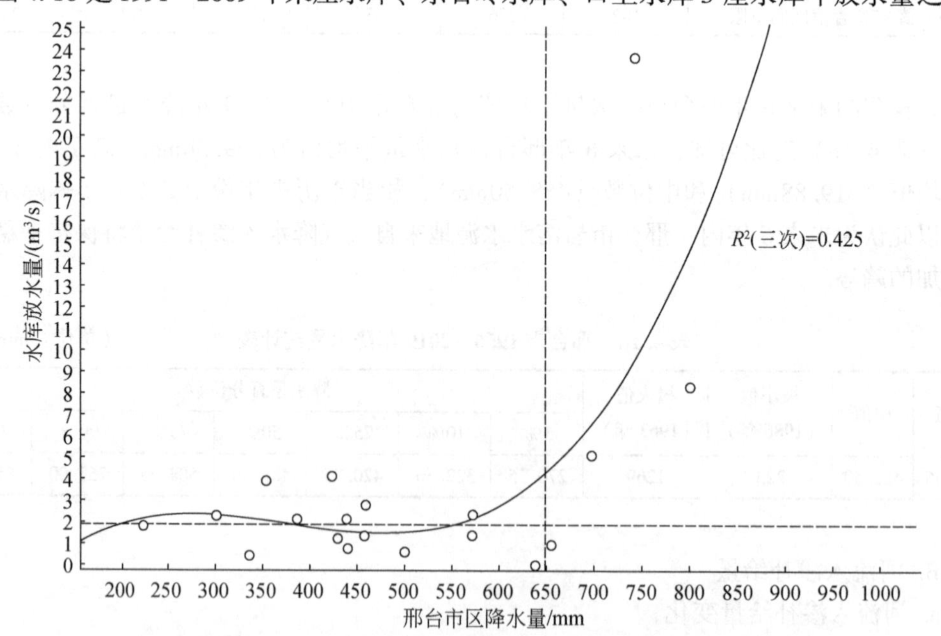

图4.16　水库年放水量与邢台市区年降水量关系图

邢台市区年降水量关系，由图看出：年降水量与年放水量成非线性关系，当年降水量小于650mm时，水库年放水量在低位运行，年均放水量为2m^3/s，且与年降水量大小关系不大；当降水量大于650mm时，水库年放水量在高位运行，且随年降水量增大而增加。

d. 河流入渗量变化趋势推算

2010～2019年10年间，2016年降水量最大（879.1mm），其余9年降水量在364.1mm（2019年）和573.5mm（2011年）之间。依据水库放水量与邢台市区降水量关系，可以推测9年的平均放水量为2m^3/s，2016年放水量可达12.5m^3/s，10年平均放水量约为3.05m^3/s，若放水量入渗系数按0.437，那么年均河流入渗量为1.33m^3/s，低于1991～2009河流入渗量（1.50m^3/s）。

同理，由于预测的邢台市2020～2025年降水量为500～631mm，可推算出年均放水量将低于2m^3/s，年均河流入渗量将小于1m^3/s。

总之，依据上述推算，认为未来5年百泉泉域河流入渗补给量将呈下降趋势。

3）开采量分析

百泉泉域岩溶水开采量由邢台铁矿及武安铁矿排水、城区开采量、农村开采、煤矿排水构成。据1981～2019年泉域岩溶水开采量数据统计（图4.17），多年平均开采量为5.91m^3/s，可分为3个阶段：一是1981～2004年持续增加阶段，开采量从20世纪80年代的近4m^3/s增加到2004年的10m^3/s；二是2005～2007年下降段，开采量从10m^3/s降至4m^3/s左右；三是2008～2019年呈基本平稳状态，开采量为4～7m^3/s，与1987～1997年平均开采水平相当。总体来看，泉域岩溶水开采量维持在低位趋稳开采状态。

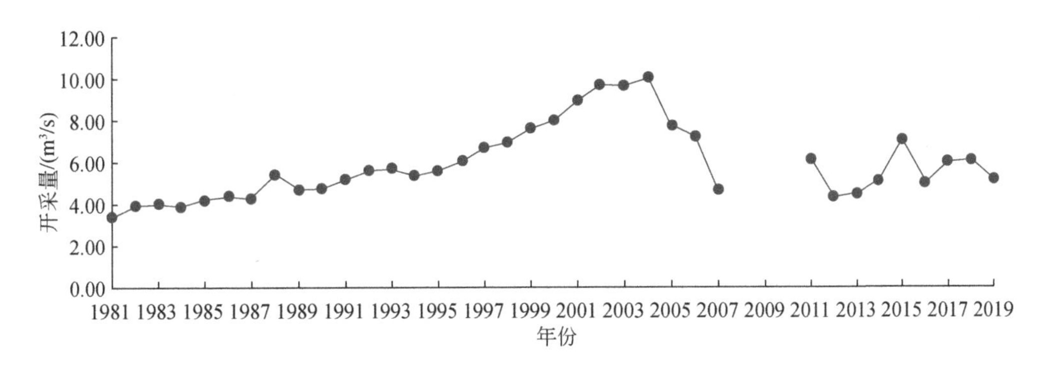

图4.17　百泉泉域岩溶水开采量多年变化图

4）岩溶水水位动态分析

选取由近（靠近水源地）及远（靠近分水岭地区）7个地下水监测井，这些井覆盖了百泉泉域岩溶水的补给区、径流区和排泄区，2010～2019年历年水位变化情况见图4.18。由图看出，近十年来泉域岩溶水水位呈波状起伏回升态势。

水源地所在水文地质单元地下水动态变化特征还可以从更长时间序列水位资料得以说明。图4.19展示的是位于岩溶地下水径流区西由留村一个长观监测井1974～2019年水位动态。由图看出，46年序列的水位动态可分为两个阶段：一是1974～2011年长达38年水位波状起伏下降期，水位降低了73m，年均水位下降速率为1.92m；二是2011～2019年8

年水位波状上升期，水位回升了47m，年均水位回升速率为5.85m，回升势头强劲。

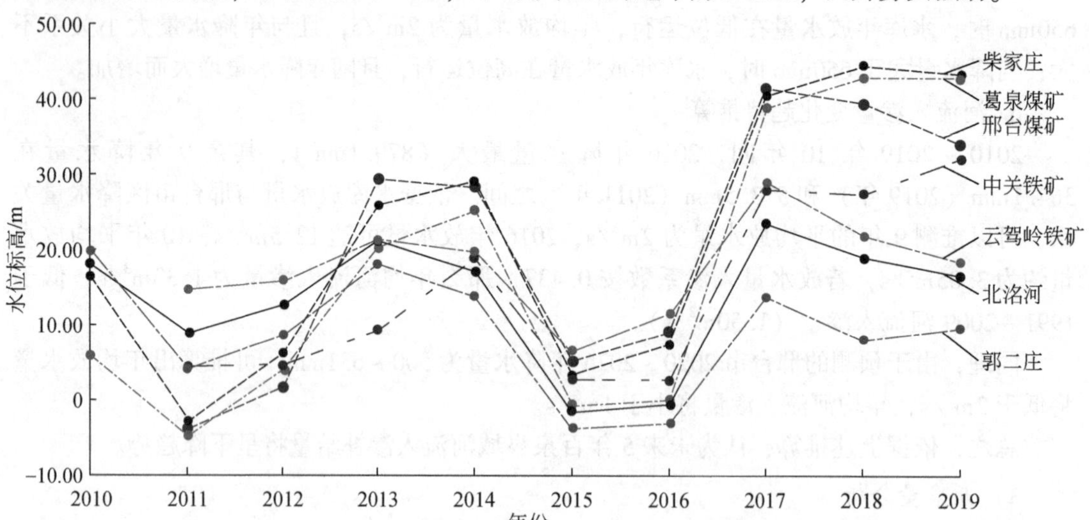

图4.18　水源地所在水文地质单元地下水10年水位变化图

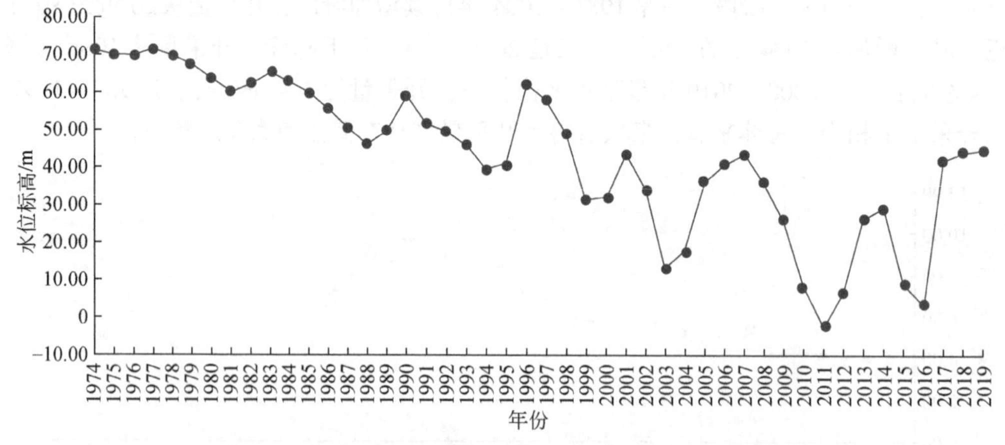

图4.19　岩溶地下水径流区监测井长序列水位动态变化图

3. 水源地所在水文地质单元地下水流场状况

百泉泉域岩溶地下水水流场经历了从天然状况向人为干扰状况的剧烈演变。流场的变化，将影响地下水的补给、径流、排泄条件，含水层结构稳定性，以及污染物分布和污染程度。下面对几个不同年代岩溶地下水流场进行论述。

1）泉群断流前百泉泉域地下水流场特征

A. 1976年流场

图4.20为1976年7月百泉泉域岩溶地下水流场。这一时期岩溶水开采量为2.25～2.72m^3/s，且呈增加趋势，百泉泉群流量约为5.14m^3/s，达活泉泉群流量约为0.75m^3/s。从图可以看出，在南部新城镇出现一个小的降落漏斗，漏斗中心水位低于68m，高于百泉

一带水位（66m），泉域岩溶水为统一的流场，岩溶水从北、西、西南运移，向百泉及达活泉汇集排泄。因此，这一时期流场接近天然条件下流场特征。

B. 1982 年流场

图 4.21 和图 4.22 是 1982 年丰水期（11 月）和枯水期（5 月）百泉泉域岩溶水流场。这一时期岩溶水开采量为 $3.65\sim3.84m^3/s$ 且呈增加趋势，达活泉泉群断流，百泉泉群排泄量约为 $1.97m^3/s$。有关资料和图反映出流场具有以下特点。

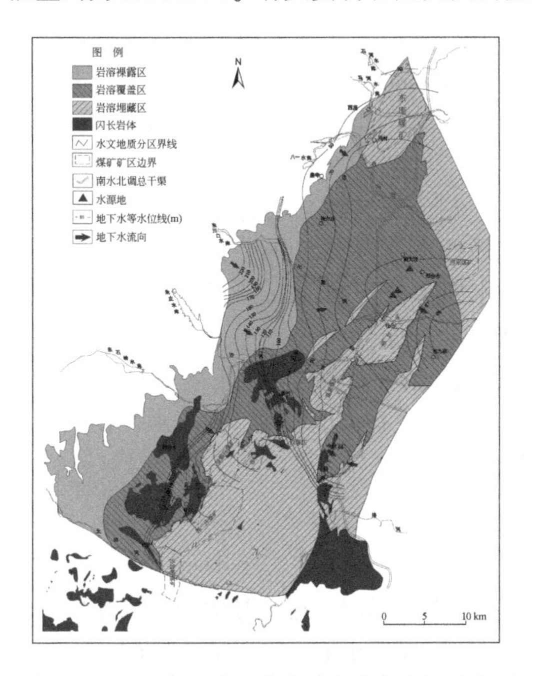

图 4.20　1976 年 7 月百泉泉域岩溶水流场示意图

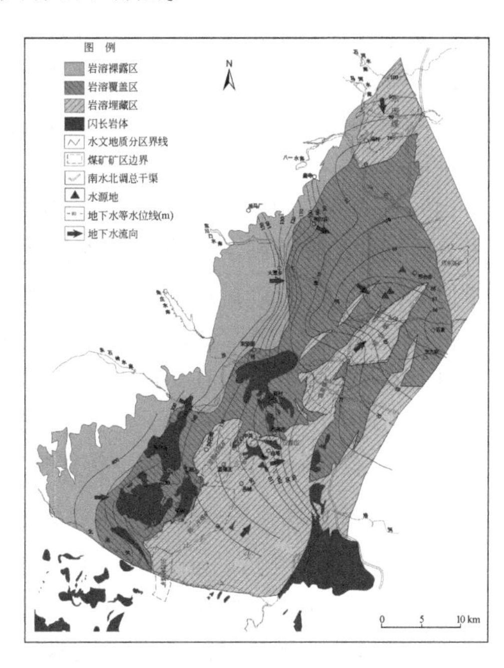

图 4.21　1982 年 11 月百泉泉域岩溶水流场示意图

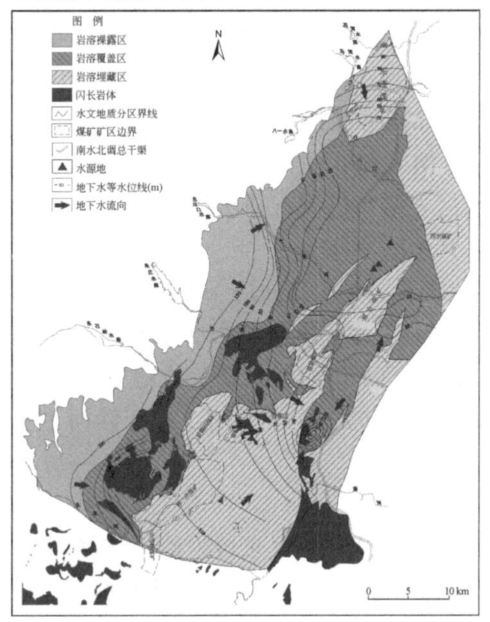

图 4.22　1982 年 5 月百泉泉域岩溶水流场示意图

（1）地下水整体上从西、西南、西北向市区及百泉泉群出露区运移排泄，岩溶裸露补给区水位变幅为20～50m、径流区水位变幅为10～20m，排泄区变幅小于10m。

（2）在泉域西南部的上焦寺-矿山铁矿区出现了明显的水位降落漏斗，漏斗呈近圆形展布。该降落漏斗枯水期最低水位为77.38m、丰水期最低水位为80.73m，水位高于百泉泉群出露区水位约20m（百泉泉群排泄区枯水期水位为57.74m、丰水期水位为61.73m）。

（3）由于邢钢、冶金厂开采，在李演庄、西郭庄、百虎以西，东先贤以东显现出微弱的降落漏斗区，漏斗呈长轴近东西向的椭圆形展布。该漏斗区枯水期水位（最低水位为57.46m）低于百泉泉群出露区水位（最低水位为57.94m），开采袭多泉群流量；丰水期水位（最低水位为66.66m）略高于百泉泉群出露区水位（最低水位为61.73m），仍补给泉群流量。

（4）在百泉泉群出露区西南、北铭河以北的章村、东（西）冯村一带出现了一个呈近南北向延伸的降落漏斗。该漏斗枯水期水位（最低水位为56.86m）低于百泉泉群出露区最低水位（57.94m），开采袭多泉群流量，丰水期水位（78.11m）高于百泉泉群出露区水位（最低水位为61.73m）17m以上，仍补给泉群流量。

以上流场特征说明，在20世纪70～80年代初，百泉泉域岩溶地下水流场分化不明显，虽已出现几个降落漏斗区，但分布范围较小且漏斗中心水位较浅，地下水可在丰水期得到补给，水位高于百泉出露区，仍保持统一的流场特征。

2）*泉群断流后百泉泉域地下水流场特征*

A. 1990年流场

图4.23是1990年枯水期（6月）百泉泉域岩溶水流场图。这一时期岩溶水开采量约4.74m^3/s，且呈增加趋势，达活泉泉群断流，百泉泉群断续出流，排泄量约0.65m^3/s。由图看出：

（1）出现了6个水位降落漏斗，其中七里河以南3个、市区3个。

（2）从水位态势分析，市区（排泄区）3个漏斗中心水位为56～57m，相互袭多泉域排泄区岩溶水量；分布于南部的新城漏斗，中心水位为56m，与市区漏斗中心水位基本持平，袭多了排向电厂一带岩溶水量；位于西南部北铭河以北铁矿区漏斗，中心水位为80m，高于市区水位，对市区岩溶水仍具有补给作用；位于西北留以东的电厂漏斗，水位最低（48m左右），可得到其他漏斗补给。

（3）从泉域流场整体状态看，在西部沙河、七里河及西北部白马河的流程上尚未出现降落漏斗，其补给区和径流区地下水仍能补给市区水源地岩溶水。

上述流场特征说明，20世纪90年初期百泉泉域地下水流场在补给区及径流区处于弱分化状态，在排泄区（市区）处于较高分化状态，位于沙河、七里河、白马河补给区和径流区的岩溶水仍可补给市区岩溶水。

B. 2012年流场

图4.24为2012年枯水期（6月）百泉泉域岩溶水流场图。这一时期岩溶水开采量约4.31m^3/s，处于1987年以来较低水平的开采状态，水位处于1983年以来仅次于2016年的低水平状态，达活泉泉群和百泉泉群均处于断流状态。

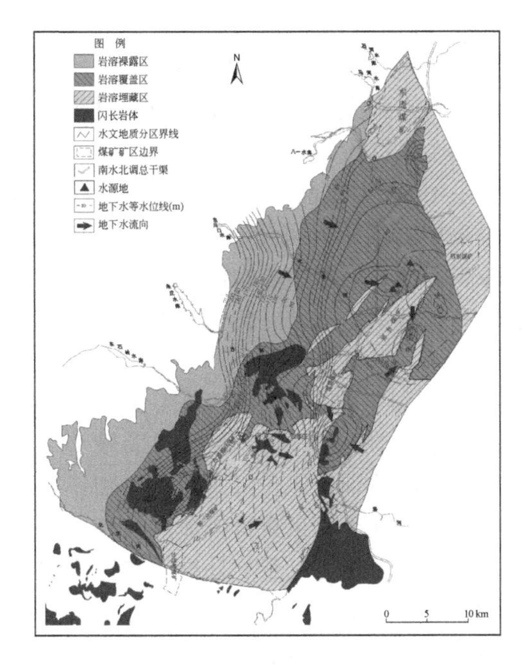

图4.23　1990年6月百泉泉域岩溶水流场示意图

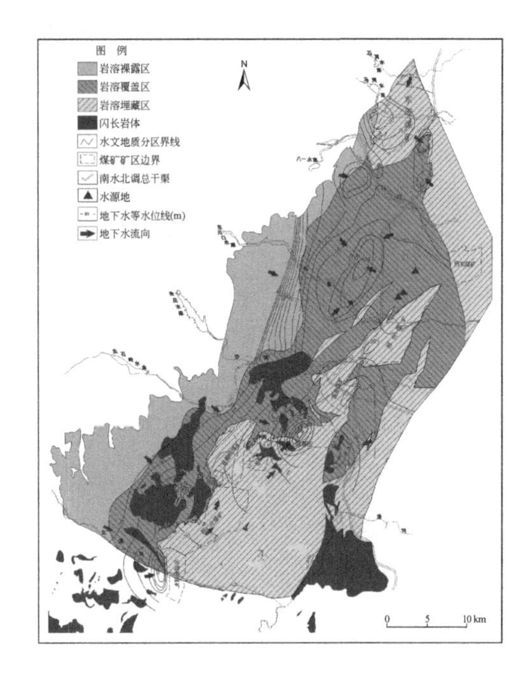

图4.24　2012年6月百泉泉域岩溶水流场示意图

由于采矿和大型企业的集中用水，泉域形成了11个降落漏斗，这些漏斗遍布泉域补给区、径流区、排泄区，其中分布于西南部铁矿开采区降落漏斗多达5个。铁矿区漏斗中心水位为-125～-20m，明显低于市区水源地及其他排泄区水位（-15～-10m）。这些漏斗的形成，极大地改变了天然状态下百泉泉域地下水补给、径流、排泄条件。例如，北洺河径流带地下水通过綦村-紫山岩体间开口水量大大减少，通过开口后又全部流向新城漏斗。再如，由于区域地下水水位持续大幅度下降，以及大沙河西南区域矿田疏干抽水造成多个地下水降落漏斗，大沙河一带出现了地下水分水岭。据观测数据，从2008年开始，百泉岩溶水系统在大沙河的朱庄—西九家—李庄—白塔一线开始出现分水岭，到2010年，大沙河分水岭则迅速向北东方向移动，出现在东坚固—固城—葛泉煤矿—旧沙河一线，两年分水岭移动了17.4km。分水岭的出现，使得饮用水水源地灰岩裸露补给区面积从20世纪80年代的489km^2缩减至2008年的154.46km^2，2010年继续减少至143.24km^2，造成百泉岩溶水系统不再是一个独立的水文地质单元，而被分割成两个相对独立的水文地质亚区，分水岭以南区域的地下水不能径流到邢台市区三大水厂。

C. 2019年流场

图4.25为2019年枯水期（6月）百泉泉域岩溶水流场图。这一时期岩溶水开采量约7.05m^3/s，处于2000年以来最高水平的开采状态，水位处于低水平状态，北部径流区及排泄区水位与2012年基本相同，达活泉泉群和百泉泉群均处于断流状态。

由图4.25看出，在沙河以南泉域中部西赫庄铁矿，以及西南部的王窑铁矿、西石门铁矿出现了较深较大降落漏斗，漏斗中心水位在-40m以下，而在沙河以北区域包括市区水源地区域，漏斗较小、较浅，漏斗中心水位在-6～-3m，远高于沙河以南铁矿开采区水

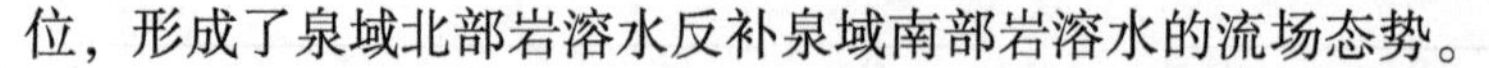

位，形成了泉域北部岩溶水反补泉域南部岩溶水的流场态势。

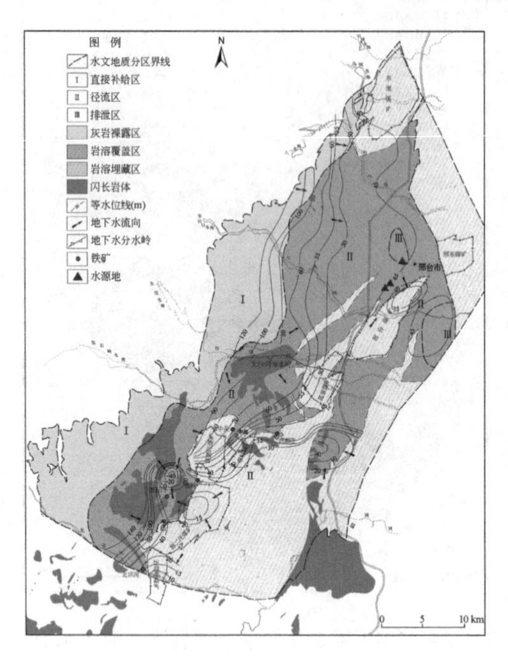

图 4.25　2019 年 6 月百泉泉域岩溶水流场示意图

近 50 年百泉泉域岩溶地下水水流场经历了从天然状态到人工干扰状态的演化过程，可概括为四个发展阶段。

一是 1980 年以前接近天然状态阶段。这一阶段泉域岩溶水开采量小于 $2m^3/s$，水位降落漏斗少而浅，漏斗中心水位高于百泉泉群排泄点标高，地下水从北、北西、西、西南径流汇集至百泉、达活泉排泄。

二是 1980 ~ 1990 年天然-人工干扰过渡状态阶段。这一阶段泉域岩溶水开采量为 3 ~ $5m^3/s$，市区-排泄区水位降落漏斗增加、局部漏斗中心水位低于百泉泉群排泄点标高，进而袭多百泉、达活泉群流量。补给区和径流区特别是铁矿开采区虽有降落漏斗，但漏斗中心水位仍高于百泉泉群排泄点标高，地下水从整体上仍然从北西、西、西南补给、径流，向百泉、达活泉群汇聚，泉群流量逐年下降直至断流。

三是 1990 ~ 2016 年人工强烈干扰状态阶段。这一阶段泉域岩溶水开采量为 4 ~ $10m^3/s$，排泄区（市区）水位降落漏斗数量增加不大，但在补给区和径流区特别是西南部铁矿区开采量增加、降落漏斗数量增多，中心水位远低于市区水源地及百泉排泄区水位，沙河分水岭出现并向市区不断扩展，泉域岩溶地下水总体呈下降趋势，达活泉群处于断流状态，百泉泉群仅在丰水年份（如 1990 年、1996 年、1997 年、2006 年）偶有溢出，但溢出时间较短，流量较小。

四是 2016 ~ 2019 年人工干扰强度减轻泉域岩溶水恢复阶段。这一阶段南水北调工程见效，泉域岩溶水开采量为 5 ~ $6m^3/s$，降落漏斗数量不再增加，径流区、排泄区水位呈回升态势，西南部铁矿区开采量减少并得到控制，沙河分水岭不再向市区移动，泉域岩溶水处于恢复状态，达活泉群仍处于断流状态，百泉在丰水年份出流。

4. 水源地及周边流场特征

在 1988 年第三水源地（董村水厂）水文地质勘察报告中，提供了以水源地为中心、面积约 $150km^2$ 4 个岩溶水流场图，图 4.26 和图 4.27 分别是 1987 年枯水期（5 月）和丰水期（11 月）流场图，彩图 4.1 和彩图 4.2 是 1987 年 11 月、1982 年 2 月水源地以 8 万 m^3/d 试验性开采 41 天初始及结束后流场图。1987 年岩溶水开采量为 6.03 ~ $6.34m^3/s$，百泉和达活泉均已断流。从这四张图中可以解读出水源地及附近径流区、排泄区地下水流场及含水层介质特征信息。

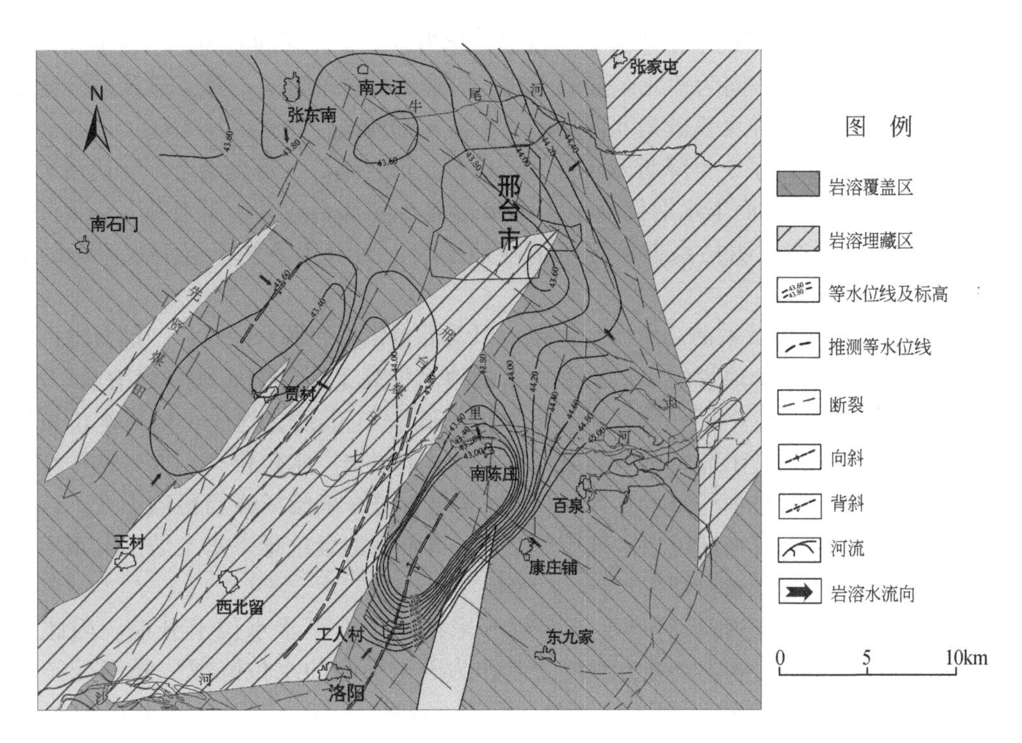

图4.26　1987年5月董村水源地及周边岩溶水流场示意图

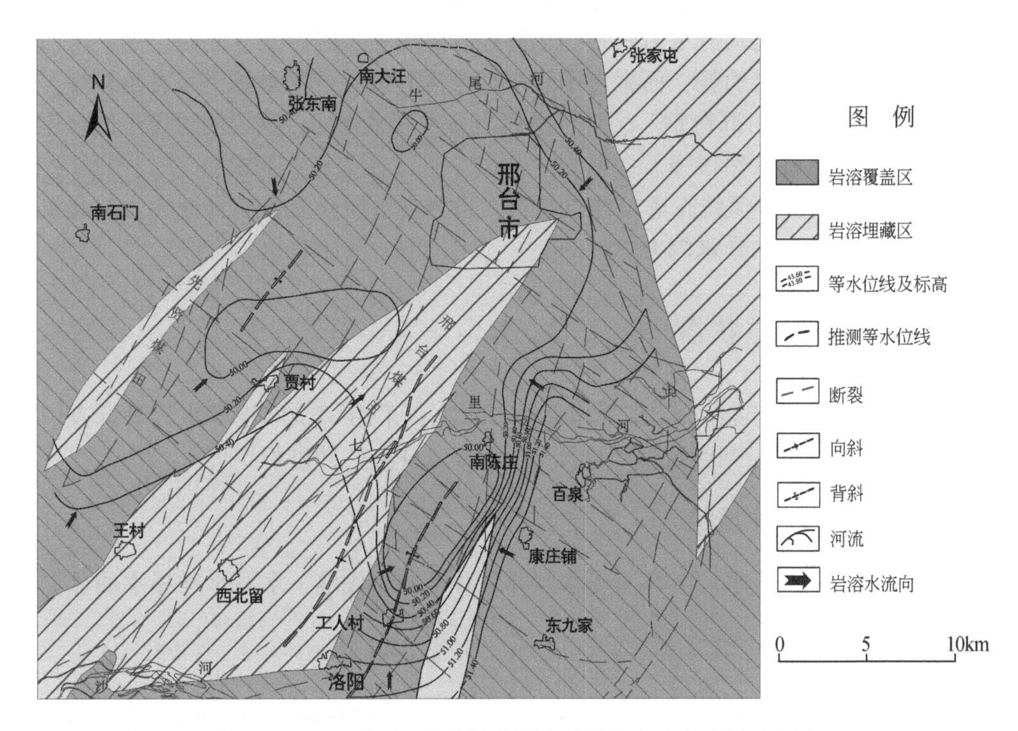

图4.27　1987年11月董村水源地及周边岩溶水流场示意图

（1）岩溶水流场从以泉水排泄的天然流场转化为以人工开采的流场，出现了几个降落漏斗，漏斗的长轴延伸方向为北北东或近南北，与隐伏背斜轴走向一致，显示岩溶含水介质的非均质性（北东向导水系数是北西向的2.9倍）和构造控水性。

（2）枯水期显示出了5个降落漏斗（邢台电厂、邢台钢厂、邢台冶金厂、达活泉以南紫金泉水厂、冯家庄），而丰水期仅显示3个降落漏斗（邢台电厂、邢台钢厂-邢台冶金厂、紫金泉水厂），这说明枯水期流场可清晰地反映人为干扰条件下岩溶水流场的分化状态。

（3）对比董村水厂试采前后水源地水位，以及邢台钢厂和邢台冶金厂、邢台电厂水位变化发现，试采前这3个地带的水位关系：水源地水位高于邢台钢厂和邢台冶金厂水位，邢台电厂水位略高于邢台钢厂和邢台冶金厂水位；试采41天后，这3个地带水位虽均有下降，但水源地水位仍高于邢台钢厂和冶金厂水位，邢台电厂水位仍高于邢台钢厂和邢台冶金厂水位，即增加董村水厂每天8万m^3的开采量，对原来流场格局影响不大。这说明董村水厂一带的地下水富水性极强，处于邢台钢厂和邢台冶金厂地下水上游，北东向导水断裂将两者沟通，水力联系密切。

据排泄区岩溶水动态特征得知，试验性开采期处于地下水水位上升期，因此可将试验性开采流场结束时水位与初始水位之差作为开采引起的水位降深。降深等值线图如彩图4.3所示（开采井位于G15、G16、G17、G18、G20一带），据此可解读出以下信息。

（1）彩图4.3中褐色区域为水位上升区，可以认为基本上与水厂无水力联系，除此以外，其他区域都与水源地具有水力联系。水源地岩溶水主要受到北、北西、南、南西地下水补给，近南北向补给最通畅，而来自于北东（市区）及东部区域地下水补给较少。

（2）水源地岩溶水与邢台钢厂、邢台电厂岩溶水联系密切，这说明深埋于邢台煤田以下的岩溶含水层导水性依然很强。

（3）从降深0.6m等值线轮廓延伸方向看，岩溶含水层介质各向异性大，北北东向导水能力远高于其他方向的导水能力。

4.4.5 地下水水质状况

按照《地下水质量标准》（GB/T 14848—2017），采用《全国地下水污染调查信息系统》和《全国地下水污染调查数据处理与分析系统2.1》软件进行评价。

1. 水源地开采井区水质状况

以董村水厂、紫金泉水厂、韩演庄水厂开采井不同年代地下水原水样品水质监测数据为依据进行评价。

1）年份及参评指标

2005～2010年有23个指标参与评价，分别是pH、总硬度、氟化物、氯化物、挥发酚、耗氧量、硫酸盐、硝酸盐、亚硝酸盐、氨氮、氰化物、汞、砷、六价铬、铁、铜、锰、镉、铅、硒、锌、阴离子洗涤剂、大肠菌数。

2011～2019 年有 30 个指标参与评价，分别是 pH、总硬度、溶解性总固体、氟化物、氯化物、挥发酚、耗氧量、硫酸盐、硝酸盐、亚硝酸盐、氨氮、氰化物、钠、汞、砷、六价铬、铁、铜、锰、镉、铅、硒、锌、铝、银、阴离子合成洗涤剂、总大肠菌群、菌落总数、总 α 放射性、总 β 放射性。

2020 年有 37 个指标参与评价，分别是 pH、总硬度、溶解性总固体、氟化物、氯化物、挥发酚、耗氧量、硫酸盐、硝酸盐、氨氮、氰化物、钠、汞、砷、六价铬、铁、铜、锰、镉、铅、硒、锌、铝、银、锑、钡、铍、硼、钼、镍、铊、阴离子合成洗涤剂、硫化物、总大肠菌群、菌落总数、总 α 放射性、总 β 放射性。

2）评价结果

董村、紫金泉、韩演庄 3 个水厂水源井 2005～2020 年历年地下水水质评价结果列于表 4.19 中。结果显示，历年历次地下水水质均在Ⅰ～Ⅲ类水，Ⅲ类水主要影响指标为砷、挥发酚、硝酸盐、总硬度。

2. 水源地所在水文地质单元地下水水质状况

从含水层水质、地下水水化学类型及其演变、典型水化学指标变化、地下水污染现象 4 个方面反映水源地所在水文地质单元地下水水质状况。

1）含水层水质

以不同年代水源地及保护区开采的中奥陶统岩溶含水层地下水水质进行论述。

A. 1982 年水质

1982 年 49 个采样点 12 项指标参与评价，参评指标有 pH、总硬度、氟化物、氯化物、硫酸盐、硝酸盐、亚硝酸盐、氨氮、钠、铁、锰、铝。

1982 年水源地所在水文地质单元地下水水质综合评价结果见图 4.28。统计显示，Ⅱ类水点占 55.1%，Ⅲ类水点占 40.8%，Ⅳ类水点占 4.1%，无Ⅰ类和Ⅴ类水。Ⅳ类水主要影响指标为硝酸盐和硫酸盐，优良水（Ⅰ～Ⅲ类水）比例为 95.9%，整体水质优良，个别点水质较差。

B. 2016 年水质

2016 年 1 月 57 个采样点 23 项指标参与评价，参评指标有 pH、总硬度、溶解性总固体、硫酸盐、氯化物、铁、锰、铜、锌、铝、耗氧量、氨氮、钠、亚硝酸盐、硝酸盐、氟化物、碘化物、汞、砷、硒、镉、铬（六价）、铅。

2016 年水源地所在水文地质单元地下水水质综合评价结果见图 4.29。统计显示，Ⅱ类水点占 36.8%，Ⅲ类水点占 45.6%，Ⅳ类水点占 12.3%，Ⅴ类水点占 5.3%，无Ⅰ类水。Ⅳ类水主要影响指标依次为铁、总硬度、硫酸盐、pH、硝酸盐，Ⅴ类主要影响因子主要指标依次为硫酸盐、总硬度、铁，Ⅴ类水主要分布在矿山镇矿山村、太子井镇石坡头村、白塔镇金鼎矿业等矿山开采影响区域。优良水（Ⅰ～Ⅲ类水）比例为 82.4%，整体水质良好，个别区域水质较差。

表 4.19　3 个水厂水源井历年地下水水质评价结果一览表

水厂	检测年份	各类水质指标占比/%（最差水质类型的指标）		
		Ⅰ类	Ⅱ类	Ⅲ类
董村水厂	2005	73.9%	21.7%	4.3%（As）
	2006	73.9%	21.7%	4.3%（As）
	2007	78.3%	17.4%	4.3%（As）
	2008	78.3%	13.0%	8.7%（挥发酚、硝酸盐）
	2009	73.9%	17.4%	8.7%（挥发酚、硝酸盐）
	2010	82.6%	17.4%	—
	2011	86.7%	10.0%	3.3%（硝酸盐）
	2012	86.7%	13.3%	—
	2013	90.0%	6.7%	3.3%（硝酸盐）
	2014	86.7%	10.0%	3.3%（硝酸盐）
	2015	90.0%	10.0%	—
	2016	90.0%	6.7%	3.3%（硝酸盐）
	2017	90.0%	6.7%	3.3%（硝酸盐）
	2018	90.0%	6.7%	3.3%（硝酸盐）
	2019	80.0%	16.7%	3.3%（硝酸盐）
	2020	83.8%	13.5%	2.7%（硝酸盐）
紫金泉水厂	2005	73.9%	21.7%	4.3%（As）
	2006	73.9%	21.7%	4.3%（As）
	2007	78.3%	17.4%	4.3%（As）
	2008	73.9%	17.4%	8.7%（挥发酚、硝酸盐）
	2009	78.3%	17.4%	4.3%（挥发酚）
	2010	82.6%	13.0%	4.3%（硝酸盐）
	2011	83.3%	13.3%	3.3%（硝酸盐）
	2012	80.0%	16.7%	3.3%（硝酸盐）
	2013	83.3%	13.3%	3.3%（硝酸盐）
	2014	83.3%	13.3%	3.3%（硝酸盐）
	2015	90.0%	6.7%	3.3%（硝酸盐）
	2016	83.3%	13.3%	3.3%（硝酸盐）
	2017	86.7%	10.0%	3.3%（硝酸盐）
	2018	86.7%	6.7%	6.7%（总硬度、硝酸盐）
	2019	83.3%	13.3%	3.3%（硝酸盐）
	2020	75.7%	21.6%	2.7%（硝酸盐）
韩演庄水厂	2005	73.9%	13.0%	13.0%（总硬度、As、硝酸盐）
	2006	73.9%	13.0%	13.0%（总硬度、As、硝酸盐）
	2007	78.3%	13.0%	8.7%（As、硝酸盐）
	2008	78.3%	13.0%	8.7%（挥发酚、硝酸盐）
	2009	78.3%	13.0%	8.7%（挥发酚、硝酸盐）
	2010	82.6%	13.0%	4.3%（硝酸盐）
	2011	86.7%	10.0%	3.3%（硝酸盐）
	2012	90.0%	6.7%	3.3%（硝酸盐）
	2013	86.7%	10.0%	3.3%（硝酸盐）
	2014	90.0%	6.7%	3.3%（硝酸盐）
	2015	86.7%	10.0%	3.3%（硝酸盐）
	2016	86.7%	10.0%	3.3%（硝酸盐）
	2017	86.7%	10.0%	3.3%（硝酸盐）
	2018	90.0%	3.3%	6.7%（总硬度、硝酸盐）
	2019	86.7%	10.0%	3.3%（硝酸盐）
	2020	81.1%	16.2%	2.7%（硝酸盐）

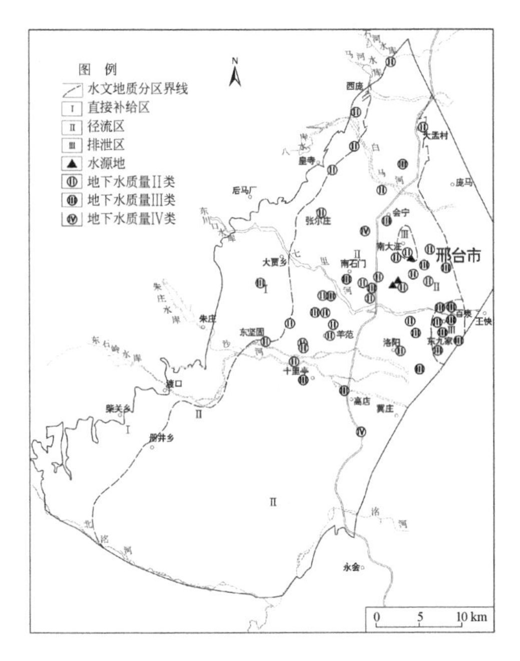

图4.28　1982年水源地所在水文地质单元地下水水质综合评价图

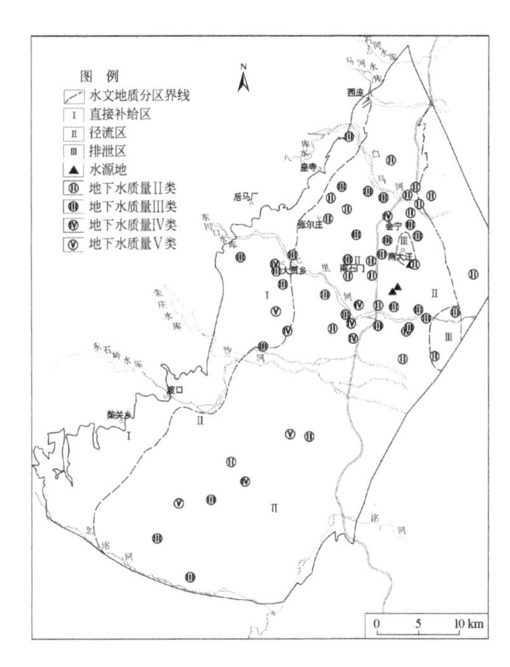

图4.29　2016年水源地所在水文地质单元地下水水质综合评价图

C. 2020年水质

2020年6月33个采样点25项指标参与评价，参评指标有pH、总硬度、溶解性总固体、硫酸盐、氯化物、铁、锰、铜、锌、铝、耗氧量、氨氮、钠、亚硝酸盐、硝酸盐、氟化物、碘化物、汞、砷、硒、镉、铬（六价）、铅、总大肠菌群、菌落总数。

2020年水源地所在水文地质单元地下水水质综合评价结果见图4.30。统计显示，Ⅱ类水点占24.2%，Ⅲ类水点占48.5%，Ⅳ类水点占18.2%，Ⅴ类水点占9.1%，无Ⅰ类水。Ⅳ类水主要影响指标依次为铁、总硬度、铝、硫酸盐、溶解性总固体、氟化物、钠，Ⅴ类主要影响因子主要指标依次为铝、总硬度，Ⅴ类水主要分布在南石门镇北岗西村、白塔镇西郝庄村和会宁镇董家沟村。优良水（Ⅰ～Ⅲ类水）比例为72.7%，整体水质良好，个别区域水质较差。

从1982年、2016年、2020年3个年份水质评价结果看，水源地所在水文地质单元中含水层地下水水质演化是优良水（Ⅰ～Ⅲ类水）比例降低，较差水（Ⅳ类水）和差水（Ⅴ类水）比例升高。

2）地下水水化学类型及其演变

A. 区域上演变

图4.31为1982年泉群断流前近乎天然状态下百泉泉域岩溶水水化学类型分布图。由图可见，泉域内岩溶水化学类型较为简单，大片分布HCO_3-Ca型水、HCO_3-Ca·Mg型水，中南部石炭-二叠系埋藏区下，呈条带状分布有HCO_3·SO_4-Ca型水、SO_4·HCO_3-Ca型

水，东南部石炭–二叠系埋藏区下零星出现 SO_4 · Cl-Ca 型水和 Cl · SO_4-Ca · Na 型水。沿地下水流动路径，岩溶水化学类型由补给区和径流区的 HCO_3-Ca 型水演化为排泄区的 HCO_3-Ca · Mg 型水。

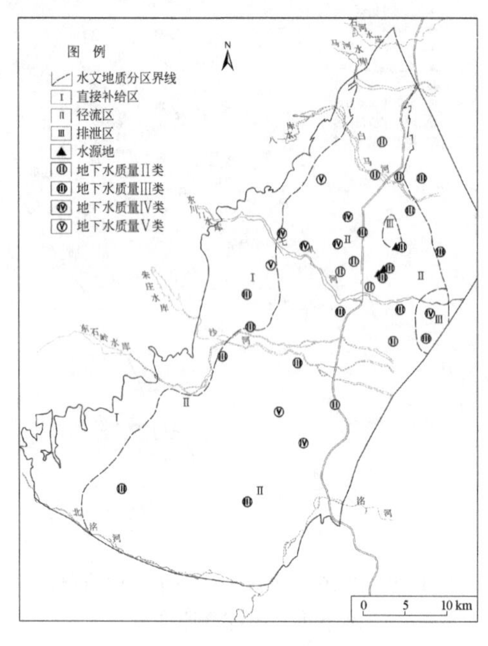

图 4.30　2020 年水源地所在水文地质单元地下水水质综合评价图

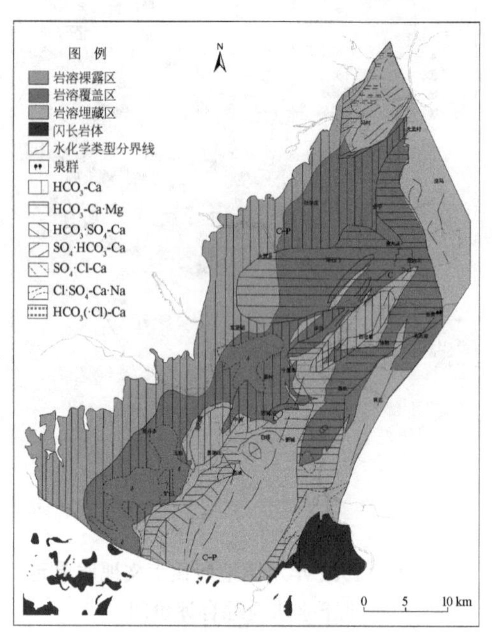

图 4.31　1982 年百泉泉域岩溶水水化学类型分布示意图

图 4.32 为 1986 年百泉泉域径流排泄区水化学类型图，由图看到，董存水厂、电厂、百泉泉群分布区等 90% 以上区域为 HCO_3-Ca · Mg 型水，位于董存水厂西北部的北召马村及西南部的贾村、西由留村为 HCO_3-Ca 型水，位于邢台市西北部的李家庄一带为 HCO_3 · SO_4-Ca · Mg 型水。

图 4.33 为 2018 年百泉泉域水化学类型图，由图看到，岩溶水水化学类型以 HCO_3-Ca 型水、HCO_3-Ca · Mg 型水、HCO_3 · SO_4-Ca · Mg 型水为主，但在西南部王窑铁矿区为 SO_4 · HCO_3-Ca 型水，东南部新城一带为 HCO_3 · Cl-Na 型水，位于补给区的大贾乡西北部为 HCO_3 · SO_4-Ca 型水，排泄区南大汪东北部为 SO_4 · HCO_3-Ca · Mg 型水。

对比 2018 年与 1982 年水化学类型图，不难发现，水化学类型演变的最大差异是位于补给区的大贾乡西北部的地下水由 HCO_3-Ca 型水变成了 HCO_3 · SO_4-Ca 型水，阴离子排序发生微变，位于排泄区的南大汪东北部的地下水由 HCO_3-Ca · Mg 型水变成了 SO_4 · HCO_3-Ca · Mg 型水，阴离子排序发生突变。水型的这种演变，预示了这两个地带地下水在过去的 36 年内受到了一定程度的污染，地下水水质向恶化方向发展。

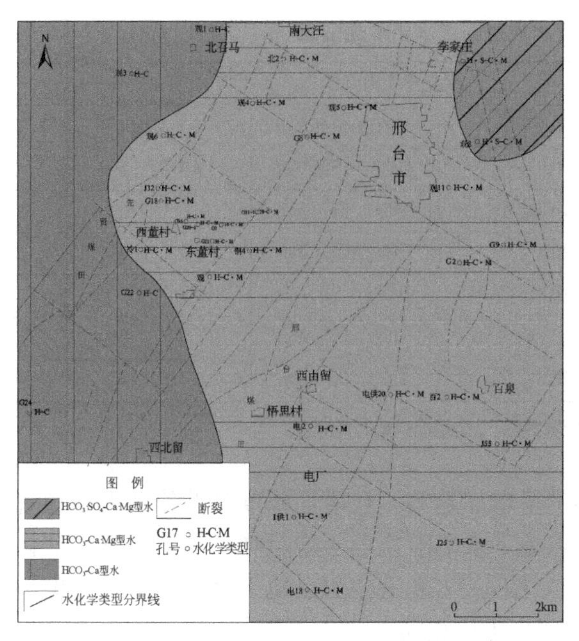

图 4.32　1986 年百泉泉域径流排泄区水化学类型示意图

H. HCO_3；S. SO_4；C. Ca；M. Mg

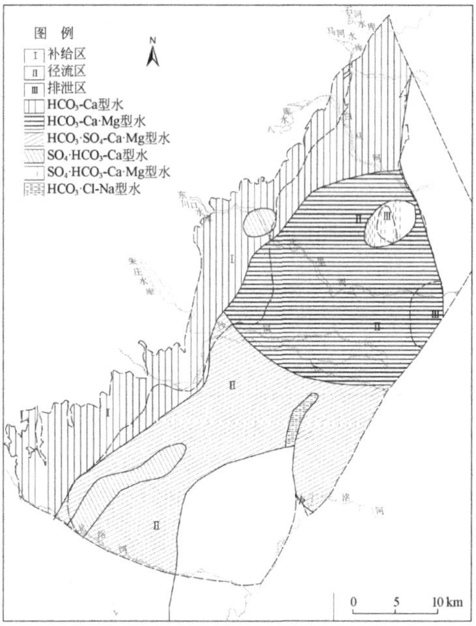

图 4.33　2018 年百泉泉域岩溶水水化学类型分布示意图

B. 流程路径上演变

根据 1982 年、1991 年、2016 年和 2020 年 4 期岩溶地下水水质监测信息及地下水流场，选择百泉泉域沙河以北地下水补给区到排泄区的两个流动路径进行分析，即图 4.34 中 *A*→*B*→*C* 和 *D*→*E*→*C*。不同年份两个流程路径水化学类型见表 4.20。由表看出，同一年份、同一流程或同一个点、不同年份地下水第一主阴离子（HCO_3^-）和第一主阳离子（Ca^{2+}）的地位未发生变化，一些点在某些年份硫酸根离子（SO_4^{2-}）和镁离子（Mg^{2+}）出现在第二主阴离子和第二主阳离子位置，水化学类型处于微变状态。

3）典型水化学指标变化

典型水化学指标选取百泉泉域含水层地下水Ⅳ类及Ⅴ类水主要影响指标总硬度、硫酸盐及氯化物，监测点仍以前面两个流动路径 *A*、*B*、*C*、*D*、*E* 5 个点说明。

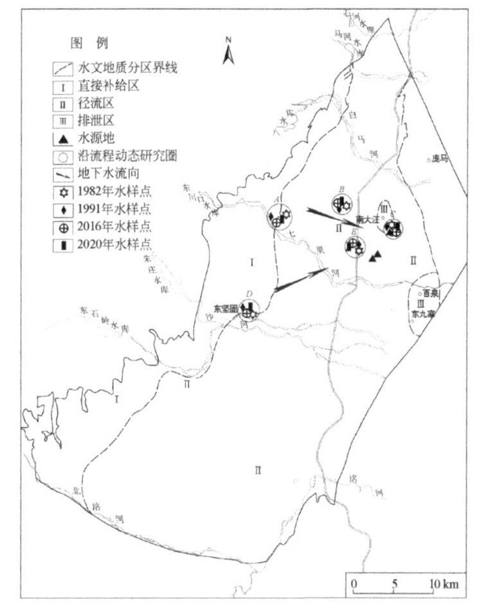

图 4.34　地下水流程及水质动态监测点分布示意图

表 4.20　沿地下水流程水质监测点水化学类型表

类别		水化学类型			
		1982 年	1991 年	2016 年	2020 年
流程 1	监测点 *A*	HCO_3-Ca · Mg	HCO_3-Ca	HCO_3 · SO_4-Ca	HCO_3 · SO_4-Ca
	监测点 *B*	HCO_3-Ca · Mg	HCO_3-Ca	HCO_3-Ca · Mg	HCO_3-Ca
	监测点 *C*	HCO_3-Ca · Mg	HCO_3-Ca	HCO_3-Ca · Mg	—
流程 2	监测点 *D*	HCO_3-Ca	HCO_3-Ca	HCO_3 · SO_4-Ca	HCO_3 · SO_4-Ca · Mg
	监测点 *E*	HCO_3-Ca · Mg	HCO_3-Ca · Mg	HCO_3-Ca · Mg	—
	监测点 *C*	HCO_3-Ca · Mg	HCO_3-Ca	HCO_3-Ca · Mg	—

注：2020 年 *C*、*E* 监测点缺钾、钙、镁、重碳酸根检测数据，无法确定水化学类型。

图 4.35 显示监测点地下水总硬度随年份呈增加趋势，且增加幅度是补给区大于径流区、径流区大于排泄区。图 4.36 显示监测点地下水硫酸盐随年份呈增加趋势，且增加幅度是补给区大于径流区、径流区大于排泄区。图 4.37 显示监测点地下水氯化物随年份呈增加趋势，且补给区、径流区、排泄区增加幅度大致相同。

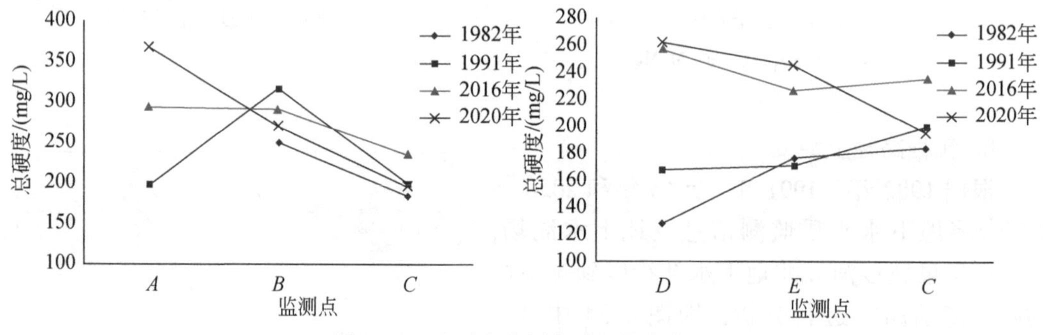

图 4.35　地下水总硬度随年份变化图

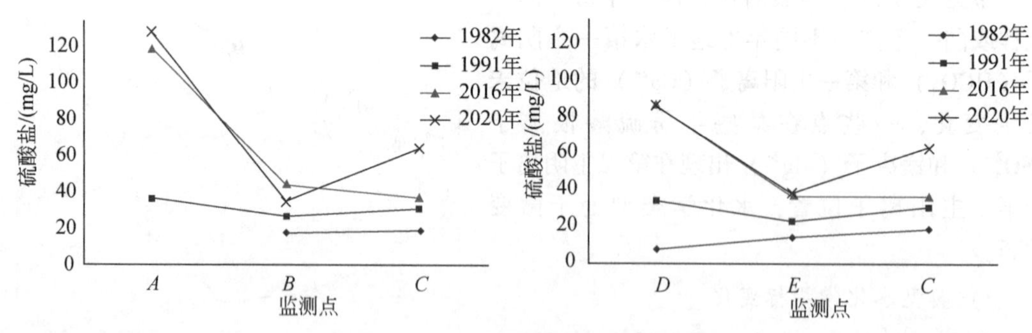

图 4.36　地下水硫酸盐随年份变化图

综合上面分析认为，近 40 年来，百泉泉域沙河以北岩溶地下水的总硬度、硫酸盐、氯化物多年呈现增加趋势，且增加幅度沿地下水流动路径降低，即补给区>径流区>径流区。

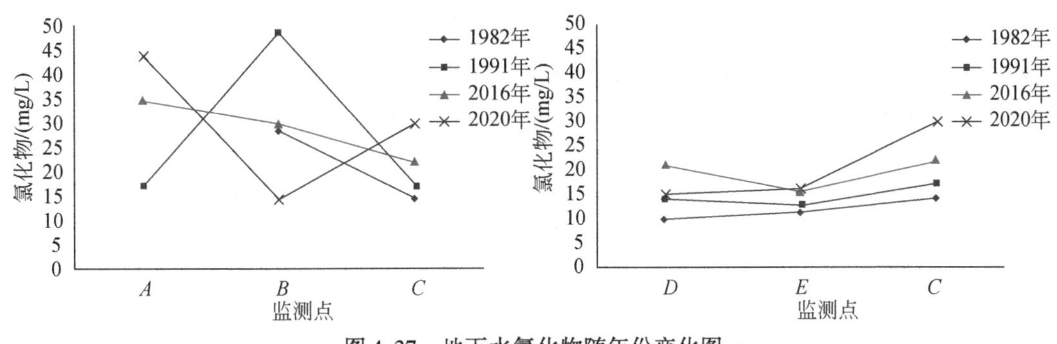

图 4.37　地下水氯化物随年份变化图

4）地下水污染现象

A. 20 世纪 80 年代

据邢台市环境监测站 1986～1989 年 8 次（每年两次，枯水期 5 月或 6 月，丰水期 9 月）对百泉泉域 13 个岩溶地下水点 33 项指标的监测显示：挥发酚超标点位有南小郭修配厂（0.029mg/L，9.5 倍）、邢台电解铜厂（0.015mg/L，6.5 倍）、邢台造纸厂（0.007mg/L，2.5 倍）；六价铬超标点位有邢钢小学（1986 年为 1.684mg/L，超标 32.7 倍）；南小郭修配厂大肠杆菌超标达 83%；亚硝酸盐氮和氰化物呈逐年增高趋势，但尚未超标。

B. 20 世纪 90 年代

1996 年 5 月发现邢台市聋哑学校岩溶水中六价铬含量为 1.886mg/L，之后，经环保局和有关单位的大力配合，切断地表污染源，使水中六价铬含量降至标准以内（0.05mg/L），并对聋哑学校周围 700m 范围内 6 个岩溶水井取样调查，六价铬含量均低于 0.003mg/L。

1998 年邢台市区紫金泉水源地上游岩溶水出现重金属污染，原因是某校办工厂露天堆放的工业废弃物铬矸，随雨水淋溶渗入地下污染孔隙含水层并沿井壁管外侧流入岩溶含水层。

1998 年七里河上游的周公村一带地下水受到污染，原因是邢台县五金厂（原合金厂），生产镀铬、镍、锌件，电镀废水直接排放到厂内渗坑中，该渗坑距离水井十余米，废水渗入并穿过松散层，一部分废水顺井壁管外侧流入岩溶含水层，造成该地段岩溶水污染。

C. 21 世纪前 10 年

2000 年为丰水年，降水量大于 700mm。雨季前（5 月），在邢台县合金厂岩溶水的六价铬浓度为 3.6mg/L，超标 72 倍，雨季后（9 月 30 日）岩溶水中六价铬浓度为 1.30mg/L。

2008 年发现邢台县小石头村五金厂岩溶地下水受到了污染，主要原因是工业废水渗坑排放或露天堆放固体废料经雨水淋溶穿透含水层顶板薄弱部位，或沿井管外壁直接流入含水层中形成。

2009 年 8 月对邢台市岩溶水污染调查发现，白塔村、五金厂（原合金厂）、柴家庄村溶解性固体超标，周公村和县五金厂六价铬超标 41.6 倍；会宁中学、梅花寨、百泉坑周围灰岩裸露区和灰岩浅埋区已受到轻污染；市区西部南石门县五金厂一带岩溶水受到了六价铬严重污染，这一污染区处于岩溶水径流区且距离董村水源地约6km。

2009年6~7月调查发现，邢台市会宁镇西某单位将生活及建筑垃圾直接填入灰岩采石坑，降水后地表水直接灌入地下，造成岩溶水局部污染。

另据一些铁矿区地下水质监测资料，铁矿区矿坑排水中的Fe^{2+}、SO_4^{2-}浓度超标现象普遍（表4.21）。这些被污染的矿坑水直接排入沟谷或河谷之中，不仅造成地表水污染，还造成地下水污染。

表4.21　铁矿开采矿坑排水水质超标离子统计表

取样地点	江峰矿业（冯村）	西郝庄铁矿	东郝庄铁矿	沙河硫铁矿	恒辉铁矿	太行铁矿
Fe^{2+}/(mg/L)	0.6	0.8	1.2	1.2	0.56	1.58
SO_4^{2-}/(mg/L)	461.1	735.8	566.8	488.0		

注：采用《生活饮用水卫生标准》（GB 5749—2006），Fe^{2+}限值为0.3mg/L，SO_4^{2-}限值为250mg/L。

从上述20世纪80年代至21世纪前10年地下水污染现象描述说明，邢台市城区（七里河以北）岩溶地下水在历史上个别地点发生过污染，污染物以堆放淋滤、渗坑入渗、裸露灰岩入渗、矿坑排水等方式污染地下水，但污染扩散范围较小、污染程度较低，污染处于可控状态。

由近40年来上述含水层水质、水化学类型、典型水化学指标、污染现象4个方面反映的水源地所在水文地质单元水质状况总结如下。

（1）水源地所在水文地质单元中含水层地下水水质演化是优良水（Ⅰ~Ⅲ类水）比例降低，较差水（Ⅳ类水）、差水（Ⅴ类水）比例升高。水文地质单元内绝大多数岩溶水点水质为优良级，少数水点铁、总硬度、硫酸盐、六价铬、硝酸盐超标。

（2）百泉泉域沙河以北岩溶地下水的总硬度、硫酸盐、氯化物多年呈现上升增加趋势，且增加幅度沿地下水流动路径降低，即补给区>径流区>径流区。

（3）大部分区域地下水水化学类型保持不变，一些地点水化学类型发生微变，个别地点水化学类型发生突变。

（4）在人类活动较为强烈的局部区域，如邢台城区灰岩浅覆盖区、南部铁矿开采区、少数工矿企业及农村自备井等区，岩溶水曾经受到挥发酚、六价铬、细菌、大肠杆菌、铁（Fe^{2+}）、硫酸盐（SO_4^{2-}）污染，但近年来采取了防控措施，污染范围变小、污染程度降低，岩溶水污染总体上处于点状可控状态，不会对水源地地下水水质产生较大影响。

3. 主要补给源水质

由2010~2019年百泉泉域岩溶地下水均衡计算及统计得知，在补给量中，大气降水入渗补给量占78%，水库放水河流入渗及水库渗漏补给量占23%。另外在地下水水量状况论述中得知，朱庄水库在百泉泉域西部山区水库补给量中占绝对优势，因此，以朱庄水库水质作为主要补给源水质予以论述。

以朱庄水库2017年3月至2020年8月逐月水质监测数据为基础，按照《地表水环境质量标准》（GB 3838—2002）评价。评价表明：22个基本项目（溶解氧、高锰酸盐指数、化学需氧量、生化需氧量、氨氮、总磷、总氮、铜、锌、氟化物、硒、砷、汞、镉、六价铬、铅、氰化物、挥发酚、石油类、阴离子表面活性剂、硫化物、粪大肠菌群）除总氮达到Ⅴ类水外，其他指标均在Ⅰ～Ⅲ类水；5个补充项目（硫酸盐、氯化物、硝酸盐、铁、锰）和33个特定项目监测结果（三氯甲烷、四氯化碳、三氯乙烯、四氯乙烯、苯乙烯、甲醛、苯、甲苯、乙苯、二甲苯、异丙苯、氯苯、1,2-二氯苯、1,4-二氯苯、三氯苯、硝基苯、二硝基苯、硝基氯苯、邻苯二甲酸二丁酯、邻苯二甲酸二（2-乙基己基）酯、滴滴涕、林丹、阿特拉津、苯并（a）芘、钼、钴、铍、硼、锑、镍、钡、钒、铊）均低于标准限值。

总之，2017年以来在参评的60个指标中，主要补给源（朱庄水库）历年历月水质只有总氮一个指标超标，其他指标均达标，多年平均水质指标达标率为95.2%。

4.4.6　土地利用状况

采用室内遥感解译和野外地面验证相结合的方法，统计分析邢台市水源地及保护区土地利用状况。

1. 数据源选取及分辨率

选取4个年份干扰少、地物信息丰富、便于分类、云层覆盖量小于5%的夏秋季Landsat系列卫星不同波段组合遥感影像作为数据源，即1987年7月31日TM543、2000年9月13日ETM543、2010年8月15日TM543和2020年8月26日ETM543。值得说明的是，TM、ETM为遥感卫星传感器名称首字母缩写，其后的543数值代表第5波段、第4波段、第3波段遥感图像数据组合。

选用中等分辨率和高分辨率遥感影像进行对比解译和信息提取，并对提取结果进行处理修订。Landsat-5卫星1～5波段和7波段是可见光–近红外波段，空间分辨率为30m，6波段是热红外波段，空间分辨率为120m。Landsat-7卫星新增加了分辨率为15m的全色波段。Landsat-8卫星空间分辨率和光谱特性等与Landsat-1～Landsat-7保持了基本一致，波段1～7和波段9～11的空间分辨率为30m，波段8为空间分辨率15m的全色波段。

2. 数据处理方法

按照辐射定标，大气校正，图像融合、镶嵌与裁剪，监督分类步骤对遥感影像数据进行处理。

1）辐射定标

辐射定标的目的是消除传感器本身的误差。当需要计算特征光谱辐射或光谱辐射反射率时，或者需要对不同传感器、不同时间中获取的遥感图像进行比较时，遥感图像的灰度值需转换为辐射亮度值。

2）大气校正

大气校正是多光谱遥感数据进行地表参数定量分析的前提，主要是消除或减少大气分子和气溶胶的散射和吸收对地物反射率的影响。本次工作利用 ENVI 软件的 FLAASH 大气校正模块对 Landsat 数据进行大气校正。

3）图像融合、镶嵌与裁剪

Landsat 图像融合是将低分辨率的多光谱影像与高分辨率的单波段影像重新采样，生成一幅既有较高的空间分辨率又具有多光谱特征影像。4 期影像融合波段分别为 1987 年为 TM543、2000 年为 ETM543、2010 年为 TM543、2020 年为 ETM543。

图像镶嵌也叫图像拼接，是将两幅或多幅数字影像（有可能是在不同的摄影条件下获取的）拼在一起，构成一幅整体图像的过程。先对每幅图像进行几何校正，将它们规划到统一的坐标系中，然后对它们进行裁剪，去掉重叠的部分，再将裁剪后的多幅影像装配起来形成一幅大幅面的影像。调查区所处在同一景影像中，因此不需多景影像拼接处理，但为了满足后续影像处理的需要，需将影像按调查区边界进行裁剪。

4）监督分类

遥感影像分类是根据遥感影像中目标物的波谱特征或其他特征，确定每个像元类别的过程。遥感图像的分类方法分为监督分类和非监督分类。非监督分类方法不需要人为干扰，分类精度不高，在实践中运用较少。监督分类是在有一定数量监督样本的支持下，通过统计特征参数对分类器进行训练并用训练好的分类器确定决策规则，实现对影像的分类。监督分类需要训练样本具有代表性，同时还要具有完整性，图像分类训练区的统计结果要充分地反映各种信息类型中光谱类别的所有组成，根据影像中的地物确定选择具有代表性的训练区。

本次工作采用最大似然法进行监督分类，将调查区内的土地利用类型进行分类，对分类结果进行初步判读，若达不到要求，再重新选择训练样区，修改分类模板，直至分类达到要求。

3. 用地类型图像解译标志

根据土地利用分类体系，结合调查区实际情况，建立研究区遥感数据土地利用分类体系，将土地利用类型分为 7 类：水域、居民地、农田、林地、人工开挖地、工矿用地及裸地。每种类型的遥感影像特征不同，从地物形状、大小、色调、粗糙度、反射差、纹形图案 6 个解译要素建立遥感解译标志。通过计算机自动识别和人工解译相结合的方法，提取研究区土地利用现状信息。

4. 土地利用类型演变

邢台市水源地调查区 1987 年、2000 年、2010 年及 2020 年土地利用类型解译结果见彩图 4.4。经统计，调查区总面积为 1645km^2，不同年份土地利用类型面积及占比见表 4.22。

1）水域

调查区水域面积 1987 ~ 2000 年从 11.36km^2 降至 7.48km^2，2000 ~ 2020 年面积基本保持稳定。从分布位置变化来看，主要分布在市区内池塘和七里河、沙河下游，调查区内自北向南白马河、七里河、沙河、北铭河等多数河段干涸。

表4.22　不同年份土地利用类型统计表

年份	土地利用类型	面积/km²	占比/%	年份	土地利用类型	面积/km²	占比/%
1987	水域	11.36	0.69	2010	水域	7.32	0.45
	农田	994.1	60.43		农田	862.65	52.44
	居民地	195.49	11.88		居民地	301.29	18.32
	林地	228.46	13.89		林地	347.51	21.13
	裸地	214.42	13.04		裸地	117.64	7.15
	人工开挖地	0.36	0.02		人工开挖地	4.51	0.27
	工矿用地	0.74	0.04		工矿用地	4.01	0.24
2000	水域	7.66	0.47	2020	水域	7.48	0.45
	农田	855.38	52.0		农田	782.46	47.57
	居民地	275.62	16.76		居民地	372.43	22.64
	林地	320.56	19.49		林地	404.48	24.59
	裸地	182.38	11.09		裸地	69.24	4.21
	人工开挖地	0.97	0.06		人工开挖地	2.86	0.17
	工矿用地	2.35	0.14		工矿用地	5.97	0.36

地表水特别是河流入渗是邢台市水源地主要补给来源之一，地表水面积的减少，势必会减少对地下水补给。

2）农田

农田是产生地下水面状污染的主要来源之一。农业风险源包括农村生活污染源、农业种植污染源和畜禽养殖污染源等。在农业生产活动中，氮素和磷素等营养物质、农药，以及其他有机或无机污染物质，通过地表径流和灌溉渗漏，形成对地下水环境的污染。

1987～2020年调查区农田面积呈缓慢下降趋势，由994.1km²减少到782.46km²，减少了200km²。从分布位置变化来看，1987年在沙河以南、北洺河以北，以及沙河以北特别是市区周边大面积分布农田，2000年以后，这些地区的农田面积明显减少，被林地取代。农田面积的减少，减轻了农业化肥、农药等面源污染负荷，可能会降低调查区地下水污染程度。

3）居民地

居民地是产生生活污染源的主要来源之一。生活污水、生活垃圾等都是居民地生活污染源。

1987～2020年调查区居住地面积持续上升，由195.49km²增加到372.43km²，增加近180km²。从分布位置变化来看，居民地在市区、乡镇相对集中；市区面积增大明显。居民地面积的增加，势必增加下垫面的硬化面积，减少地面入渗对地下水的补给，会增加雨季地面径流或积水坑塘对地下水污染的可能性。

4）林地

调查区 1987 ~ 2020 年林地面积持续增加，由 228.46km² 增加到 404.48km²，增加近 180km²。从分布位置变化来看，1987 年调查区林地成片分布在西部、西南部中低山地区，以及中部丘陵地区，到了 2020 年，沙河以北林地特别是市区及市区周边林地面积增加明显。

林地是重要的下垫面，不仅对大气悬浮物及粉尘污染具有一定的吸收和吸附作用，更是对降雨入渗和调节地下水储存量具有重要作用。林地面积的增加，可有效地增加调查区大气降水入渗补给量，对污染物的迁移具有较强的迟滞作用，对地下水水质的改善起到积极作用。

5）裸地

1987 ~ 2020 年调查区裸地面积呈持续减少趋势，由 214.42km² 减少到 69.24km²，减少了近 145km²。从分布位置变化来看，主要分布在沙河、七里河、北洺河等河流的河道带，以及西部、西南部碳酸盐岩分布区，裸地多被林地、农田取代。

6）人工开挖地

人工开挖地包括取土、取石、采矿、地基开挖等各种对原有地表及生态产生破坏的区域。人工开挖会改变入渗条件，导致地下水入渗量发生变化，同时人工开挖也会增加地下水污染风险。

1987 ~ 2020 年调查区人工开挖地面积呈先增后减变化特点，1987 ~ 2010 年由 0.36km² 增加到 4.51km²，2020 年回落至 2.86km²。从分布位置变化来看，2000 年在沙河以南、北洺河以北的中部地带零星分布，到了 2010 年，在调查区西北边界区和南部铁矿区人工开挖地明显增加，再到 2020 年，沙河以北人工开挖地消失。

7）工矿用地

1987 ~ 2020 年调查区工矿用地面积呈持续增加趋势，由 0.74km² 增加到 5.97km²。从分布位置变化来看，1987 年工矿用地零星分布在七里河以北的市区西部和南部，到了 2020 年，在白马河以北至泉域东北边界区和泉域沙河以南、北洺河以北铁矿区的工矿用地明显增加。经实地验证，调查区工矿用地主要为钢铁厂、煤矿、粉煤灰堆放场、钢渣堆、煤矸石堆等。

通过对邢台市水源地调查区 1987 年、2000 年、2010 年、2020 年 4 期跨度 33 年 7 类土地利用类型的遥感图像解译、分布特征及面积演变分析，得到以下 3 点认识。

（1）按多年平均面积占比排序，调查区主要土地类型依次为农用地（农田）53.11%、林地 19.78%、居民地 17.4%、裸地 8.87%、水域 0.51%、工矿用地 0.20%、人工开挖地 0.13%。农用地面积占绝对优势，林地与居民地面积占比近于相等，水域、工矿用地和人工开挖地面积极小，3 种用地面积合计不到 1%。

（2）统计分析显示，33 年来农用地面积减少大于 200km²，林地和居民地面积各增加近 180km²，裸地减少约 145km²，人工开挖地和工矿用地各增加约 5km²，水域减少了约 3km²。

（3）基于上述各类土地面积演变及其占比分析，认为农用地面积减少，势必会减少农业区化肥、农药等面源负荷，减少农业区地下水污染分布面积和特征污染物浓度，林地面积的增加有利于增加山地、丘陵区水源涵养和地下水补给。人工开挖地和工矿用地面积的微小增加，可能对局部地下水环境产生污染，但不会对整个水源地及补给区的地下水环境产生负面影响。

4.4.7　潜在污染源状况

1. 潜在污染源类型及分布

调查区内存在各类潜在污染源 147 个（实地调查 74 个、收集 73 个），涉及金属冶炼与加工、化工建材、水泥、矿产开发、制药（医药）、垃圾场（固废堆放场）、食品等行业，其中，有色金属冶炼占 17%、黑色金属选冶占 12%，化工建材占 10%，加工和矿业开采占 5%，其他占 26%。潜在污染源主要分布在调查区中北部的第四纪覆盖区，且集中于邢台市周边。

2. 潜在污染源荷载风险

1）潜在污染源荷载风险表征

参考生态环境部《地下水污染防治区划分工作指南》，依据潜在污染源中污染物毒性、释放可能性和排污量及其权重表征潜在污染源荷载风险，计算公式为

$$\mathrm{PL}=T\times L\times Q\times W$$

式中，T 为污染物毒性；L 为污染物释放可能性；Q 为可能释放污染物的量；W 为指标权重。以潜在污染源类别、防护/防渗状况、规模大小评分量化，各因素量化评分标准见表 4.23～表 4.26。

表 4.23　潜在污染源污染物毒性（T）评分标准表

潜在污染源类别	亚类	毒性得分
工业	石油加工、炼焦及核燃料加工业	2.5
	有色金属冶炼及压延加工业	3
	黑色金属冶炼及压延加工业	2
	化学原料及化学制品制造业	2.5
	纺织业	1
	皮革、毛皮、羽毛（绒）及其制品业	1
	金属制品业	1.5
	其他行业	0.2
矿山或石油开采区	煤炭开采和洗选业、石油和天然气开采业	1.5
	黑色金属矿采选业	2
	有色金属矿采选业	3
	非金属矿采选业	1

续表

潜在污染源类别	亚类	毒性得分
危险废物处置场	工业危废、危险化学品为主	2
垃圾填埋场	生活垃圾、农业垃圾为主	1.5
加油站或石油开采、储运和销售区	总石油类、多环芳烃类	2.5
农业种植或污灌	化肥、农药、重金属为主	1.5
规模化养殖场	抗生素药物为主	1
高尔夫球场	农药	1.5
地表污水	工业、生活、农业废水排放等	1

表 4.24 潜在污染源污染物释放可能性（*L*）评分标准表

潜在污染源类别	防护或防渗状况	释放可能性得分
工业	建厂时间在 2011 年之后	0.2
	建厂时间为 1998～2011 年	0.6
	建厂时间在 1998 年之前或无防护措施	1
矿山或石油开采区	≤5 年，尾矿库或转运站有防渗	0.1
	>5 年，尾矿库或转运站有防渗	0.3
	尾矿库或转运站无防渗	1
垃圾填埋场	≤5 年，正规Ⅰ级	0.1
	>5 年，正规Ⅰ级	0.2
	≤5 年，正规Ⅱ级	0.2
	>5 年，正规Ⅱ级	0.4
	≤5 年，正规Ⅲ级	0.4
	>5 年，正规Ⅲ级	0.5
	非正规、简易防护（Ⅳ级）	0.8
	非正规、无防护（Ⅴ级）	1
危险废物处置场	正规	0.1
	无防护措施	1
石油储运和销售区	≤5 年、双层罐或防渗池	0.1
	(5，15] 年、双层罐或防渗池	0.2
	>15 年，双层罐或防渗池	0.5
	≤5 年、单层罐且无防渗池	0.2
	(5，15] 年，单层罐且无防渗池	0.6
	>15 年，单层罐且无防渗池	1
农业种植	水田	0.3
	旱地	0.7
规模化养殖场	有防护措施	0.3
	无防护措施	1

续表

潜在污染源类别	防护或防渗状况	释放可能性得分
高尔夫球场	≤18 洞	0.1
	(18～36] 洞	0.2
	>36 洞	0.5
地表污水	有防渗层	0.1
	无防渗层	1

表 4.25　潜在污染源污染物排污量（Q）评分标准表

潜在污染源类别	排污量或规模	排污量得分
工业［废水排放量/(10^3t/a)］	≤1	1
	(1, 5]	2
	(5, 10]	4
	(10, 50]	6
	(50, 100]	8
	(100, 500]	9
	(500, 1000]	10
	>1000	12
矿山或石油开采区（规模）	小型	3
	中型	6
	大型	9
垃圾填埋场（填埋量/10^3m^3）	≤1000	4
	(1000, 500540]	7
	>5000	9
危险废物处置场（堆放量或填埋量/10^3m^3）	≤10	4
	(10, 50]	7
	>50	9
石油储运和销售区（油罐容量为30m^{3}的油罐数量/个）	1	1
农业种植［化肥使用量/(kg/hm^2)］	≤180	1
	(180, 225]	3
	(225～400]	5
	>400	7
规模化养殖场［COD 排放量/(t/a)］	≤2	1
	(2, 10]	2
	(10, 50]	4
	(50, 100]	6
	(100, 150]	8
	(150, 200]	9
	>200	10

续表

潜在污染源类别	排污量或规模	排污量得分
高尔夫球场（占地面积/hm^2）	≤50	1
	(50，100]	2
	(100，200]	3

表 4.26 潜在污染源权重（*W*）评分标准表

潜在污染源类别	工业	矿山或石油开采区	垃圾填埋场	危险废物	加油站	农业	高尔夫球场	地表污水
权重得分	5	5	3	2	3	4	1	1

2）潜在污染源荷载风险评价

对调查区内所有潜在污染源按其荷载（PL）得分多少进行风险等级划分，分为低、较低、中等、较高、高5个等级，并用1、2、3、4、5标度量化，见表2.14，潜在污染源荷载风险等级评价结果见彩图4.5。

统计调查区47处潜在污染源荷载风险显示，低风险（标度值1）45个，占95.7%，较高风险（标度值4）和中等风险（标度值3）各1个，各占2.1%，平均标度值为1.11，没有出现高风险的潜在污染源，总体风险低。较高和中等风险潜在污染源分布于七里河及沙河下游岸边的煤矸石堆场和粉煤灰堆放场。

3. 地下水垂向污染风险

1）地下水垂向污染风险表征

地下水垂向污染风险是地面或浅地表潜在污染源通过垂向入渗方式到达地下水的可能性，用垂向入渗厚度（*D*）与入渗速度（*V*）比值，即垂向污染用时（*T*）表达。

根据调查区开采含水层地下水的埋藏状况，分裸露区、覆盖区或埋藏区两种情况计算*D*和*V*。

A. 裸露区

当含水层直接接受大气降水或河水入渗补给（即地下水为潜水）时，地下水埋深就是*D*，可根据地面高程与地下水水位高程之差求得。大气降水入渗速度（*V*）根据裸露区监测井地下水水位埋深及年内最大降水月与年内最高水位月时间差计算得出。河流入渗补给速度（*V*）根据水库放水事件河床区地下水埋深及水位响应时间计算得出。

B. 覆盖区或埋藏区

当含水层处于覆盖或埋藏状态（即地下水为承压水）时，*D*就是含水层顶板至地面的距离，*V*用垂向渗透系数替代（假设水力坡度为1）。当含水层顶板至地面地层岩性单一时，垂向渗透系数等同于单层岩土的渗透系数；当含水层顶板至地面地层岩性复杂时，垂向渗透系数采用等效渗透系数，按下面公式计算：

$$K=\sum M_i / \sum (M_i/K_i)$$

式中，K 为潜在污染源处垂向等效渗透系数，m/d；M_i 为潜在污染源处第 i 个岩土层厚度，m；K_i 为潜在污染源处第 i 个岩土层渗透系数，m/d。

当潜在污染源处及其附近区域缺少钻孔资料，不能计算垂向入渗厚度（D）与入渗速度（V）时，按300m×300m 网格单元剖分调查区，用反比距离法插值给出潜在污染源处 D 和 V 值。

潜在污染源处地下水垂向污染风险等级依据垂向污染用时（T）多少（天数）表征，污染用时（T）分割点天数，参考我国地下水水源地及保护区划分质点运移时间确定。地下水垂向污染风险划分为低、较低、中等、较高、高5个等级，并用1、2、3、4、5标度量化，见表2.15。

2）垂向入渗厚度（D）计算

在岩溶裸露区，将调查区剖分成300m×300m 网格单元，采用地面高程与2019年岩溶地下水丰水期水位标高两个趋势面差值计算垂向入渗厚度（D）。在岩溶覆盖区和埋藏区，首先，将已知钻孔处第四系和石炭-二叠系厚度相加，得到钻孔处垂向入渗厚度（D），然后，采用距离反比法生成300m×300m 单元垂向入渗厚度（D）。调查区垂向入渗厚度（D）分布情况见彩图4.6。统计计算显示，调查区垂向入渗厚度为16～713m，均值为227m。由彩图4.6可见，西部山区较小，向东逐渐增大，七里河和白马河之间的中西部厚度较小，一般小于70m，邑城镇南部地区厚度较大，一般超过400m，白马河以北地区厚度大，一般超过500m。

3）地下水垂向污染相关参数计算

A. 岩溶裸露区大气降水垂向入渗补给速度

以泉域南部矿区西石门钻孔1956～1974年岩溶水动态观测资料为依据，按年内水位最低点回升至最高点时间间隔统计，平均滞后时间为3.5个月，若按年内降水量最大月与最高水位时间间隔统计，平均滞后时间为2.4个月。由于岩溶裸露区年内地下水水位极大值形成与前期降水量积累有关，故认为采用年内最大降水月与年内水位极大值的滞后时间较为合理。为此，邢台百泉泉域裸露区岩溶水平均滞后时间为2.4个月。

岩溶裸露区垂向入渗厚度（D）（即包气带厚度）算术平均值为132.77m，岩溶水平均滞后时间为2.4个月（72天），求得岩溶裸露区包气带平均入渗补给速率为1.84m/d。

B. 岩溶裸露区河道渗漏带垂向入渗补给速度

据1989～1991年朱庄水库汛前放水回灌试验岩溶水动态监测资料，位于河道渗漏带的西坚固村、东坚固村，在放水到达第二天水位开始回升，放水15天后，整个监测区水位开始普遍回升。这说明朱庄水库放水形成的沙河河水在一天内就可以入渗补给到奥陶系含水层，其补给速率就是渗漏段河床至地下水面距离。这一距离可由位于河流北岸阶地东坚固村一个观测孔（高程为189.50m）水位监测数据确定。4月30日放水，放水前水位埋深为100.80m，水位标高为89.00m，到5月10日水位埋深为93.80m，水位标高96.00m，10天内水位上升了7m。由于西坚固村-东坚固村沙河河床渗漏段标高为148.00～152.00m，平均为150.00m，放水前水位标高为89.00m，故放水前渗漏段河床至地下水面距离约60m。依据上述沙河河水渗漏段岩溶地下水水位对水库放水的响应情况，给出百泉泉域河流渗漏带入渗补给速率为60m/d。

C. 岩溶覆盖区垂向渗透系数

岩溶覆盖区第四系地层岩性可概化为3类，即卵砾石类（包括卵石、砾石、砂砾石），砂土类（包括粗砂、中粗砂、中砂、中细砂、细砂、粉细砂、粉砂及其组合）和黏性土类（包括黏土、粉质黏土、粉土及其组合）。参考《水文地质手册》（第二版）表17-5-16中列出的渗透系数值，以及调查区41个第四系孔抽水试验渗透系数值，综合给出卵砾石类、砂土类、黏性土类渗透系数分别为80m/d、15m/d、0.02m/d。

D. 岩溶埋藏区垂向渗透系数

岩溶埋藏区石炭–二叠系岩性主要为粉砂岩、细砂岩、泥岩、页岩夹薄层灰岩，渗透系数取《水文地质手册》（第二版）表17-5-2中砂泥岩实验室测定的经验值2×10^{-6}cm/s，折算为0.012m/d。由于石炭–二叠系岩性渗透系数与黏性土相当，故本次计算将石炭–二叠系等同于黏性土。

依据上述方法，计算得出调查区垂向渗透系数分布见彩图4.7，统计计算显示，调查区垂向渗透系数为0.03～45m/d，平均值为14m/d，标准差为12m/d。由彩图4.7可见，调查区垂向渗透系数总体呈现西高东低、北高南低分布特征，第四纪覆盖区渗透性较为均匀。受沙河、七里河等河道影响，在其河口及以上区域呈现较高的渗透性，渗透系数接近或高于40m/d。

4）地下水垂向污染风险评价

采用ArcGIS软件，按照300m×300m单元栅格化调查区，并采用以下公式计算每个栅格区地下水垂向污染用时（T）：

T=栅格内垂向入渗平均厚度(D)÷垂向入渗补给速率或垂向等效渗透系数(V)

依据每个栅格污染用时（T），查表得到每个栅格地下水垂向污染风险，最终叠加形成调查区地下水垂向污染风险等级分布图（彩图4.8）。由彩图4.8看出，地下水垂向污染风险与岩溶裸露区、覆盖区、埋藏区的分布高度相关，即高风险及较高风险的区域主要分布在西部岩溶裸露区，特别是白马河和沙河之间上游裸露区风险最高，沙河以南及白马河以北埋藏区风险也较高；在沙河以北区域，自西向东，风险由高变低变化趋势明显。

若以47处潜在污染源对地下水垂向污染风险统计，低风险（标度值1）35个，占74.5%，中风险（标度值3）1个，占2.1%，较高风险（标度值4）2个，占4.3%，高风险（标度值5）9个，占19.1%，平均标度值为2.96，总体风险处于中等水平。

4. 水源井地下水污染风险

1）水源井地下水污染风险表征

水源井地下水污染风险是潜在污染源进入地下水后沿水平径流途径到达水源地开采井的可能性，用水平污染时间（T）表达：

$$T=L/V_{\mathrm{p}} \tag{4.1}$$

式中，L为潜在污染源至水源地开采井的欧矢距离，m；V_{p}为潜在污染源处地下水沿水源地开采井方向的渗透速度，m/d，推荐采用下式计算：

$$V_p = K \times I \times \{[1+\mathrm{COS}(\theta+\pi)]\}^n / 2^n + 0.00001 \tag{4.2}$$

式中，K 为调查区内开采含水层的渗透系数，m/d；I 为地下水水力坡度，无量纲，假设为1；θ 为潜在污染源相对于水源井的欧氏方向（α）与地下水流向（β）的夹角，弧度，计算中采用 α-β 的绝对值；n 为水质点从潜在污染源处至水源地井迁移路径上含水介质曲度指数，无量纲，取值1～100，迁移路径越曲折，n 值越大，迁移时间 T 越大，邢台水源地及保护区为岩溶裂隙含水介质，n 值取10；0.00001为运算常数，防止栅格文件计算中出现数值歧义。

依据地下水流场图、潜在污染源分布图、水源井分布图、渗透系数分布图，采用ArcGIS分析软件，按照300m×300m单元将调查区栅格化，计算每个栅格地下水流向欧氏方向（β）、潜在污染源与水源井欧氏方向（α），以及两者夹角（θ），按照式（4.1）、式（4.2）计算出每个栅格的渗透速度（V_p）和水平污染时间（T）。

水源井地下水污染风险等级依据水平污染用时（T）多少（天数）表征，污染用时（T）分割点天数，参考我国地下水水源地及保护区划分质点运移时间确定。水源井地下水污染风险划分为低、较低、中等、较高、高5个等级，并用1、2、3、4、5标度量化，见表2.16。

2）水源井地下水污染风险相关参数计算

A. 地下水流动方向（β）

采用2019年岩溶水监测数据，绘制岩溶水流场图并分析地下水流动方向（图4.38）。由图可见，调查区岩溶水总体流向为东或东北方向，在水源地及其附近，地下水主要向水源井汇集，此外还向北东和北东东方向排泄。

B. 潜在污染源欧氏方向（α）与岩溶水流向（β）的夹角（θ）

采用ArcGIS软件，计算并形成水源地潜在污染源相对于开采井的欧氏方向（α）图，并与地下水流欧氏方向（β）图层进行差值计算，形成夹角图（彩图4.9）。统计显示，调查区夹角（θ）平均值为1.59，表明大部地区位于水源地岩溶水的“上游”位置。

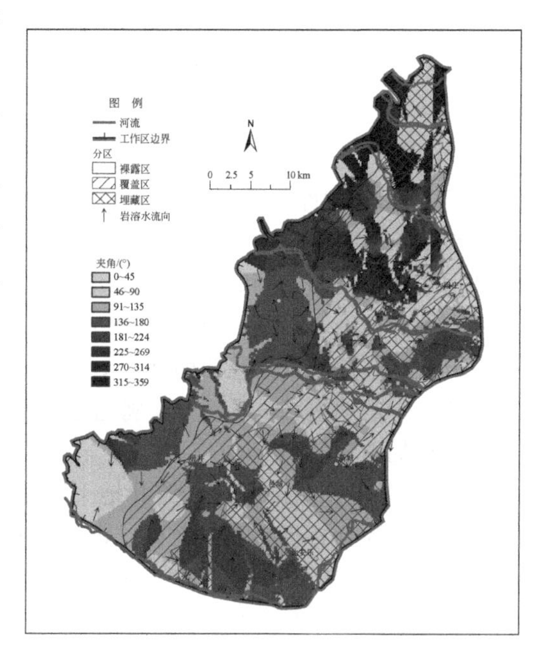

图4.38　岩溶地下水流向图

C. 地下水沿水源地开采井方向的渗透速度（V_p）

依据136个钻孔或抽水试验渗透系数数据，采用Kring差值方法获得调查区每个格栅的原始渗透系数值，即式（4.2）中的 K，其分布见图4.39（a）。将原始渗透系数（K）栅格图与岩溶水流向、水源地方向栅格图进行校正计算［计算方法见式

(4.2)]，形成调查区每个格栅的校正渗透系数值［即式（4.2）中的 V_p］，其分布见图 4.39（b）。统计分析显示，原始渗透系数（K）范围为 1.45 ~ 133.75m/d，均值为 31.75m/d，标准差为 17.17；校正后渗透系数（V_p）范围为 0 ~ 101.95m/d，均值为 5.49m/d，标准差为 2.00。原始渗透系数被流场“矢量化”，使得原始渗透系数的均值变小和均匀化。

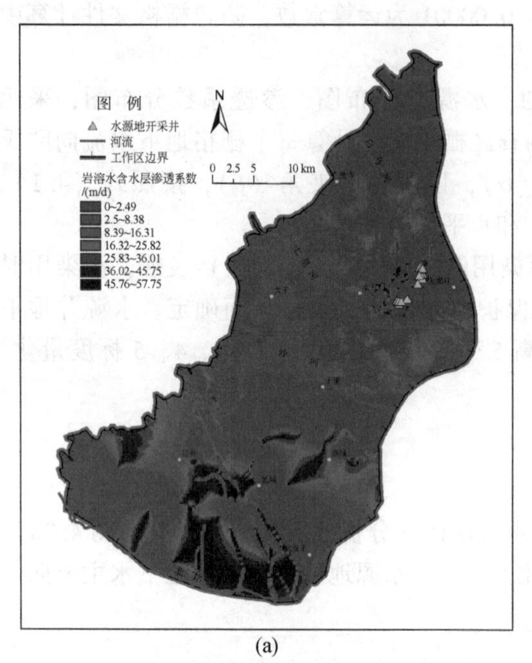

(a)

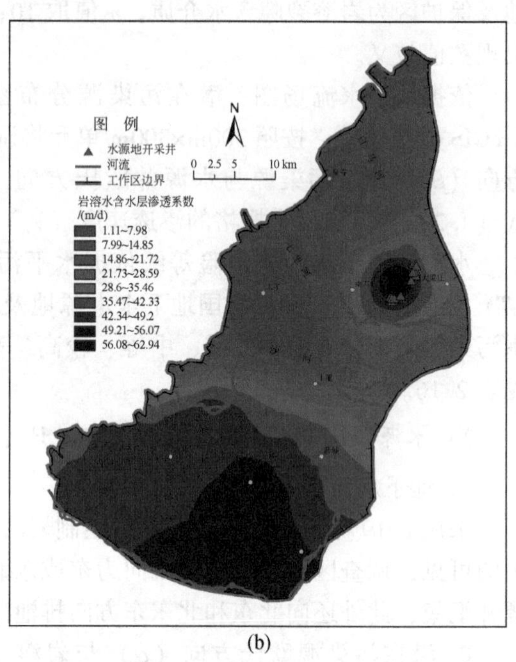

(b)

图 4.39　原始渗透系数与校正后渗透系数示意图

3）水源井地下水污染风险评价

采用 ArcGIS 软件，按照 300m×300m 单元将调查区栅格化，依据式（4.1）计算每个栅格区地下水水平污染用时（T）。

依据每个栅格污染用时（T），查表得到每个栅格至水源井的地下水污染风险，形成调查区水源井地下水污染风险等级分布图（彩图 4.10）。由彩图 4.10 显示，较高风险区域主要分布在水源地西部及西南部，呈北东—南西条带状延伸，并夹持在七里河与白马河之间。这一带的地下水一旦污染，将直接威胁水源地的安全，故应加强这一区域渗井等直接污染途径的防控。

若以 47 处潜在污染源对水源井地下水污染风险统计，低风险（标度值 1）8 处，占 17%，较低风险（标度值 2）37 处，占 78.7%，中风险（标度值 3）1 处，占 2.1%，高风险（标度值 5）1 处，占 2.1%，平均标度值为 1.91，总体风险处于较低水平。

4.4.8 管理状况

1. 保护区建设与整治

1）保护区划分

邢台市政府重视水源地保护区的划分工作，分别在 1985 年、1999 年、2006 年、2011 年进行了水源地划分或调整。

2011 年依据《饮用水水源保护区划分技术规范》（HJ/T 338—2007）规定、水源地含水介质类型、地下水埋藏条件、水源地日开采量，将邢台市董存水厂、紫金泉水厂、韩演庄水厂确定为中小型岩溶网络裂隙承压水水源地，各级保护区划分依据及划分结果如下。

A. 一级保护区划分

按照中小型孔隙潜水型水源地一级保护区半径计算公式，并结合上覆含水层介质岩性规定的经验值（表 4.27）综合确定。

一级保护区半径计算公式为

$$R=\alpha \cdot K \cdot I \cdot T/n \tag{4.3}$$

式中，R 为保护区半径，m；α 为安全系数，取 2；K 为含水层渗透系数，地层为粉质黏土、砂质黏土，取 5m/d；I 为水力坡度（为漏斗范围内的平均水力坡度），按 2010 年实测资料，取 8‰；T 为污染物水平迁移时间，取 100 天；n 为有效孔隙度，取 0.37。

将上述参数值代入公式得：$R=21.6$m。该值小于表 4.27 中细砂含水层经验值下限。因此，将董村水源地、韩演庄水源地、紫金泉水源地一级保护区半径定为以各开采井为中心，半径为 30m 外包络线围成的区域。

表 4.27 孔隙水潜水型水源地保护区范围经验值表

介质类型	一级保护区半径 R/m
细砂	30 ~ 50
中砂	50 ~ 100
粗砂	100 ~ 200
砾石	200 ~ 500
卵石	500 ~ 1000

B. 二级保护区划分

按照技术规范规定，岩溶裂隙网络型承压水水源地一般不设二级保护区。但考虑到邢台百泉岩溶水系统补给、径流、排泄特征的特殊性，西部岩溶裸露区作为邢台饮用地下水水源补给区，距市区三大水厂仅十余千米，一旦遭受污染，污染物将迅速迁移至水源地，不仅危及邢台市饮用水安全，恢复治理也是一个艰巨而漫长的过程，甚至造成不可逆转的危害。因此，考虑人工干扰条件下补给、径流、排泄状态变化及对水源地的保护，确定了邢台市饮用水水源地二级保护区包括以下 3 类区域。

a. 天然裸露型二级保护区

百泉岩溶水系统灰岩裸露区是百泉岩溶水系统的补给区。在区域地下水水位持续下降、分水岭持续向北移动的形势下，无论是从保护水质还是保护水量的角度，将灰岩裸露区划分为二级保护区对邢台饮用水水源地都具有重大意义。裸露灰岩补给区面积为 338.6km^2。

b. 人工裸露型二级保护区

2005 年以来，邢台市西北方向的会宁镇出现数个石灰石采坑，造成灰岩直接出露地表。该区域距离邢台市达活泉水厂 4.95km，2010 年 4 月 15 日在现场发现坑内有零星垃圾堆，如果坑内垃圾遭受降雨淤积，垃圾淋滤液势必会汇入奥陶系灰岩含水层，造成邢台市饮用水水源污染。将该区域划分为邢台市饮用水水源地二级保护区，面积为 5.76km^2。

c. 泉群排泄覆盖型二级保护区

在天然条件下为百泉泉群、狗头泉泉群、达活泉群排泄区。第四系覆盖层厚度薄、岩性渗透性较好，自 1987 年干涸后，水位持续下降，排泄区变成了水源地的补给区，若遭受地表污染，会对市区水源地构成威胁。因此，将以上区域设置为饮用水二级保护区，其中，百泉泉群二级保护区面积约 7km^2、狗头泉泉群二级保护区面积约 0.48km^2、达活泉群二级保护区面积约 1.41km^2。

邢台市饮用地下水水源地二级保护区面积合计为 353.25km^2。

C. 准保护区划分

位于二级保护区以西，北边界以白马河为界；南边界沿大沙河南沿及公路—十里亭—西郝庄—西赵村—张下曹—刘石岗—功得旺—高庄—柴关一线为界；西边界以西青山—皇寺—北会—东牛峪—朱庄—渡口—柴关一线为界，面积约 522km^2。

2）保护区标识设置及隔离防护

邢台市水源地管理部门设立了水源地保护区标识，对一级保护区水源地内开采井进行了编号及定位，对二级保护区所在的行政区及控制点也进行了编号及定位。

3）保护区整治

2000 年以来，邢台市在饮用水源地二级保护区及准保护区实施了 9 项生态恢复与建设工程、2 项固体废物处置工程和 4 项地下水及地表水保护治理工程，大大改善了水源地保护区环境条件。

2. 水质监管

1）监管机构

邢台市饮用地下水由邢台市环境保护监测站和邢台冀泉供水有限公司进行监管。

A. 邢台市环境保护监测站

邢台市环境保护监测站（属二级监测站）建于 1975 年，1993 年通过省级计量认证，2005 年取得中华人民共和国计量认证合格证书，认证项目 169 项，可开展水、废水、空气（含降水）、室内空气、废气、噪声、放射性、生物、土壤、电磁辐射等环境要素监测。监测站现有技术人员 60 余名，其中高级职称占 48%，现有各类监测仪器 106 余台，监测车 3

辆，其中应急监测车1辆，监测用房面积1040km²。监测站下辖15个三级监测站，其中沙河市、邢台县、宁晋县、内丘县、隆尧县5个三级站通过计量认证，具备一定的监测能力。

B. 邢台冀泉供水有限公司

邢台冀泉供水有限公司设有中心实验室，即河北省城市供水监测网邢台监测站，每个水厂设有常规监测实验室，按照国家标准和规范要求进行水质监测。

2）地表水水质监测

对13个河段和2座水库水质进行监测，布设监测断面27个，监测断面名称、监测频次、断面性质详见表4.28。

河流监测指标有22项，分别是pH、DO、COD_{Mn}、COD_{Cr}、BOD_5、氨氮、挥发酚、氰化物、总砷、总汞、六价铬、铅、镉、石油类、总磷、铜、锌、硒、氟化物、硫化物、阴离子表面活性剂、粪大肠菌群。

表4.28　地表水监测断面情况表

河库名称	断面代码	断面名称	监测频次	断面性质
小黄河	405	南大郭	每年6次	地表水省控兼市控
	406	酱菜厂	每年6次	地表水省控兼市控
	756	青年桥	每年2次	市控
	752	电缆厂	每年2次	市控
	751	北关桥	每年2次	市控
牛尾河	755	高庄桥	每年2次	市控
	407	大吴庄桥	每年6次、旬报	地表水省控兼市控
	408	后西吴桥	每年6次	地表水省控
围寨河	754	二轻局桥	每年2次	市控
	753	东街口桥	每年2次	市控
	757	五一桥	每年2次	市控
洨河	404	南留桥	每年6次、旬报	地表水省控
汪洋沟	761	东枣村桥	每年6次、旬报	海河流域省控
	770	东曹庄	每年6次	海河流域省控
滏阳河	353	郭桥	每年6次、旬报	地表水省控
	414	艾辛庄	每年6次	地表水省控
			每月1次	海河流域国控
	762	大田庄桥	每年6次	海河流域省控
滏东排河	766	城后桥	每年6次	海河流域省控
滏阳新河	764	侯庄桥	每年6次	海河流域省控
老漳河	767	西河古庙桥	每年6次	海河流域省控
留垒河	765	张村桥	每年6次	海河流域省控

续表

河库名称	断面代码	断面名称	监测频次	断面性质
洺河	763	丁庄桥	每年 6 次、旬报	海河流域省控
卫运河	473	陈窑	每年 6 次	地表水省控
			每月 1 次	海河流域国控
清凉江	769	刘口	引水期每月 1 次	海河流域省控
	768	张二庄闸	引水期每月 1 次	海河流域省控
临城水库	357	临城水库库中心	每年 2 次	地表水省控
朱庄水库	358	朱庄水库库中心	每年 2 次	地表水省控
			每月 1 次	饮用水水源地

水库监测指标有 28 项，分别是 pH、溶解氧、COD_{Mn}、COD_{Cr}、BOD_5、氨氮、挥发酚、氰化物、总砷、总汞、六价铬、铅、镉、石油类、总磷、总氮、铜、锌、硒、氟化物、硫化物、阴离子表面活性剂、粪大肠菌群、硝酸盐、氯化物、硫酸盐、铁、锰。

另外，朱庄水库作为邢台市备用饮用水源地，设监测垂线一个，监测项目共 34 项，每月监测一次。

3）城区地下水水质监测

由河北省地矿局地质环境监测院邢台分队负责监测，每年枯水期（6 月）和丰水期（9 月）各监测一次。监测第四系松散孔隙水（浅层地下水）的监测井 21 眼，监测岩溶裂隙水（深层地下水）的监测井 16 眼。

城区地下水监测指标有 21 项，分别是水温、pH、总硬度、浑浊度、氯化物、氟化物、氨氮、硝酸盐氮、亚硝酸盐氮、COD_{Mn}、挥发酚、砷、汞、镉、六价铬、铅、氰化物、总大肠菌群、细菌总数、钙、镁。

4）水源地地下水水质监测

由邢台冀泉供水有限公司负责，水质监测分为水源井（原水）水质每月抽检、出厂水每月每日定期监测、管网水定点定期监测、管网水余氯、浑浊度全天在线监测。

A. 水源井（原水）水质监测

在董村水厂、韩演庄水厂、紫金泉水厂各设一口监测井，每月监测一次，监测指标 23 项，分别是 pH、总硬度、氟化物、氯化物、挥发酚、高锰酸盐指数、硫酸盐、硝酸盐氮、亚硝酸盐氮、氨氮、氰化物、汞、砷、六价铬、铁、铜、锰、镉、铅、硒、锌、阴离合成洗涤剂、总大肠菌群。

B. 管网水水质监测

在董村水厂、韩演庄水厂、紫金泉水厂分别每年抽检水质 2 次，时间为每年 6 月和 12 月，每个水厂每次抽检一眼井。抽检水样由邢台冀泉供水有限公司中心实验室按照《生活饮用水卫生标准》（GB 5749—2006）中要求的方法，检测色度、菌落总数、总大肠菌群、耐热大肠菌群、大肠埃希氏菌、溴酸盐、亚氯酸盐、氯酸盐、氯气及游离氯制剂、二氧化氯等 50 项指标。

C. 供水过程水质监测

邢台市供水水厂严格按照供水规范要求程序进行供水，从水源井取水到入用户水网，对水质化验、余氯含量、出厂水质、出厂压力等 4 项进行严格把关，其中任一项不合格暂停供水，待查明原因、排除故障后才能恢复供水。在地下水井取水后对水源水（原水）进行第一次水质化验，经供水设施处理后，供水（末梢水）进入管网前进行第二次水质化验（图 4.40）。

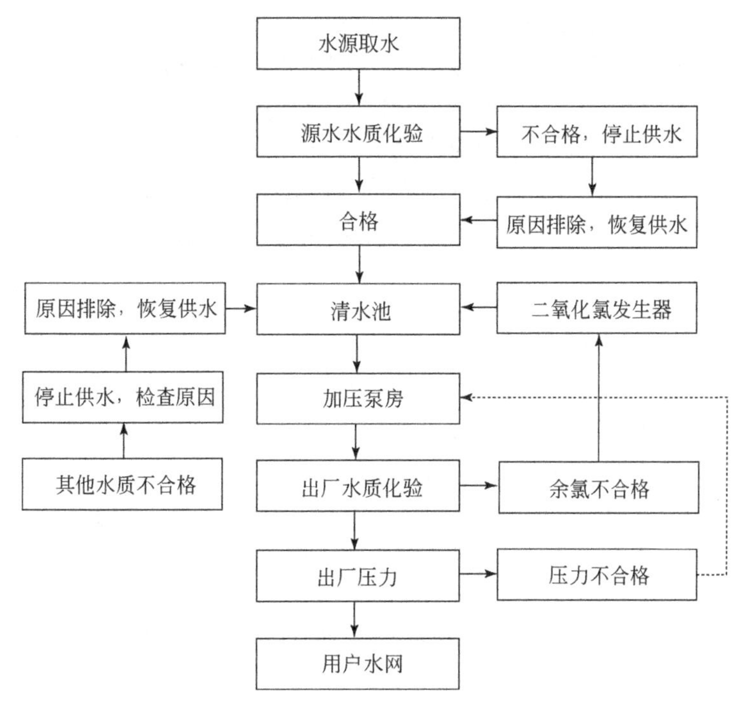

图 4.40　邢台市城区水厂供水工艺及水质监测流程图

3. 风险防控与应急处置

1）风险防控

一级保护区内未建设与取水设施无关的建筑物，无农牧业活动，无倾倒、堆放工业废渣及城市垃圾、粪便和其他有害废弃物；不存在输送污水的渠道、管道及输油管道；无油库和墓地。

地下水水源地仅开采承压含水层中地下水，二级保护区内未进行承压水和潜水的混合开采。

在准保护区内七里河河岸等地存在建筑和生活垃圾、粉煤灰堆场，但采取了一定防渗措施。准保护区内未使用污水进行灌溉。

2）应急处置

应急处置包括水源地应急供水能力，应对水源地突发环境事件能力等。

A. 应急供水能力

朱庄水库作为邢台市备用水源地，2005 年“引朱济邢”工程建成，每年向邢台市引水 5000 万 m^3，供邢台钢厂和兴泰电厂工业用水。市区其他部分生活和工农业用水由零散自备水井供给。

B. 应对水源地突发环境事件能力

为有效应对突发事件，共同做好引水安全保障工作，邢台市卫生局、建设局、水务局、环境保护局建立了饮水安全工作沟通协作机制，建立了水源地安全保障部门联动机制，实行资源共享和重大事项会商制度，建立了四部门突发饮用水安全事件联合应急处置机制，明确职责，相互配合，共同处置突发饮水安全事件。

邢台市水源地管理部门制订了应对突发水污染事件、洪水和干旱等特殊条件下供水安全保障的应急预案；建立应对突发事件的人员、物资储备机制和技术保障体系；实行了定期演练制度，建立健全有效的预警机制等；建立健全基层监督队伍和工作机制。

4. 其他管理措施

邢台市水源地管理部门采取的其他管理措施包括：

（1）完善重要饮用水水源地保护区划分，设立水源地边界、保护区边界警示标志；

（2）制定饮用水水源地保护的相关法规、规章或办法，并经批准实施；

（3）完善饮用水水源地监测设施，加强技术人员培训，提高监测能力和水平；

（4）重要饮用水水源地的管理和保护配备了专职管理人员，落实工作经费；

（5）建立重要饮用水水源地安全保障部门联动机制，实行资源信息共享和重大事项会商制度；

（6）进一步规范信息公开工作，确保公布的信息科学、准确、及时。

4.5 水源地及保护区环境状况评价

采用模糊层次评价方法，引入健康度理念，评价邢台市水源地及保护区环境状况。

4.5.1 指标体系构建

按层次分析法构建，分为目标层、方面层和基底层，方面层及基底层指标划分依据和说明见 2.10.1 节。

4.5.2 指标权重确定

按模糊互补判断矩阵构建、权重计算及验证见 2.10.2 节。

4.5.3 基底层指标隶属度评判及矩阵构建

邢台市水源地及保护区 5 个方面各基底层指标等级划分，依据表 2.6 ~ 表 2.19 评判条件确定，分为5级，其隶属关系，用绝对隶属或模糊隶属两种方式表达。

1. 调查研究程度基底层指标

1）地质及水工环工作

邢台市水源地及保护区属于山地区及丘陵区水源地，其地质及水工环工作调查研究采用7个条件判定。资料显示，1991～1996年，开展了1∶5万将军墓、西丘、西黄村、邢台市等标准图幅区域地质调查工作，在水源地所在百泉泉域开展了精度为1∶5万水文地质调查工作；在第三水源地（董村水厂）开展了1∶2.5万～1∶1万水文地质勘查及大型试验性群孔抽水试验，采用解析法对开采量进行了模拟预测及保证评价；进入21世纪，围绕邢台市城市建设规划、水源地保护、泉水恢复等社会经济发展及生态建设需求，开展了1∶5万～1∶1万地质环境综合调查及承载力评价、水源地保护区划分、百泉复流人工回灌条件试验、煤矿及铁矿开采对岩溶水影响、地下水污染调查评价等专门工作，积累了较丰富水源地及保护区年度系列地下水水位、水质动态监测资料。另外，在20世纪70～80年代，完成了1∶10万邢邯基地、1∶20万太行山南段、百泉泉域区域水文地质勘察，对邯邢地区岩溶发育机理和分布规律进行了系统深入研究。因此，水源地及保护区地质及水工环工作调查研究程度满足表2.6山地及丘陵区所有7个判定条件，隶属等级定为高，属于绝对隶属。

2）环境保护工作

资料及研究成果显示，邢台市水源地及保护区具有水源地及保护区划分报告、供水规划报告、应急备用水源资源论证报告、水源地及保护区水生态（如泉水复流）恢复及保护研究成果，公开发表了与水源地及保护区地下水水质和污染风险评价的论文。环境保护工作调查研究程度满足表2.7中①～⑤5个判定条件，隶属等级定为高，属于绝对隶属。

3）调查研究程度基底层指标隶属度矩阵

依据对调查研究程度两个基底层指标隶属等级判定，构建的隶属度矩阵为

$$\boldsymbol{r}_a=\begin{bmatrix}1 & 0 & 0 & 0 & 0\\ 1 & 0 & 0 & 0 & 0\end{bmatrix}$$

2. 水质状况基底层指标

1）水源地开采井区水质状况

据2005～2020年董村水厂、紫金泉水厂、韩演庄水厂水源井地下水水质评价结果显示，历年历次地下水水质均在Ⅰ～Ⅲ类。据表2.8的评判标准，开采井区地下水水质为良好等级，属于绝对隶属。

2）水源地所在水文地质单元地下水水质状况

A. 含水层水质

1982年、2016年、2020年3个年份水源地所在水文地质单元含水层水质评价结果显示，1982年综合水质为Ⅳ类水，Ⅳ类水主要影响指标为硝酸盐和硫酸盐；2016年综合水

质为Ⅴ类水，Ⅳ类水主要影响指标依次为铁、总硬度、硫酸盐、pH、硝酸盐，Ⅴ类主要影响指标为硫酸盐、总硬度、铁；2020 年综合水质为Ⅴ类水，Ⅳ类水主要影响指标为铁、总硬度、铝、硫酸盐、溶解性总固体、氟化物、钠离子，Ⅴ类主要影响指标为铝、总硬度。按照《地下水质量标准》（GB/T 14848—2017）指标分类规定，除硝酸盐这一毒理指标达到Ⅴ类水外，其他达到Ⅳ类水和Ⅴ类水的指标为感官性状及一般化学指标。据表 2.9 评判标准中评判条件，含水层水质处于较差等级。

B. 地下水水化学类型演变

2018 年与 1982 年 36 年跨度区域水化学类型演变对比结果显示，位于补给区的大贾乡西北部的地下水由重碳酸钙型水变成了重碳酸硫酸钙型水，阴离子排序发生微变，位于排泄区的南大汪东北部的地下水由重碳酸钙镁型水变成了硫酸重碳酸钙镁型水，阴离子排序发生突变。

由百泉泉域沙河以北 1982 年、1991 年、2016 年、2020 年岩溶地下水从补给区到排泄区的两个流动路径水化学类型演变分析结果得知，同一年代、同一流程或同一个点、不同年代地下水第一主阴离子（HCO_3^-）和第一主阳离子（Ca^{2+}）的地位未发生变化，一些点在某些年份硫酸根离子和镁离子出现在第二主阴离子和第二主阳离子位置，水化学类型处于微变状态。

综合区域和流动路径水化学类型演变结果，认为水源地所在水文地质单元局部地段的岩溶水径流带水化学类型发生了突变。

C. 典型水化学指标变化

近 40 年来百泉泉域沙河以北岩溶地下水的总硬度、硫酸盐、氯化物多年呈现上升增加趋势，且增加幅度沿地下水流动路径降低，即补给区>径流区>径流区。

D. 地下水污染现象

在邢台城区灰岩浅覆盖区、南部铁矿开采区、少数工矿企业及农村自备井等中，岩溶水曾受到挥发酚、六价铬、细菌、大肠杆菌、铁（Fe^{2+}）、硫酸盐（SO_4^{2-}）局部污染。

综合考虑水源地所在水文地质单元含水层水质、水化学类型演变、典型水化学指标变化、地下水污染现象 4 个方面状况，按照表 2.9 的评判标准，判定水源地所在水文地质单元地下水水质状况处于较差等级，属于绝对隶属。

3）水源地及保护区主要补给源水质状况

朱庄水库库水及弃水是邢台市地下水水源地及保护区主要补给源。据 2017～2020 年逐月水质监测数据，在参评的 60 个指标中，只有总氮超标，其他指标均达标，多年平均水质指标达标率为 95.2%。按照表 2.10 的评判标准，判定水源地及保护区主要补给源（朱庄水库库水）水质等级为良好，属于绝对隶属。

4）水质状况基底层指标隶属度矩阵

依据对水质状况 3 个基底层指标隶属等级判定，构建的隶属度矩阵为

$$\boldsymbol{r}_b=\begin{bmatrix}0&1&0&0&0\\0&0&0&1&0\\0&1&0&0&0\end{bmatrix}$$

3. 水量状况基底层指标

1）水源地开采井区水量状况

2010～2018年董村水厂、紫金泉水厂、韩演庄水厂地下水平均开采量为5.10万m^3/d、3.34万m^3/d、0.96万m^3/d，3个水厂总平均开采量为9.4万m^3/d，是3个水厂总设计供水能力（16万m^3/d）的58.75%，处于未超采状态。

2020年6月以后，以南水北调引水为主要供水水源，地下水作为应急备用水源，日均供水量在0.95万～3.01万m^3，不到3个水厂总设计供水能力的20%，处于热备状态。

另外，基于一级保护区典型监测井近10年水位计算，多年平均盈余水头高度为14.15m，认为邢台市水源地一级保护区含水层水量处于盈余状态。

按照表2.11的评判标准，符合水量充足①、②评判条件，故水源地开采井区水量状况判定为充足，属于绝对隶属。

2）水源地所在水文地质单元水量状况

据2010～2019年百泉泉域岩溶地下水均衡计算，近十年来水源地及保护区所在的水文地质单元地下水补给量大于排泄量，为水量正均衡，盈余水量年均约0.22万m^3/d，且年均盈余水量是3个水源地年设计可开采量（16万m^3/d）的1.38%。

另据分布于百泉泉域补给区、径流区和排泄区7个岩溶地下水监测井2010～2019年水位变化，近十年来开采含水层中监测井的水位总体呈波状起伏回升态势。

按照表2.12的评判标准，符合水量较充足条件②和水量基本平衡条件①，故水源地所在水文地质单元水量状况判定为较充足-基本平衡之间，属于模糊隶属，较充足和基本平衡各占50%权重。

3）水源地所在水文地质单元地下水流场状况

2015年以来，南水北调工程启用，泉域岩溶水开采量为5～6m^3/s，降落漏斗数量不再增加，径流排泄区水位呈回升态势，西南部铁矿区开采量减少并得到控制，沙河分水岭不再向市区移动，泉域岩溶水处于恢复状态，达活泉群仍处于断流状态，百泉在丰水年份出流。按照表2.13的评判标准，水源地所在水文地质单元地下水流场状况判定为轻变异，属于绝对隶属。

4）水量状况基底层指标隶属度矩阵

依据对上述水量状况3个基底层指标隶属等级判定，构建的隶属度矩阵为

$$\boldsymbol{r}_c=\begin{bmatrix}1 & 0 & 0 & 0 & 0\\0 & 0.5 & 0.5 & 0 & 0\\0 & 0 & 0 & 1 & 0\end{bmatrix}$$

4. 潜在污染源状况基底层指标

1）潜在污染源荷载风险

潜在污染源荷载风险的平均标度值为1.11，根据“四舍五入”原则，按照表2.14的

评判标准，风险隶属等级定为低，属于绝对隶属。

2）地下水垂向污染风险

潜在污染源对地下水垂向污染风险的平均标度值为 2.96，根据“四舍五入”原则，按照表 2.15 的评判标准，风险隶属等级定为中等，属于绝对隶属。

3）水源井地下水污染风险

潜在污染源对水源井地下水污染风险的平均标度值为 1.91，根据“四舍五入”原则，按照表 2.16 的评判标准，风险隶属等级定为较低，属于绝对隶属。

4）潜在污染源状况基底层指标隶属度矩阵

依据对潜在污染源状况 3 个基底层指标隶属等级判定，构建的隶属度矩阵为

$$\boldsymbol{r}_d=\begin{bmatrix}1 & 0 & 0 & 0 & 0\\0 & 0 & 1 & 0 & 0\\0 & 1 & 0 & 0 & 0\end{bmatrix}$$

5. 管理状况基底层指标

1）水源地及保护区建设与整治

2011 年，邢台市环保局委托华北有色工程勘察院有限公司，依据《饮用水水源保护区划分技术规范》（HJ/T 338—2007），对邢台市水源地保护区进行了调整划分，确定了水源地一级、二级及准保护区范围，依据 HJ/T 433—2008 完成了水源地保护区边界标志设置，一级保护区内无新扩建项目、无网箱养殖，排污口已关闭，且采用围墙隔离。2000 年以来，邢台市在饮用水源地二级保护区及准保护区实施了 9 项生态恢复与建设工程、2 项固体废物处置工程和 4 项地下水及地表水保护治理工程，大大改善了水源地保护区环境条件。

按照表 2.17 的评判标准，满足①～④条件且部分满足⑤、⑥条件，故判定水源地及保护区建设与整治状况隶属到位等级，属于绝对隶属。

2）水源地及保护区水质监管

邢台市水务部门按照国家《地下水质量标准》（GB/T 14848—2017）《生活饮用水卫生标准》（GB 5749—2006），定期检测原水、入网水水质有关指标，每日检测入网水常规水质指标，按照国家防疫工作要求，当突发环境事故或水污染事故发生后，能及时开展开采井水（原水）微生物、病毒等指标检测。在水源地及保护区内地表水安装预警监控设备，在水质断面对特定指标实施自动（在线）监测。地质监测部门在每年丰水期和枯水期对水源地及保护区所在百泉泉域岩溶地下水实施水质监测。

按照表 2.18 的评判标准，满足①～⑥条件，故判定水源地及保护区水质监管状况隶属非常到位等级，属于绝对隶属。

3）水源地及保护区风险防控与应急处置

水源地管理部门制定了定期巡查水源地保护区制度，完成了水源地编码，建立了水源地档案制度，确定了朱庄水库为邢台市地下水的备用水源地，规范了信息公开工作，确保

公布的信息科学、准确、及时。邢台市卫生局、建设局、水务局、环境保护局四部门建立了水源地安全保障部门联动机制，实行资源共享和重大事项会商制度、突发饮用水安全事件联合应急处置机制，明确职责，相互配合，共同处置突发饮水安全事件。

按照表 2.19 的评判标准，满足①、②、④、⑥4 个条件，故判定水源地及保护区风险防控与应急处置状况隶属到位等级，属于绝对隶属。

4）管理状况隶属度矩阵

依据对管理状况 3 个基底层指标隶属等级判定，构建的隶属度矩阵为

$$\boldsymbol{r}_e=\begin{bmatrix}0 & 1 & 0 & 0 & 0\\1 & 0 & 0 & 0 & 0\\0 & 1 & 0 & 0 & 0\end{bmatrix}$$

4.5.4 水源地及保护区环境状况健康度评价

1. 方面层健康度

水源地及保护区环境状况 5 个方面的健康度按以下步骤和方法计算评价。

1）5 个方面层健康度模糊评判向量

将 5 个方面基底层指标权重向量（$\boldsymbol{\omega}_a$、$\boldsymbol{\omega}_b$、$\boldsymbol{\omega}_c$、$\boldsymbol{\omega}_d$、$\boldsymbol{\omega}_e$）与隶属度矩阵（$\boldsymbol{r}_a$、$\boldsymbol{r}_b$、$\boldsymbol{r}_c$、$\boldsymbol{r}_d$、$\boldsymbol{r}_e$）相乘，即 $\boldsymbol{Z}_a=\boldsymbol{\omega}_a\times\boldsymbol{r}_a$，$\boldsymbol{Z}_b=\boldsymbol{\omega}_b\times\boldsymbol{r}_b$，$\boldsymbol{Z}_c=\boldsymbol{\omega}_c\times\boldsymbol{r}_c$，$\boldsymbol{Z}_d=\boldsymbol{\omega}_d\times\boldsymbol{r}_d$，$\boldsymbol{Z}_e=\boldsymbol{\omega}_e\times\boldsymbol{r}_e$，得到 5 个方面层健康度模糊评判向量如下。

调查研究程度健康度模糊评判向量为

$$\boldsymbol{Z}_a=\boldsymbol{\omega}_a\times\boldsymbol{r}_a=[0.70\quad 0.30]\times\begin{bmatrix}1 & 0 & 0 & 0 & 0\\1 & 0 & 0 & 0 & 0\end{bmatrix}=[1\quad 0\quad 0\quad 0\quad 0]$$

水质状况健康度模糊评判向量为

$$\boldsymbol{Z}_b=\boldsymbol{\omega}_b\times\boldsymbol{r}_b=[0.43\quad 0.33\quad 0.24]\times\begin{bmatrix}0 & 1 & 0 & 0 & 0\\0 & 0 & 0 & 1 & 0\\0 & 1 & 0 & 0 & 0\end{bmatrix}=[0\quad 0.67\quad 0\quad 0.33\quad 0]$$

水量状况健康度模糊评判向量为

$$\boldsymbol{Z}_c=\boldsymbol{\omega}_c\times\boldsymbol{r}_c=[0.37\quad 0.47\quad 0.16]\times\begin{bmatrix}1 & 0 & 0 & 0 & 0\\0 & 0.5 & 0.5 & 0 & 0\\0 & 0 & 0 & 1 & 0\end{bmatrix}=[0.37\quad 0.235\quad 0.235\quad 0.16\quad 0]$$

潜在污染源状况健康度模糊评判向量为

$$\boldsymbol{Z}_d=\boldsymbol{\omega}_d\times\boldsymbol{r}_d=[0.17\quad 0.37\quad 0.46]\times\begin{bmatrix}0 & 1 & 0 & 0 & 0\\1 & 0 & 0 & 0 & 0\\0 & 0 & 0 & 1 & 0\end{bmatrix}=[0.37\quad 0.17\quad 0\quad 0.46\quad 0]$$

管理状况健康度模糊评判向量为

$$\boldsymbol{Z}_e=\boldsymbol{\omega}_e\times\boldsymbol{r}_e=[0.33 \quad 0.43 \quad 0.24]\times\begin{bmatrix}0&1&0&0&0\\1&0&0&0&0\\0&1&0&0&0\end{bmatrix}=[0.43 \quad 0.57 \quad 0 \quad 0 \quad 0]$$

2）5 个方面层健康度分值及等级

将5个方面层健康度的模糊评判向量（$\boldsymbol{Z}_a$、$\boldsymbol{Z}_b$、$\boldsymbol{Z}_c$、$\boldsymbol{Z}_d$、$\boldsymbol{Z}_e$）与健康度评语矩阵（$\boldsymbol{V}=\{V_1, V_2, V_3, V_4, V_5\}$）的逆矩阵（$\boldsymbol{V}^{\mathrm{T}}$）分别相乘（其中，$V_1=100$、$V_2=80$、$V_3=60$、$V_4=40$、$V_5=0$），得到5个方面层健康度分值如下。

调查研究程度健康度分值为

$$\mathrm{HD}_a=\boldsymbol{Z}_a\times\boldsymbol{V}^{\mathrm{T}}=[1 \quad 0 \quad 0 \quad 0 \quad 0]\times\begin{bmatrix}100\\80\\60\\40\\0\end{bmatrix}=100+0+0+0+0=100$$

对照表2.20，得到邢台市水源地及保护区调查研究程度健康度等级为优秀。

水质状况健康度分值为

$$\mathrm{HD}_b=\boldsymbol{Z}_b\times\boldsymbol{V}^{\mathrm{T}}=[0 \quad 0.67 \quad 0 \quad 0.33 \quad 0]\times\begin{bmatrix}100\\80\\60\\40\\0\end{bmatrix}=0+53.6+0+13.2+0=66.8$$

对照表2.20，得到邢台市水源地及保护区水质状况健康度等级为合格。

水量状况健康度分值为

$$\mathrm{HD}_c=\boldsymbol{Z}_c\times\boldsymbol{V}^{\mathrm{T}}=[0.37 \quad 0.235 \quad 0.235 \quad 0.16 \quad 0]\times\begin{bmatrix}100\\80\\60\\40\\0\end{bmatrix}=37+18.8+14.1+6.4+0=76.3$$

对照表2.20，得到邢台市水源地及保护区水量状况健康度等级为良好。

潜在污染源状况健康度分值为

$$\mathrm{HD}_d=\boldsymbol{Z}_d\times\boldsymbol{V}^{\mathrm{T}}=[0.17 \quad 0.46 \quad 0.37 \quad 0 \quad 0]\times\begin{bmatrix}100\\80\\60\\40\\0\end{bmatrix}=17+36.8+22.2+0+0=76$$

对照表2.20，得到邢台市水源地及保护区潜在污染源状况健康度等级为良好。

管理状况健康度分值为

$$
\mathrm{HD}_e=\boldsymbol{Z}_e\times\boldsymbol{V}^{\mathrm{T}}=[0.43\quad 0.57\quad 0\quad 0\quad 0]\times\begin{bmatrix}100\\80\\60\\40\\0\end{bmatrix}=43+45.6+0+0+0=88.6
$$

对照表2.20，得到邢台市水源地及保护区管理状况健康度等级为良好。

2. 水源地及保护区环境状况健康度

按以下步骤和方法计算评价。

1）目标层综合矩阵

将5个方面层健康度的模糊评判向量（$\boldsymbol{Z}_a$、$\boldsymbol{Z}_b$、$\boldsymbol{Z}_c$、$\boldsymbol{Z}_d$、$\boldsymbol{Z}_e$）按行由上至下排列形成一个5行5列的目标层综合矩阵（记为$\boldsymbol{Z}$），即

$$
\boldsymbol{Z}=\begin{bmatrix}\boldsymbol{Z}_a\\\boldsymbol{Z}_b\\\boldsymbol{Z}_c\\\boldsymbol{Z}_d\\\boldsymbol{Z}_e\end{bmatrix}=\begin{bmatrix}1&0&0&0&0\\0&0.67&0&0.33&0\\0.37&0.235&0.235&0.16&0\\0.17&0.46&0.37&0&0\\0.43&0.57&0&0&0\end{bmatrix}
$$

2）目标层健康度模糊评判向量

将目标层权重向量（$\boldsymbol{\omega}=[0.14\quad 0.29\quad 0.24\quad 0.19\quad 0.14]$）与目标层综合矩阵$\boldsymbol{Z}$相乘，得到目标层健康度模糊评判向量（记为$\boldsymbol{T}$），即

$$
\boldsymbol{T}=\boldsymbol{\omega}\times\boldsymbol{Z}=[0.14\quad 0.29\quad 0.24\quad 0.19\quad 0.14]\times\begin{bmatrix}1&0&0&0&0\\0&0.67&0&0.33&0\\0.37&0.235&0.235&0.16&0\\0.17&0.46&0.37&0&0\\0.43&0.57&0&0&0\end{bmatrix}
$$

$$
=[0.32\quad 0.42\quad 0.13\quad 0.13\quad 0]
$$

3）目标层健康度分值及等级

将目标层健康度模糊评判向量（$\boldsymbol{T}$）与健康度评语矩阵（$\boldsymbol{V}=\{V_1,\ V_2,\ V_3,\ V_4,\ V_5\}$）的逆矩阵（$\boldsymbol{V}^{\mathrm{T}}$）相乘，得到目标层健康度分值，即

$$
\mathrm{HD}=\boldsymbol{T}\times\boldsymbol{V}^{\mathrm{T}}=[0.32\quad 0.42\quad 0.13\quad 0.13\quad 0]\times\begin{bmatrix}100\\80\\60\\40\\0\end{bmatrix}=32+33.6+7.8+5.2+0=78.6
$$

对照表2.20，得到邢台市水源地及保护区环境状况健康度等级为良好。

4.5.5 水源地及保护区环境状况主控因素及改善建议

通过上述评价，得出邢台市水源地及保护区环境状况总体健康度等级为良好，其中，调查研究程度健康度等级为优秀，水质状况健康度等级为合格，水量状况、潜在污染源状况和管理状况的健康度等级均为良好。显然，水质状况是影响邢台市水源地及保护区环境状况健康度的主要因素。

从构成水质状况 3 个基底层指标隶属等级回溯分析，水源地开采井区水质和主要补给源水质良好，而水源地所在水文地质单元水质较差。水质较差的主要原因是局部含水层水质处于较差和差状况，地下水水质主要超标（Ⅴ类水）指标为硫酸盐、总硬度、铁、铝、六价铬、硝酸盐。

结合水源地及保护区自然和人类活动状况，提出 4 点改善水质的意见。

（1）硫酸盐、总硬度超标与含水层为碳酸盐岩-硫酸盐岩建造有关，这在太行山区岩溶地下水中非常普遍（如娘子关泉水、井陉威州泉水），是自然背景的水质特征，可通过混合作用、沉淀作用等方式降低饮水中硫酸盐、总硬度浓度。

（2）硫酸盐、铁、铝超标与开采铁矿活动有关，应减少与水源地具有直接补给、径流关系铁矿开采区的开采强度或控制矿坑水排入开采含水层。

（3）总氮、硝酸盐超标与概略调查区和直接补给区农业活动有关，建议控制这两个地区施肥等农业活动强度。

（4）水源地所在水文地质单元在 20 世纪 80 年代至 21 年代前 10 年在个别地点发生过地下水污染现象，虽污染扩散范围较小、污染程度较低，但仍需加强这些地点及周边区域的水质监测。

虽然水源地所在水文地质单元含水层局部地点水质较差，但岩溶地下水系统具有较强的自然净化能力，通过一定时空尺度演化可得到改善。这可从 3 个方面水质数据予以证明：①对比相同地点 2009～2016 年与 2020 年岩溶水水质，2009～2016 年超标（Ⅴ类水）指标有 6 项（硫酸盐、总硬度、铁、铝、六价铬、硝酸盐），而 4 年后（2020 年）超标（Ⅴ类水）指标减少为 2 项（总硬度和铝）；②2009 年在董村水源地西部南石门县五金厂周边发生过地下水六价铬污染，近 5 年的水质监测显示，地下水中六价铬浓度已达标（Ⅲ类水）；③水质较差水点均处于岩溶水补给区或径流区，而水源地地下水开采井区水质良好。

4.6 示范成果和认识

通过对邢台市区地下水饮用水源地及保护区环境状况调查评价，取得了以下成果和认识。

（1）获得了自然及人为环境较为复杂、保护区边界清晰、资料相对丰富、管理运营较为规范的典型大型地下水饮用水源地及保护区环境状况调查评价经验，进一步完善了调查技术思路、工作内容及技术要求，深化了对地下水饮用水源地及保护区环境状况内涵及要素的认识，深刻体验了相关环境要素收集、整理分析、表达的步骤与方法。

（2）建立了水源地及保护区地面及浅地表潜在污染源–途径（潜水面以上包气带或地面至承压含水层顶板）–受体（地下水面及水源地开采井）的地下水污染风险评价方法，在地下水垂向污染及水源井地下水水平污染风险判断、表征、等级量化方面做了创新性探索。

（3）建立了新的地下水饮用水源地及保护区环境状况评价指标体系，引入了模糊层次法、隶属度与健康度矩阵运算方法，评价了邢台市区地下水饮用水源地及保护区环境状况。

（4）评价结果显示，水源地及保护区环境状况总体良好，水质是影响其环境状况的主要因素。改善水源地所在水文地质单元地下水水质，是提升邢台市区水源地及保护区环境状况的重要方向。

（5）邢台市区水源地及保护区属于南水北调受水区之一，未来南水北调地表水将替代原水源地90%地下水开采量，地下水将得到大量补给，水位也将持续回升。可以预计，在不久的将来，邢台市百泉将常年复涌，水源地及补给区的地下水环境及生态环境将进一步得到改善。

第5章 平原区地下水饮用水源地及保护区环境状况调查评价

本章以华北平原中部衡水市桃城区中型孔隙承压含水层地下水水源地及保护区环境状况调查评价为例示范。

5.1 选择依据与示范内容

5.1.1 选择依据

衡水市桃城区地下水水源地及保护区在自然地理环境、地质水文地质条件、人类活动影响方式、水源地类型及状态具有如下特点。

（1）自然地理环境。水源地及保护区位于华北平原中部，代表太行山、燕山山地区与滨海区中间地带的自然地理环境特征，地面平坦，河流、渠道、水域较发育。

（2）地质水文地质条件。水源地及保护区处于华北平原沉降带，含水层介质由巨厚河流、湖泊、冰水松散孔隙沉积物构成，在水平和垂向两个维度上含水系统相互联系。

（3）人类活动影响方式。水源地及保护区处于衡水市桃城区，城市建设飞速发展，日新月异，不断向农业农村区扩展，工矿企业较为集中，河流渠道环境正在改善。水源地开采的地下水为深层孔隙承压水，位于衡水地下水降落漏斗区。

（4）水源地类型及状态。水源地由10余个水厂组成，分散于城区，每个水厂由若干个开采井组成，2017～2020年平均开采量为2.84万m^3/d，为一中型水源地。水源地处于南水北调中线工程受水区，2015年以来地下水压采幅度大，大多数水厂处于热备或停用状态。

5.1.2 示范内容

在野外调查方面，主要示范：①调查区划分中的一级及二级保护区划分；②重点调查区及一般调查区划分；③重点调查区和一般调查区水土环境要素调查方法；④调查资料整理。

在环境状况论述方面，主要示范：①地质及水文地质状况的地下水动态、地下水水化学变化规律、环境地质问题；②土地利用状况的重点调查区土地类型统计分析；③土环境状况中的表层土、深层土元素分布特征及用地风险评价；④水环境状况中的地表水环境、浅层地下水环境和深层地下水环境；⑤水环境状况中的地下水微生物状况。

5.2　水源地及保护区概况

5.2.1　水源地概况

衡水市桃城区地下水饮用水源地由滏阳水厂、大庆水厂、育北水厂等10余个水厂构成，分布较为分散（图5.1），供水管网覆盖面积约56km²。每个水厂有1～5眼开采井，水源地设计供水能力约为100000m³/d，2017～2020年平均开采量为2.84万m³/d，为一中型水源地，可解决城区约20万人饮水问题。

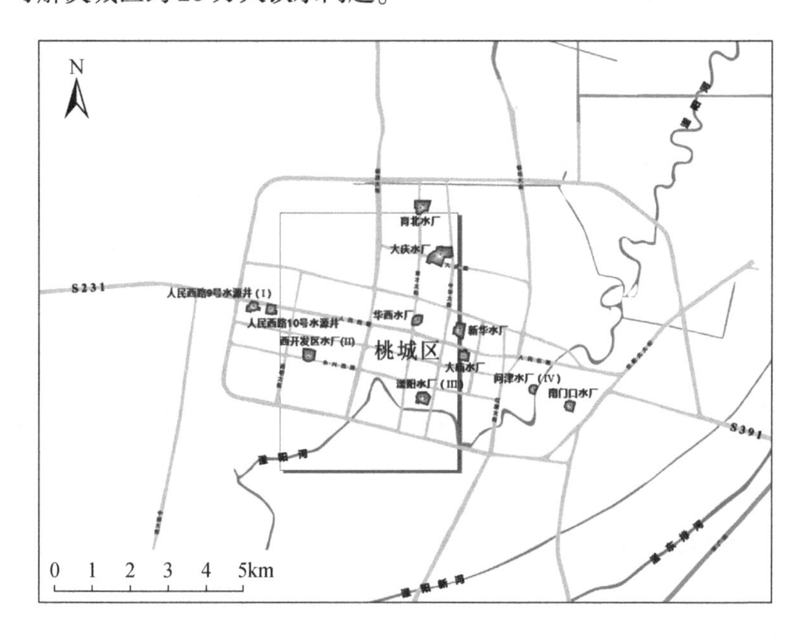

图　例　公路　城市道路与建筑　河流　水源井

图5.1　地下水水源地分布示意图

水源地开采井成井年代多在20世纪90年代，个别在21世纪前20年。开采井最浅为200m、最深为400m，平均深度约300m。水源地开采的含水层主要为第四系第Ⅱ、第Ⅲ含水组（即中上更新统含水层），属深层孔隙承压地下水。

河北建投衡水水务有限公司负责管理区域内所有水厂运营，主要供市区居民生活用水、市政用水和小型的工业用水。

5.2.2　水源地保护区划分情况

20世纪90年代以来，对衡水市水源地保护区做过3次划分。

第一次划分：1998年，衡水市环保局和河北地勘局第三水文地质工程地质大队合作完成了“衡水市饮用水源地保护区划分技术报告”，对桃城区的5个水厂（南门外水厂、问津水厂、红旗水厂、新华水厂、大庆水厂）和5个水源点（人民水源点、华西水源点、育才水源点、育北水源点、前进水源点）共35眼开采井保护区进行了划分。具体划分如下：一级保护区考虑一般病原菌存活时间及水源井卫生防护要求，将所有开采井（或井群）周围15m确定为一级保护区范围；二级保护区将所有水源井视为一个大开采井，以外围开采井为中心，半径1000m的范围确定为二级保护区范围。

第二次划分：2009年，按照环境保护部发布实施的《饮用水水源保护区划分技术规范》（HJ/T 338—2007）要求，对衡水市区10个水厂、水源点（大庆水厂、新华水厂、人民水厂、红旗水厂、问津水厂、南门外水厂、育北水源点、前进水源点、育才水源点、华西水源点）保护区进行了调整划分，具体调整方案是：将1998年划分的一级保护区范围（15m）调整为供水井（或井群）周围30m，一级保护区总面积为0.2km^2，取消二级保护区范围。2009年的调整方案经省政府批准实施，并已列入水利部发布的《全国重要饮用水源地名录》。

第三次划分：2021年，衡水市环境科学研究院受衡水市生态环境局委托，按照《饮用水水源保护区划分技术规范》（HJ 338—2018）要求，重新划定了衡水市大庆水厂、滏阳水厂、育北水厂、西湖地下水源地的保护区范围，取消了华西供水点、新华水厂、问津水厂、南门外水厂、前进水源地、红旗水厂、人民水厂、西开发区水厂、园区水厂等备用地下水水源地。本次调整划分仅设一级保护区，不设二级保护区及准保护区，其中，滏阳水厂、大庆水厂、育北水厂一级保护区是以各取水井的外接多边形为边界，向外径向距离为30m的多边形区域，并经实际踏勘调整后的一级保护区面积分别为7460m^2、6825m^2、8220m^2。

5.2.3　水源地及保护区调查研究程度

就水源地所在的衡水市桃城区范围而言，从20世纪50年代末至本次调查时，开展过区域地质及水文地质，供水水文地质，地下水动态及地质环境监测，水资源评价、规划、开发利用及保护，环境地质，专门水文地质环境地质等工作，调查研究程度总结如下。

（1）区域地质及水文地质。1∶20万区域地质工作覆盖衡水市区，1∶5万区域水文地质工作不仅覆盖水源地及保护区所在的衡水市区，也覆盖了衡水市区周边的县域。

（2）供水水文地质。从20世纪60年代开始，每个年代都有供水水文地质工作需求，主要是农田供水、城镇生活用水和工厂生产生活用水的水文地质勘察，城镇及工厂水源地供水勘察精度达到了1∶2.5万。

（3）地下水动态及地质环境监测。这项工作始于20世纪60年代初，在衡水市区及各县（包括水源地及保护区）域内，地矿部门积累了60年的地质环境监测资料，特别是地下水环境（水位、水量、水质）监测资料，成果以动态年鉴、5年阶段报告形式呈现，图件精度达1∶20万或1∶50万。

（4）水资源评价、规划、开发利用及保护。地矿部门对衡水市（地区）全域、一些县域（如冀州区、阜城县）、重点地区（如黑龙港）地下水资源进行评价，提出了合理的利用建议；水利部门对衡水市水资源、南水北调水资源进行了评价和规划；环保部门对衡水市饮用水水源地保护区进行了划分，对衡水市水资源提出了保护规划。

（5）环境地质。地矿部门在1980～2006年开展了衡水市城区环境地质调查工作，图件精度达1：2万或1：2.5万。

（6）专门水文地质环境地质。20世纪80年代以来，地矿部门在衡水市开展过水文地质参数试验研究、矿泉水资源调查评价、农田供水水文地质调查、地热资源调查评价、咸水运移及下渗监测研究、地裂缝调查、农业地球化学调查等工作。

总之，衡水市地下水水源地及保护区的区域地质、水文地质、地质环境监测资料系列长、数据完整可靠，水源地供水勘察及水资源评价、规划、保护资料较为齐全，对地下水降落漏斗、咸水下移等环境地质问题研究得较深入，为全面掌握和准确评价衡水市地下水水源地及保护区环境状况提供了依据。

5.3　调查评价方法

5.3.1　工作程序

衡水市水源地及保护区调查评价工作按照图5.2箭头所示进行。可以看出，资料信息的补充收集贯穿始终，其中，野外踏勘、资料收集、综合整理分析、调查评价报告编写等主要工作内容将在后续章节论述。

5.3.2　资料信息收集

资料信息收集是一个艰巨而又缓慢的过程：一是由于行业部门利益，造成资料信息壁垒，相互不能共享，需要靠关系疏通才能收集到；二是随着对水源地及保护区环境状况认识的深入，需要不断补充一些资料信息。

在河北省地质图书馆、河北省地质矿产局所属地质队、衡水市水务公司收集各类成果报告及资料信息20余份，内容涵盖水源地管理、水源地及保护区划分、饮用水水源地环境情况、地质环境监测、城镇供水水源地勘察、农村饮水安全供水水资源论证、城市地质环境评价、重点行业企业信息等。

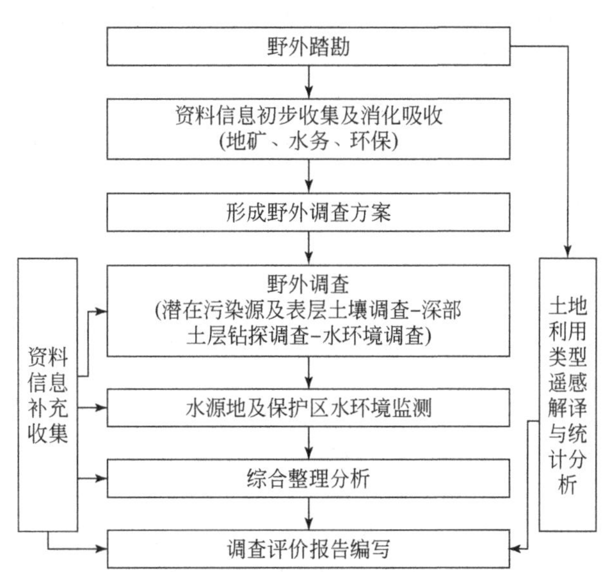

图5.2　衡水市水源地及保护区调查评价工作程序图

5.3.3 调查区划分

对于平原孔隙承压水型水源地，在地面多大范围内开展水源地及保护区环境状况调查，是一个必须解决的问题。此外，不同等级保护区（一级保护区、二级保护区、准保护区）分布范围大小及环境状况各异，需要采取不同的调查策略，这就要求对调查区进行划分。

1. 水源地类型确定

1）含水层介质

衡水市桃城区水源地 9 个水厂开采 200～400m 的地下水，据水厂分布区这一深度段地层及水文地质资料分析，地下水赋存于砂土层与黏性土层多沉积韵律含水系统中，砂土层岩性多为粉砂、细砂，偶见中粗砂，黏性土层以粉土、粉质黏土为主，偶见黏土层，故含水层属孔隙含水介质。

2）地下水埋藏特征

据区域水文地质调查研究成果，以 90～100m 深度为界，一般将全新统（Q_4）和上更新统（Q_3）含水层中的地下水称为浅层地下水，中更新统（Q_2）和下更新统（Q_1）含水层中的地下水称为深层地下水。按此分类，所有水厂开采的地下水均为深层地下水。又据地下水监测资料，深层地下水的水头高度大于浅层水与深层水之间相对隔水层的顶板标高（即深层地下水的水压大于一个大气压），故水源地开采的深层地下水为承压水。

3）水源地水量等级

2017～2020 年平均开采量为 2.84 万 m^3/d，综合评定该水源地水量等级为一中型水源地。

从开采含水层介质类型、地下水埋藏特征及水源地开采量等级认定该水源地为孔隙承压中型水源地。

2. 重点及一般调查区范围圈定

按照我国《饮用水源保护区划分技术规范》（HJ/T 338—2018）要求，衡水市水源地开采的地下水为深层孔隙承压水，其保护区应为上覆孔隙潜水含水层保护区，并只要求划分出一级保护区和准保护区。

基于 HJ/T 338—2018 保护区划分技术要求，结合水源地调查实际情况，将平原区深层孔隙承压水型水源地及保护区环境状况调查区划分为重点调查区和一般调查区，并规定重点调查区范围以一级保护区界限为基础，一般调查区范围以两倍二级保护区界限为基础，圈定步骤及方法说明如下。

1）步骤一：选用多种方法计算并确定单个开采井一级保护区及二级保护区半径

A. 经验值法

水源地各水厂开采深度内含水层颗粒粒径多在粉砂-细砂，但也存在中砂甚至粗砂层，为了最大限度地保护地下水，取含水介质为粗砂级，采用HJ/T 338—2018中小型潜水型水源地保护区半径经验值，即一级保护区半径为100m，二级保护区半径为1000m。

B. 达西公式法

采用1.2.4节中的改进的达西公式计算一级、二级保护区半径。

各参数取值为安全系数值取1.5，渗透系数取17m/d，水力坡度取千分之三，含水层有效孔隙度取0.3，质点运移时间分别取100天、1000天，得出一级保护区半径为25.5m，二级保护区半径为255m。

C. 韦·根尼公式

针对孔隙潜水型含水层，保护区划分可采用下式。

$$R=\sqrt{\frac{Q}{\pi i}\left[1-\exp\left(-\frac{ti}{mn}\right)\right]} \tag{5.1}$$

式中，R为保护区半径；Q为井的出水量，m^3/d；m为含水层厚度，m；t为污染物从计算点到水源井所需时间，天，根据细菌和病毒存活时间，一般一级保护区取60天，根据污染物降解到允许浓度时间，一般二级保护区取10年，准保护区取25年；n为有效孔隙度；i为地下水垂向补给量，m/d，$i=\alpha\times p$，α为大气降雨入渗系数，p为多年平均降水量（m/a）。

式（5.1）中各参数取值依据及取值为2017年水源地实际开采量为50364m^3/d，9个水厂有15眼井同时开采，井的出水量（Q）为3357.6m^3/d；根据浅层地下水水位埋深（平均5m）和浅层水砂土层累计厚度（约80m），含水层厚度取75m；粗砂含水层有效孔隙度取0.3；据2006～2016年降水量资料，水源地开采区平均降水量约为0.489m，据1996～2004年水源地开采区不同年份、不同岩性、不同埋深分区降水入渗补给量计算成果，取大气降雨平均入渗系数0.258。根据我国水源地保护区污染物质点运移时间限定，一级保护区取100天，二级保护区取1000天，得出的一级保护区半径为68.9m，二级保护区半径为217m。

由上述3种方法计算的单井一级保护区半径为25.5～100m、二级保护区半径为217～1000m。为了最大限度地保证保护区环境状况调查，将一级保护区半径最大值100m、二级保护区半径最大值1000m作为水源地所有在用开采井一级、二级保护区半径值。

2）步骤二：圈出各水厂一级保护区理论范围

由于水源地的9个水厂分散在约56km^2范围内，水厂与水厂间距大于1000m。每个水厂有1～5眼开采井，呈单井或多井形式展布，且多井间距都小于一级保护区半径两倍的距离（200m）。鉴于水厂和水厂内水井分布的上述特点，采用以下方法划出各水厂一级保护区理论范围。

（1）对于只有一个开采井的水厂，以开采井为中心，半径100m画圆，围成的圆形区域作为该水厂一级保护区理论范围；

（2）对于有两个或两个以上开采井的水厂，分别以开采井为中心，100m距离为半径画圆，形成多个相互交接的圆形区域，将这个区域的外包络线作为该水厂一级保护区理论范围，见图5.3镶图弧形点划线。

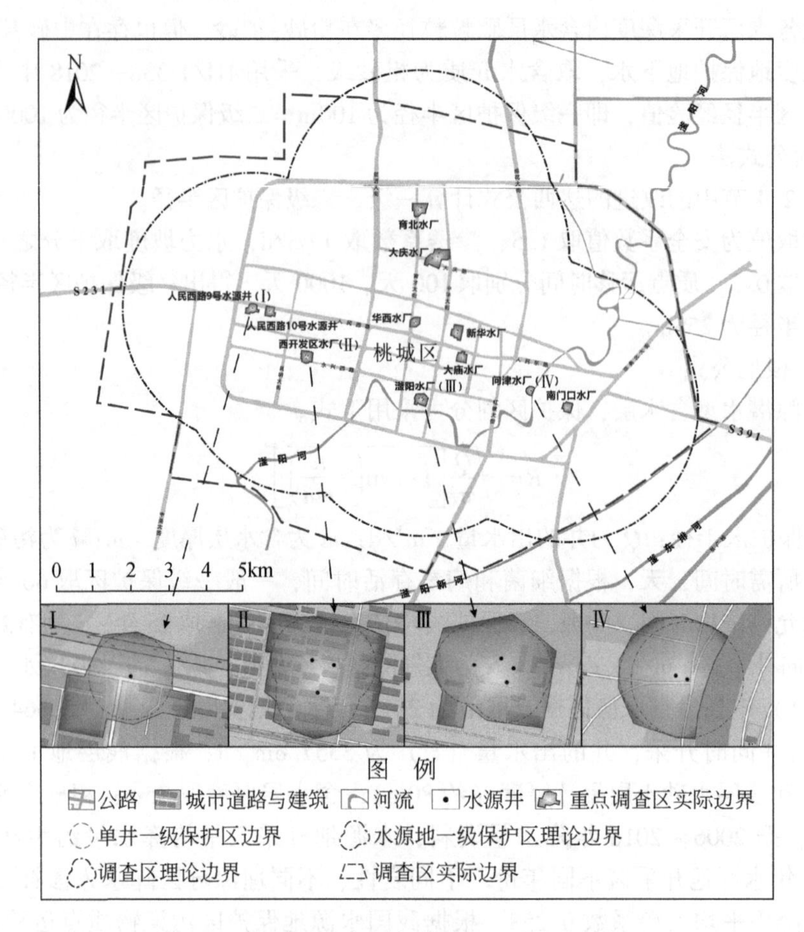

图5.3 孔隙承压水型水源地调查区划分示意图

3）步骤三：率定形成重点调查区实际工作范围

采用电子地形图（如奥维互动地图、高德地图等），并经实地勘察各水厂一级保护区理论范围边界与实际水文地质边界（如补给边界、阻水边界等）、道路交通、地物分布（如建筑物）、水体（河流、水库等）情况，从调查的合理性和可达性率定形成一个不规则的多边形区域，这个多边形区域就是重点调查区实际工作范围，见图5.3镶图多边形实线。

4）步骤四：画出水源地二级保护区的理论范围

以每个水源地开采井为中心，一级保护区半径和二级保护区半径之和为半径(1100m）画圆，形成多个相互交接的圆形区域，其外包络线围成的弧形区域就是水源地二级保护区理论范围。

5）步骤五：形成一般调查区的理论边界

以二级保护区理论范围的弧形边界为起点，再向外延伸两倍二级保护区半径距离(2000m)，形成一个更大的弧形区域，见图5.3弧形点划线，这个区域就是一般调查区的理论边界。

6）步骤六：率定形成一般调查区实际工作范围

采用电子地形图，并经实地勘察各水厂一般调查区理论边界与实际水文地质边界、道路交通、地物分布、水体情况，从调查的合理性和可达性率定形成一个不规则的多边形区域，这个多边形区域就是一般调查区的实际工作范围，见图5.3多边形虚线。

5.3.4　重点区调查

1. 调查方式

以水源地、水厂开采井区为中心，采用全覆盖地毯式地面摸排方式对重点调查区实际边界线内环境进行详细调查。同时，采用遥感解译技术，识别并统计各类土地利用面积。

2. 调查内容及方法

1）水厂及水井

调查水厂位置、范围及管理状况。调查水厂内所有开采井位置、深度、成井年代、状况（报废、热备、正常运营）等，填写井水调查表；采用便携式水质多参数仪现场检测井水的pH、温度、电导率、溶解氧、氧化还原电位、浊度；采集水样，用试剂包快速检测水环境特征指标（F^-、Cl^-、SO_4^{2-}、Na^+）。

2）土地利用情况

选取最新时相、云量小于10%高分辨率遥感影像（1∶1000比例尺），如高分2号、Google Earth、QuickBird等，以第二次全国土地利用现状分类体系作为参考标准，在专业软件ArcGIS环境下，采用目视解译方法，按照选择典型解译样区—建立解译标志—解译土地利用类型—结果验证的技术路线，对水源地重点调查区土地利用类型进行解译、面积统计和分析。

3）表层土壤

以开采井区为中心，在东、西、南、北、中选5个表层土点，采用便携式XRF仪和土壤三参数仪，现场测定重金属、电导率、湿度、温度等物理化学参数。

适量留取表层土样，采用快速检测方法在室内分析土样特征指标（F^-、Cl^-、SO_4^{2-}、Na^+），分析步骤及方法简述如下，并配照片说明（图5.4）。

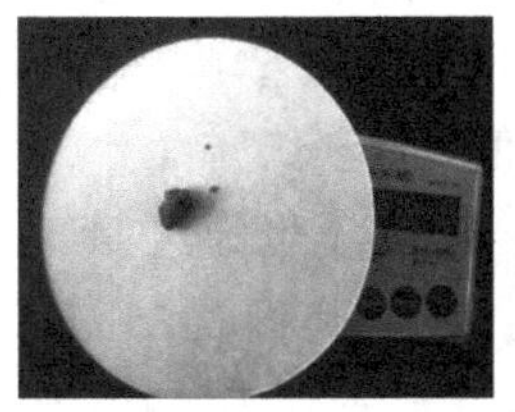
称重

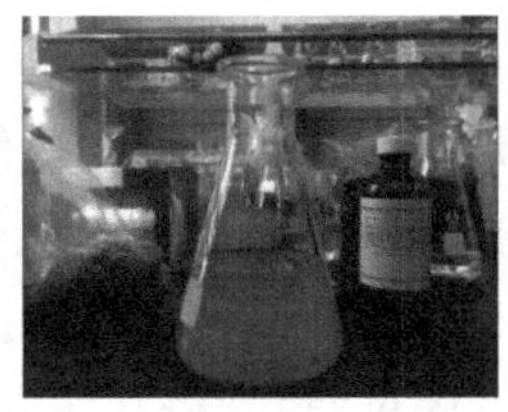
溶解

静置

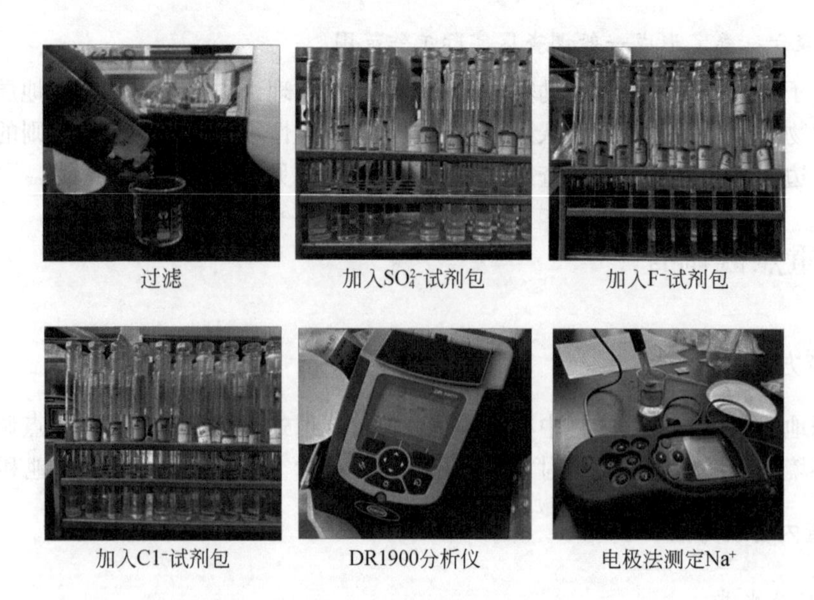
过滤　加入SO_4^{2-}试剂包　加入F^-试剂包

加入Cl^-试剂包　DR1900分析仪　电极法测定Na^+

图 5.4　快速检测分析土样特征指标（F^-、Cl^-、SO_4^{2-}、Na^+）方法图

A. 步骤一：土壤浸提液制备

将野外取得的土壤样品去除石子与植物根系自然风干，磨碎后过 100 目筛，准确称取 5g 土样，加去离子水 200mL，用玻璃棒搅拌溶解，静置 24h。

B. 步骤二：浸提液过滤

将一定量的上清液倒入 100mL 烧杯中，用 70mL 注射器抽取 60～65mL 的上清液，选用 0.8μm 过滤头置于注射器前端，缓慢推压注射器，将滤液置于烧杯中；若过滤头堵塞，应更及时更换，重复上述过程，直至过滤液达到 55～60mL。

C. 步骤三：样品分装与指示剂添加

用 10mL 移液管将过滤液分别转移并定容至 3 个 10mL 比色管中，分别用于检测 SO_4^{2-}、F^-、Cl^-；另用 10mL 移液管将过滤液转移并定容至 25mL 比色管中，转移至 50mL 烧杯中，用于测试 Na^+；加入专用反应试剂，摇匀静置。

D. 步骤四：检测分析

采用哈希 DR1900 分光光度计检测分析 SO_4^{2-}、F^-、Cl^-含量，操作流程：①用 10mL 移液管量取 10mL 去离子水转移至 10mL 比色管中，将比色管置于 DR1900 中，盖上遮光盖；②在仪器内置的应用测试程序中调出 SO_4^{2-}、F^-、Cl^-程序，按下归零键进行调零，取出盛有去离子水的比色管；③将加好反应试剂的滤液倒入 10mL 比色管中，盖上遮光盖，按下读取键测定，连续重复测定 3 次，取算数平均值为含量值。

采用 HQ40D 便携式水质分析仪检测分析 Na^+含量，操作流程为：①将钠离子电极安装到 HQ40D 便携式水质分析仪上，调出样品分析界面；②准确移取 25mL 待测水样（如地下水样品浑浊，则先用 0.45μm 滤膜过滤），将其注入已放置 0.4g 钠离子强度调节剂的烧杯中，摇匀；③钠离子强度调节剂完全溶解后，立即将钠离子电极置于烧杯中（探头置于液面以下），直接读取待测样品中钠离子浓度值。

4）地表水环境

当重点调查区内存在河、塘、湖等地表水体时，至少选择一个地表水点调查，填写地表水调查表。采用便携式水质多参数仪现场检测地表水的 pH、温度、电导率、溶解氧、氧化还原电位、浊度；采集水样，用快速检测方法分析水环境特征指标（F^-、Cl^-、SO_4^{2-}、Na^+）。地表水与井水现场检测指标及特征指标应保持一致。

5.3.5　一般区调查

1. 调查方式与调查路线

采用线状辐射、定点追踪、访问等相结合方式开展一般区调查。对于线状水体（如河流、渠道），按线状路线调查；对于非线状水体（如湖泊、休闲娱乐水域、水塘），按环形路线调查；对于地面潜在污染源，采用目标定位法调查；对于地下水井，优先采用访问法调查，以自然村为单元进行访问，主要访问村委成员；对于土地利用类型，采用遥感解译技术，识别并统计分析不同年代各类土地利用面积及演化。

2. 调查内容与方法

1）地表水

对于河流、渠道等线状水体，在河流、渠道流经工作区的外围段及区内段布置至少 3 个调查点；当工作区土地利用情况变化复杂或河段水质变化频繁时，适当增加调查点。对于湖泊、休闲娱乐水域、水塘等非线状水体，沿边布设调查点，调查点密度为 1 个点/$1km^2$，面积不足 $1km^2$ 时布设 1 个调查点。

采用便携式水质仪及快速检测方法检测一般调查区地表水质状况，现场检测指标及特征指标与重点调查区保持一致。认真填写地表水调查表。

2）地下水

（1）水井层位。兼顾水源地开采井所在含水层的水井（深层地下水水井）及其上部含水层的水井（浅层地下水水井）。

（2）水井布设密度。不同深度水井调查密度应视不同深度水井数量、地下水流场、地下水水化学类型变化情况而定。一般原则是，①当可用于调查的水井较多且地下水流场或地下水水化学类型变化较大时，调查井密度大；②当可用于调查的水井较多且地下水流场或地下水水化学类型变化较小时，调查井密度小；③当可用于调查的水井较少时，应全部调查。

2015 年南水北调工程实施后，由于衡水市水源地及保护区处于地下水压采区，中心城区地下水井除水厂开采井外，几乎没有可以利用的地下水水井，目前仅在郊区城乡接合部零星存在少量深层地下水水井。基于此，采用全面覆盖逐村摸排方式调查水井。

（3）水井布置形式。由于一般调查区位于地下水降落漏斗内，以漏斗最低水位区为中心，向外呈放射状布设水井，井间距内小外大。

采用便携式水质仪及快速检测方法检测一般调查区地下水质状况，现场检测指标及特征指标与重点调查区水厂开采井水检测指标保持一致。

此外，在每个水井点认真填写水井调查表，力求信息填写完整、准确。

3）潜在污染源

通过网上搜索及访问收集环保部门国控、省控、市控重点行业企业信息，工业污染源普查和重点行业企业详查信息，获取潜在污染源位置、分布、生产等信息。

采用目标定点法，调查现存的和历史上存在的潜在污染源。一般在潜在污染源内或外围下风向处至少布设一个表层土壤调查点，使用便携式仪器（XRF 仪、土壤三参数仪）现场测定重金属、电导率、湿度、温度等物理化学参数。在规模较大或疑似污染的潜在污染源处适量留取表层土样，采用快速检测方法测定 F^-、Cl^-、SO_4^{2-}、Na^+。针对不同类别的潜在污染源填写对应的调查表。

4）土地利用类型

采用遥感解译方法，按照以下步骤调查一般调查区土地利用状况。

选取间隔 4 期（约 10 年一期）遥感影像，云量覆盖小于 10% 的中等分辨率卫星数据如 SPOT、Landsat 系列等。影像经过波段组合、几何精校正、图像镶嵌、图像裁切等处理过程。

根据遥感影像的色调（颜色）形状、位置、大小、阴影、布局、纹理及地物的形状、大小、色调、粗糙度、反射差、纹形图案建立遥感解译标志。

采用计算机自动分类方法，从影像顶部开始，然后从左到右，从上到下一次判读，判读土地利用类型。对遥感影像中各类地物的光谱信息和空间信息进行分析，把影像中每个像元按照某种方式划分为不同的类别，获取遥感影像中与实际地物的对应信息，从而实现遥感影像的分类。

在专业遥感图像处理软件 Erdas 环境下，按照土地利用类型定义、样本选择、分类方法选择、影像分类及处理、结果验证进行土地类型的监督分类。

对水源地一般调查区各类土地进行面积统计和趋势分析。

5）深部土层

（1）钻孔布置。综合考虑潜在污染源及供水井位置、地下水流场，以及钻探成井许可条件，在衡水市桃城区东西两侧布设了 7 个 100m 深钻孔。

（2）钻进、编录、跟踪检测及取样。采用 XY-150 型回转钻机、110mm 钻头、108mm 岩心管、42mm 钻杆，全孔取心钻进。按照《中国标准土壤色卡》和《岩土工程勘察规范（2009 年版）》（GB 50021—2001）全孔编录岩心的颜色、岩性、结构、密实度、干湿度等。钻进过程中，采用便携式（XRF 仪、土壤三参数仪）跟进检测并记录土层重金属元素及电导率、含水量、温度的变化，检测间距 5m，测量结果填写在调查表内。根据便携式仪器检测结果和岩性结构变化，每隔 5 ~ 10m 采集一个土样，采用快速检测方法，测定土层的 F^-、Cl^-、SO_4^{2-}、Na^+含量。依据岩心土层 F^-、Cl^-、SO_4^{2-}、Na^+含量变化，以及土层 F、As 元素、电导率变化趋势，筛选送检实验室分析的土样样品，检测分析《土壤环境质量　建设用地土壤污染风险管控标准（试行）》（GB 36600—2018）45 个基本项目。

(3) 钻孔成井。采用XY-2型钻机、370mm钻头、42mm钻杆扩孔。在黏性土层处，放置外径为180mm、壁厚8.6mm的PVC-U管，回填膨胀系数2～3倍、密度为1.3～1.4t/m^3、直径2～3cm黏土球为止水材料；在含水层段放置滤水管，滤水管外包双层80目尼龙网并用铅丝固定，回填直径2～4mm石英砂滤料；成井管间以丝扣方式连接。将外径为100mm的QJ系列潜水泵放入井水面以下10m处，抽水清洗，当出水变清后停泵，重复以上过程，直至出水的含砂质量比小于1/2000，最终形成7口地下水监测井。

6) 环境地质问题

采用资料阅研、野外验证方式调查典型环境地质问题。主要关注一般调查区内由地下水开采导致的地面沉降、地裂缝、咸水下移等问题。

5.3.6　水质监测

1. 取样点布设

1) 布设原则

兼顾及侧重原则。在垂向上，兼顾地表水、浅层地下水、深层地下水，重点布控水源井所在开采深度段（200～400m）地下水；在水平上，兼顾重点区、一般区、外围区，重点布控水厂所在的开采区。

2) 取样点筛选

对于地表水环境，基于现场检测指标变化特征，筛选流经调查区的最大长年性河流——滏阳河且接近出城区的河段作为取样点。

对于浅层地下水环境，取样点包括区域地下水监测井、重点行业企业地下水监测井和开展土环境调查项目自建的水井。

对于深层地下水环境，取样点由水厂开采井、城郊农村自备饮水井和区域地下水监测井构成。

当在一个区块取样井较多时，优选水厂开采井及地下水长期监测井；当在较大范围内水井稀少时，能取样的水井作为取样点。

综合考虑技术及经费两个因素，确定的衡水市水源地及保护区水质取样点为29个，其中，地表水1个、浅层地下水16个、深层地下水12个（其中水厂9个），水质取样点分布见图5.5。

2. 样品采集

衡水水源地及保护区水样分成两类检测项目：一类是水厂深层地下水开采井及典型污染源旁浅层地下水井，按照《地下水质量标准》（GB/T 14848—2017）93项分析；另一类是水源地上下游及一般监测井水样，按照《区域地下水污染调查评价规范》（DZ/T 0288—2015）67项分析。两类检测项目在采样容器、保护措施及采样量等方面应做不同准备。

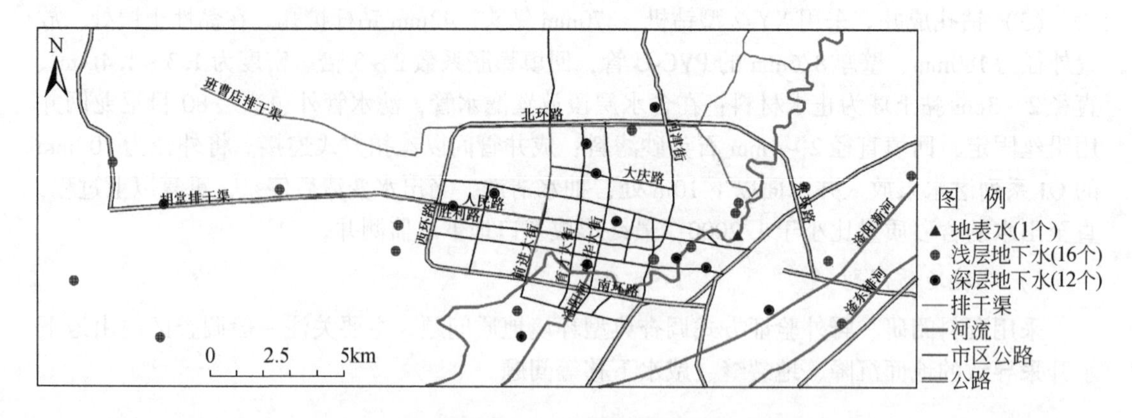

图 5.5　水源地及保护区水质取样点分布示意图

在衡水水厂取样时，提前 1 ~2h 开启水泵，以确保井水循环至清澈。采集未安装水泵水井样品时，如区域地下水监测井、重点行业企业地下水监测井，先用贝勒管洗井数次，随后再采集样品。

5.3.7　调查资料整理

1. 调查与监测数据表格化

采用 Excel 办公软件整理出以下表格。

1）7 个钻孔土心现场物理化学指标分析表

以每个钻孔为单独表格，字段包括取样深度、野外土壤三参数测试结果，土壤特征指标实验室快速分析结果和 XRF 重金属等元素含量现场测试结果。

2）潜在污染源调查信息表

字段包括野外编号、潜在污染源名称、行业类型、占地面积、污染源相态、可能污染物类型、经纬度、野外土壤三参数测试结果、土壤特征指标实验室快速分析结果、XRF 重金属等元素含量现场测试结果、XRF 仪器内编号、周边环境状况及污染现象。

3）潜在污染源土壤调查 XRF 现场检测分析原始数据表

字段包括仪器内编号、地理位置、测试模式（类型）、测试时间、含量单位、测量值、分析误差（两倍标准差）。

4）水源地水点调查现场检测分析结果表

字段包括调查编号、水点类型（地表水、浅层地下水、深层地下水）、地理位置、经纬度坐标、水质多参数（pH、水温、电导率、溶解氧、氧化还原电位、浊度）现场测试结果、水质特征指标（Na^+、Cl^-、SO_4^{2-}、F^-）实验室快速分析结果、水样采集方法、调查日期。

5）水厂水井信息表

字段包括水厂名称、开采井编号、成井时间（年）、深度、设计开采量、实际开采量。

6）取样点常规及特征指标检测分析表

字段包括样品编号、实验室编号、水点类型、取样点地理位置、经纬度坐标、气温、高程、井深、水位埋深、水质多参数现场测试结果、水质特征指标实验室快速分析结果、水样采集方法、洗井情况、取样日期。

2. 调查资料图形化

用 ArcGIS 和 MapGIS 绘图软件绘出以下图件：①水源地调查区划分图；②调查点及取样点分布图；③地表水、浅层地下水、深层地下水分布图；④潜在污染源分布图；⑤地表水、浅层地下水、深层地下水水质参数等值线图；⑥表层土壤重金属含量等值线图；⑦钻孔重金属元素及特征指标含量变化图；⑧浅层地下水、深层地下水水质图；⑨表层土壤重金属污染风险图；⑩深层土壤重金属污染风险图；⑪各水厂重点区土地利用类型分布图；⑫水源地及保护区土地利用类型分布图。

5.3.8 评价方法

地表水水质和地下水水质状况按照2.9.4节中地表水水质状况和地下水水质状况评价方法评价。

表层土壤质量依据建设用地（GB 36600—2018）和农用地（GB 15618—2018）土壤环境质量风险管控标准评价。

水源地及保护区环境状况采用层次分析法、指标隶属度模糊评判、健康度评语，矩阵运算评价，评价方法和步骤见2.10节。

5.4 水源地及保护区环境状况

5.4.1 自然地理状况

1. 地形地貌

调查区位于华北平原中部，地势平坦，海拔为19.5～21.9m，以0.3‰～0.6‰的坡度自西南向东北倾斜，河渠及湖塘较多，发育缓岗、微斜平地和低洼地等冲洪积、湖积地貌。

2. 气候、气象

调查区属大陆性半干旱季风气候，四季分明。夏季受太平洋副高边缘偏南气流影响，潮湿闷热，降水集中；冬季受西北季风影响，气候干冷，雨雪稀少；春季干旱、少雨，多风、增温快；秋季秋高气爽，冷暖干湿差异较大。多年平均气温为13℃，最高气温为42.7℃（1968年6月11日）、最低气温为-23℃（1985年12月7日），无霜期210～240天，年日照2430～2682h，年均降水量约510mm，年均蒸发量约2000mm。

3. 水文

调查区内河流属海河流域子牙河水系黑龙港流域。滏阳河、滏阳新河、滏东排河在区内由西南流向北东。主要人工渠道有班曹店排干渠、胡堂排干渠，在区内由西向东流。衡水湖位于调查区以南约2km处。

滏阳河：为衡水市主要行洪排沥及纳污河道。发源于河北省邯郸市峰峰矿区石鼓山，流经11个县（市）。该河自冀州区南枣园村东入衡水市，至武强县庞疃村出衡水市东入沧州市，流经调查区河道长49.5km，河宽55～100m，河底宽15～25m。据2001～2015年衡水站监测统计，最大洪峰流量达184m^3/s，枯水期最小流量为零，平均年径流量为0.4496亿m^3。历史资料记载，滏阳河于1963年曾发生洪水泛滥，地表积水深度约1.5m。

滏阳新河：为人工开凿的大型行洪排沥河道，于1965～1968年由人工开挖而成，是根治海河工程的重要组成部分。自宁晋县艾新庄引滏阳河水，经衡水到献县，与子牙新河相接，起到分泄滏阳河上游洪水，减轻子牙河下游泄洪负担的作用，在衡水市区内长89km，设计行洪能力为3340m^3/s。据2001～2015年衡水站监测统计，平均年径流量为0.3778亿m^3。

滏东排河：为黑龙港流域骨干排沥河道，于1967～1968年修筑滏阳新河右堤取土时开挖而成，因河道紧紧并行于滏阳新河东侧而得名。上游起自河北省宁晋县孙家口，下游至沧州市的泊头市冯庄闸止。在衡水市内长87km，流域面积为2020km^2，流量为432～540m^3/s。

班曹店排干渠：为衡水桃城区水系循环圈的重要组成部分，其既承接中水水源，又是市区北部唯一的排沥河道，担负着市区汛期排沥的重要功能。

胡堂排干渠：为衡水桃城区水系循环圈的重要组成部分，其既承接中水水源，又是市区中部唯一的排沥河道，担负着市区汛期排沥的重要功能。

4. 土壤

根据第二次土壤普查，衡水市桃城区共有2个土纲（潮土、盐土）、3个亚类（潮土、盐化潮土、草甸盐土）、7个土属。

潮土包括轻壤质冲击潮土和中壤质潮土。轻壤质冲击潮土主要分布在桃城区赵圈镇、郑家河沿镇、大麻森乡、邓庄镇等地，一般处于微斜高平地的下部，表层屑粒或团粒结构，沙粒适中，土壤疏松，孔隙较多，是衡水市水分物理性状最佳的土壤，适合多种农作物种植。中壤质潮土主要分布在桃城区赵圈镇、郑家河沿镇，土体结构以通体中壤质居多，表层屑粒或团粒结构，潜在养分明显高于轻壤质潮土，适宜种植小麦、玉米、高粱和谷子等喜肥作物。

盐化潮土只有零星分布，一般分布在微斜低平地上，土体构造较复杂，夹砂较多，表面有一层盐结皮，土壤养分较低，疏松通透，返盐容易、脱盐快，适宜种植高粱、玉米和棉花。

5. 植被

衡水市桃城区土地已经利用多年，无自然植被。该区域土壤肥沃，以粮食作物为主，主要有小麦、玉米、高粱，经济作物有棉花、豆类、蔬菜等，近年来的果树种植量也有增加。该区域主要野生动物有兔、青蛙、蛇、田鼠、麻雀、喜鹊、布谷鸟、猫头鹰、刺猬、鹰、乌鸦、啄木鸟、燕子、壁虎、蜥蜴、蛤蟆、蝗虫、蜜蜂、蜘蛛、蚯蚓等，未发现稀有动物存在；野生植物有榆树、柳树、椿树、桑树等木本植物，车前、大青、牵牛、星星草、狗尾草、茅草等草本植物。

5.4.2　社会经济状况

1. 行政区划、面积、人口

衡水市桃城区下辖3镇（郑家河沿镇、赵圈镇、邓庄镇）、1乡（何家庄乡）、4个街道办事处（河西街道、河东街道、路北街道、中华大街街道），总面积约383km^2，2020年常住人口约60.81万人，城镇化率约80.83%。

2. 产业结构、产值

衡水市工业主要有轻纺、化工、医药、皮革、丝网、建材、制酒等产业。农作物主要有小麦、玉米、谷子等，经济作物以棉花、辣椒、大豆、花生、蔬菜为主。

据衡水市2019年国民经济和社会发展统计公报，市实现地区生产总值1504.9亿元，第一产业增加值216.6亿元，第二产业增加值492.1亿元，第三产业增加值796.2亿元，人均生产总值33599元，三个产业比重为14.4∶32.7∶52.9，三次产业贡献率分别为4.6%、20.7%和74.7%。

5.4.3　地质及水文地质状况

1. 地层

与衡水水源地开采含水层有水量、水质交换的地层单元只有第四系。区内第四系为一套河湖相的多层黏性土层和砂土层交互沉积物。自下而上第四系划分为下更新统（Q_1）、中更新统（Q_2）、上更新统（Q_3）和全新统（Q_4），总厚度为440~520m。由老至新地层埋深、厚度、沉积成因、岩性变化情况如下。

1）下更新统（Q_1）

底界埋深为440~520m，厚度为100~120m，为一套河湖相砂泥质沉积物。黏性土以棕红色、黄棕色粉质黏土为主，密实块状，水平层理发育。砂层以中细砂为主，偶夹粗砂。岩性水平变化规律是，自西北向东南由粗变细，其成因西北部为冲洪积，中部及东南部为冲积与湖积。

2）中更新统（Q_2）

底界埋深为360～400m，厚度为160～180m，为一套河湖相泥砂质松散沉积物。下部多为棕褐色、红棕色粉质黏土，上部为黄棕色、棕色粉质黏土夹粉土。砂层多为中粗砂，大部地段下部砂层比上部砂层颗粒粗、厚度大。岩性水平变化规律是，西北部土层中夹较多的亚砂土，砂层颗粒粗且厚，其他地域黏性土相对较多，砂层少而薄且颗粒细。

3）上更新统（Q_3）

底界埋深为180～220m，厚度为140～160m，为一套河流相为主的泥砂质松散沉积物。下部为棕黄色粉质黏土夹粉土及砂层，上部为灰黄色、黄棕色粉质黏土、粉土夹砂层。砂层以粉、细砂为主，上部砂层较下部砂层少而细。岩性水平变化规律是西北部岩性较粗，砂层以中细砂为主夹中粗砂，中部及东部岩性变细，砂层变薄，多为细粉砂。

4）全新统（Q_4）

底界埋深为40～60m，厚度为40～60m，为一套以河流相沉积物为主、间有河间洼地相湖沼相沉积物。岩性由灰色、灰黄色粉质黏土、淤泥质粉质黏土、粉土及透镜状砂层组成。结构松软，具水平层理。砂层多为粉细砂及粉砂。岩性水平变化规律是西部粗东部细。

2. 构造

衡水市水源地及保护区地处中朝准地台（Ⅰ级）、华北断拗（Ⅱ级）、临清台陷（Ⅲ级，代号$Ⅲ_2^{16}$）、新河凸起（Ⅳ级）与南宫凹陷（Ⅳ级）交汇处。无极-衡水隐伏大断裂（Ⅲ级构造）从调查区的北部穿过，见图5.6。

无极-衡水隐伏大断裂西起曲阳以西，向东南经无极、衡水于德州以南延入山东，为冀中台陷、沧县台拱与临清台陷分界断层。断裂总体走向NW50°，倾向北东，倾角为39°～55°，属正断层。在无极至曲阳区间，断裂切过太行山前深断裂，显示有左行扭动特征，为长期继承性活动断裂。该断裂对两侧的中、新生界地层具有明显的控制作用，导致拗陷区第四系沉积厚度逾600m，隆起区为450m，见图5.7。

3. 含水岩组及其特征

衡水市水源地调查区的东部、东南部、东北部属河北平原水文地质单元的滏阳河冲积水文地质亚单元，调查区的西部及西北部属滹沱河冲积水文地质亚单元。第四系为水源地及保护区唯一含水岩组，含水岩组赋存的地下水为松散岩类孔隙水。

以第四系为基础，将第四系含水岩组分成Ⅰ、Ⅱ、Ⅲ、Ⅳ4个含水组，其深度界限与全新统（Q_4）、上更新统（Q_3）、中更新统（Q_2）、下更新统地层（Q_1）界限一致。

1）第Ⅰ含水组

相当于全新统（Q_4）。底界埋深为40～60m，厚度为40～60m，为潜水层或微承压含水层。含水层多由粉砂、细砂组成，单位涌水量为2～6m^3/(h·m)，富水性较弱。水化

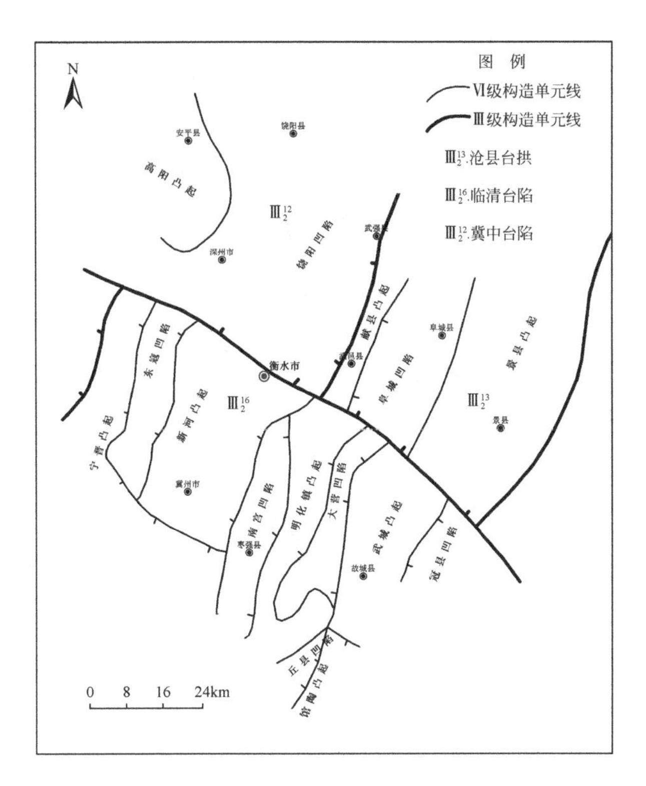

图5.6　水源地及保护区所在区域构造纲要示意图

学类型为 $HCO_3 \cdot Cl \cdot SO_4$-Na 型、$SO_4 \cdot Cl$-Na 型、$Cl \cdot HCO_3$-Na 型和 $Cl \cdot HCO_3 \cdot SO_4$-Na 型。在第Ⅰ含水组底板之下，普遍分布着一层厚度较大的咸水体，矿化度为 3～5g/L，为微咸水或咸水。在滏阳河两岸分布有淡水体。

2）第Ⅱ含水组

相当于上更新统（Q_3）。顶界为咸淡水界面，底界埋深约 160m，厚度约 120m，为承压含水层。含水层岩性自西向东由粗变细，由厚变薄。西北部以中粗砂为主，厚度为 25～30m，单位涌水量为 5～15m^3/(h·m)；中部以细砂为主，厚度为 20～30m；东北部以粉砂为主，厚度小于 20m，单位涌水量为 2～6m^3/(h·m)。水化学类型为 Cl-Na 型和 $Cl \cdot SO_4$-Na 型。水温为 17～20℃。在第Ⅱ含水组上部，分布有 20～30m 厚的咸水体，在第Ⅱ含水组中下部矿化度一般小于 1g/L，为衡水市地下水开采含水层之一。

3）第Ⅲ含水组

相当于中更新统（Q_2）。底界埋深约 350m，厚度约 190m，为承压含水层。含水层岩性自西向东由粗变细，即从粗砂为主、逐次变为中砂、细砂为主，砂层连续性较好，厚度一般大于 50m，最厚为 85m，单位涌水量一般为 15～25m^3/(h·m)，富水性较强。水化学类型为 $Cl \cdot HCO_3 \cdot SO_4$-Na 型、Cl-Na 型和 $Cl \cdot SO_4 \cdot HCO_3$-Na 型。水温为 22～24℃，矿化度小于 1g/L，为衡水市城市供水地下水开采主要含水层。

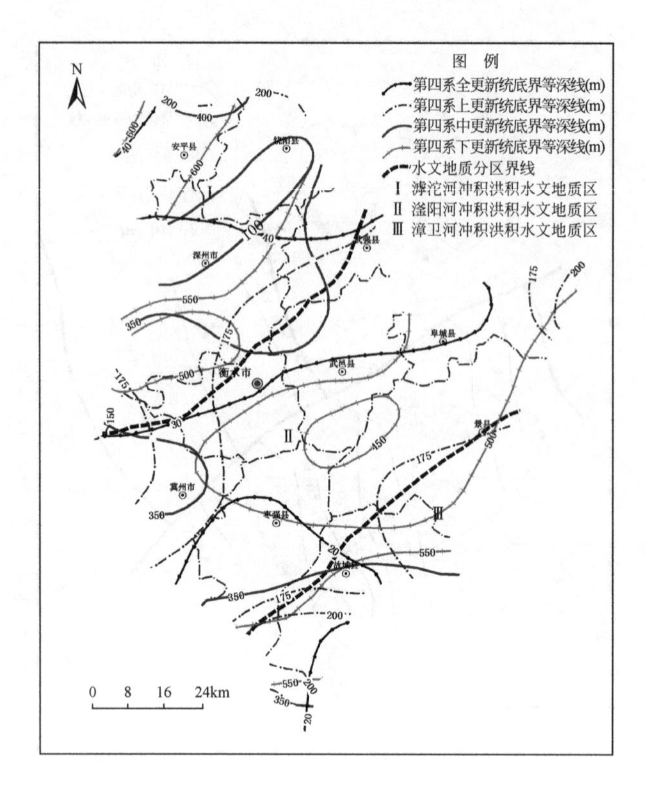

图 5.7　第四系地层底界埋深等值线示意图

4）第Ⅳ含水组

相当于下更新统（Q_1）。底界埋深约 450m，厚度约 100m，为承压含水层。含水层岩性自西向东由粗变细，即从粗砂为主、逐次变为中砂、细砂为主，砂粒呈微胶结及半胶结状，砂层连续性较差，砂层厚度为 20～40m，单位涌水量为 2～8m^3/(h · m)。水化学类型为 Cl-Na 型、Cl · SO_4-Na 型、HCO_3 · Cl · SO_4-Na 型和 HCO_3 · Cl-Na 型。矿化度小于 1g/L，水温为 28℃。

根据区域水文地质条件演变及目前开采现状，一般习惯上将赋存于第Ⅰ含水组中地下水和第Ⅱ含水组上部含水层中的地下水称为浅层地下水，将第Ⅱ含水组中下部淡水含水段，以及第Ⅲ含水组和第Ⅳ含水组中地下水统称为深层地下水。调查区第四系含水组岩性结构空间分布见图 5.8。

4. 地下水补给与排泄条件

包括调查区在内的衡水地区地下水补给与排泄概念模型见图 5.9。

1）浅层地下水

A. 补给条件

浅层地下水接受降雨入渗、河道渗漏、井灌回归、田间渠灌、渠系渗漏和蓄水体入渗 7 种方式补给。

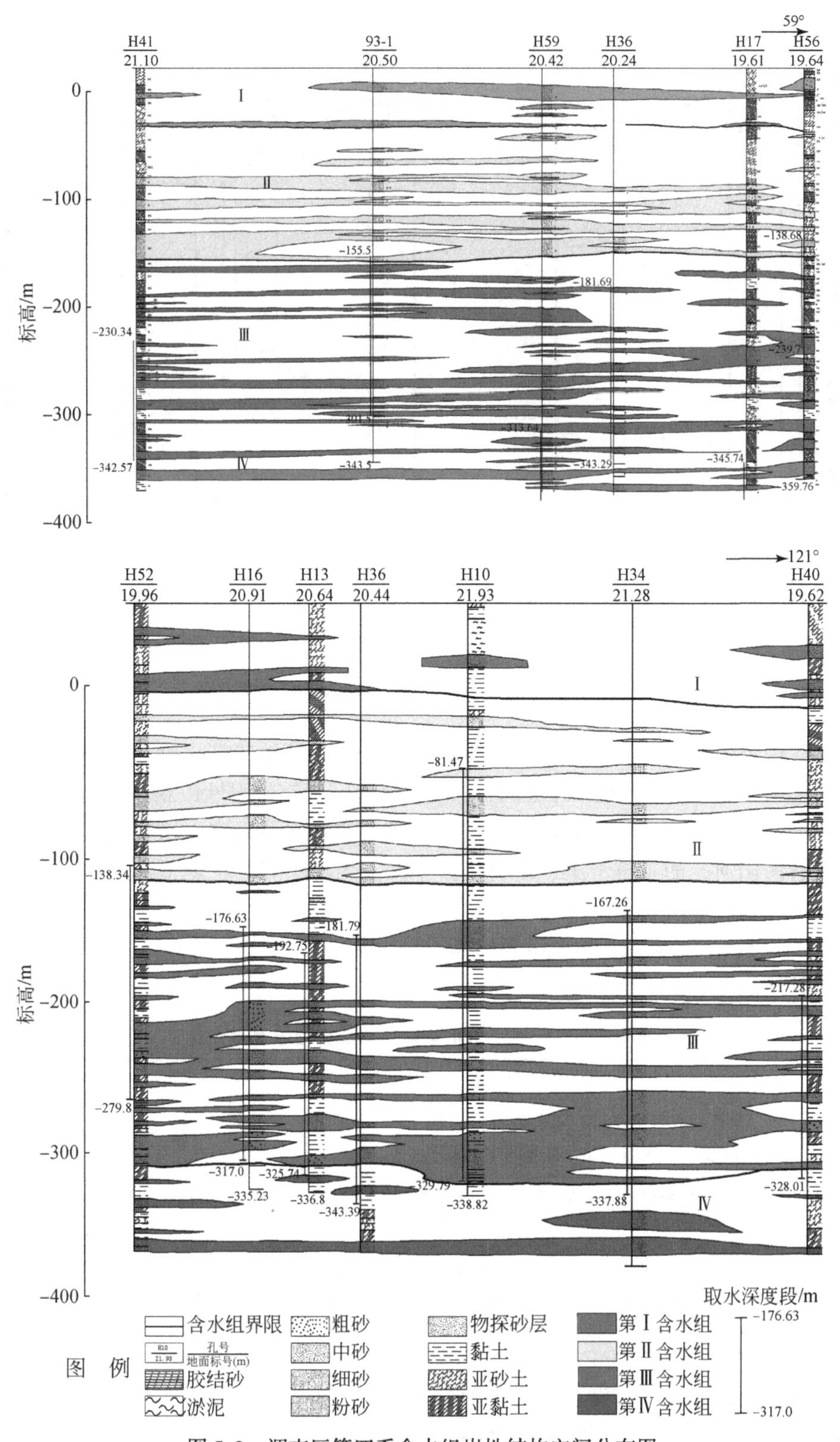

图5.8　调查区第四系含水组岩性结构空间分布图

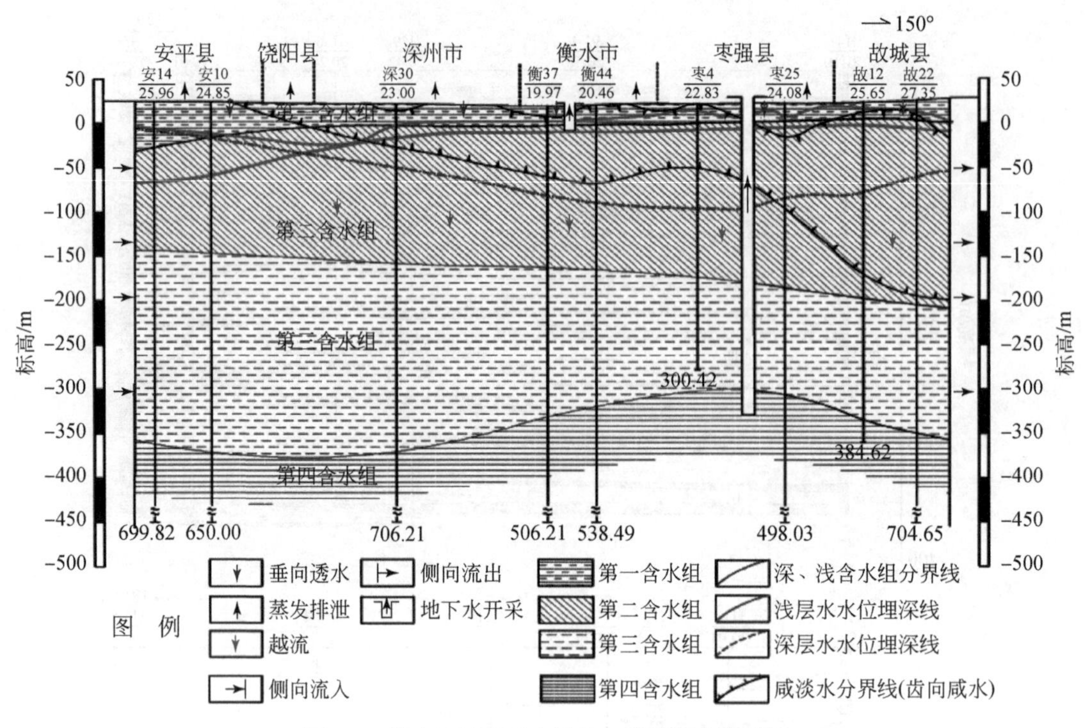

图 5.9 衡水地区地下水补给与排泄概念模型图

降水入渗补给主要取决于降水量、地下水水位埋深及包气带岩性。调查区包气带厚度较小，为1.28~10.61m（2004年9月），且大部地区包气带岩性以粉土为主。衡水市区包气带较松散的岩性结构及较浅的地下水埋深，使大气降水易垂直入渗补给浅层地下水。调查区分布有滏阳河、胡堂排干渠、班曹店排干渠及大小不等的坑塘低洼地带，大气降水形成的径流汇入河流、坑塘及低洼地带，通过垂向入渗补给浅层地下水。

据2011~2015年浅层地下水均衡计算成果（表5.1），其中降水入渗补给占64.41%、河道渗漏补给占17.21%。

表 5.1 浅层地下水水均衡补给及排泄量及其占比

均衡项目	补给量						排泄量		
	降水入渗量	河道渗漏量	渠系渗漏量	渠灌田间	井灌回归	蓄水体补给	蒸发量	越流量	开采量
各项水量/万 m^3	325416.69	86959.49	9407.49	20138.60	54676.13	8597.02	58191.04	332104.10	155733.93
合计/万 m^3	505195.42						546029.07		
占比/%	64.41	17.21	1.86	3.99	10.82	1.70	10.66	60.82	28.52

B. 排泄条件

浅层地下水以越流、蒸发、开采3种方式排泄。

调查区浅层地下水与深层地下水之间存在厚度10~40m的粉质黏土、黏土隔水层，由于深层地下水大量开采，造成深层地下水水头低于浅层地下水水头，且水头差呈不断增大趋势，目前已达50～80m，形成了浅层地下水向深层地下水的越流排泄。调查区浅层地下水水位埋深较小，2004年高水位期浅层地下水水位埋深为1.28～12.79m，水位埋深小于4m的面积达103.9km^2，占全区面积的34.2%，为蒸发排泄区。调查区西部及东北部地区存在浅层地下水局部开采区。

浅层地下水越流补给深层地下水占60.82%、开采地下水占28.52%。

2）深层地下水

A. 补给条件

深层地下水主要接受浅层地下水的越流补给和外围区域深层地下水的侧向径流补给。

由于浅层地下水与深层地下水之间存在弱透水层且有较大的水头差，浅层地下水越流补给深层地下水。深层地下水开采强度大，形成了以水源井为中心的地下水水位降落漏斗，袭夺侧向地下水径流量。

据2011～2015年衡水市区80km^2深层地下水均衡计算成果，5年总补给量为8185.36万m^3，其中，浅层地下水越流补给量占76.35%、侧向补给量占23.65%。

B. 排泄条件

深层地下水排泄方式主要为人工开采和侧向径流排泄，本区自20世纪70年代开采深层地下水以来，随着工农业的发展，深层地下水开采量呈增大趋势。

据2011～2015年衡水市区80km^2深层地下水均衡计算成果，5年总排泄量为8987.42万m^3，其中，深层地下水开采量占85.87%、侧向排泄量占14.13%。

5. 地下水动态

1）水位动态

A. 浅层地下水

年内动态：从深度约13m的环7井监测的浅层地下水第Ⅰ含水组水位动态图可知（图5.10），由于水位埋深浅、开采量小、对降水响应敏感，一般5～6月水位达到最低值，7～8月水位达到最高值，一般滞后降雨1个月，年变幅不超过2m。

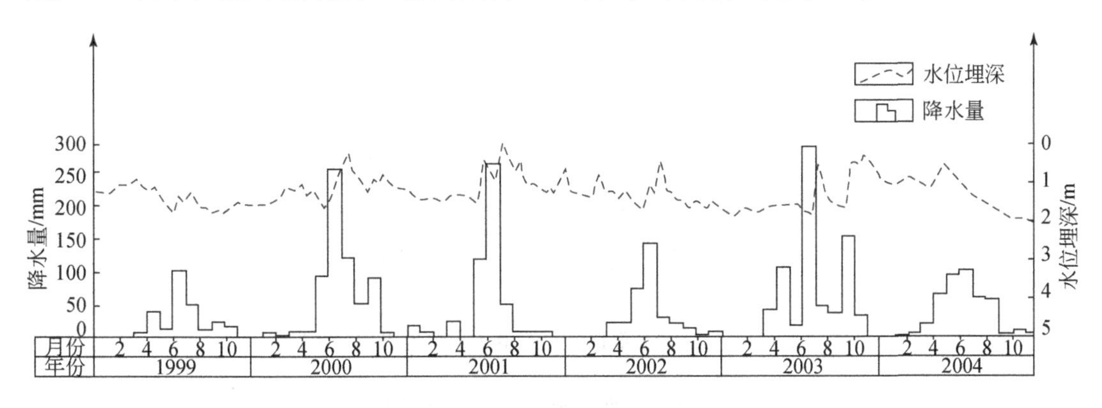

图5.10　浅层地下水第Ⅰ含水组水位动态图（环7井）

多年动态：据资料统计，衡水市浅层地下水水位多年呈下降趋势，地下水水位由开采初期的 1975 年至 2015 年年末平均水位累计下降 10.96m，下降速率为 0.27m/a。

据 2020 年 6 月调查区内 12 个浅层地下水水位监测数据统计，最小埋深为 2.6m、最大埋深为 20.6m、平均埋深为 7.19m。

B. 深层地下水

年内动态：从深度为 357m 的衡 45 井的深层地下水第Ⅲ含水组年内水位动态图可知（图 5.11），第Ⅲ含水组地下水在年内 2 月或 3 月上旬水位达到最高值，5 月末或 6 月初水位达到最低值，年内水位变幅约 20m。

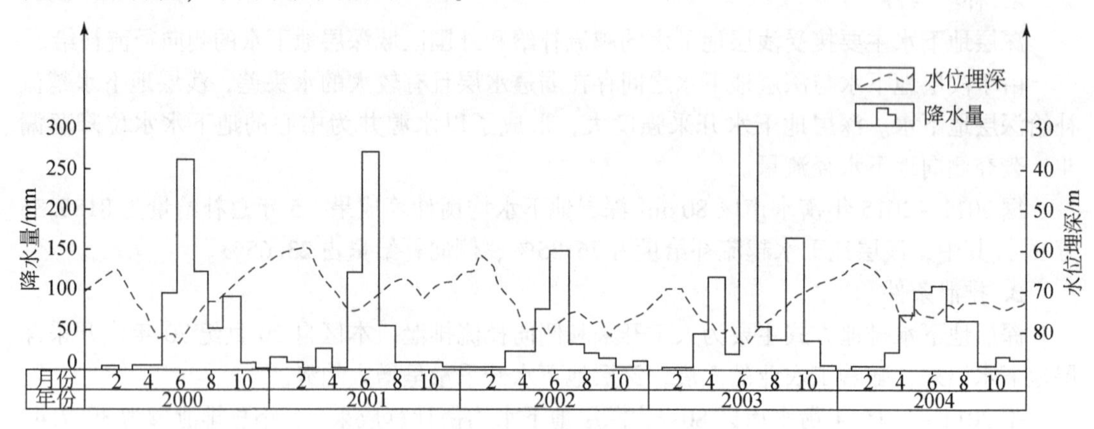

图 5.11　深层地下水第Ⅲ含水组年内水位动态图（衡 45 井）

多年动态：从 1977 ~ 2015 年衡 62 井（成井段 191.7 ~ 260.9m）监测的深层地下水第Ⅲ含水组多年水位动态来看（图 5.12），具有丰水年上升、枯水年下降的年周期变化，虽在 2007 ~ 2013 年水位较平稳，但多年水位总体呈下降趋势，从 1977 水位埋深 20m 至 2015 年水位埋深为 77.77m，累计下降约 57m，年平均下降速率为 1.33m。

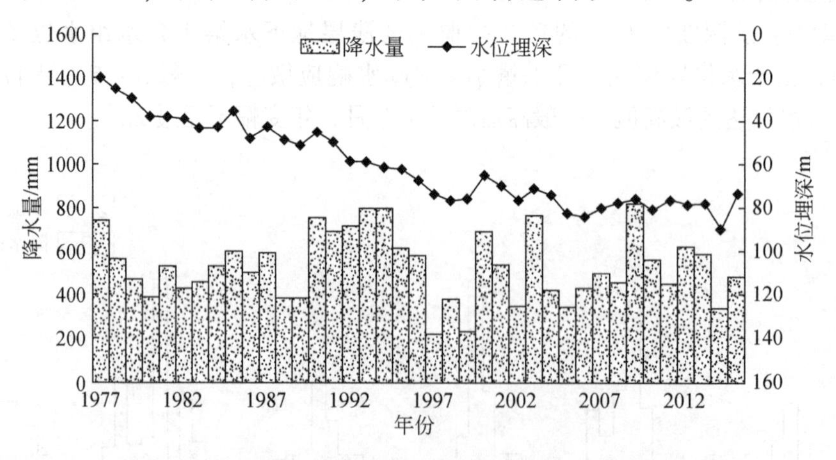

图 5.12　深层地下水第Ⅲ含水组多年水位动态（衡 62 井）

据 2020 年 6 月调查区内 13 个深层地下水水位监测数据统计，最小埋深为 63.95m、最大埋深为 93.95m、平均埋深为 77.03m。

2）水质动态

A. 浅层地下水

从1978～2015年咸15井（成井段33～54m）浅层地下水水质动态图可知（图5.13），六大阴、阳离子含量为400～5500mg/L，含量排序为 $Cl^->SO_4^{2-}>Na^+>Mg^{2+}>HCO_3^->Ca^{2+-}$，多年排序稳定。$Ca^{2+}$、$HCO_3^-$ 含量较低，年际变化最小，Ca^{2+} 多年稳定在400mg/L左右，HCO_3^- 稳定在600mg/L左右。Na^+、SO_4^{2-}、Cl^-、Mg^{2+} 含量年际变化较大，多年呈下降趋势，但下降幅度不一：Cl^- 从5600mg/L降至4300mg/L，降幅最大；Na^+ 从3300mg/L降至3000mg/L，后几年又持续回升至3200mg/L；Mg^{2+} 从1000mg/L降至800mg/L，降幅最小。矿化度总体呈下降趋势，从14000mg/L降至12500mg/L。因阴、阳离子含量多年动态排序稳定，水化学类型稳定，为Cl·SO_4-Na·Mg型。

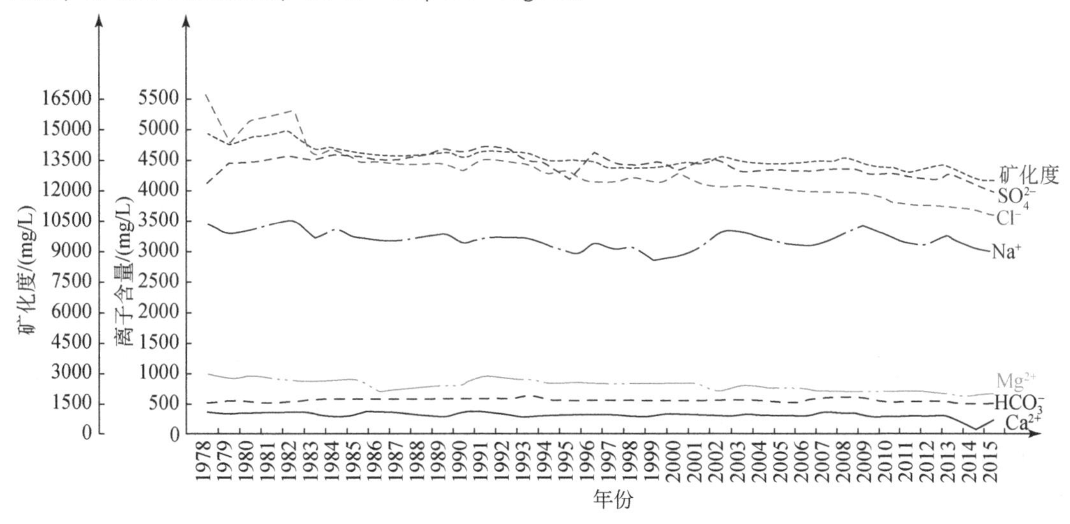

图5.13　浅层地下水水质动态图（咸15井）

B. 深层地下水

第Ⅱ含水组：从1977～1999年衡63井（成井段116～172m）深层地下水水质动态图可知（图5.14），六大阴、阳离子含量为20～300mg/L，是浅层地下水对应离子含量的1/20～1/10；矿化度为550～1000mg/L，是浅层地下水矿化度的1/10～1/5，含量大幅减低。六大阴、阳离子多年含量及动态明显分化成两组：一组是 Cl^-、Na^+、SO_4^{2-}、HCO_3^-，含量在125～300mg/L，含量较高，变幅较大，具有上升（1977～1983年）—下降（1983～1990年）—再上升（1990～1997年）约7年周期的变化，矿化度也具有相同动态；另一组是 Ca^{2+} 和 Mg^{2+}，含量为20～50mg/L，含量较低，变幅较小。因 HCO_3^- 含量年际动态变幅大，导致水化学类型在Cl·SO_4-Na型与Cl·SO_4·HCO_3-Na型之间动态变化。

第Ⅲ含水组：这是水源地开采的含水层位。从1977～2004年衡61井（成井段287～351m）深层地下水水质动态图可知（图5.15），六大阴、阳离子含量区间为10～250mg/L，矿化度为500～700mg/L，离子及矿化度较上部第Ⅱ含水组低；离子含量排序为 $Na^+>HCO_3^->SO_4^{2-}>Cl^->Ca^{2+}>Mg^{2+}$，多年排序基本稳定，较浅层地下水排序发生较大变化，水化

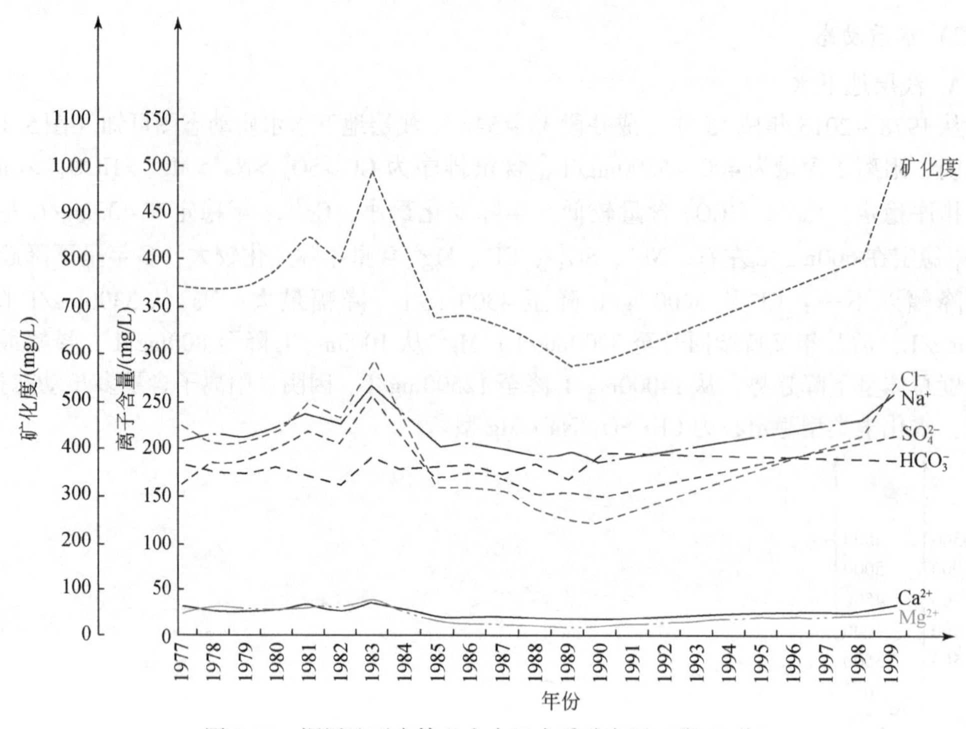

图 5.14　深层地下水第Ⅱ含水组水质动态图（衡 63 井）

学类型较稳定，为 $SO_4\cdot Cl\cdot HCO_3$-Na 型或 $HCO_3\cdot Cl\cdot SO_4$-Na 型；各离子含量及矿化度具有较小的年际变化，特别是含量较高的 4 个离子（Na^+、HCO_3^-、SO_4^{2-}、Cl^-）及矿化度变化幅度远小于第Ⅱ含水组，且呈较为稳定的状态。

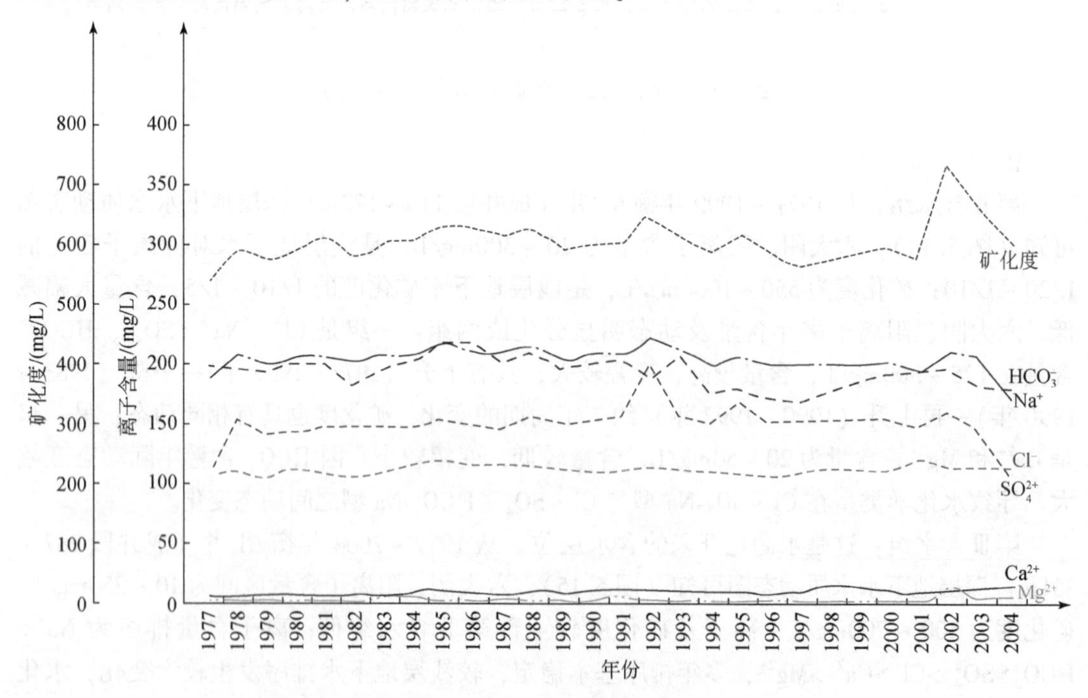

图 5.15　深层地下水第Ⅲ含水组水质动态图（衡 61 井）

3）水温动态

以咸15井、衡61井为例，多年水温在一定范围内波动，无明显的升高或降低，见图5.16。在垂向上地下水水温随着深度的增加而增加，见表5.2。

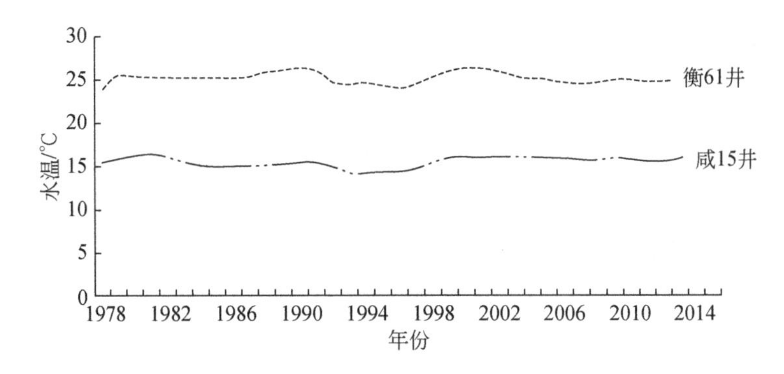

图5.16　地下水温度动态图

表5.2　衡水市区地下水温度随深度变化表

井号	咸16	咸15	咸14	衡63	衡62	衡61
成井段/m	3～12	33～54	66～85	115.9～172.1	191.7～260.90	261～354
温度/℃	16.8	15.5	16	17.2	23.3	26
资料时间	2016年4月	2015年6月	2016年4月	1990年6月	1990年6月	2015年4月

6. 地下水水化学变化规律

1）水平方向

据2020年12月浅层水取样分析结果，浅层水水化学类型多达9类，类型复杂。西部及东南部以Cl·SO_4-Na·Mg型水为主，中部特别是滏阳河两侧阴离子水型复杂，以HCO_3、SO_4、Cl为主的水型均存在，反映出示滏阳河沿途排泄污水成分复杂，见彩图5.1。

同样，据2020年12月水质调查结果，深层地下水均为淡水，矿化度小于1.0g/L，水化学类型较为简单，主要为Cl·SO_4·HCO_3-Na型，偶见Cl·HCO_3·SO_4-Na型，见彩图5.2。

2）垂直方向

以衡水市区某地下水监测水质剖面1986～2015年为例说明，见表5.3。由浅到深不同深度含水段矿化度和水化学类型具有以下变化规律。

（1）以100m为界，深度小于100m，矿化度大于2000mg/L，为咸水，且具有上段较高（3～12m矿化度为4330mg/L）、中段最高（33～54m矿化度为13569mg/L）、下段较低（66～85m矿化度为2858mg/L）、变幅大（大于10000mg/L）的特点；深度大于100m，矿化度小于1，为淡水，变幅小（小于50mg/L）。

表 5.3　典型水质剖面地下水水质时空变化统计表

年份	井号	咸 16	咸 15	咸 14	衡 63	衡 62	衡 61
	成井段/m	3 ~ 12	33 ~ 54	66 ~ 85	116 ~ 172	192 ~ 261	287 ~ 351
1986 ~ 1990	水型	HCO_3 · Cl-Na · Mg · Ca	Cl · SO_4-Na · Mg	Cl-Na	Cl · SO_4 · HCO_3-Na	HCO_3 · Cl · SO_4-Na	HCO_3 · Cl · SO_4-Na
	矿化度/(mg/L)	4330	13569	2858	581	627	592
1991 ~ 1995	水型		Cl · SO_4-Na · Mg	Cl · SO_4-Na · Mg	Cl · SO_4-Na	Cl · SO_4 · HCO_3-Na	SO_4 · Cl · HCO_3-Na
	矿化度/(mg/L)		13388	5285	1134	555	677
1996 ~ 2000	水型	SO_4 · Cl-Na · Mg	Cl · SO_4-Na · Mg		Cl · SO_4-Na	Cl · SO_4 · HCO_3-Na	SO_4 · Cl · HCO_3-Na
	矿化度/(mg/L)	2802	13296		1048	501	590
2001 ~ 2005	水型		Cl · SO_4-Na · Mg				SO_4 · Cl · HCO_3-Na
	矿化度/(mg/L)		13651.0				710.4
2006 ~ 2010	水型		Cl · SO_4-Na · Mg				SO_4 · Cl · HCO_3-Na
	矿化度/(mg/L)		13908.6				702.5
2011 ~ 2015	水型						SO_4 · Cl · HCO_3-Na
	矿化度/(mg/L)						678.9

（2）不同深度含水段具有不同水化学类型，自上而下 3 ~ 12m 为 HCO · Cl-Na · Mg · Ca 型、33 ~ 54m 为 Cl · SO_4-Na · Mg 型、66 ~ 85m 为 Cl-Na 型、116 ~ 172m 为 Cl · SO_4 · HCO_3-Na 型、192 ~ 261m 为 HCO_3 · Cl · SO_4-Na 型、287 ~ 351m 为 HCO_3 · Cl · SO_4-Na 型，即具有浅部和深部为重碳酸、氯化物型，中部为氯化物、硫酸型的赋存特征。

（3）矿化程度与水化学类型演化并不完全同步，即较低的矿化度，对应水化学类型的终端型，如 66 ~ 85m 矿化度为 2858mg/L，水化学类型为 Cl-Na 型；较高的矿化度，对应水化学类型的中间型，如 33 ~ 54m 矿化度为 13569mg/L，水化学类型为 Cl · SO_4-Na · Mg 型。

7. 地下水开采状况

1）地下水开采结构

调查区位于滏阳河冲湖积水文地质亚区，地下水水质结构基本为咸淡二元结构，少部分地区为淡咸淡三元结构。

据 2011 ~ 2015 年桃城区地下水开采量统计资料，地下水用于工业、农业、生活的比例分别平均为 9.25%、74.68%、16.07%，农业用水比例最高；浅层地下水开采量平均比例为 8.92%，仅用于农业灌溉；深层地下水开采量平均比例为 91.08%，主要用于农业和生活。

浅层水的开采深度为 0 ~ 40m，深层水的开采深度为 300 ~ 350m，生活用水开采深度为 300 ~ 400m。农业灌溉用水主要开采第Ⅲ含水组中的淡水，多数深井配套浅水井进行咸淡混采。

2）机井数量及密度

以2014年机井调查统计数据说明。桃城区面积为598.1km²，机井数量为2792眼，密度为4.67眼/km²，其中，浅层水井464眼，密度为0.61眼/km²，深层水井2428眼，密度为4.06眼/km²，深层水井与浅层水井数量约为5∶1。

3）地下水开采量动态

年内动态：以2012年、2014年、2015年年内地下水开采量来看（图5.17），年内地下水主要开采期在3月、4月、5月、8月和9月，其中，春季（3月、4月、5月）累计开采量大、5月达到最高峰，秋季（8月和9月）开采量较小，冬季开采量最小。

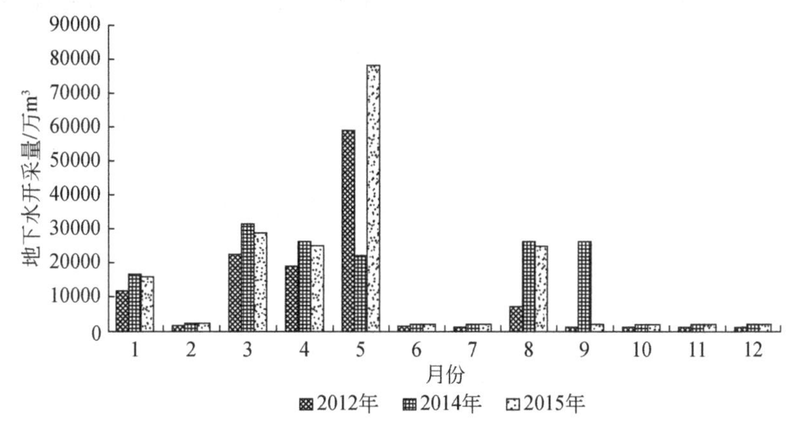

图5.17 衡水市2012年、2014年及2015年年内地下水开采量图

多年动态：1975～2015年衡水市地下水开采量变化见图5.18。地下水开采量呈现两个急剧增加段（1975～1982年、1993～1999年）和两个相对平稳段（1983～1992年、2000～2015年）。

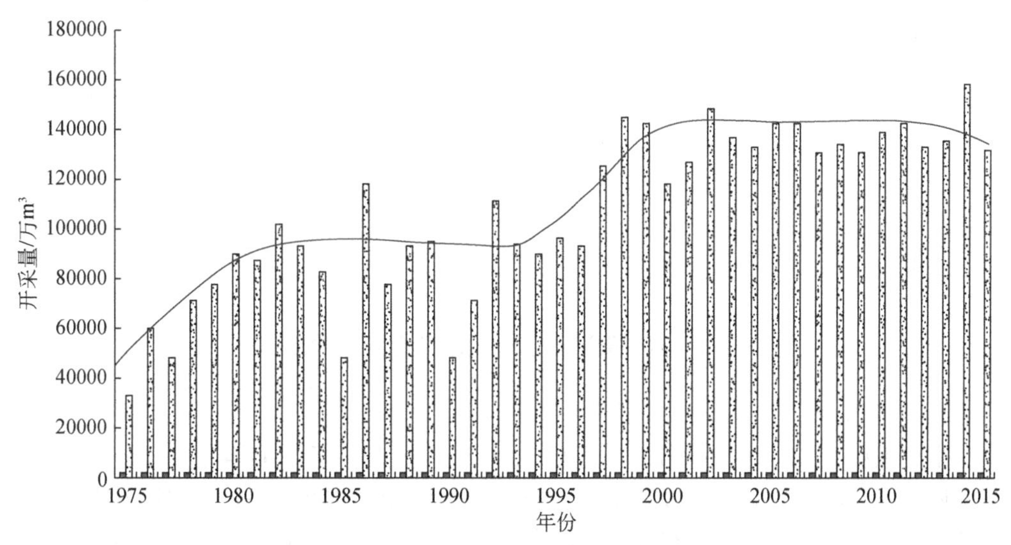

图5.18 衡水市地下水开采量多年变化图

衡水市作为黑龙港流域地下水超采综合治理试点之一，根据《衡水市地下水超采治理方案》，衡水市将逐步减少深层地下水的开采量，到2020年，基本停止对深层地下水的开采，浅层地下水和地表水将成为农田灌溉的主要水源。

8. 环境地质问题

水源地及保护区主要存在的环境地质问题是深层地下水降落漏斗、地面沉降和咸水下移（入侵）。

1）深层地下水降落漏斗

调查区位于冀州区、枣强县、衡水市区（以下简称冀枣衡）深层地下水水位降落漏斗内。该漏斗生成于20世纪70年代初期，50多年来随着开采量增加，漏斗面积、形状、中心位置及水位和降速发生了较大变化，见图5.19，具有以下特点：

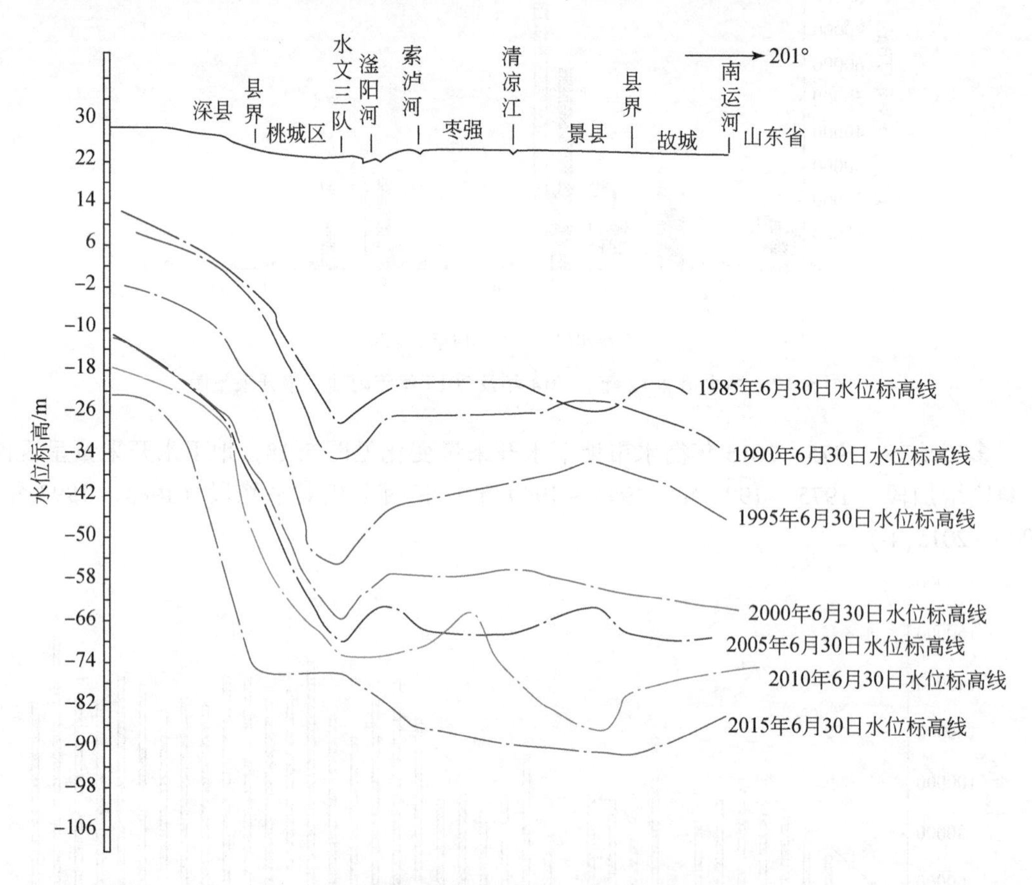

图5.19　冀枣衡深层地下水水位降落漏斗形状演化

A. 漏斗面积

漏斗面积从1975年的$3476km^2$，历经30年持续扩大，至2004年达到$8815km^2$，增加了$5339km^2$，平均扩大速率为$178km^2/a$。2004以后，漏斗西部边缘位于饶阳县五公镇至深县榆科、冀州门庄一带，漏斗东部、北部和南部为敞开状，与沧州漏斗、德州漏斗、南宫漏斗、连在一起，形成了大型复合区域深层地下水降落漏斗。

B. 漏斗形状

漏斗形状从 1985 年的边缘至中心水位落差小、水力坡度缓，多个降落中心孤立且漏斗底部起伏尖锐，发展到 2015 年的边缘至中心水位落差大、水力坡度陡，漏斗底部起伏平缓，越来越开阔和平展。

C. 漏斗中心位置及水位埋深

1975 年以来漏斗中心位置发生两次较大变化。1975 ~ 2001 年位于衡水市区内，2001 年漏斗中心水位埋深为 80m，2002 ~ 2015 年移至衡水市东南的景县内。

由于 2011 ~ 2014 年景县及邻近山东德州市发电厂及大型工厂水源地大量集中开采地下水，漏斗中心一直在景县内。2011 年漏斗中心在景县龙华镇，水位埋深为 112. 71m，2012 漏斗中心移至景县王瞳镇，水位埋深为 114. 16m，2013 漏斗中心移至青兰乡小长史村，水位埋深为 107. 92m，2014 年漏斗中心在景 304 井，水位埋深为 115. 53m，2015 年漏斗中心移至审坡镇苗小庄，水位埋深为 122. 89m。

D. 水位降速

据衡水市深层地下水 1975 ~ 2015 年水位变差统计资料，水位降低在 28. 17 ~ 77. 66m，平均为 56. 10m，水位平均降速为 1. 40m/a。其中，水源地及保护区所在的桃城区水位降低 54. 50m，水位降速为 1. 36m/a。

2）地面沉降

A. 地面沉降分布特征

衡水地区地面沉降特点之一是整体较严重，局部发展迅速。据 1981 ~ 2015 年地面累计沉降量分布示意图（图 5. 20），水源地及保护区所在的衡水市区大部区域沉降量为 1000 ~ 1400mm，分布面积为 2036. 6km^2，东南部局部地区累计沉降量大于 1400mm，分布面积为 88. 82km^2。据 2005 年监测资料，衡水地面沉降量最大的水准点位于东风化工厂（后马家庄东北 300m），沉降量为 1. 314m。

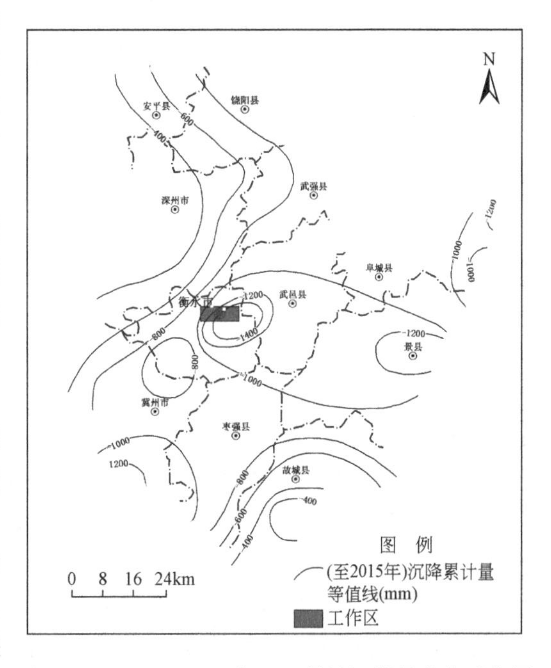

图 5. 20　1981 ~ 2015 年地面累计沉降量分布示意图

地面沉降区范围与深层地下水降落漏斗范围基本一致，沉降中心与漏斗中心相吻合，沉降的层位与地下水开采层位相一致。

B. 地面沉降速率

不同年代衡水市区地面沉降量和沉降速率差异较大。衡水市区 1981 ~ 1988 年沉降量为 128mm，沉降速率为 16mm/a；1988 ~ 1990 年地面沉降量为 51mm，沉降速率为 25. 5mm/a；1990 ~ 2005 年沉降量为 1125mm，沉降速率为 75mm/a，是地面沉降的快速发展阶段，2011 ~ 2015 年沉降量为 335. 75mm，沉降速率为67.15mm/a。

C. 地面沉降原因

地面沉降一般发生在松散沉积地层中，地面沉降产生的主要原因是持续超量抽取深层地下水，使深层地下水水位大幅下降，在重力作用下黏性土释水压缩，从而形成地面沉降。

D. 地面沉降危害

随着地面累计沉降量的加大，将会造成地面积水、排沥水困难、输水管道扭曲，甚至开裂、地基下沉、建筑物开裂、机井损坏、公路崎岖不平等一系列问题。

3）咸水下移

A. 咸水分布及咸化特点

水源地及保护区地处滏阳河冲积区，第四系地下水在垂向上可分为浅层微咸水透镜体、浅中部咸水层、深部淡水层。本区因强烈开采深层淡水，水位大幅度下降，致使浅层地下水与深层地下水水头差加大，衡水漏斗中心区浅层与深层地下水水头差达70m，在如此大的垂向水力梯度作用下，加大了浅层地下水向深层地下水的渗流速度，致使浅层咸水、微咸水向下运移，深层地下水咸化。咸水体分布及深层淡水咸化具有以下特点。

（1）咸水体主要分布在第Ⅰ含水组与第Ⅱ含水组上部，深度约100m范围内。

（2）在垂向上，咸水体矿化度呈现出由较高（3901.0mg/L）—高（15053.9mg/L）—低（1877.9mg/L）的变化规律（表5.4）。

表5.4　第四系含水层矿化度垂向变化统计表

井号	成井时间	利用段/m	矿化度/(mg/L)
咸16	1978年6月	3～12	3901.0
咸15	1978年6月	33～54	15053.9
咸14	1978年6月	66～85	1877.9
HK_2	1986年	96.7～103.6	737.3
衡63	1977年9月	115.9～172.1	819.0
衡62	1978年	193～261	606.0
衡61	1978年	285～350	592.0
衡60	1977年	383.6～466.8	754.9

（3）咸水体的底界面因地而异，起伏不平。据2004年11个监测井实测资料统计，底界深度为46～90m，平均约72m（表5.5）。深层淡水成井段顶界距咸水体底界厚度越小，深层淡水咸化的速率越大。

（4）在深层淡水咸化过程中，钠、硫酸盐、氯化物增加明显，是造成矿化度增加的主要组分，而重碳酸盐、钙、镁增加不明显（图5.21）。

B. 咸水下移速率

影响咸水向下扩散移动的因素很多，如深层淡水开采井及其周边地质结构、成井段顶界与咸水体底界厚度、地层渗透性、咸水与淡水水头差、开采量变化等。因此，咸水下移速率是一个随时空变化的参数，也是一个较难确定的问题，下面给出一些研究结果。

表5.5 深层地下水监测井结构、咸水界面与水质演化表

井号	位置	成井深度/m	取水段/m	含水层组	咸水底界深度/m	取水段上界距咸水底厚度/m	起止取样时间	离子含量/(mg/L)				矿化度/(mg/L)	水化学类型	矿化度增加量/(mg/L)	矿化度增加速率/[mg/(L·a)]
								Na^+	Cl^-	SO_4^{2-}	HCO_3^-				
开12	彭杜乡侯店	254.00	99~196	Ⅱ	76	23.0	1974年6月26日	152.0	146.0	96.00	131.00	557.0	Cl·HCO_3-Na	337.0	24.07
							1988年5月12日	217.0	277.0	199.00	125.00	894.0	Cl·SO_4-Na		
衡3	衡水市侯刘马	226.97	71.9~222.8	Ⅱ	46	25.9	1968年9月9日	170.0	240.0	72.00	104.00	629.0	Cl-Na	166.3	4.62
							2004年10月19日	208.2	280.1	144.09	103.72	795.3	Cl-Na		
9814	水文三队东院	197.50	107.2~197.5	Ⅱ	70	37.2	1998年10月30日	167.4	109.5	151.29	169.76	625.7	SO_4·Cl·HCO_3-Na	99.2	16.53
							2004年10月19日	189.8	163.1	144.09	189.16	724.9	Cl·HCO_3·SO_4-Na		
衡78	河沿乡魏庄	193.02	124.3~188	Ⅱ	73	51.3	1979年3月14日	167.9	205.9	108.00	100.80	623.8	Cl-Na	77.0	3.08
							2004年10月19日	190.0	209.9	130.60	122.00	700.8	Cl·SO_4-Na		
衡51	赵杜庄村	289.02	120.5~283.3	Ⅱ+Ⅲ	90	30.5	1976年4月3日	152.0	117.0	110.00	146.00	548.0	Cl·HCO_3·SO_4-Na	150.2	5.36
							2004年8月10日	195.0	167.3	154.60	144.00	698.2	Cl·SO_4-Na		
衡2	衡水市马军营	252.49	101.5~248.2	Ⅱ+Ⅲ	69	32.5	1968年9月10日	199.0	279.0	151.00	101.00	797.1	Cl·SO_4·HCO_3-Na	567.0	15.75
							2004年8月10日	352.5	476.4	299.70	122.00	1364.1	Cl·SO_4-Na		
88-14	衡水外贸冷冻厂	219.42	109~216.07	Ⅱ+Ⅲ	70	39.0	1989年1月8日	214.0	217.0	187.00	134.00	781.0	Cl·SO_4-Na	13.2	0.88
							2004年8月10日	230.0	197.1	173.90	148.90	794.2	Cl·SO_4-Na		
176-1	衡水市东水厂	254.00	132~242	Ⅱ+Ⅲ	80	52.0	1979年10月22日	187.9	158.0	151.20	149.50	684.6	Cl·SO_4-Na	319.2	12.77
							2000年6月20日	264.4	343.2	242.10	158.60	1097.4	Cl·SO_4-Na		
135-1	河西水厂东井	251.52	150~250	Ⅲ	86	64.0	1979年10月23日	174.8	134.9	120.00	140.30	593.9	Cl·SO_4·HCO_3-Na	176.6	5.89
							2004年8月10日	210.0	136.1	223.80	129.40	733.6	Cl·SO_4-Na		
衡19-2	深州市贡家庄	348.00	181~348	Ⅲ	57.8	123.2	1972年1月20日	225.0	249.0	144.00	110.00	762.0	Cl·SO_4-Na	110.0	3.44
							2004年8月10日	232.5	297.8	155.60	122.00	872.0	Cl·SO_4-Na		
衡61	水文三队院内	354.18	287.2~351.3	Ⅲ	76	211.2	1977年10月22日	187.0	110.1	110.40	198.30	626.2	HCO_3·Cl·SO_4-Na	—	—
							2004年5月18日	168.0	110.6	109.50	175.70	593.8	SO_4·Cl·HCO_3-Na		

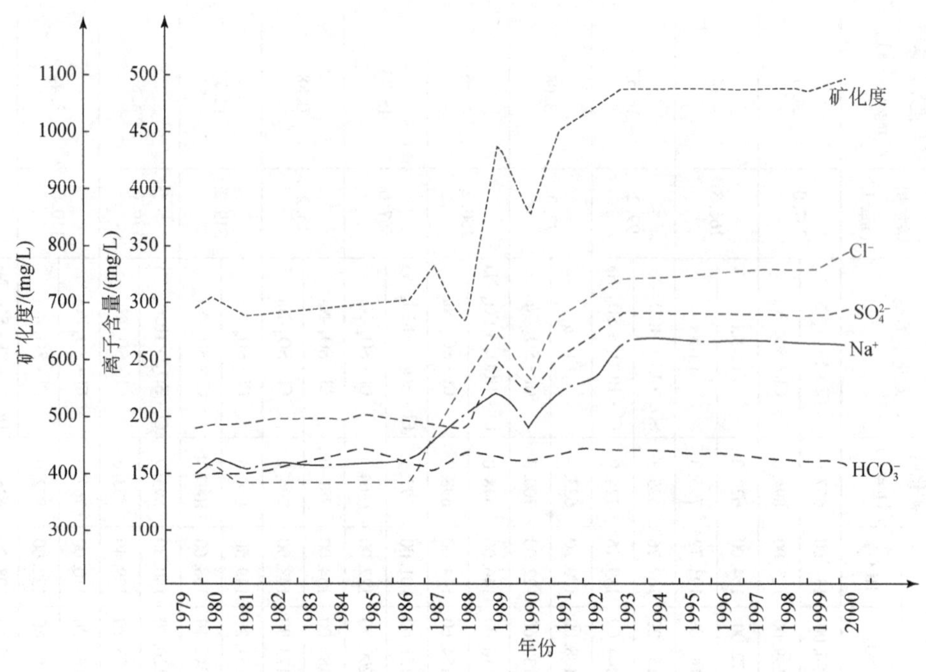

图 5.21　第Ⅱ+Ⅲ含水组 176-1 监测井（成井段：132～242m）水质变化图

（1）1990 年“河北省衡水地区（重点衡水市）咸水运移规律研究报告”给出 1975～1988 年咸水底界下移速率为 0.138m/a。

（2）1977 年和 1997 年对深层地下水监测井（衡 61 井）视电阻率测井对比显示，20 年内咸水底界从 76m 向下扩散至 85m，下移 9m，咸水底界下移速率为 0.45m/a。

（3）衡水市区 1970～1998 年监测资料显示，咸水底界下移速率为 0.12～0.57m/a，平均为 0.40m/a。

C. 咸水下移危害

咸水下移使深层淡水变咸，造成开采第Ⅱ、Ⅲ含水组机井水质恶化甚至报废，使原本有限的淡水资源进一步减少，水资源供给更加紧张。

D. 咸水成因

据研究，河北第四纪气候在更新世晚期最为干旱，大陆盐化作用形成了本区大面积分布的咸水体。而全新世以来，气候转为温暖潮湿，使已形成的咸水体部分又逐渐被淡化，这是包括衡水地区在内的华北中部平原浅层地下咸水形成的主要原因。

衡水水源地及保护区存在的深层地下水水降落漏斗、地面沉降、咸水下移环境地质问题皆因多年持续过量开采深层地下水（包括第Ⅱ、Ⅲ、Ⅳ含水组）所致。因此，科学管控深层地下水开采是防止环境地质问题继续恶化的唯一选择。令人欣喜的是，2014 年衡水市制订了《衡水市地下水超采综合治理方案》，提出要大规模压采深层地下水，充分挖掘本地地表水、浅层地下水及再生水、雨水，调引黄河、卫运河、岗南水库、黄壁庄水库及王快水库等水资源，预计未来深层地下水水位会呈现逐步回升态势，上述环境地质问题将得以遏制，并向良性方向发展。

5.4.4　土地利用状况

分别从重点调查区和整个调查区分析衡水市水源地及保护区的土地利用状况。

1. 重点调查区

采用目视解译技术对滏阳水厂、大庆水厂、育北水厂等11个水厂所在的重点调查区土地利用现状进行分析。

1）*数据源选取及分辨率*

选取最新时相、无云量、可覆盖水源地重点调查区的分辨率优于1m的Google Earth遥感影像。

2）*土地利用分类*

依据第二次全国土地利用现状分类体系作为参考标准，结合水源地保护区周边土地利用类型的实际情况，将重点区土地利用分为住宅用地、商服用地、工矿仓储用地、交通用地、绿化用地、裸地、水体7个类型。

3）*目视解译*

目视解译是借助技术人员的经验和专业知识，在专业软件ArcGIS环境下，按照确立典型解译样区—建立解译标志—解译各土地利用类型—结果验证步骤解译影像信息。

4）*土地利用分布及面积统计分析*

衡水市11个水厂重点调查区各类土地分布面积及占比见表5.6。若以11个水厂重点区用地类型普及率统计，商服、交通、绿化3类用地为100%，住宅为81.82%，裸地为72.72%，水体为27.27%、公共管理用地及工矿仓储用地18.18%。若以11个水厂重点区各类土地利用面积平均值统计，住宅用地占40.19%、公共管理用地占29.75%、商服用地占17.22%、绿化用地占15.73%、工矿仓储用地占15.1%、裸地占14.39%、交通用地占12.84%、水体占9.93%。在衡水水源地重点区内，硬化的难入渗下垫面（包括住宅、公共管理、商服、交通、工矿仓储）占75.59%，而易入渗的下垫面（包括绿地、裸地、水体）占24.41%。

表5.6　衡水市水源地重点调查区土地利用类型面积及占比统计表

水源地名称	土地类型	面积/m^2	总面积/m^2	面积占比/%
滏阳水厂	住宅用地	20288.9	87836.7	23.1
	商服用地	13508.7		15.4
	交通用地	3294.7		3.7
	绿化用地	41915.3		47.7
	裸地	8829.2		10.1

续表

水源地名称	土地类型	面积/m^2	总面积/m^2	面积占比/%
人民西路10号水源井	商服用地	18628.7	47608.3	39.1
	交通用地	11339.5		23.8
	绿化用地	7013.3		14.7
	裸地	7977.8		16.8
	水体	2649.0		5.6
人民西路9号水源井	商服用地	10391.1	60586.4	17.2
	工矿仓储用地	13377.0		22.1
	交通用地	10688.7		17.6
	绿化用地	22477.0		37.1
	裸地	735.8		1.2
	水体	2916.8		4.8
育北水厂	住宅用地	22516.8	82741.1	27.2
	商服用地	16742.2		20.2
	工矿仓储用地	6710.9		8.1
	交通用地	6077.2		7.3
	绿化用地	16591.5		20.1
	裸地	14102.5		17.1
康泰街水厂	住宅用地	41642.1	80428.1	51.8
	商服用地	12688.4		15.8
	交通用地	12130.3		15.1
	绿化用地	13967.3		17.3
南门外水厂	住宅用地	2241.8	47210.4	4.7
	商服用地	10321.7		21.9
	交通用地	8029.5		17.0
	绿化用地	4021.6		8.5
	裸地	22595.8		47.9
大庆水厂	住宅用地	103945.10	158845.0	65.4
	商服用地	18338.6		11.5
	交通用地	11087.3		7.0
	绿化用地	14595.8		9.2
	裸地	10878.2		6.9
问津路水厂	住宅用地	17468.9	47395.6	36.9
	商服用地	7039.8		14.9
	交通用地	7274.9		15.3
	绿化用地	4489.2		9.5
	裸地	1917.0		4.0
	水体	9205.8		19.4

续表

水源地名称	土地类型	面积/m²	总面积/m²	面积占比/%
大庙水厂	住宅用地	34528.0	45888.7	75.2
	商服用地	6042.8		13.2
	交通用地	4303.8		9.4
	绿化用地	1014.1		2.2
华西水厂	住宅用地	34059.1	93944.7	36.3
	商服用地	1986.6		2.1
	公共管理用地	33142.2		35.3
	交通用地	13093.8		13.9
	绿化用地	1265.8		1.3
	裸地	10397.2		11.1
新华西路水厂	住宅用地	26654.6	64850.3	41.1
	商服用地	11815.2		18.2
	公共管理用地	15672.6		24.2
	交通用地	7177.0		11.1
	绿化用地	3530.9		5.4

2. 调查区

1）数据源

选取4个年份干扰少、地物信息丰富、便于分类、云层覆盖量小于5%的秋季Landsat系列卫星不同波段组合遥感影像作为数据源，即1992年9月27日TM741、2001年9月23日TM741、2013年9月1日ETM543、2020年10月22日ETM642，对调查区土地利用类型进行信息提取。

2）数据处理方法

按照辐射定标、大气校正、图像融合、镶嵌、裁剪，监督分类步骤对遥感影像数据进行处理，各步骤处理方法参见4.4.6节的数据处理方法。

3）用地类型图像解译标志

根据土地利用分类体系，结合调查区实际情况，建立研究区遥感数据土地利用分类体系，将土地利用类型分为4类，即水域、居住用地、农用地和工矿用地。每种类型的遥感影像特征不同，从地物形状、大小、色调、粗糙度、反射差、纹形图案6个解译要素建立遥感解译标志，通过计算机自动识别和人工解译相结合的方法，提取研究区土地利用现状信息。

4）土地利用类型演变

衡水市水源地调查区1992年、2001年、2013年及2020年土地利用类型解译结果见彩图 5.3。经统计，调查区总面积为 367.14km²，不同年份土地利用类型面积及占比见表 5.7。

表 5.7　调查区不同年份土地利用类型统计表

年份	土地利用类型	面积/km²	占总面积比例/%
1992	水域	5.84	1.59
	农用地	279.96	76.25
	居住用地	80.75	21.99
	工矿用地	0.59	0.16
2001	水域	4.25	1.16
	农用地	262.31	71.45
	居住用地	99.36	27.06
	工矿用地	1.21	0.33
2013	水域	7.25	1.97
	农用地	252.52	68.78
	居住用地	103.12	28.09
	工矿用地	4.25	1.16
2020	水域	5.71	1.56
	农用地	247.13	67.31
	居住用地	110.46	30.09
	工矿用地	3.85	1.04

A. 水域

1992～2020 年近 30 年调查区水域面积变化见图 5.22（a）。统计分析显示，水域面积占调查区面积的 1.16%～1.97%，占比小；较小的水域面积出现在 2001 年，为 4.25km²，较大的水域面积出现在 2013 年，为 7.25km²，绝对变差为 3km²，水域面积多年变化小。从水域分布来看，河渠等线性水体主要分布在调查区的中东部，呈西南—东北延伸，池塘等点片状水体主要分布在调查区的西部及西北部。

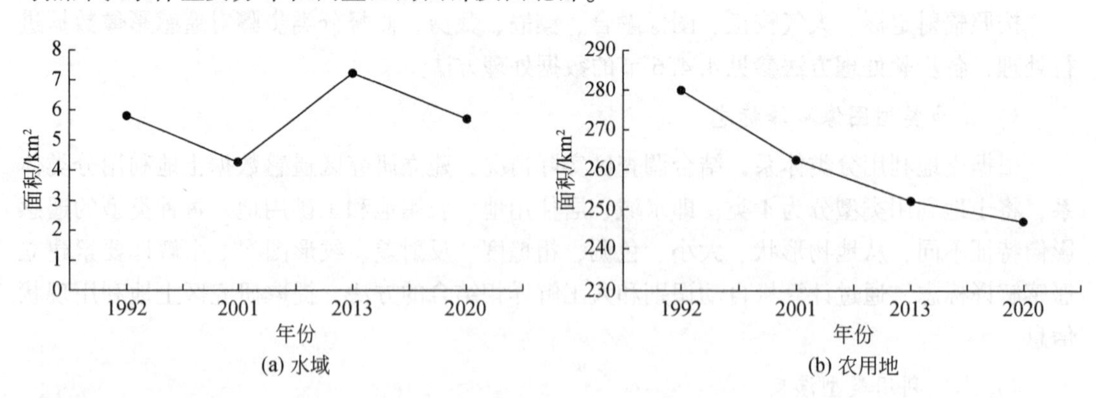

(a) 水域　　(b) 农用地

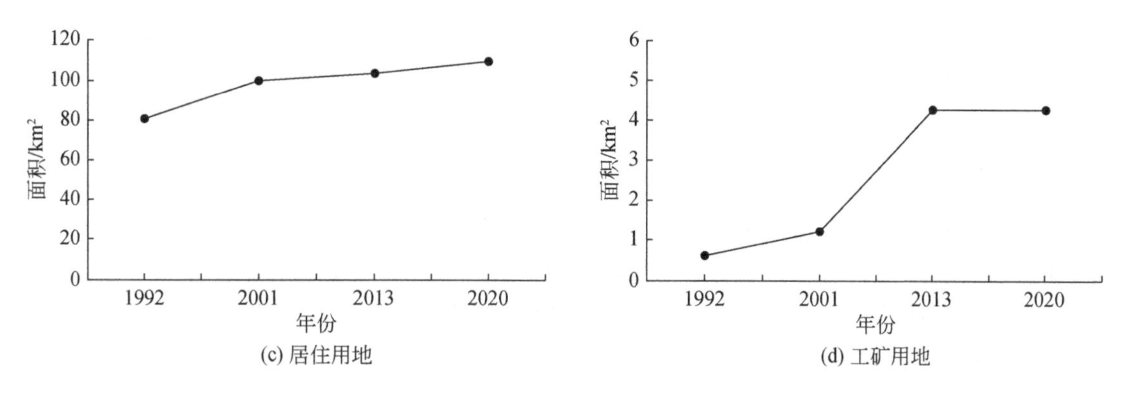

(c) 居住用地　(d) 工矿用地

图5.22　调查区不同年份土地利用类型面积演变图

B. 农用地

1992～2020年近30年调查区农用地面积变化见图5.22（b）。统计分析显示，农用地占调查区面积的67.31%～76.25%，占比大；较小值出现在2020年，为247.13km²，较大值出现在1992年，为279.96km²，绝对变差为32.83km²，农用地面积多年变化较大且呈下降趋势。从分布看，农用地较均匀地分布于衡水主城区周边。

农用地面积的减少，将造成农田灌溉入渗补给量减少，农作物蒸腾量减少，潜水蒸发量减少，降低表层土壤及浅层地下水中农业污染物（如化肥、农药等）负荷。

C. 居住用地

1992～2020年近30年调查区居住地面积变化见图5.22（c）。统计分析显示，居住用地占调查区面积的21.99%～30.09%，占比较大；较小值出现在1992年，为80.75km²，较大值出现在2020年，为110.46km²，绝对变差为29.71km²，农用地面积多年呈持续增加趋势。从分布看，居住地集中分布于衡水市主城区及其毗邻区域。2013年以来，滏阳河以东、滏阳新河以西居住地增加明显。

居住用地的增加，将造成衡水市水源地及保护区硬化路面增加，大气降水入渗补给量减少，洪水期地面径流增加，潜水蒸发量减少，浅层地下水生活污染负荷增加。

D. 工矿用地

1992～2020年近30年调查区工矿用地面积变化见图5.22（d）。统计分析显示，工矿用地占调查区面积的0.16%～1.16%，占比小；较小值出现在1992年，为0.59km²，较大值出现在2013年，为4.25km²，绝对变差为3.66km²，工矿用地面积多年总体上呈增加趋势。从分布看，工矿用地分布在调查区的东北部及西部区域。

工矿用地的增加，将造成衡水市水源地及保护区硬化路面增加，大气降水入渗补给量减少，洪水期地面径流增加，浅层地下水工业污染负荷增加。

总之，衡水市水源地及保护区土地利用以农用地为主，占总面积60%以上。近30年来，农用地持续减少、居住用地和工矿用地持续增加，地表水域面积基本保持不变。土地利用类型的上述变化，将改变衡水市水源地及保护区地表水—土壤水—浅层地下水的循环模式，也将改变土壤、浅层地下水中污染物分布、类型及浓度等，应引起足够重视。

5.4.5 土环境状况

1. 表层土

采用便携式 XRF 检测分析仪，以直触式测量方式，在历史上存在过的和现存的工矿企业周边表层土进行测量。共布设表层土测点 50 个，这些点主要分布在衡水市东、南、西、北环路围成的主城区内，同时也覆盖了主城区外东部、东南部、西部等关注区域。

1）表土元素分布特征

表土元素 XRF 检测分析结果见表 5.8，依此绘制的表土元素砷（As）、镉（Cd）、铬（Cr）、铜（Cu）、铅（Pb）、镍（Ni）、锑（Sb）、钴（Co）、钒（V）、锌（Zn）分布等值线见图 5.23。为了便于描述，表土元素以其平均值划分为低（0ppm≤平均值<10ppm）、较低（10ppm≤平均值<50ppm）、较高（50ppm≤平均值<100ppm）、高（平均值≥100ppm）4 个等级，以其变异系数（简写为 Cv）划分为小（0≤Cv<0.1）、较小（0.1≤Cv<0.5）、较大（0.5≤Cv<1.0）、大（≥1.0）4 个等级。

表 5.8 表土元素 XRF 检测分析结果表 （单位：ppm）

位置	钒	铬	钴	铜	锌	砷	镍	镉	锑	铅
宏宇包装	96.81	128.72	141.70	38.58	331.68	8.66	99.95	8.05	10.82	87.75
兴华水泥	68.99	29.96	86.30	14.63	59.53	6.72	26.78	15.88	35.70	19.19
百兴建材	119.25	131.98	89.66	29.25	86.83	8.42	62.50	7.73	10.31	43.88
养鸡场	111.00	112.22	113.92	25.56	203.42	15.03	48.25	9.32	23.92	29.81
信诺机械科技	91.56	103.11	88.43	13.09	78.42	10.21	55.07	9.09	12.07	26.46
亿力工程橡胶	113.38	121.80	105.45	23.62	93.94	10.98	24.51	7.19	9.36	43.08
锦昌橡塑	115.47	130.06	90.80	20.63	115.51	9.53	25.08	7.88	10.49	34.76
精信化工	57.88	54.95	103.01	15.48	102.80	11.58	27.89	13.89	26.47	39.46
隆盛混凝土	75.25	106.07	92.51	20.93	77.88	11.42	26.42	8.00	10.59	16.81
佳艺坊家具	127.79	110.10	100.88	31.15	89.04	10.68	75.99	7.98	10.46	19.89
鸿鑫机械	134.93	100.68	88.70	25.37	83.76	8.46	89.59	19.44	37.04	13.63
御源饮用水	86.05	31.70	78.20	22.88	88.54	9.52	45.78	12.40	16.04	20.35
利神轮业	64.98	67.30	93.40	20.01	86.34	8.69	25.62	7.44	9.89	22.86
鑫泰桥梁配件	85.87	66.87	101.43	30.61	104.25	12.74	49.09	7.70	10.21	23.49
恒洋工程橡胶	87.77	58.81	95.18	22.89	86.95	11.76	40.72	6.75	9.04	20.17
同力家禽养殖	92.64	66.31	95.19	13.79	69.03	9.05	51.32	6.92	9.14	21.74
路德工程橡胶	80.08	74.09	101.90	39.95	189.67	11.10	25.70	7.58	10.48	45.35
伊尔希毛皮	77.67	77.71	132.04	25.99	52.31	11.49	40.84	5.60	11.31	16.58
恒兴电厂	88.07	99.15	124.78	30.52	151.03	10.08	56.83	6.78	9.02	28.72

续表

位置	钒	铬	钴	铜	锌	砷	镍	镉	锑	铅
琪丰铜粉	75.51	47.43	72.43	343.28	181.83	4.37	34.73	6.52	8.64	38.96
恒润源油品添加剂	113.86	56.36	132.22	19.40	61.65	9.19	41.10	6.50	12.32	18.62
平通动物药品	115.22	74.20	97.48	29.09	97.09	14.40	49.99	7.68	10.07	21.26
宏国轿车修理厂	72.91	65.93	84.66	24.47	39.28	9.43	43.04	6.56	8.56	12.81
晶美玻璃制品	89.79	96.81	82.39	29.65	55.09	8.15	23.54	6.95	9.23	15.43
众诚化工	84.72	99.37	84.83	34.03	85.52	20.07	57.16	6.37	8.44	1359.29
市人造板厂	83.95	59.14	101.19	34.98	77.45	12.32	47.73	6.62	8.71	30.29
衡水制药厂	88.36	66.66	83.14	43.62	42.44	6.64	34.25	6.51	8.66	15.97
永利钢丝	85.37	38.16	169.29	41.82	57.46	11.63	44.92	7.06	9.20	18.53
特种石油化工厂	59.46	14.95	53.48	19.73	44.21	2.78	19.76	5.15	6.85	9.13
长城化工厂	88.92	34.04	95.39	50.78	84.66	17.37	37.08	7.80	10.28	88.71
西亚石油化工	158.32	85.26	237.82	53.84	94.87	17.55	96.15	7.28	9.68	30.14
衡水薄板厂	95.58	57.93	85.19	19.03	88.84	9.96	26.53	7.59	10.24	16.17
长衡电池厂	105.21	135.26	129.84	30.07	119.16	7.21	23.38	6.53	8.60	33.53
冀衡药业	103.73	81.53	138.71	24.29	47.36	9.45	91.42	6.63	8.86	18.33
四伟化学	81.49	92.34	117.93	23.59	65.05	9.21	42.87	6.14	8.12	20.63
二造纸厂	54.23	55.17	155.88	39.30	73.65	16.44	27.41	8.55	11.66	22.24
市钢管厂	98.68	52.56	175.60	27.06	45.81	9.20	50.97	6.95	9.13	12.21
交通局材料厂	94.43	84.59	267.32	32.42	63.13	9.58	73.18	7.40	9.87	18.12
电池厂	117.74	93.90	88.59	38.32	68.56	13.05	68.73	6.56	8.69	18.06
市造纸一厂	81.72	86.84	73.31	26.22	96.24	7.31	21.03	5.32	6.88	69.84
瑞祥金属处理厂	64.88	84.97	73.50	28.45	114.05	10.88	38.57	6.72	8.97	43.16
东港化工厂	59.73	42.20	192.26	28.73	51.79	7.01	38.41	7.10	9.35	14.79
京华制管厂	126.30	117.43	209.40	28.71	253.30	9.01	61.30	6.58	8.74	22.98
1号孔表土	83.57	97.10	157.05	28.31	42.10	8.64	22.76	7.70	10.09	12.21
2号孔表土	100.16	89.28	83.21	37.63	63.18	9.31	91.88	6.04	8.04	22.45
3号孔表土	83.84	96.04	66.44	27.80	53.03	5.67	20.52	7.18	13.18	12.88
4号孔表土	110.64	139.37	137.00	34.44	67.18	14.25	58.06	6.18	8.22	19.01
5号孔表土	93.08	96.47	142.57	32.57	56.48	9.10	53.77	6.41	8.45	17.22
6号孔表土	58.44	130.90	106.14	25.52	37.97	9.71	22.82	6.59	8.64	10.04
7号孔表土	96.65	104.11	77.57	28.62	51.25	6.88	36.99	5.84	7.89	15.59

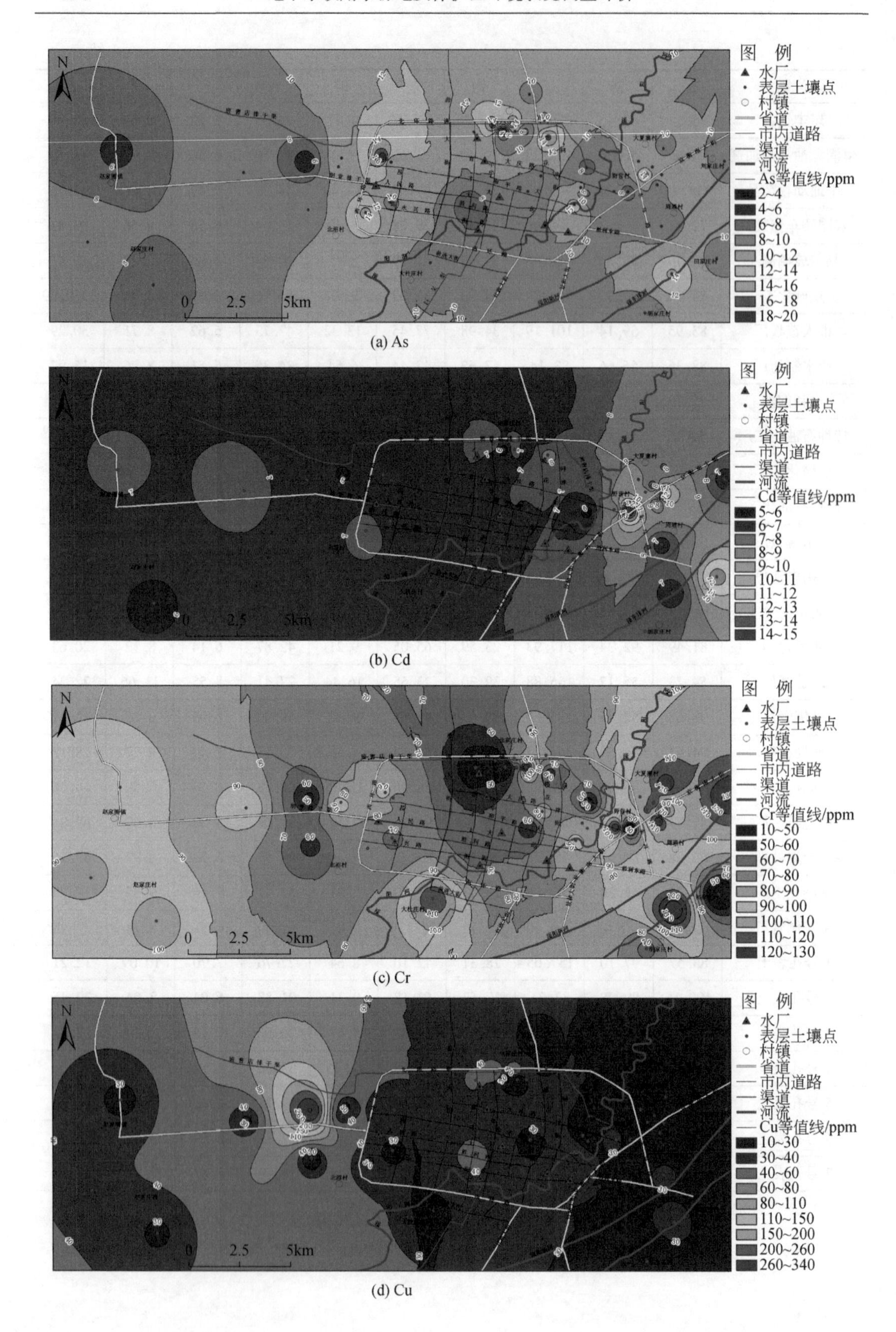

(a) As

(b) Cd

(c) Cr

(d) Cu

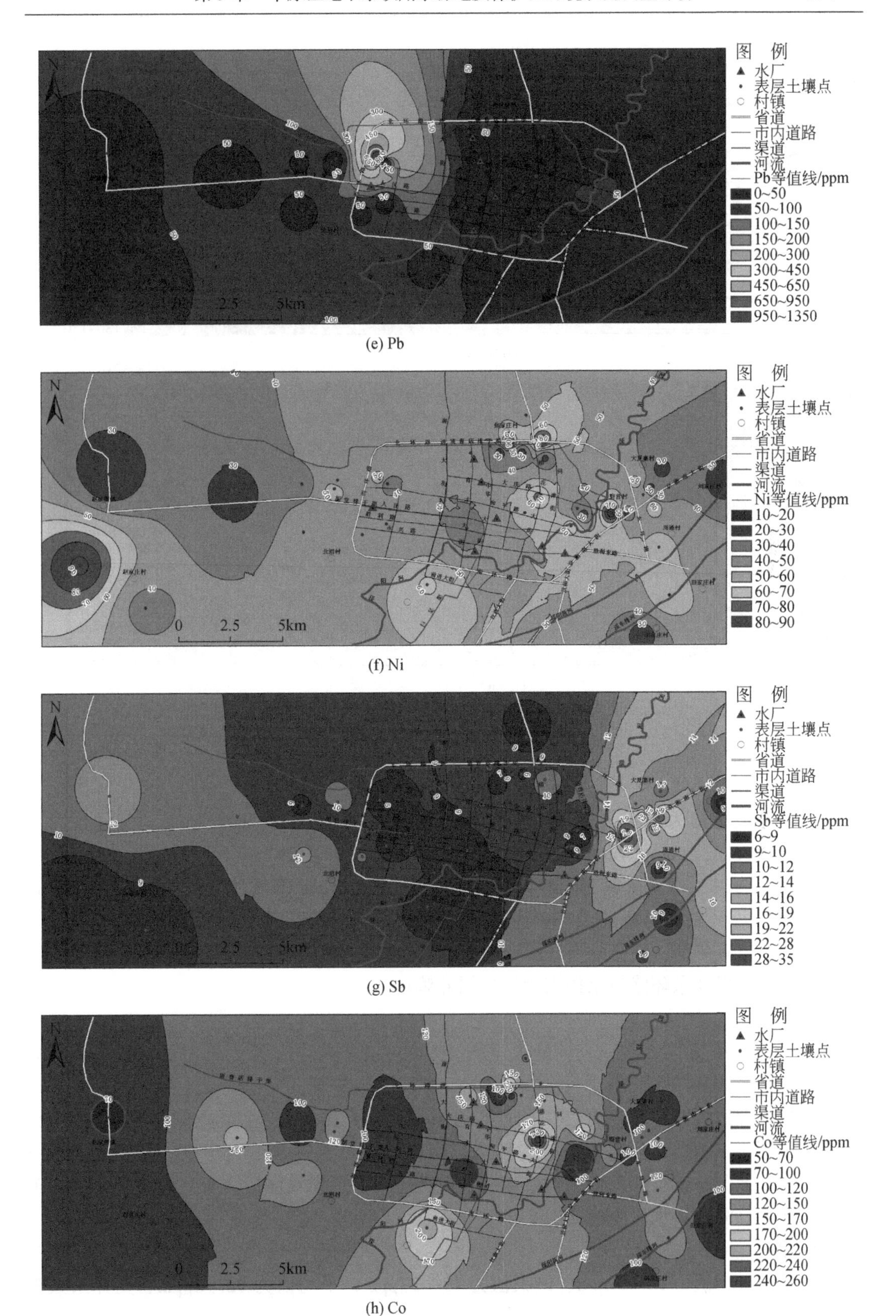

(e) Pb

(f) Ni

(g) Sb

(h) Co

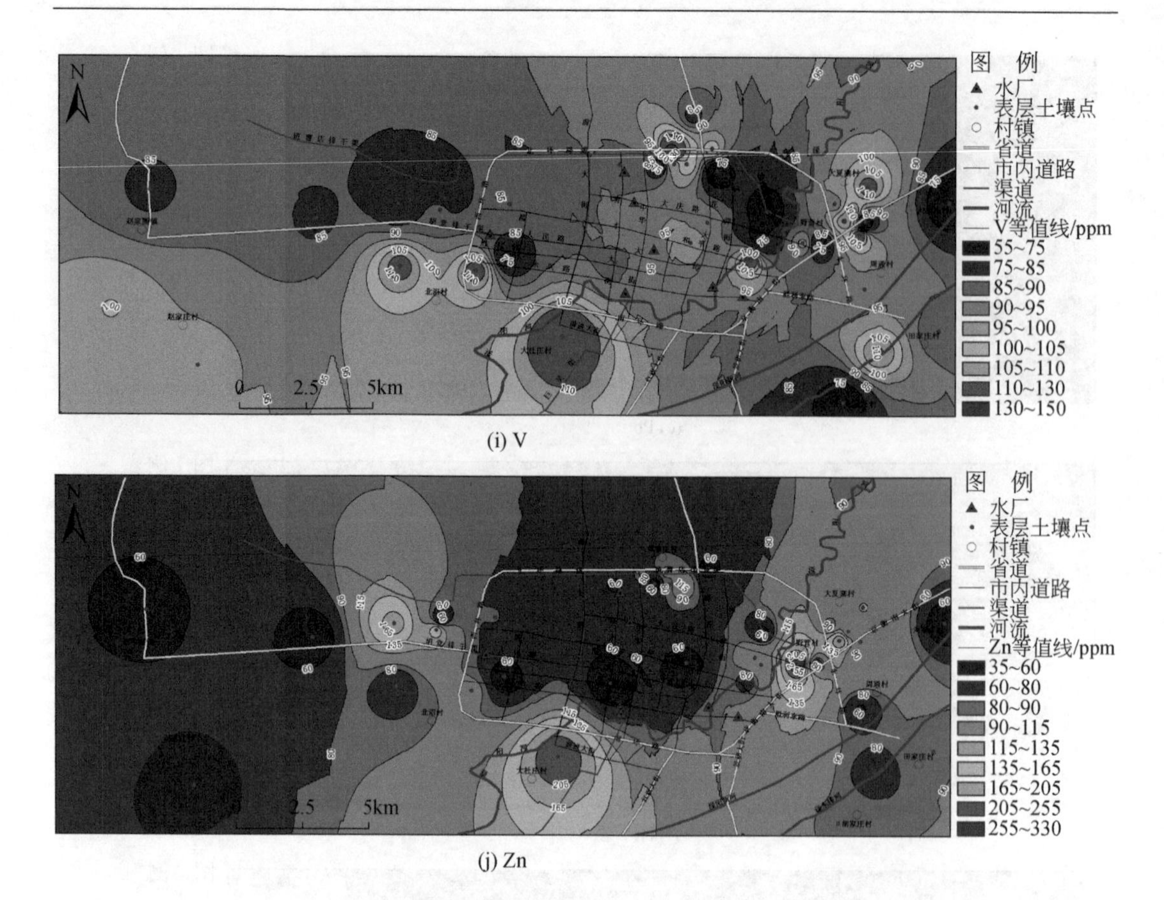

图 5.23　表层土砷、镉、铬、铜、铅、镍、锑、钴、钒、锌分布图

A. 砷

表土砷最小值为 2.78ppm、最大值为 20.07ppm、平均值为 10.24ppm、变异系数为 0.32，含量较低，变异性较小。

调查区约 90% 以上区域表土砷低于 12ppm，低于 10ppm 的区域约占 60%，主要分布在西环路以西区域、南环路及东环路两侧区域，以及毗邻滏阳河的区域。表土砷大于 14ppm 的点位有 7 个，主要分布在西环路附近的众成化工厂和平通动物药品厂、北环路的长城化工厂，以及东环路与京衡南大街之间养鸡场。

B. 镉

表土镉最小值为 5.15ppm、最大值为 19.44ppm、平均值为 7.69ppm、变异系数为 0.33，含量低，变异性较小。

包括水源地及保护区在内 95% 调查区的镉含量小于 10ppm，主要分布在环路内的中心城区、西环路以西、北环路以北、南环路以南区域。表土镉含量大于 12ppm 的点位有 3 个，较集中地分布于东部东环路与京衡南大街交叉路段兴华水泥厂、百兴建材厂，以及田家村东北的御源饮用水厂周边。

C. 铬

表土铬最小值为 14.95ppm、最大值为 139.37ppm、平均值为 82.96ppm、变异系数为

0.37，含量较高，变异性较小。

调查区表土铬含量较低的（80～100ppm）区域，主要分布在滏阳河以西区域，约占调查区80%。表土含量大于120ppm的点位有7个，集中分布于东部东环路及京衡南大街两侧的锦昌橡胶厂及百兴建材厂周边，零星分布于南部京华制管厂和主城区东北部的二造纸厂周边、东南部滏东排河附近区域。

D. 铜

表土铜最小值为13.09ppm、最大值为343.28ppm、平均值为35.01ppm、变异系数为1.29，含量较低，变异性大。

调查区95%区域表土铜含量小于60ppm，包括环路内主城区、东部区域及绝大部分西部区域。仅在1处铜含量超过300ppm，该点位于人民西路以北西环路以西的琪丰铜粉厂周边。

E. 铅

表土铅最小值为9.13ppm、最大值为1359.29ppm、平均值为53.05ppm、变异系数为3.57，含量较高，变异性大。

调查区95%区域表土铅含量小于100ppm，包括前进大街以东区域、胜利路以南区域和西环路以西区域。仅有1处铅含量超过1000ppm，位于和平路以北、昌明大街以西、西环路以东的众成化工厂周边。

F. 镍

表土镍最小值为19.76ppm、最大值为99.95ppm、平均值为45.96ppm、变异系数为0.47，含量较低，变异性较小。

包括水源地周边在内的80%调查区域表土镍含量小于50ppm。表土镍含量较高（大于80ppm）的点位有5处，零星分布于西南部赵家村以西、北环路中段西亚石油化工厂周边、野营村以南京衡南大街以北区域、交通局材料厂周边、前进南大街以南京华制管厂周边等区域。

G. 锑

表土锑最小值为6.85ppm、最大值为37.04ppm、平均值为11.33ppm、变异系数为0.33，含量较低，变异性较小。

包括水源地及保护区在内的90%调查区的锑含量小于12ppm，主要分布在环路内的中心城区、西环路以西、北环路以北、南环路以南，中部、西部及60%的东部区域。表土锑含量大于20ppm点位有4处，集中分布在调查区东部东环路与京衡南大街交叉路段兴华水泥厂和精信化工厂周边。

H. 钴

表土钴最小值为53.48ppm、最大值为267.32ppm、平均值为113.91ppm、变异系数为0.38，含量高，变异性较小。

总体呈东部及西部相对低、中部相对高的带状分布特征。表土钴含量低于120ppm的区域约占70%，主要分布在滏阳河及景和大街以东区域，以及前进大街以西广大区域和水源地分布区。表土钴含量大于200ppm的点位有3处，零星分布于南环路以南的京华制管厂、主城区内的交通局材料厂和北环路中段西亚石油化工厂周边。

I. 钒

表土钒最小值为54. 23ppm、最大值为158. 32ppm、平均值为92. 04ppm、变异系数为0. 24，含量较高，变异性较小。

表土钒含量低于95ppm区域约占70%，分布在环路内中心城区、水源地所在地、西北部区域。钒含量大于110ppm的点位有12处，分布在西环路西南衡润源油品厂、永兴路西南平通动物药品厂、前进南大街西南京华制管厂、北环路中段班超店渠岸、东环路以东周通村至大夏寨村的养殖场、锦昌橡胶厂、百兴建材厂周边。

J. 锌

表土锌最小值为37. 97ppm、最大值为331. 68ppm、平均值为90. 61ppm、变异系数为0. 62，含量较高，变异性较大。

在水源井所在地、滏阳河以西、西环路以东、南环路以北、北环路以南的主城区、西部赵圈镇、东北部地区、东南部地区的表土锌含量较低，一般低于90ppm。表土锌含量较高（大于165ppm）的点位有3处，零星分布于西环路以西、人民西路以北的琪丰铜粉厂和恒兴电厂周边，前进南大街西南京华制管厂内，东环路以西的野营村西南厂区周边。

综合上述10个元素在表层土中分布，不难叠加出表土元素含量较高的5个区片，其风险值得关注。

区片1：位于调查区东部东环路与京衡南大街交叉点野营村至大夏寨村区域。该区工厂多、密度高、分布面积大。在锦昌橡塑、亿力工程橡胶、养殖场、百兴建材、精信化工、宏宇包装厂周边表土多个元素含量高，如野营村西南宏宇包装厂周边表土锌（331. 68ppm）、铬（128. 72ppm）、镍（99. 95ppm）、钒（96. 81ppm）、铅（87. 75ppm）5个元素含量高；再如养鸡场周边表土锌（203. 42ppm）、钴（113. 92ppm）、铬（112. 22ppm）、钒（111ppm）4个元素含量高。

区片2：位于调查区中南部前进南大街以南至大杜庄村东北之间的京华制管厂区内。该区表土锌（253. 30ppm）、钴（209. 40ppm）、钒（126. 30ppm）、铬（117. 43ppm）、镍（61. 30ppm）5个元素含量高。

区片3：位于调查区中北部的中华大街与榕花大街之间班曹店排干渠以南区域。该区工厂也较多，表土多个元素含量高。以西亚石油化工厂为例，表土钴（237. 82ppm）、钒（158. 32ppm）、镍（96. 15ppm）、锌（94. 87ppm）4个元素含量高。

区片4：位于调查区东南角滏东排河中段4号孔周边区域。该区表土铬（139. 37ppm）、钴（137ppm）、钒（110. 64ppm）3个元素含量高。

区片5：位于西环路以西人民西路以北的琪丰铜粉厂和恒兴电厂周边区域。该区表土铜（343. 28ppm）、锌（181. 83ppm）2个元素含量高。

2）表土用地污染风险评估

A. 单元素污染风险评估

根据调查点及周边土地利用现状或可能的用地规划，将每个表土点土地利用类型进行划分，划分为一类建设用地、二类建设用地和农用地3种类型，并用不同的图形表示。基于实测元素数量和风险评价标准，将砷、镉、铜、铅、镍、锑、钴、钒8个元素参与建设用地风险评价，镉、砷、铅、铬、铜、镍、锌7个元素参与农用地风险评价。

将土点单元素含量值与建设用地（GB 36600—2018）和农用地 GB 15618—2018）对应元素筛选值和管控值（表5.9、表5.10）进行比较，确定某种用地类型下单元素的风险状况。风险状况评估原则是：当表土点元素含量值小于等于筛选值时，认为用地无风险，并用绿色标识；当表土点元素含量值大于筛选值且小于等于管控值时，认为用地存在疑似风险，并用橙色标识；当表土点元素含量值大于管控值时，认为用地存在风险，并用红色标识。

表5.9　建设用地土壤污染筛选值与管控值表　　（单位：mg/kg）

序号	元素	第一类用地		第二类用地	
		筛选值	管控值	筛选值	管控值
1	砷	20	120	60	140
2	镉	20	47	65	172
3	铜	2000	8000	18000	36000
4	铅	400	800	800	2500
5	镍	150	600	900	2000
6	锑	20	40	180	360
7	钴	20	190	70	350
8	钒	165	330	752	1500

表5.10　农用地土壤污染筛选值与管控值表　　（单位：mg/kg）

序号	元素	筛选值	管控值
1	镉	0.3	3.0
2	砷	30	120
3	铅	120	700
4	铬	200	1000
5	铜	100	—
6	镍	100	—
7	锌	205	—

注：①根据全国土壤酸碱度分布图，调查区土壤 pH 在 $6.5<pH\leq 7.5$；②调查区农用地处于北方半干旱季风区，农用地不参考“水田”地标准，而参考“其他”用地标准；③“—”无管控值标准。

基于上述用地类型图形标识及风险状况着色原则，采用 ArcGIS 绘制了10个元素用地污染风险图（图5.24），依此统计和评述各元素用地风险状况。值得说明的是：①对于某种元素的某个用地类型没有评价标准时，不参与风险评价，如铬元素，在建设用地中没有给出总铬筛选值和管控值，不评价建设用地土点的风险，只评价农用地土点的风险；②对于没有农用地管控值标准的铜、镍、钒，只对照筛选值进行风险评价。

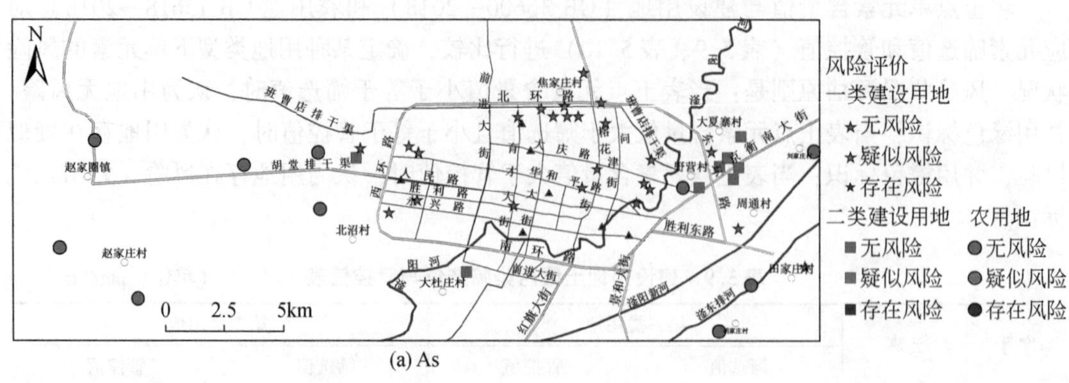

(a) As

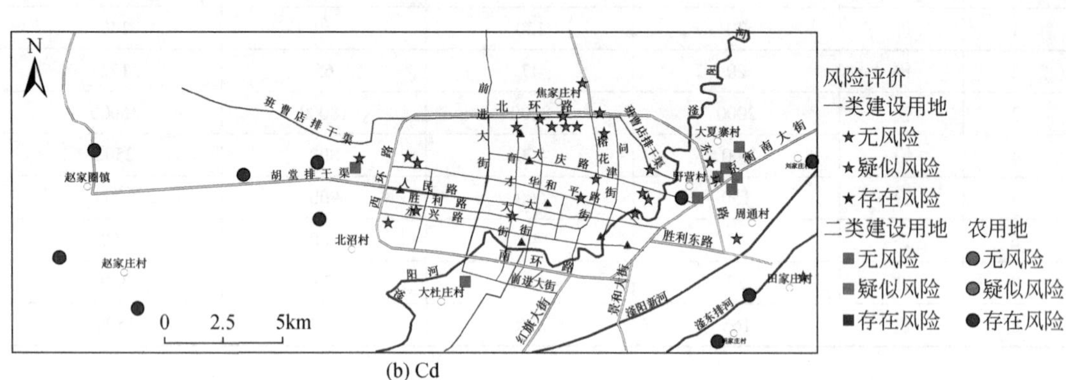

(b) Cd

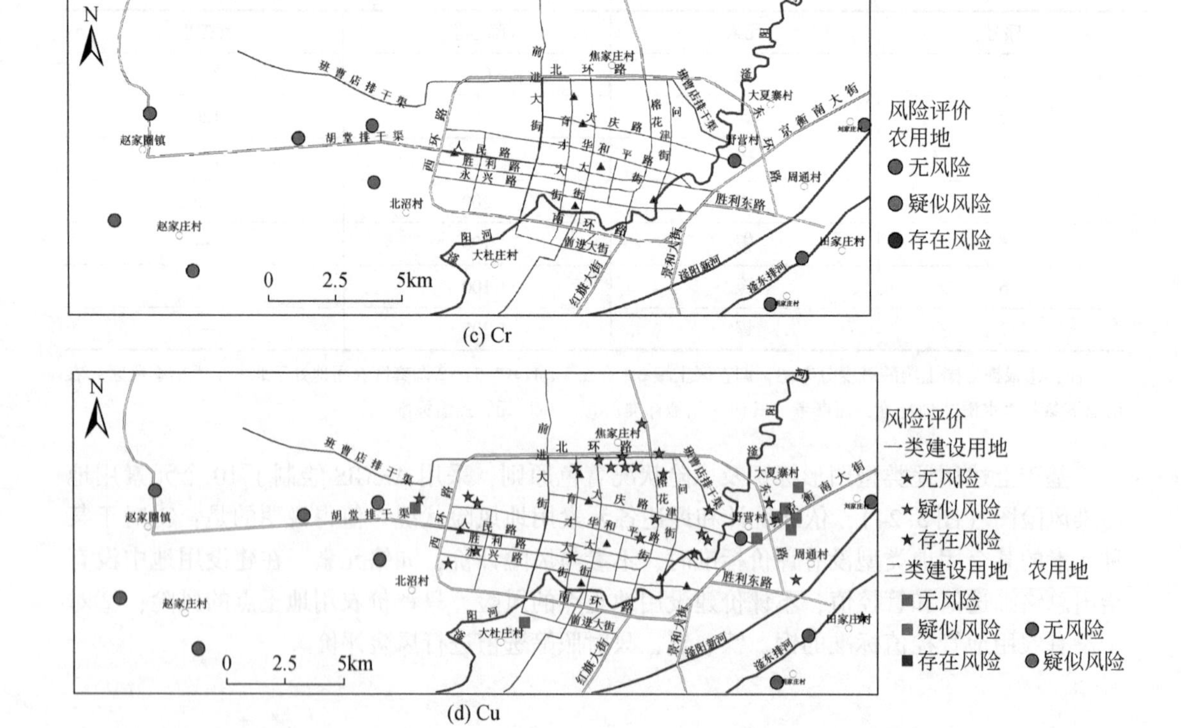

(c) Cr

(d) Cu

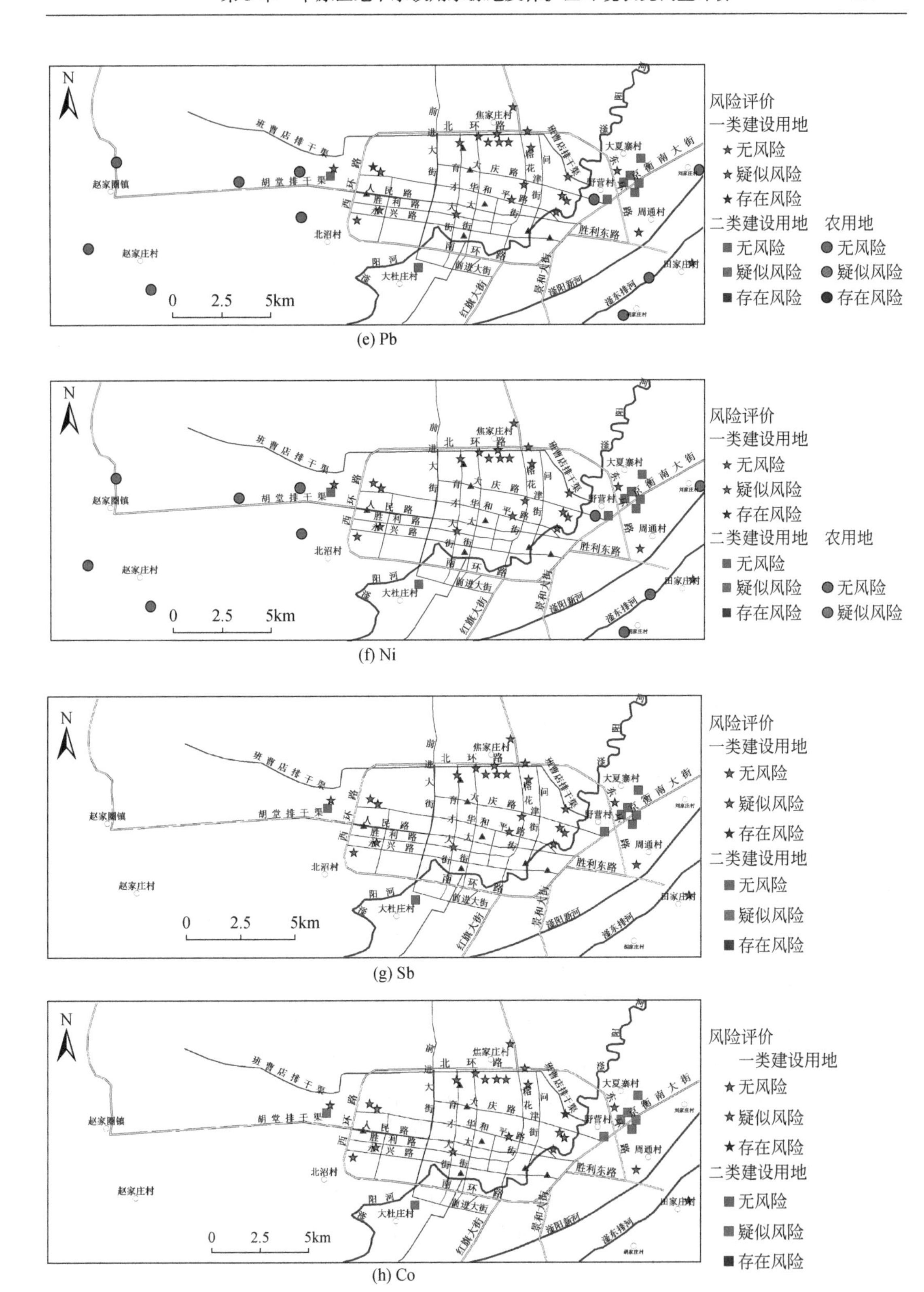

(e) Pb

(f) Ni

(g) Sb

(h) Co

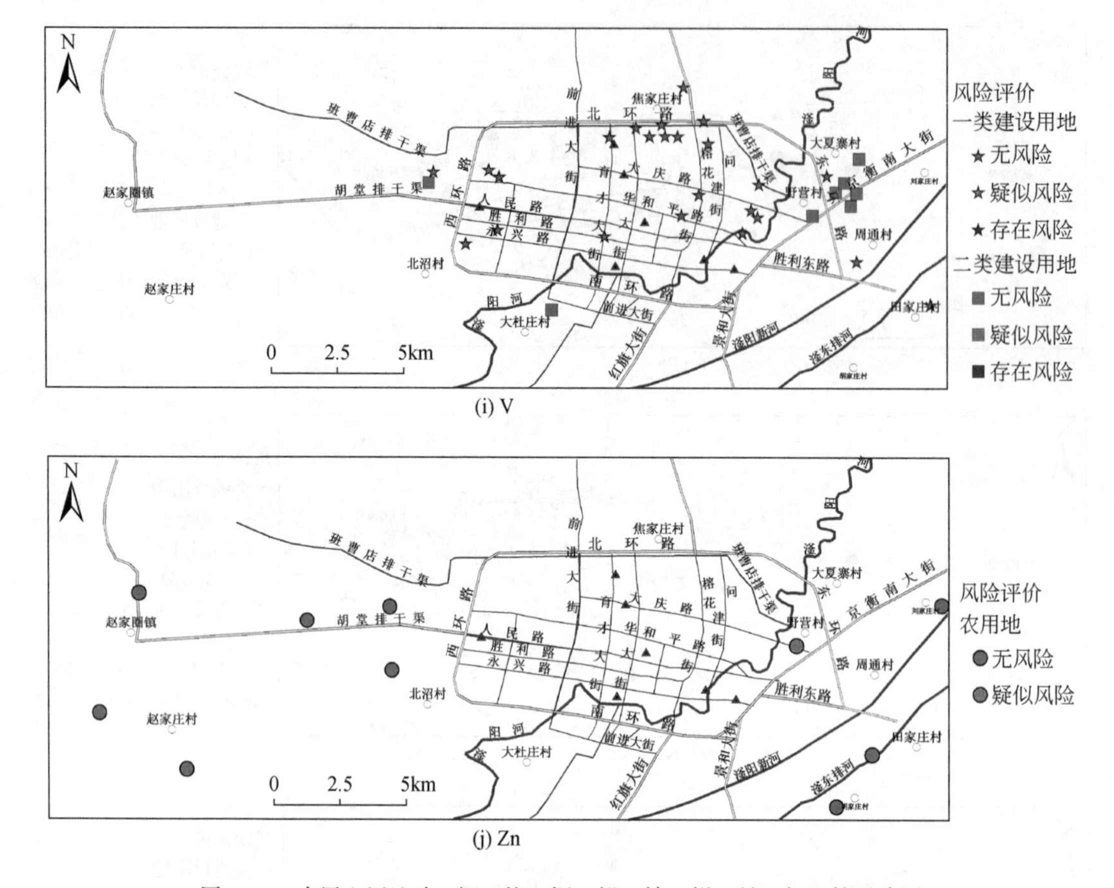

图 5.24　表层土用地砷、镉、铬、铜、铅、镍、锑、钴、钒、锌风险图

砷：砷在建设用地及农用地中均有风险评价标准。调查区内参与风险评价的土点 43 个，所有农用地土点（10 个）不存在砷污染风险，只有 1 个建设用地土点砷存在疑似污染风险，砷的用地风险率为 2.33%。

镉：镉在建设用地及农用地中均具有风险评价标准。调查区内参与风险评价的土点 43 个，所有建设用地土点（33 个）不存在镉污染风险，但所有农用地土点（10 个）存在镉污染风险，镉的用地风险率为 23.26%。

铬：铬在建设用地中没有给出风险评价标准，仅有农用地风险评价标准。调查区内参与农用地风险评价的土点 10 个，均不存在铬污染风险，铬的用地风险率为零。

铜：铜在建设用地中有风险评价标准，农用地中仅给出风险筛选值而无管控值。调查区内参与风险评价的土点 43 个，所有建设用地土点（33 个）不存在铜污染风险，只有 1 个农用地土点存在铜疑似污染风险，铜的用地风险率为 3.33%。

铅：铅在建设用地及农用地中均有风险评价标准。调查区内参与风险评价的土点 43 个，所有二类建设用地和农用地土点不存在铅污染风险，只有 1 个一类建设用地土点存在风险，铅的用地风险率为 2.33%。

镍：镍在建设用地中有风险评价标准，农用地中仅给出风险筛选值而无管控值。调查区内参与风险评价的土点43个，所有土点用地不存在镍污染风险，镍的用地风险率为零。

锑：镍元素在建设用地中有风险评价标准，农用地中无风险评价标准。调查区内参与风险评价的建设用地土点33个，所有建设用地土点不存在锑污染风险，锑的用地风险率为零。

钴：钴在建设用地中有风险评价标准，农用地中无风险评价标准。调查区内参与风险评价的建设用地土点33个，所有建设用地土点存在钴疑似污染风险，钴的用地风险率为100%。

钒：钒在建设用地中有风险评价标准，农用地中无风险评价标准。调查区内参与风险评价的建设用地土点33个，所有建设用地土点不存在污染风险，钒的用地风险率为零。

锌：锌在建设用地中无风险评价标准，农用地中仅给出了风险筛选值标准。调查区内参与风险评价农用地土点10个，只有1个土点存在疑似污染风险，锌的用地风险率为10%。

综上，调查区建设用地健康风险主要来自于钴，不存在镉、铜、镍、锑、钒风险；调查区农用地污染风险主要来自于镉，不存在砷、铬、铅、镍风险。

B. 多元素污染风险综合评估

在同一个表土点，依据其用地类型，将单元素用地风险评价结果叠加，形成多元素污染综合风险图（彩图5.4）。为了便于理解，对彩图5.4做以下说明：①图中用地类型和风险等级着色原则与单元素风险评价图相同；②在某个表土点用地类型图形旁，若无元素符号出现，则说明参与该用地类型污染风险评价的所有元素含量低于或等于筛选值，用地无风险；③若在某个表土点用地类型图形旁出现1个或几个元素，并用不同颜色标识，说明这些元素存在对应颜色所示的风险，其他未标识出的元素不存在污染风险。

由表层土用地多元素综合污染风险图得出如下结论。

（1）调查区所有一类建设用地表土点（25个）和农用地表土点（10个）存在污染风险，所有二类建设用地表土点（8个）不存在污染风险，用地风险率为81.40%。

（2）一类建设用地普遍存在钴风险，极个别点也同时存在铅、砷风险，钴含量处于筛选值与管控值之间，即疑似污染状况，需进一步作详细调查并评估人类健康风险水平。

（3）农用地普遍存在镉风险，个别点同时存在铜、锌风险，镉含量大于管控值，风险等级高，需采取有效措施予以管控，降低风险。

2. 深层土

为了查明深部土层环境状况，在主城区外围的东部、东南部、西部、西南部区域，采用冲击-回转全孔取心钻进方式，实施了7个钻孔，钻孔深度为100m。采用便携式XRF检测分析仪，以直触式测量方式，每间隔5m测定土层中钒、铬、钴、铜、锌、砷、镍、镉、锑、铅10个元素含量。依据这些测量数据，可对水源地及保护区深层土元素含量垂向变化特征和用地风险给予评价。

1）元素含量垂向变化特征

7个钻孔在100m深层土中元素含量垂向统计特征见表5.11。各元素在深层土中变化情况分述如下。

表 5.11 深层土中元素垂向变化统计特征表 （单位：ppm）

位置及钻孔	统计量	元素									
		钒	铬	钴	铜	锌	砷	镍	镉	锑	铅
西环路以西约 7km 1 号孔	最大值	154.88	141.96	221.60	45.30	71.00	12.15	61.79	7.70	10.09	23.08
	最小值	40.64	50.08	53.19	11.33	21.33	2.94	21.37	5.39	7.26	7.52
	平均值	98.74	104.44	109.22	28.33	46.21	7.23	37.40	6.36	8.44	12.57
	样本方差	25.26	22.33	45.37	9.31	12.09	2.46	15.23	0.55	0.67	4.34
	变异系数	0.26	0.21	0.42	0.33	0.26	0.34	0.41	0.09	0.08	0.35
赵家圈镇西南约 4km 2 号孔	最大值	132.28	139.81	189.86	48.67	75.83	12.99	91.88	7.30	9.83	22.45
	最小值	55.18	80.66	59.79	22.89	23.02	3.08	21.73	5.57	7.37	9.05
	平均值	100.54	109.67	108.40	34.39	53.25	6.30	40.65	6.30	8.39	14.48
	样本方差	20.54	16.25	38.58	6.86	14.10	3.43	17.73	0.45	0.61	3.61
	变异系数	0.20	0.15	0.36	0.20	0.26	0.54	0.44	0.07	0.07	0.25
赵家圈镇北约 2km 3 号孔	最大值	115.77	160.67	250.77	44.50	57.38	12.42	77.14	7.18	13.18	14.95
	最小值	56.82	62.09	61.86	17.10	24.35	3.13	20.52	5.72	7.61	9.40
	平均值	92.71	95.79	95.32	28.22	43.51	5.76	45.39	6.24	8.50	12.43
	样本方差	14.22	23.49	42.57	7.13	9.03	2.82	16.09	0.39	1.15	1.49
	变异系数	0.15	0.25	0.45	0.25	0.21	0.49	0.35	0.06	0.14	0.12
赵家庄村西南约 2km 7 号孔	最大值	124.88	134.55	182.82	38.81	55.86	11.87	69.55	6.82	9.08	16.36
	最小值	35.51	47.08	43.21	11.09	14.64	2.94	22.32	5.81	7.68	9.28
	平均值	87.69	95.37	86.50	26.64	40.88	6.09	47.20	6.25	8.33	12.51
	样本方差	21.31	26.63	30.12	8.38	10.82	2.41	14.88	0.30	0.37	2.17
	变异系数	0.24	0.28	0.35	0.31	0.26	0.40	0.32	0.05	0.04	0.17
东南部滏东排河边 4 号孔	最大值	110.64	211.74	204.95	42.30	67.18	17.89	63.08	7.60	9.89	19.01
	最小值	41.29	9.21	46.45	10.67	16.15	2.88	20.78	5.34	6.93	6.81
	平均值	76.25	102.87	107.60	26.61	37.81	5.91	33.44	5.91	7.81	11.16
	样本方差	20.92	47.40	47.31	9.06	15.18	4.18	14.86	0.51	0.67	3.24
	变异系数	0.27	0.46	0.44	0.34	0.40	0.71	0.44	0.09	0.09	0.29
东部周通村西南约 1.5km 5 号孔	最大值	114.03	113.42	185.46	37.21	65.13	14.27	104.11	14.23	20.56	25.42
	最小值	35.28	8.06	62.45	11.76	15.26	3.23	23.70	5.91	7.74	7.62
	平均值	78.62	62.02	109.19	22.15	41.02	7.21	51.53	7.16	9.86	14.76
	样本方差	21.85	32.74	39.65	9.26	14.60	3.96	23.03	2.01	3.27	4.95
	变异系数	0.28	0.53	0.36	0.42	0.36	0.55	0.45	0.28	0.33	0.34
东部刘家庄村东南约 1km 6 号孔	最大值	111.78	130.90	203.70	40.42	66.37	13.56	63.27	7.19	9.62	18.86
	最小值	47.13	48.05	53.99	18.46	22.75	3.16	22.65	5.55	7.73	7.47
	平均值	88.11	99.43	112.68	29.66	42.05	7.06	37.77	6.22	8.33	12.59
	样本方差	20.78	24.22	46.76	6.03	11.70	2.92	14.63	0.42	0.52	2.92
	变异系数	0.24	0.24	0.41	0.20	0.28	0.41	0.39	0.07	0.06	0.23

砷：砷最小值为2.41ppm、最大值为17.89ppm、孔间平均值为6.51ppm、孔间平均变异系数为0.49，含量低，变异性较小。

镉：镉最小值为5.34ppm、最大值为14.23ppm、孔间平均值为6.35ppm、孔间平均变异系数为0.10，含量低，变异性较小。

铬：铬最小值为8.06ppm、最大值为211.74ppm、孔间平均值为95.66ppm、孔间平均变异系数为0.30，含量较高，变异性较小。

铜：铜最小值为10.67ppm、最大值为48.67ppm、孔间平均值为28ppm、孔间平均变异系数为0.29，含量较低，变异性较小。

铅：铅最小值为6.81ppm、最大值为25.42ppm、孔间平均值为12.93ppm、孔间平均变异系数为0.25，含量较低，变异性较小。

镍：镍最小值为20.52ppm、最大值为104.11ppm、孔间平均值为41.91ppm、孔间平均变异系数为0.40，含量较低，变异性较小。

锑：锑最小值为6.93ppm、最大值为20.56ppm、孔间平均值为8.52ppm、孔间平均变异系数为0.12，含量低，变异性较小。

钴：钴最小值为43.21ppm、最大值为250.77ppm、孔间平均值为104.13ppm、孔间平均变异系数为0.40，含量高，变异性较小。

钒：钒最小值为35.28ppm、最大值为154.88ppm、孔间平均值为88.95ppm、孔间平均变异系数为0.23，含量较高，变异性较小。

锌：锌最小值为14.64ppm、最大值为75.83ppm、孔间平均值为43.53ppm、孔间平均变异系数为0.29，含量较低，变异性较小。

总之，上述10个元素在100m深度土层中呈现出以下背景分布特征：在丰度方面，砷、镉、锑平均值小于10ppm，含量低；铜、铅、镍、锌平均值大于10ppm小于50ppm，含量较低；铬、钒平均值大于50ppm小于100ppm，含量较高；钴平均值大于100ppm，含量高；土层中元素含量变异系数为0.1~0.50，变异性较小，分布较均匀。

2）用地风险评估

由于7个深层土钻孔位于远离水源地及保护区的农村地区，且其周边毗邻工矿企业，按二类建设用地风险限值评估风险。

参与深层土垂向风险评估的元素有砷、镉、铜、铅、镍、锑、钴、钒8个元素。将7个钻孔各深度土层单元素含量值与二类建设用地（GB 36600—2018）对应元素筛选值和管控制值进行比较，确定单元素污染风险状况。风险评估原则是：当土层点元素含量值小于等于筛选值时，认为用地无风险；当土层点元素含量值大于筛选值小于等于管控值时，认为用地存在疑似风险；当土层点元素含量值大于管控值时，认为用地存在风险。

基于上述原则，通过对比分析，得出深层土用地风险状况如下：

（1）在7个钻孔100m深度内，砷、镉、铜、铅、镍、锑、钒7个元素均不存在污染风险，钴元素均存在疑似污染风险。

（2）从7个钻孔钴元素垂向风险率分布区域看，西部及西南部区域深层土用地风险相对较高，如1号钻孔、2号钻孔、7号钻孔风险率为85.71%，东部及东南部区域深层土用地风险相对较低，如4号钻孔风险率为71.43%，5号钻孔和6号钻孔风险率为76.19%。

（3）从7个钻孔钻元素垂向风险分布深度看，不同区域深层土风险较高的深度段有较大差异：1号钻孔在0～35m和80～100m，2号钻孔在0～25m、40～60m、70～100m，3号钻孔在10～20m、40～60m、70～100m，4号钻孔在0～35m、55～60m、85～100m，5号钻孔在0～20m和60～100m，6号钻孔0～35m和60～100m，7号钻孔在0～40m、65～75m、85～100m。

3. 土环境状况小结

由衡水水源地及保护区表层土及深层土10个元素分布特征及风险状况评估得出以下四点认识。

（1）调查区内5个片区表层土多个元素含量高、用地风险较大。一是东部野营村至大夏寨村片区锌、铬、镍、钒、铅元素含量高；二是中南部京华制管厂区锌、钴、钒、铬、镍元素含量高；三是中北部中华大街与榕花大街之间班超店排干渠以南片区钴、钒、镍、锌元素等含量高；四是东南部滏东排河中段周边区域的铬、钴、钒元素含量高；五是西部恒兴电厂周边区域的锌、铜元素含量高。

（2）100m深度的土层反映了第四系地质沉积物元素背景含量，其特征是砷、镉、锑含量低，平均值小于10ppm；铜、铅、镍、锌含量较低，平均值大于10ppm、小于50ppm；铬、钒含量较高，平均值大于50ppm、小于100ppm；钴含量高，平均值大于100ppm。

（3）对照表层土与深层土各元素含量的变异性不难发现，同一元素，在表层土中的变异性大于深层土中变异性，这主要是表层土受到人类活动影响所致。

（4）调查区表层土用地风险率为81.40%，建设用地主要风险元素是钴，农用地主要风险元素是镉，其风险可能因背景所致；个别建设用地点存在铅、砷风险，个别农用地点存在铜、锌风险，其风险与人类活动有关。

5.4.6　水环境状况

1. 地表水环境

1）水化学指标分布特征

以2020年11～12月野外调查获取的18个地表水点9个水化学指标现场检测数据（表5.12）为依据，统计分析各指标变化。

表5.12　地表水体水质指标现场检测分析结果表

野外编号	位置	水温/℃	pH	电导率/(μS/cm)	溶解氧/(mg/L)	氧化还原电位/mV	钠/(mg/L)	氯化物/(mg/L)	硫酸盐/(mg/L)	氟化物/(mg/L)
102	白马沟	13.3	7.91	3890	1.55	-291.2	—	—	—	—
水008	班曹店排干渠	5.8	8.04	2280	14.96	135.2	76.0	84.6	459	2.00*
水009	班曹店排干渠	5.3	7.36	1695	10.18	144.3	49.8	99.1	210	0.69

续表

野外编号	位置	水温/℃	pH	电导率/(μS/cm)	溶解氧/(mg/L)	氧化还原电位/mV	钠/(mg/L)	氯化物/(mg/L)	硫酸盐/(mg/L)	氟化物/(mg/L)
水012	班曹店排干渠	7.2	8.75	1580	8.88	158.4	47.7	123.4	160	2.00*
水013	班曹店排干渠	6.8	9.25	1456	15.3	162.3	32.7	64.8	221	1.69
202	滏东排河	13.7	8.47	1432	10.32	166.5	—	—	—	—
HS29	滏阳河	6.4	8.33	757	11.27	93.7	205.0	20.7	—	0.32
水001	滏阳河	8.8	8.1	673	13.12	231.5	8.1	40.9	127	1.07
水004	滏阳河	8.8	8.22	2640	10.15	149.1	123.0	141.8	323	0.84
水005	滏阳河	9.7	8.85	3020	16.65	116.8	121.0	250.0*	325	0.89
水007	前进北大街渠水	5.2	7.73	1441	7.02	237.2	43.6	73.6	177	0.98
201	滏阳新河	14	8.25	3860	10.19	223.1	—	—	—	—
水002	胡堂排干渠	10.7	8.48	1948	12.25	218.1	53.2	80.6	344	2.00*
水003	胡堂排干渠	7.9	8.32	1316	8.80	214.9	50.2	64.9	179	0.94
水011	胡堂排干渠	7.5	8.17	2320	7.14	160.5	34.8	143.5	415	2.00*
206	胶轮厂污水	16.9	7.92	6080	9.08	159.6	—	—	—	—
水006	人民公园湖	9.5	8.39	4170	10.64	133.6	175.0	250.0*	700.0*	1.47
水010	怡水园湖	8.4	8.48	2730	10.35	147.6	74.5	246.0	410	1.36

注：表中“—”表示未测；带“*”数值表示含量超出了检测方法上限，以上限值表示。

A. pH

地表水pH为7.36~9.25，平均为8.28，呈弱碱性，变异系数为0.05，变异性小，超过Ⅴ类水有1个点，位于班曹店排干渠中段，超标率为5.5%。

从pH区域分布看，西北片区较高（7.36~9.00）、东北片区较低（7.40~8.20）、中南片区居中（8.20~8.40）。从河渠流程变化来看，班曹店排干渠pH变化较大（7.76~9.25），中段pH超标、水质较差；滏阳河（8.12~8.85）及胡堂排干渠（8.17~8.48）pH变化较小，未出现超标河段，水质较好；其他水体pH均未超标，水质较好。

B. 溶解氧

地表水溶解氧为1.55~16.65mg/L，平均为10.44mg/L，含氧量较高，变异系数为0.33，变异性较小，超过Ⅴ类水（小于2mg/L）有1个点，位于调查区东部的白马沟河段，超标率为5.5%。

从溶解氧区域分布看，中北部片区较高（11~15mg/L）、其他区域较低（9~11mg/L。从河渠流程变化来看，班曹店排干渠（8.88~15.3mg/L）和滏阳河（10.15~16.65mg/L）溶解氧变化较大，中段含量较高；胡堂排干渠溶解氧变化较小（7.14~12.25mg/L），含量较低。

C. 电导率

地表水电导率为673～6080μS/cm，平均为2404.89μS/cm，电导率较高，变异系数为0.58，变异性较大。

从电导率区域分布看，滏阳河以西区域电导率较低（1000～2500μS/cm）、滏阳河以东区域电导率较高（3500～6000μS/cm）。从水体类型看，河渠水的电导率较小，一般小于2500μS/cm，孤立水体人民公园湖及怡水园湖的电导率较高，一般大于3000μS/cm。从河渠流程变化来看，滏阳河电导率变化较大（673～3020μS/cm），下段较高；班曹店排干渠（1456～2280μS/cm）及胡堂排干渠（1316～2320μS/cm）电导率变化较小，电导率较低。

D. 水温

地表水温度为5.2～16.9℃，平均为9.22℃，水温低，变异系数为0.36，变异性较小。

从水温区域分布看，滏阳河的东南片区水温较高（11～13℃）、市区北班曹店排干渠水温较低（小于7℃）、市区及中南部水温居中（7～9℃）。

E. 氧化还原电位

地表水氧化还原电位为-291.2～237.2mV，平均为142.98mV，氧化还原电位较高，变异系数为0.81，变异性较大。

从氧化还原电位区域分布看，全区除东部白马沟河段1个点出现较大负值外，其余地表水体氧化还原电位均为正值，分布在120～240mV，变异性较小。

F. 硫酸盐

地表水硫酸盐为127～700mg/L，平均为311.54mg/L，硫酸盐浓度较高，变异系数为0.51，变异性较大。按《地表水环境质量标准》（GB 3838—2002）（250mg/L）统计，超标点7个，超标率为53.8%，水质较差。

沿河渠流程来看，滏阳河硫酸盐变化较大（127～325mg/L），上下段含量高且超标，中段含量低且不超标；班曹店排干渠硫酸盐变化较大（160～459mg/L），中下段含量高且超标；胡堂排干渠硫酸盐变化较大（179～415mg/L），中段含量高且超标。孤立水体人民公园湖（大于700mg/L）及怡水园湖（410mg/L）硫酸盐含量超标。

G. 氯化物

地表水氯化物为20.7～250mg/L，平均为120.28mg/L，氯化物浓度较高，变异系数为0.65，变异性较大。按《地表水环境质量标准》（GB 3838—2002）（250mg/L）统计，超标点2个，超标率为15.4%，水质一般。

沿河渠流程来看，滏阳河氯化物变化较大（20.7mg/L至超出250mg/L上限），下段含量高且超标；班曹店排干渠（64.8～123.4mg/L）及胡堂排干渠（64.9～143.5mg/L）氯化物变化较小，含量较低，未超标。孤立水体人民公园湖含量超标（大于250mg/L）、怡水园湖含量也较高（246mg/L）。

H. 氟化物

地表水氟物为0.32～2mg/L，平均为1.3mg/L，氟化物浓度较高，变异系数为0.43，变异性较小。按地表水Ⅲ类水标准限值（1mg/L）统计，超标点8个，超标率为57.1%，水质较差。

沿河渠流程来看，滏阳河氟物变化较小（0.32～1.07mg/L），含量较低、大部河段未超标；班曹店排干渠氟物变化较大（1.69mg/L至超出2mg/L上限），含量较高且大部河段超标；胡堂排干渠氟化物变化较大（0.9mg/L至超出2mg/L上限），上中段含量较高且超标。孤立水体人民公园湖含量较高且超标。

I. 钠

地表水钠为8.12～205mg/L，平均为78.19mg/L，变异系数为0.73，变异性较大。

沿河渠流程变化来看，滏阳河钠变化较大（8.12～205mg/L），除中段含量较低外，大部河段含量较高；班曹店排干渠钠变化较小（32.7～76mg/L），含量较低；胡堂排干渠钠变化较小（34.8～53.2mg/L），含量较低。孤立水体人民公园湖含量较高。

2）地表水水质

A. 依据现场检测分析数据评价

以《地表水环境质量标准》（GB 3838—2002）中5个指标（pH、溶解氧、硫酸盐、氯化物、氟化物）超标统计情况为主要依据（表5.13），采用多指标评价方法评价。

表5.13 地表水体超标情况评价表

指标	滏阳河	班曹店排干渠	胡堂排干渠	人民公园湖	怡水园湖
pH	未超标	点超标率25%	未超标	未超标	未超标
溶解氧	未超标	未超标	未超标	未超标	未超标
硫酸盐	点超标率25%	点超标率25%	点超标率67%	超标	超标
氯化物	点超标率25%	未超标	未超标	超标	未超标
氟化物	点超标率25%	点超标率75%	点超标率67%	超标	超标

注：pH和溶解氧标准按照GB 3838—2002中表1中Ⅴ类水标准评判，氟化物按照GB 3838—2002中表1中Ⅲ类水标准评判，硫酸盐和氯化物按照GB 3838—2002中表2中界限值评判。

采用多个指标评价地表水体水质时，首先根据超标指标数量多少排序，当数量相同时，考虑超标率大小。基于此，给出衡水市水源地及保护区5个地表水体环境质量由差到好相对顺序为班曹店排干渠、滏阳河、人民公园湖、胡堂排干渠、怡水园湖。

另外，依据单指标超标率，得出衡水市水源地及保护区地表水体中超标指标顺序依次为氟化物（57.1%）、硫酸盐（53.8%）、氯化物（15.4%）、pH和溶解氧（5.5%）。

B. 依据室内检测分析数据评价

2020年12月，在调查区滏阳河中段河道内，用贝勒管采集了1个地表水样品，室内定量分析了67项指标，这些指标是pH、电导率、总硬度、溶解性总固体、硫酸盐、氯化物、重碳酸盐、碳酸根、钙、镁、铁、锰、锌、铝、耗氧量、钾、钠、总大肠菌群、菌落总数、亚硝酸盐、硝酸盐、硅酸、氟化物、碘化物、汞、砷、硒、镉、铬（六价）、铅、铵离子、三氯甲烷、四氯化碳、苯、甲苯、二氯甲烷、1,2-二氯乙烷、1,1,1-三氯乙烷、1,1,2-三氯乙烷、1,2-二氯丙烷、三溴甲烷、氯乙烯、1,1-二氯乙烯、1,2-二氯乙烯、三氯乙烯、四氯乙烯、氯苯、1,2-二氯苯/邻二氯苯、1,4-二氯苯/对二氯苯、乙苯、二甲苯（总量）、苯乙烯、六六六（总量）、α-六六六、β-六六六、γ-六六六、δ-六六六、滴滴涕

(总量)、p, p′-滴滴伊、p, p′-滴滴滴、o, p′-滴滴涕、p, p′-滴滴涕、六氯苯、一溴二氯甲烷、二溴一氯甲烷、1,2,4-三氯苯、1,3-二氯苯/间-二氯苯。

对照《地表水环境质量标准》(GB 3838—2002)和《地下水质量标准》(GB/T 14848—2017),采用多指标方法评价。评价显示,除耗氧量(3.3mg/L)微超地下水Ⅲ类水标准外(3mg/L),其他指标均未超地表水或地下水Ⅲ类水限值。可见,滏阳河中段水质良好。

2. 浅层地下水环境

这里指的浅层地下水是含水层埋藏深度小于100m的地下水。

1) 水化学指标分布特征

以2020年11～12月野外调查获取的19个浅层地下水点9个水化学指标现场检测数据(表5.14)为依据,统计各指标超标情况,绘制单指标等值线图(图5.25),分析各指标空间变化。

表5.14　浅层地下水水质指标现场检测分析结果表

编号	位置	井深/m	水温/℃	pH	电导率/(μS/cm)	溶解氧/(mg/L)	氧化还原电位/mV	钠/(mg/L)	氯化物/(mg/L)	硫酸盐/(mg/L)	氟化物/(mg/L)
204	路边蓄水井	—	14.1	8.14	2100	5.77	168.7	—	—	—	—
HS01	京华制管	8.25	13.3	6.25	7310	3.73	226.4	610	1250.0*	109	0.40
HS03	小辛集村国家级监测井	43.00	12.5	7.50	3670	4.65	158.9	1642	494.6	432	1.85
HS04	北沼村西监测井	45.00	11.5	7.17	2860	4.96	188.9	1245	502.6	399	2.00*
HS13	夏村国家级监测井	21.25	13.3	9.33	5190	4.02	77.2	3421	1069.5	619	0.49
HS14	衡水造纸一厂	12.77	12.4	7.40	3440	4.31	-30.7	1272	810.1	484	0.25
HS15	集贤街老眼镜厂	12.63	12.5	7.43	2086	4.14	92.2	820	183.0	254	0.44
HS18	新建4号井	100.00	11.7	7.61	11540	6.05	85.1	4987	1250.0*	1356	1.83
HS19	新建5号井	100.00	12.8	7.42	12700	6.77	88.3	2871	797.1	3500*	1.29
HS20	新建6号井	100.00	12.5	7.45	6160	7.76	112.7	5180	1250.0*	3500*	1.64
HS22	新建1号井	100.00	14.7	7.78	6880	6.93	75.8	3029	1227.7	1342	1.38
HS23	新建7号井	100.00	13.4	7.76	9930	4.82	73	4950	1250.0*	1676	2.00*
HS24	新建2号井	100.00	13.4	7.51	8840	5.77	70.8	4087	1250.0*	1236	2.00*
HS25	新建3号井	100.00	14.8	7.42	21750	3.26	56.8	8695	1250.0*	3500*	2.00*
HS26	三水队院内	41.84	17.5	8.35	551	7.47	152.8	226	1.6	0	0.26
HS26-1	三水队院内	78.56	15.5	7.36	8300	6.07	71.4	4397	777.3	2320	1.74
HS26-2	三水队院内	14.32	21.2	8.46	6930	4.24	47.2	3708	1250.0*	0	0.22
HS27	衡水薄板院内监测井	12.00	18.7	7.83	1238	3.63	136.8	660	51.1	0	0.56

续表

编号	位置	井深/m	水温/℃	pH	电导率/(μS/cm)	溶解氧/(mg/L)	氧化还原电位/mV	钠/(mg/L)	氯化物/(mg/L)	硫酸盐/(mg/L)	氟化物/(mg/L)
HS28	京华化工院内监测井	12.00	17.2	7.59	23300	4.45	-68.4	18200	55.5	3500*	2.00*

注：表中“—”表示未测；带“*”数值表示含量超出了检测方法上限，以上限值表示。

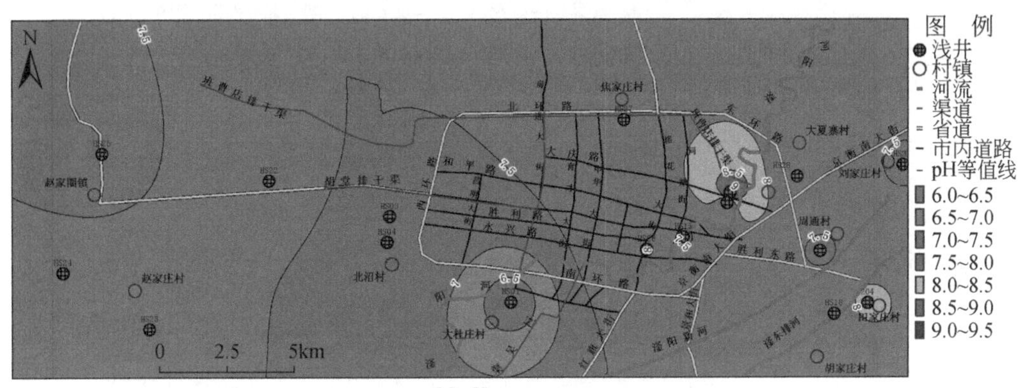

(a) pH

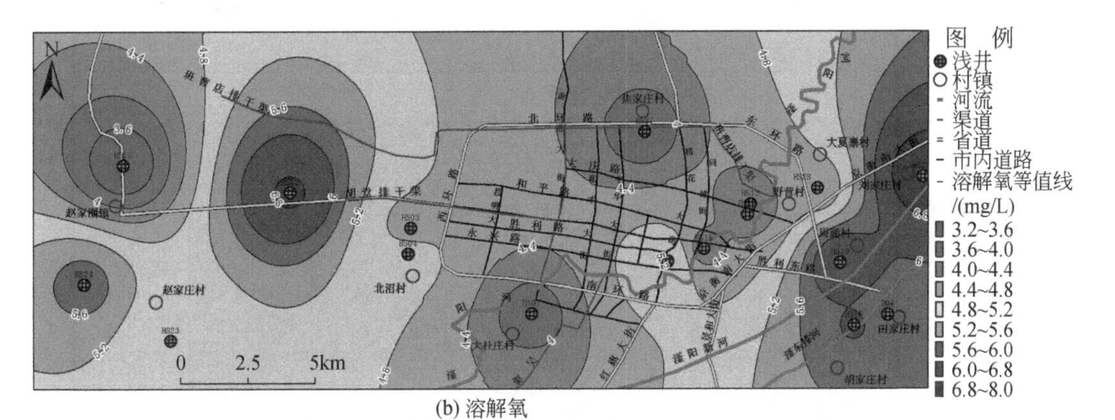

(b) 溶解氧

(c) 电导率

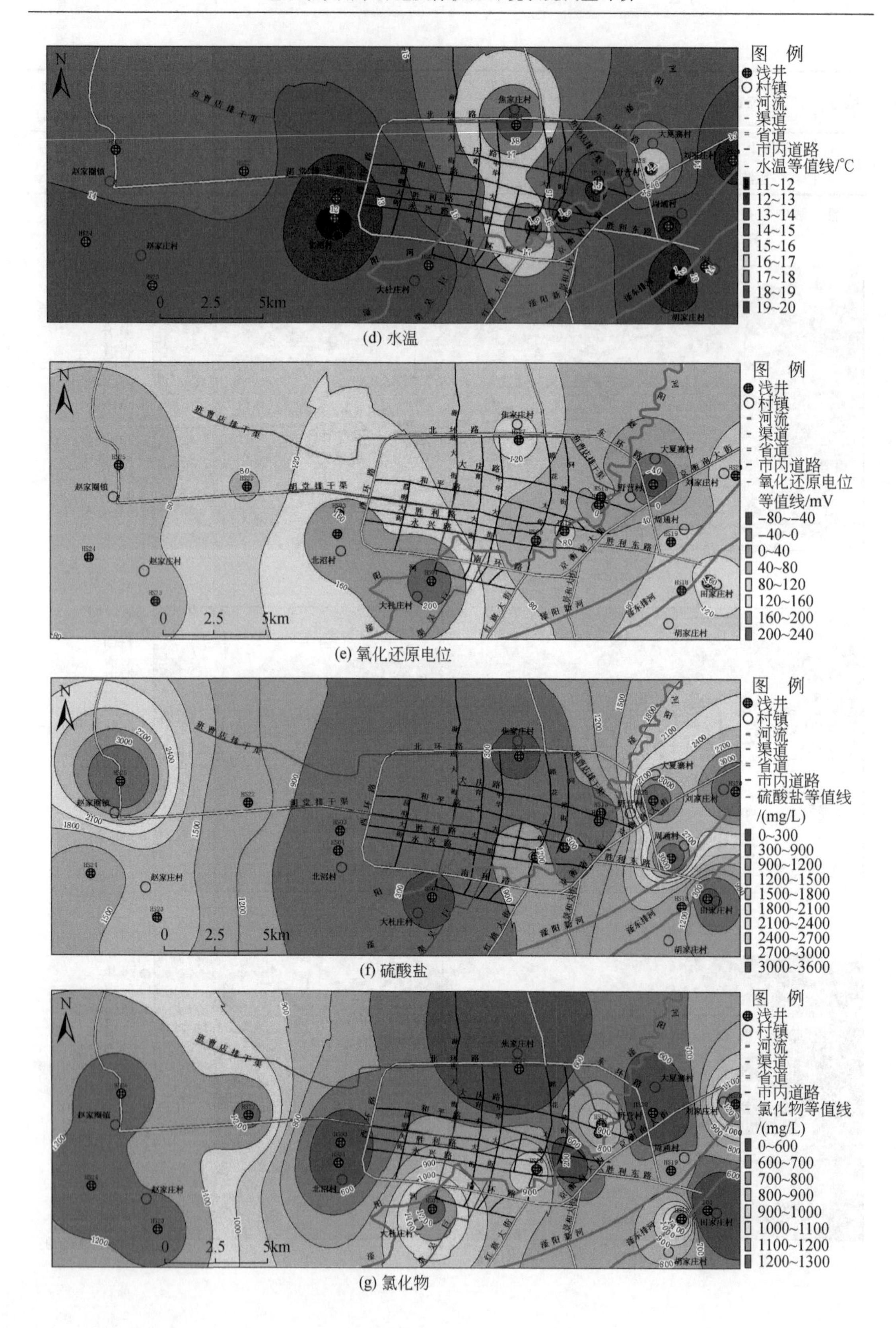

(d) 水温

(e) 氧化还原电位

(f) 硫酸盐

(g) 氯化物

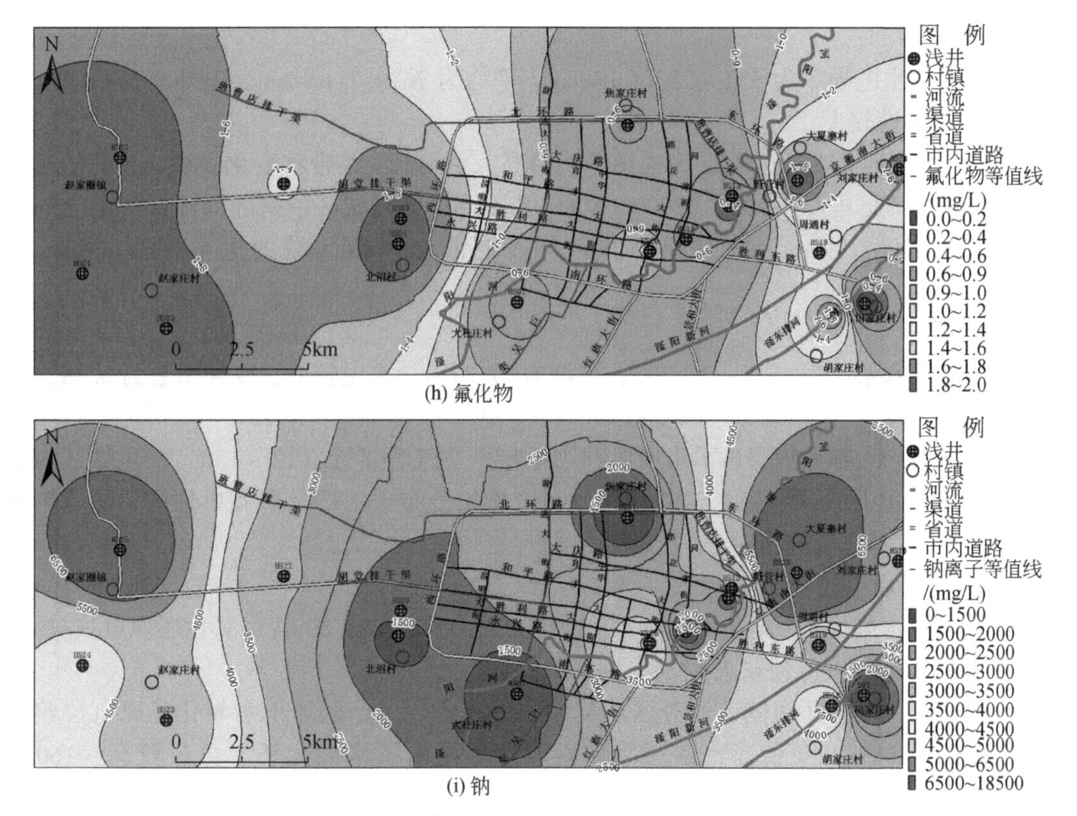

(h) 氟化物

(i) 钠

图 5.25　浅层地下水单指标分布等值线图

值得说明的是，在19个水点中，5个布设在主城区（环路）以内，分布不均匀，14个水点布设在主城区以外，分布相对均匀。在9个水化学指标中，采用便携式水质多参数测量的有5个指标（pH、溶解氧、电导率、水温、氧化还原电位），采用试剂包快速检测分析的有4个指标（钠、氯化物、硫酸盐、氟化物）。

A. pH

浅层地下水pH为6.25~9.33，平均为7.67，近中性，变异系数为0.08，变异性小。水质统计显示，Ⅰ~Ⅲ类点18个，占比94.7%，Ⅳ类水点及Ⅴ类水点各1个，各占5.3%，水质较好。

从分布看，水源地及保护区所在的主城区绝大部分区域浅层地下水pH为7.5~8.0，为Ⅰ~Ⅲ类水区；南环路以南局部片区pH较低（小于6.5）存在Ⅳ类水；与大庆路交接的滏阳河段浅层地下水pH较高（大于9.0），存在Ⅴ类水。

B. 溶解氧

浅层地下水溶解氧为3.26~7.76mg/L，平均为5.20，溶解氧浓度较低，变异系数为0.26，变异性较小。

从分布看，由东向西浅层地下水溶解氧含量呈高—低—高—低条带状变化规律。水源地及保护区所在的主城区及西北部区域溶解氧较低（3.6~4.8mg/L），调查区东部滏阳新河、滏东排河，以及中西部区域溶解氧较高（5.2~6.8mg/L）。

C. 电导率

浅层地下水电导率为551～23300μS/cm，平均为7619.74μS/cm，电导率高，变异系数0.81，变异性较大。

从分布看，浅层地下水电导率总体呈两边高、中间低的条带状变化规律。水源地及保护区所在的主城区电导率较低（2000～6000μS/cm），但在城区中南部局部片区电导率较高（7000～8000μS/cm），东环路以东区域及赵圈镇以西区域的电导率高（8000～10000μS/cm）。

D. 水温

浅层地下水水温为11.5～21.2℃，平均为17.37℃，水温较低，变异系数为0.18，变异性较小。

从分布看，大部分浅层地下水水温与当地年平均气温接近（12～15℃），主城区内出现水温高于17℃几个异常区。这些水温较高区域均分布于工厂及事业单位内，是地热异常，还是地下输热管道造成需进一步核实。

E. 氧化还原电位

浅层地下水氧化还原电位为-68.4～226.4mV，平均为93.89mV，氧化还原电位较低，变异系数为0.75，变异性较大。

从分布看，滏阳河两侧、调查区西部、东环路附近工厂区地下水氧化还原电位较低（小于80mV）并存在负值点，西环路与南环路外围地下水氧化还原电位较高（160～200mV），滏东排河和滏阳新河两岸区也较高（120～160mV）。

F. 硫酸盐

浅层地下水硫酸盐为0～3500mg/L，平均为1345.94mg/L，硫酸盐浓度高，变异系数为1.0，变异性大。水质统计显示，Ⅰ～Ⅲ类点4个，占比22.2%；Ⅳ类水点1个，占比5.6%；Ⅴ类水点13个，占比72.2%，水质较差。

从分布看，由西向东呈现高—低—高的条带状分布特征。水源地及保护区所在的主城区及其毗邻的外围区域地下水硫酸盐含量较低（300～900mg/L），多为Ⅳ类水区；滏阳河东南部至滏阳排河以北，以及调查区西北部区域地下水硫酸盐含量较高（1800～3000mg/L），多为Ⅴ类水区。

G. 氯化物

浅层地下水氯化物为1.6～1250mg/L，平均为817.78mg/L，氯化物浓度较高，变异系数为0.59，变异性较大。水质统计显示，Ⅰ～Ⅲ类点4个，占比22.2%；无Ⅳ类水点；Ⅴ类水点14个，占比77.8%，水质较差。

从分布看，水源地及保护区所在主城区的中部、西部、北部地下水氯化物含量较低（600～800mg/L），多为Ⅳ类水区；滏阳河两侧区域地下水氯化物含量较高（900～1200mg/L），多为Ⅴ类水区；调查区西部地下水氯化物含量高（大于1200mg/L），为Ⅴ类水区；滏阳新河及滏东排河两侧地下水氯化物含量变化较大。

H. 氟化物

浅层地下水氟化物为0.22～2mg/L，平均为1.24mg/L，氟化物浓度较低，变异系数为0.60，变异性较大。水质统计显示，Ⅰ～Ⅲ类水点7个，占比38.9%；Ⅳ类水点6个，占比 33.3%；Ⅴ类水点 5 个，占比 27.8%，相对于硫酸盐和氯化物，水质较好。

从分布看，由西向东呈现高—低—高的条带状分布特征。水源地及保护区所在主城区地下水氟化物含量较低（0.6 ~ 1.0mg/L），为Ⅰ~Ⅲ类水区；西环路以西地下水氟化物含量较高（1.6 ~ 大于 2mg/L），多为Ⅴ类水区；滏阳河以东、滏东排河以北区域地下水氟化物含量也较高（1.2 ~ 1.8mg/L），多为Ⅳ类水区。

I. 钠

浅层地下水钠为 226 ~ 18200mg/L，平均为 3888.89mg/L，钠离子浓度高，变异系数为 1.08，变异性大。水质统计显示，无Ⅰ~Ⅲ类水；Ⅳ类水点 1 个，占比 5.6%；Ⅴ类水点 17 个，占比 94.4%，相对于硫酸盐和氯化物，水质更差。

从分布看，由西向东呈现高—低—高的条带状分布特征。水源地及保护区所在主城区及其毗邻外围区域地下水钠含量较低（小于 2000mg/L）；调查区东部和西部地下水钠含量较高（大于 4000mg/L）；滏阳新河及滏东排河两侧局部区段地下水钠含量也较低（1500 ~ 4000mg/L）。

2）浅层地下水水质

A. 依据现场检测分析数据评价

以 pH、钠、硫酸盐、氯化物、氟化物 5 个指标对照《地下水质量标准》（GB/T 14848—2017），采用多指标综合评价方法评价。

评价显示，调查区浅层地下水水质均为Ⅴ类水，水质差。若以单个指标在浅层地下水Ⅴ类水比例统计，排序依次为钠（94.4%）、氯化物（77.8%）、硫酸盐（72.2%）、氟化物（27.8%）、pH（5.3%）。主要超标指标是钠、氯化物、硫酸盐。

虽然调查区浅层地下水均为Ⅴ类水、水质差，但在不同区域水质存在较大差异，总的来看，调查区中部区域，水源地及保护区所在主城区及环路外毗邻区域水质较好，具有电导率较低（小于 5000μS/cm）、钠较低（小于 1500mg/L）、硫酸盐较低（小于 900mg/L）、氯化物较低（小于 600mg/L）、氟化物未超Ⅲ类水标准、pH 未超Ⅲ类水标准、溶解氧较低（3.6 ~ 4.8mg/L）、水温接近多年平均气温的特征。

B. 依据室内检测分析数据评价

以 2020 年 12 月采集的调查区 16 组浅层地下水样品分析数据为依据，对照《地下水质量标准》（GB/T 14848—2017），对 pH、总硬度、溶解性总固体、硫酸盐、氯化物等 67 项指标（参见地表水水质），采用多指标综合评价方法评价。

评价结果显示，Ⅲ类水和Ⅳ类水各有 1 个点，分布在主城区东南滏阳河道带旁，调查区 87.5% 浅层地下水为Ⅴ类水，整体水质较差。Ⅳ类水、Ⅴ类水主要影响指标为锰、耗氧量、氟化物、氯化物、硫酸盐、总硬度、溶解性总固体、钠离子、氨氮、pH 等。

3）浅层地下水流场演变

A. 2011 年流场

2011 年枯水期 6 月浅层地下水流场见图 5.26。浅层地下水水位呈现西部及西北较高（16.5 ~ 19m）、东部次之（16.5m 左右）、中部（即水源地及保护区）较低（13.5 ~ 15.5m）态势。在西环路与南环路交口北沼村一带和市区三水队部一带形成两个较浅的水位降落漏斗，前者较大、后者较小。在南环路中段以南的大杜庄村一带有一个水丘，水位较高（16～17m）。地下水由西、西北、东南向中部流动。

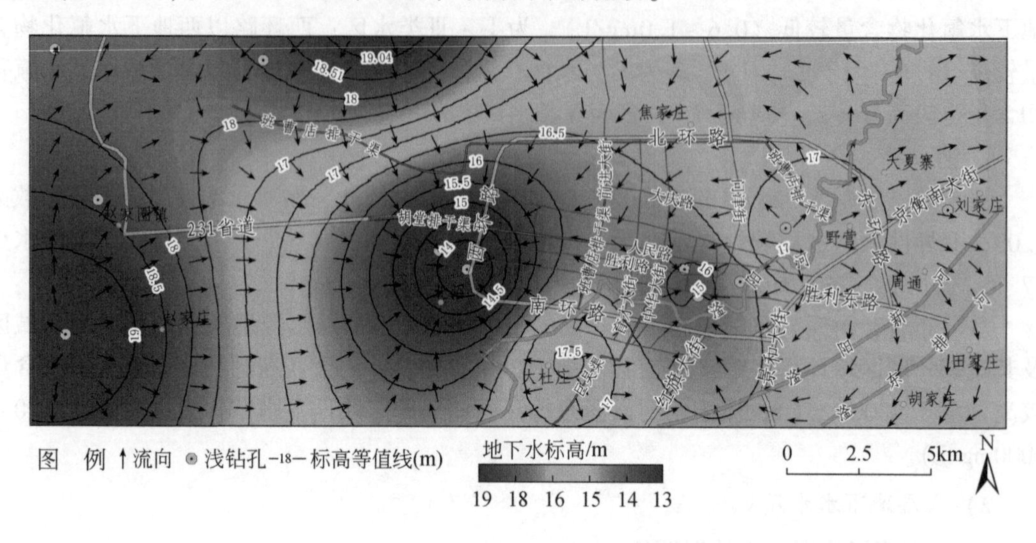

图 5.26　调查区 2011 年 6 月浅层地下水流场图

B. 2020 年流场

2020 年枯水期 6 月浅层地下水流场见图 5.27。浅层地下水水位呈现西部及西北较高（14～18m）、东部次之（14m 左右）、中南部（即水源地及保护区及其以南区域）较低（9～13m）态势。在西环路与南环路交口北沼村一带和市区三水队部一带形成两个较浅的水位降落漏斗，前者较大、后者较小，大杜庄村一带水丘消失，该区地下水向北沼村降落漏斗汇集。总体上，浅层地下水由西、西北、东南向中南部流动。

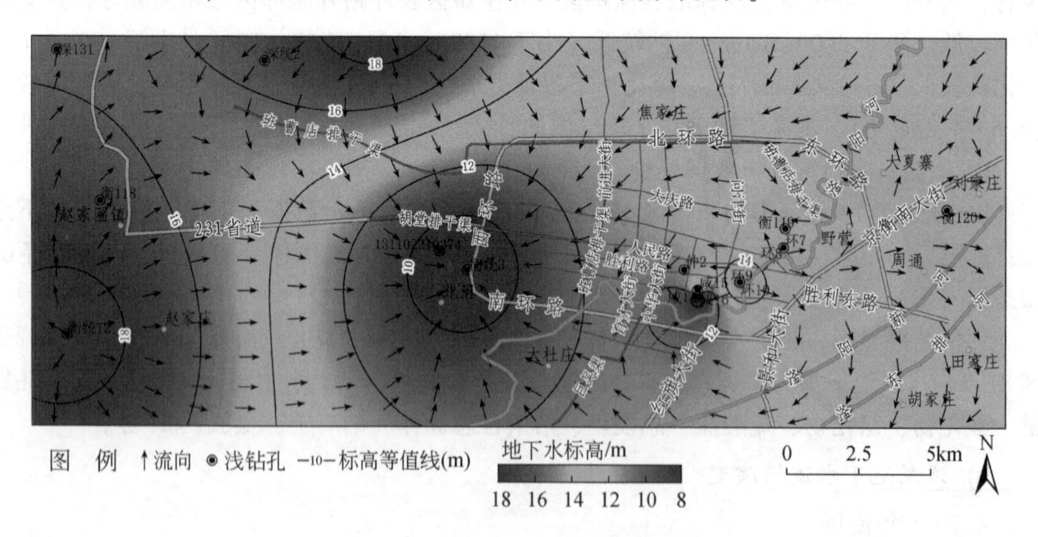

图 5.27　调查区 2020 年 6 月浅层地下水流场图

对比 2011 年与 2020 年浅层地下水流场，具有以下演变特点：①水位普遍下降。西部及西北部径流区降幅较小（1 ~ 2m），中部及东南部漏斗区降幅较大（4 ~ 5m）；②大杜庄村一带水丘消失；③漏斗周边地下水水力坡度增大；④沿滏阳河及毗邻区域地下水流向变化较大，说明过去10年沿这一带状区域浅层地下水开发利用（相对强度、位置等）变化较大。

3. 深层地下水环境

这里所指的深层地下水是含水层埋藏深度大于100m的地下水。

1）水化学指标分布特征

以2020年11 ~ 12月野外调查获取的19个深层地下水点9个水化学指标现场检测数据（表5.15）为依据，统计各指标超标情况，绘制单指标等值线图（彩图5.5），分析各指标空间变化。

表5.15 深层地下水水质指标现场检测结果

编号	取样点位置	井深/m	水温/℃	pH	电导率/(μS/cm)	溶解氧(mg/L)	氧化还原电位/mV	钠/(mg/L)	氯化物/(mg/L)	硫酸盐/(mg/L)	氟化物/(mg/L)
HS02	大杜庄村饮水井	280	19.2	7.69	1001	8.12	170.0	477.0	76.5	145	0.81
HS05	滏阳水厂东南井	不清	18.2	7.97	973	3.82	180.9	633.0	211.6	130	0.89
HS06	育北水厂1号井	270	17.2	7.83	1199	3.73	156.7	684.0	343.6	65	0.63
HS07	大庆水厂3号井	300	18.5	7.98	1517	4.54	173.3	678.0	253.5	59	0.86
HS08	问津水厂东井	280	20.3	8.12	1183	3.77	153.1	772.0	212.5	142	0.74
HS09	南门外水厂2号井	280	22.2	8.09	1738	5.18	154.9	1109.0	283.8	111	1.33
HS10	团马（华兴家园深层井）	不清	20.9	8.17	1043	3.37	145.9	753.0	200.2	94	0.87
HS11	人民西路10号水源井	400	17.1	9.10	742	4.07	122.7	429.0	190.0	52	0.41
HS12	新华西路水厂1号井	200	13.1	8.19	1147	5.22	154.1	773.0	226.0	108	1.15
HS16	养牛场深层水井	240	12.4	8.25	1280	9.57	120.6	787.0	165.1	129	1.34
HS17	焦庄村深层水井	不清	18.6	8.63	1250	7.77	102.4	910.0	135.1	110	1.11
HS21	赵家圈镇第三供水站2号井	350	18.6	8.37	1408	4.72	120.2	731.0	282.6	109	0.57
HS26-3	三水队部衡62井	266	14.3	10.02	2047	2.67	-94.5	1426.0	235.9	21	1.38
水018	南张桥村	不清	15.6	8.35	1217	6.75	143.3	42.6	95.8	66	0.57
101	宏宇包装厂区	不清	17.7	8.25	983	4.45	171.4	—	—	—	—
103	养鸡场	不清	15.8	8.06	1060	7.69	116.8	—	—	—	—
104	姚夏寨村	不清	14.8	8.28	906	8.93	112.0	—	—	—	—
105	五金店	不清	17.0	8.2	1056	7.85	109.6	—	—	—	—
205	饭店院内自来水	不清	17.1	8.65	1039	8.95	176.2	—	—	—	—

注：表中“—”表示未测。

值得说明的是，这些点主要分布于调查区的中部及东部区域，其中，中部主城区（环路）以内点较多（12 个，其中水厂水点 7 个），分布较均匀；主城区以外点较少（7 个），零散分布于东环路以东（2 个）、北环路以北（1 个）、南环路以南（1 个）、西部赵家圈镇（1 个）、滏阳新河及滏东排河局部区段（各 1 个）。在 9 个水化学指标中，采用便携式水质多参数测量的有 5 个指标（pH、溶解氧、电导率、水温、氧化还原电位），采用试剂包快速检测的有 4 个指标（钠、氯化物、硫酸盐、氟化物）。

A. pH

深层地下水 pH 为 7.69 ~ 10.02，平均为 8.33，呈弱碱性，变异系数为 0.06，变异性小。水质统计显示，Ⅰ ~ Ⅲ类点 15 个，占比 78.9%；Ⅳ类水点及Ⅴ类水点各 2 个，各占 10.5%，水质较好。

从分布看，水源地及保护区内绝大部分水厂，以及滏阳河东南至滏东排河以北大片区域深层地下水为Ⅰ ~ Ⅲ类水区，pH 为 7.50 ~ 8.50，水质好；滏东排河以南局部及北环路以北局部区域深层地下水存在Ⅳ类水，pH 为 8.50 ~ 9.00，水质较好；人民西路水厂、三水队部深层地下水为Ⅴ类水，pH 大于 9.00，水质较差。

B. 溶解氧

深层地下水溶解氧为 2.67 ~ 9.57mg/L，平均为 5.85mg/L，溶解氧浓度较低，变异系数为 0.38，变异性较小。

从分布看，深层地下水溶解氧总体呈现东部高、中西部低状况。水源地所在的主城区内及西北部区域溶解氧较低（2.0 ~ 4.4mg/L）；东环路以东、南环路以南局部区域以及滏阳新河、滏东排河延伸区溶解氧较高（7.2 ~ 8.4mg/L）。

C. 水温

深层地下水水温为 12.4 ~ 22.2℃，平均为 17.29℃，水温较高，变异系数为 0.15，变异性较小。

从分布看，人民西路水厂至南环路以南的大杜村形成一个西北-东南延伸较高水温带（19 ~ 22℃）；育北水厂-大庆水厂-新华路水厂-三水队部为西北-东南延伸较低水温带（14 ~ 18℃）；南门外水厂和问津水厂水温较高（19 ~ 22℃）；东环路以东、滏阳新河及滏东排河附近水温较低（13 ~ 17℃）。

D. 电导率

深层地下水电导率为 742 ~ 2407μS/cm，平均为 1199.42μS/cm，电导率较低，变异系数为 0.26，变异性较小。

从分布看，由西向东深层地下水电导率总体呈现较高—低—高—较低南北延伸的条带状变化规律。人民西路水厂、滏阳水厂及南环路以南的大杜村形成一个西北-东南延伸、径流条件较好的低电导率带（800 ~ 1000μS/cm）；滏东排河以北至东环路以东区域深层地下水电导率也较低（1000 ~ 1200μS/cm）；育北水厂-大庆水厂-问津水厂-南门外水厂夹在上述两个较低电导率之间，形成西北-东南延伸、径流条件较差的一个相对较高的电导率带（1400 ~ 1600μS/cm）。

E. 氧化还原电位

深层地下水氧化还原电位为-94.5 ~ 180.9mV，平均为 131.03mV，氧化还原电位较低，变异系数0.46，变异性较小。

从分布看，深层地下水氧化还原电位由西北向东南呈现较高—较低—较高的条带状变化规律。西北部较高氧化还原电位带（140 ~ 180mV）由人民西路水厂-育北水厂-大庆水厂-新华水厂-大杜庄村围成，中部较低氧化还原电位带（-40 ~ 120mV）由三水队部沿问津街向北沿延伸至北环路以北焦庄村，东南部较高氧化还原电位带（140 ~ 180mV）位于滏阳河中段东南至滏东排河西北之间。

F. 硫酸盐

深层地下水硫酸盐为21 ~ 145mg/L，平均为95.79mg/L，硫酸盐浓度较低，变异系数为0.39，变异性小。水质统计显示，Ⅰ ~ Ⅲ类点14个，占比100%；无Ⅳ类水和Ⅴ类水，水质好。

深层地下水硫酸盐分布比较复杂，水厂分化，规律性不强。总的来看，调查区西部及中南部硫酸盐较高（105 ~ 125mg/L），包括滏阳水厂、新华水厂、问津水厂和南门外水厂；西环路附近、北环路附近、东环路附近、滏阳排河附近硫酸盐较低（65 ~ 85mg/L），包括人民西路水厂、育北水厂、大庆水厂、三水院部水井。

G. 氯化物

深层地下水氯化物为76.5 ~ 343.6mg/L，平均为208.01mg/L，氯化物浓度较低，变异系数为0.35，变异性较小。水质统计显示，Ⅰ ~ Ⅲ类水点10个，占比71.4%，Ⅳ类水点4个，占比28.6%，无Ⅴ类水，水质较好。

从分布看，深层地下水氯化物呈现西北-东南带状延伸的较高—较低—较高—低变化特征。赵家圈镇一带、育北水厂至南门外水厂氯化物含量较高（240 ~ 300mg/L），存在Ⅳ类水；东部区域氯化物含量低（小于90mg/L）。

H. 氟化物

深层地下水氟化物为0.41 ~ 1.38mg/L，平均为0.9mg/L，氟化物浓度较低，变异系数为0.35，变异性较小。水质统计显示，Ⅰ ~ Ⅲ类水点9个，占比64.3%；Ⅳ类水点5个，占比35.7%；无Ⅴ类水，水质较好。

从分布看，包括水源地及保护区在内的中西部区域氟化物含量较高（0.6 ~ 1.2mg/L），特别是在新华西路水厂、三水队部、问津水厂、南门外水厂、滏阳新河存在西北-东南条带状延伸的Ⅳ类水区；东环路周边区域、滏东排河以北区域地下水氟化物含量较低（0.2 ~ 0.6mg/L），为Ⅰ ~ Ⅲ类水区。

I. 钠

深层地下水钠为42.6 ~ 1426mg/L，平均为728.90mg/L，钠离子浓度较高，变异系数为0.44，变异性较大。水质统计显示，Ⅰ ~ Ⅲ类水点1个，占比7.1%；无Ⅳ类水Ⅴ类水点13个，占比92.9%，相对于硫酸盐、氯化物、氟化物，水质更差。

从分布看，由西向东呈现较高—较低—高—低的西北-东南向条带状分布特征。西环路附近人民西路水厂至大杜庄村地下水钠含量较低（380 ~ 550mg/L）；新华西路水厂、三水队部、问津水厂、南门外水厂地下水钠含量高（700 ~ 1110mg/L），多为Ⅴ类水；东环路周边区域、滏东排河以北区域地下水钠含量低（小于200mg/L），为Ⅰ ~ Ⅲ类水区。

2）深层地下水水质

A. 依据现场检测分析数据评价

以 pH、钠、硫酸盐、氯化物、氟化物 5 个指标对照《地下水质量标准》（GB/T 14848—2017），采用多指标综合评价方法评价。

评价显示，调查区深层地下水水质均为Ⅴ类水，水质差，主要超标指标是钠、pH。若以单个指标Ⅴ类水占比统计，深层地下水水质超标指标排序依次为钠（13 个点，92.9%）、pH（1 个点，7.1%）。

B. 依据室内检测分析数据评价

以 2020 年 12 月采集的调查区 12 组深层地下水样品分析数据为依据，对照《地下水质量标准》（GB/T 14848—2017），采用多指标综合评价方法评价。值得说明的是，在水源地开采井区采集 8 组水样，分析地下水质量标准中所有 93 项指标，4 组非水源地开采井分析 67 项指标，具体指标参见地表水水质。

评价结果显示，深层地下水水质Ⅲ类水占 75%，主要分布在水厂所在的主城区内，Ⅳ类水占 25%，零星分布在西部、东南部，Ⅳ类水主要影响指标为氟化物、钠离子，无Ⅰ、Ⅱ、Ⅴ类水，整体水质良好，见表 5.16。

表 5.16　深层地下水质量评价及Ⅳ类水主要影响指标表

样品编号	地理位置	地下水质量分级	Ⅳ类水影响指标
HS02	大杜庄水井	Ⅲ类	
HS05	滏阳水厂东南井	Ⅲ类	
HS06	育北水厂 1 号井	Ⅲ类	
HS07	大庆水厂 3 号井	Ⅲ类	
HS08	问津水厂东井	Ⅲ类	
HS09	南门外水厂 2 号井	Ⅳ类	氟化物、钠离子
HS10	团马（华兴家园）水源井	Ⅲ类	
HS11	人民西路 10 号水源井	Ⅲ类	
HS12	新华水厂 1 号井	Ⅲ类	
HS16	养牛场深层水井	Ⅳ类	氟化物
HS17	焦庄村深层水井	Ⅲ类	
HS21	赵家圈镇第三供水站 2 号井	Ⅳ类	氟化物

3）深层地下水水量

A. 水源地开采井区水量状况

从衡水市水源地 2017～2020 年深层地下水开采量看（表 5.17），南水北调中线工程运行后，水源地地下水开采量逐年减少，2020 年开采量不足 1 万 m^3/d，只有 2017 年开采量的 18%，2017～2020 年平均开采量为 2.84 万 m^3/d，约占衡水市水源地设计供水能力（10 万 m^3/d）的 28.4%。

表 5.17　衡水市区水厂近年地下水开采量统计表

年份	地下水开采量	
	/(m^3/a)	/(m^3/d)
2017	18383118	50364.71
2018	12481469	34195.81
2019	7239413.8	19834.01
2020	3328714.61	9119.766

B. 水源地所在水文地质单元水量状况

由于水源地开采 200～400m 深度的地下水，属于深层地下水，同时，水源地及保护区位于衡水市桃城区范围内，因此，以桃城区分布面积为 80km² 均衡区内的深层地下水水均衡状况说明。

深层地下水水均衡方程为

$$Q_{补}-Q_{排}=\Delta Q$$

式中，$Q_{补}=Q_{侧入}+Q_{越流}$；$Q_{排}=Q_{开采}+Q_{侧出}$；$\Delta Q=Q_{弹}+Q_{释}$；$Q_{补}$为深层地下水补给量；$Q_{排}$为深层地下水排泄量；$Q_{侧入}$为深层地下水侧向进入量；$Q_{侧出}$为深层地下水侧向排出量；$Q_{越流}$为浅层地下水越流补给深层地下水量；$Q_{开采}$为深层地下水开采量；ΔQ 为深层水蓄变量；$Q_{弹}$为深层地下水弹性释水量，$Q_{弹}=S\times\Delta H\times F$，$S$ 为深层含水层弹性释水系数（取 0.00432）；ΔH 为均衡期初、末时刻的水位差；$Q_{释}$为黏性土压缩释水量，$Q_{释}=\omega\times F$；ω 为均衡期内累计沉降量，mm；F 为均衡区面积，取 80km²。

衡水市桃城区 2011～2015 年、2016～2020 年深层地下水水均衡计算结果见表 5.18。可以得出，在 2011～2020 年的 10 年均衡期内，深层地下水补给量小于排泄量，水量为负均衡，深层地下水水量处于亏欠状态，亏损水量约为 566 万 m³，平均年亏损水量为 56.6 万 m³，是水源地年设计可开采量（3650 万 m³）的 1.55%。

表 5.18　衡水市桃城区深层地下水均衡计算结果表　　（单位：万 m³）

均衡时段	补给量			排泄量			补排差	蓄变量		
	侧向径流	越流	合计	侧向径流	开采量	合计		弹性释水量	压缩释水量	合计
2011～2015 年	1936.11	6249.25	8185.36	1270.06	7717.36	8987.42	-802.06	-76.87	-728.38	-805.25
2016～2020 年	1129.18	7039	8168.18	3789.57	4141.12	7930.69	237.49	500.87	-263.52	237.35

由表 5.18 中均衡要素的数据统计得出，在深层地下水补给量中，浅层地下水越流补给量平均占 81.26%，为主要补给因素，侧向径流补给量平均占 18.74%；为次要补给因素，开采量平均占 69.04%，为主要排泄因素，侧向径流排泄量平均占 30.96%，为次要排泄因素。随着深层地下水开采量的减少，浅层地下水越流补给量也将减少。显然，开采量是深层地下水水量均衡中最关键的均衡要素。

C. 深层地下水开采量

由 2011～2020 年桃城区深层地下水开采量统计资料可知（表5.19），深层地下水年开采量在 524 万 ~ 1696 万 m^3，2014 年后开采量逐年减少，2020 年的开采量仅是 2014 年开采量的 30%，减少了近 70%。因此，10 年来水源地所在的桃城区深层地下水开采量总体上呈下降状态。

表 5.19　衡水市桃城区深层地下水开采量统计表　（单位：万 m^3）

年份	2011	2012	2013	2014	2015
开采量	1339.60	1554.85	1567.64	1696.09	1559.18
年份	2016	2017	2018	2019	2020
开采量	1029.54	946.7	765.95	874.61	524.32

D. 深层地下水储变量

以位于衡水市水源地所在水文地质单元径流排泄区内一个长期监测井（衡 62 井）水位动态变化说明（图 5.28）。该井成井深度为 191.7 ~ 260.9m，属第Ⅲ含水组，与水源地开采井处于相同开采深度段，其水位动态可以反映水源地开采含水层地下水储量变化。

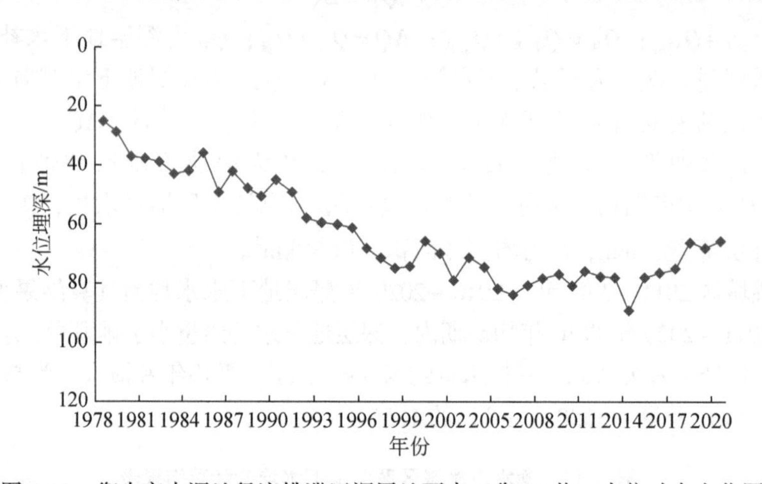

图 5.28　衡水市水源地径流排泄区深层地下水（衡 62 井）水位动态变化图

由图看出，深层地下水水位动态变化可分为 3 个阶段：第一阶段是 1978 ~ 2005 年，为水位下降期，水位呈持续下降状态，含水层补给量小于排泄量，储变量为负值；第二阶段是 2006 ~ 2013 年，为水位止降平稳期，水位处于低状态，含水层补给量与排泄量基本持平，储变量为零；第三阶段是 2014 ~ 2020 年，为水位回升期，水位处于缓慢持续回升状况，回升幅度近 30m，含水层补给量大于排泄量，储变量为正值。

4）深层地下水流场演变

A. 2011 年流场

2011 年枯水期 6 月深层地下水流场见图 5.29。深层地下水水位总体呈西高东低，由西北向东南和东北方向流动态势。

流场图显示，在调查区中部出现了呈南北向延伸的 3 个串珠状降落漏斗，漏斗中心水位标高为-69 ~ -67m，在调查区东北区域存在比中部水位降深和分布范围更大的一个降落漏斗，漏斗中心水位标高低于-71m。

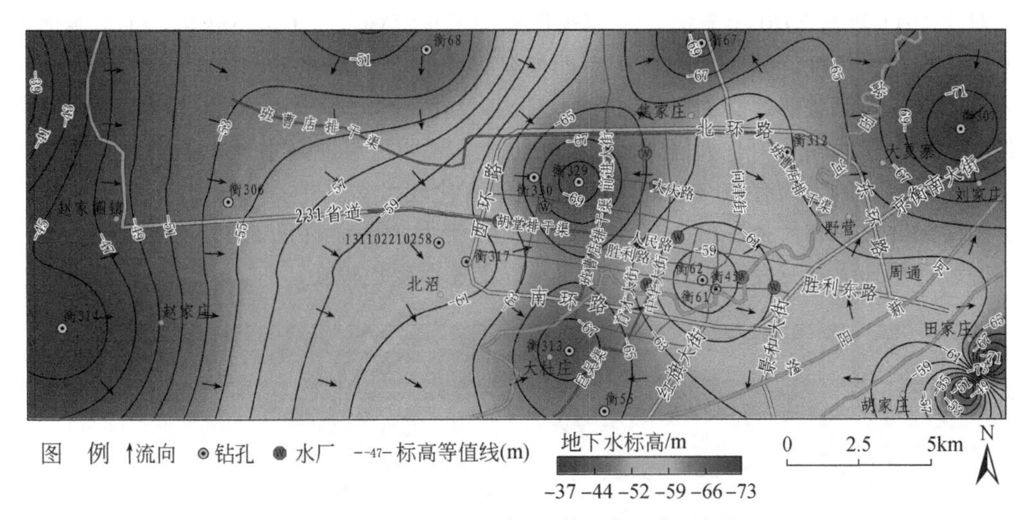

图 5.29　调查区 2011 年 6 月深层地下水流场图

流场图还显示，市区水厂开采井并未处于降落漏斗中心，有的处于水位降落漏斗边缘，如大庆水厂和育北水厂，有的还形成水丘，如问津路水厂和南门外水厂（标高-59m 左右），其周边开采井的开采强度要大于水厂开采井。

B. 2020 年流场

2020 年枯水期 6 月深层地下水流场见图 5.30。深层地下水水位西部及中部较高，地下水由西北流向东南，中部（市区）形成了一个舌状分水岭，2011 年的串珠状降落漏斗消失，但在调查区东北部和中南部存在较大降落漏斗，东北部降落漏斗比中南部降落漏斗中心水位更低、影响范围更大。

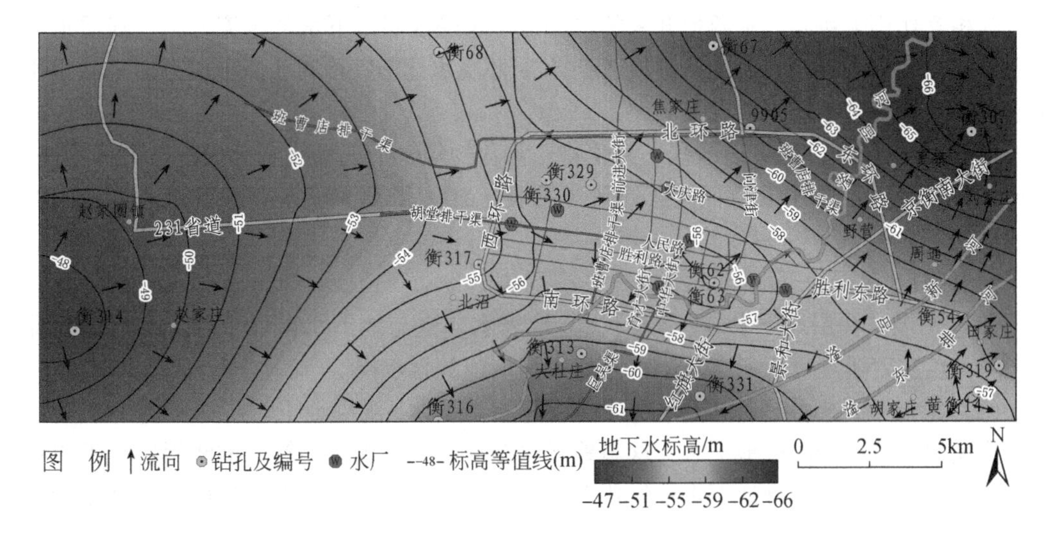

图 5.30　调查区 2020 年 6 月深层地下水流场图

流场图再次显示，市区水厂并不是开采强度最大的区域，其所在区域含水层水量受到周边开采井特别是东北部开采井的袭夺。

对比 2011 年与 2020 年流场，10 年来深层地下水流场发生了以下变化：①水源地所在区域水位普遍大幅度回升，形成城区东西向延伸的一个舌状水丘，如位于中南部的衡 62 井回升约 15m，西北部的衡 329 井回升约 17m；②南部水位降落漏斗数量增多，东北部开采强度增加，降落漏斗中心水位更低，面积更大，说明深层地下水开采强度大的区域发生了变化；③调查区内约有 50% 区域地下水流向变化较大，其中在市区北环路至大庆路之间、西南部北沼村和大杜庄村、东部刘家庄村一带尤为明显（图 5.31）。说明过去 10 年这些区域深层地下水开发利用（相对强度、位置等）变化较大。

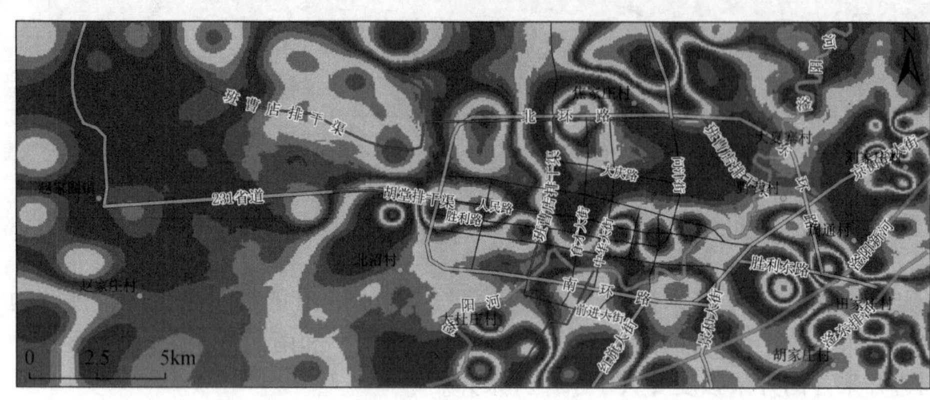

图 5.31　调查区 2011～2020 年深层地下水流向变化图

4. 地表水、浅层地下水、深层地下水环境对比

在衡水市水源地及保护区，地表水、浅层地下水、深层地下水（以下简称“三水”）存在的相互作用关系是，水源地开采的深层地下水受浅层地下水的越流补给，浅层地下水接受地表水的入渗补给。因此，开展“三水”环境水化学特征对比，可以系统地认识衡水市水源地及保护区水环境状况及其关系。

以 pH、电导率、钠、硫酸盐、氯化物、氟化物等 9 个现场检测分析指标数据为基础，统计并对比“三水”水质特征及其质量，见表 5.20，得到“三水”关系及可能成因的以下认识。

（1）pH：深层地下水>地表水>浅层地下水。

（2）水温：深层地下水>浅层地下水>地表水。这与地下水循环一般规律符合，即地热增温梯度决定了深度大的含水层水温高于深度浅的含水层。

（3）溶解氧及氧化还原电位：地表水>深层地下水>浅层地下水。深层地下水溶解氧及氧化还原电位高于浅层地下水，这与地下水循环的一般规律不符。推测深层地下水径流条件好于浅层地下水，且地下水中氧化态离子多于浅层地下水，微生物耗氧速率要远慢于浅层地下水。

（4）电导率及硫酸盐：浅层地下水>地表水>深层地下水。这说明地表水在现状环境条件是稀释浅层地下水，而深层地下水又面临浅层地下水中硫酸盐等组分的污染风险。

（5）氯化物及钠：浅层地下水>深层地下水>地表水。浅层地下水氯化物和钠同步增高，预示着浅层地下水蒸发作用较强烈。深层地下水也面临浅层地下水中氯化物和钠盐污染的风险。

表5.20　衡水市水源地及保护区地表水、浅层地下水、深层地下水环境特征对比表

<table>
<tr><th rowspan="2">指标</th><th colspan="3">平均值</th><th colspan="3">变异系数</th><th colspan="3">达标(Ⅰ~Ⅲ类)比例</th><th colspan="3">超标指标及超标率排序</th></tr>
<tr><th>表</th><th>浅</th><th>深</th><th>表</th><th>浅</th><th>深</th><th>表</th><th>浅</th><th>深</th><th>表</th><th>浅</th><th>深</th></tr>
<tr><td>pH</td><td>8.28</td><td>7.67</td><td>8.33</td><td>0.05</td><td>0.08</td><td>0.06</td><td>94.5%</td><td>89.5%</td><td>78.9%</td><td rowspan="9">氟化物(57.1%)、硫酸盐(53.8)、氯化物(15.4%)、溶解氧与pH(5.5%)</td><td rowspan="9">钠(100%)、氯化物与硫酸盐(82.4%)、氟化物(70.6%)、pH(5.9%)</td><td rowspan="9">钠(92.3%)、氟化物(38.5%)、氯化物(30.8%)、pH(7.7%)</td></tr>
<tr><td>溶解氧/(mg/L)</td><td>10.44</td><td>5.20</td><td>5.85</td><td>0.33</td><td>0.26</td><td>0.26</td><td>—</td><td>—</td><td>—</td></tr>
<tr><td>电导率/(μS/cm)</td><td>2404.89</td><td>7619.74</td><td>1199.42</td><td>0.58</td><td>0.82</td><td>0.38</td><td>—</td><td>—</td><td>—</td></tr>
<tr><td>水温/℃</td><td>9.22</td><td>14.37</td><td>17.29</td><td>0.36</td><td>0.18</td><td>0.15</td><td>—</td><td>—</td><td>—</td></tr>
<tr><td>氧化还原电位/mV</td><td>142.26</td><td>93.89</td><td>131.03</td><td>0.81</td><td>0.75</td><td>0.46</td><td>—</td><td>—</td><td>—</td></tr>
<tr><td>硫酸盐/(mg/L)</td><td>311.54</td><td>1345.94</td><td>95.79</td><td>0.51</td><td>1.00</td><td>0.39</td><td>46.2%</td><td>22.2%</td><td>100%</td></tr>
<tr><td>氯化物/(mg/L)</td><td>120.28</td><td>817.78</td><td>208.01</td><td>0.65</td><td>0.59</td><td>0.35</td><td>84.6%</td><td>22.2%</td><td>71.4%</td></tr>
<tr><td>氟化物/(mg/L)</td><td>1.30</td><td>1.24</td><td>0.90</td><td>0.43</td><td>0.60</td><td>0.35</td><td>42.9%</td><td>38.9%</td><td>64.3%</td></tr>
<tr><td>钠/(mg/L)</td><td>78.19</td><td>3888.89</td><td>728.90</td><td>0.73</td><td>1.08</td><td>0.44</td><td>—</td><td>0</td><td>7%</td></tr>
</table>

注：①表、浅、深依次是地表水、浅层地下水、深层地下水简写；②超标指标按超标率排序，地表水超标率以单个指标超过Ⅲ类水或供水限值百分比表示；地下水超标率以单个指标达Ⅴ类水百分比表示；③“—”表示没有评价标准。

（6）氟化物：地表水>浅层地下水>深层地下水。这说明氟化物不是来自本地地层中沉积物释放，而来自外源并由地表水搬运和输送所致。

（7）钠、氯化物、硫酸盐、氟化物：从这4个化学指标在“三水”中含量及其超标排序变化认为，地表水中的氯化物、硫酸盐、氟化物、钠可通过淋滤作用运移至浅层地下水中，并经蒸发作用富集钠等盐类物质；深层地下水中钠盐超标率极高，可能与高钠盐浅层地下水补给有关；浅层地下水中存在高浓度硫酸盐，而深层地下水中硫酸盐浓度锐减，预示了随着含水层埋深的增加，脱硫酸作用也在不断增强。

（8）从“三水”pH、硫酸盐、氯化物、氟化物、钠5个指标达标比例综合评价，认为深层地下水水质最好、地表水水质居中、浅层地下水水质最差。

（9）从“三水”9个化学指标值变异性对比来看，深层地下水的变异性均低于浅层地下水和地表水，浅层地下水和地表水水化学指标的变异性接近。因此，在开展此类地区水环境监测工作时，建议监测点的密度按照地表水和浅层地下水点密度大于深层地下水点密度布设。另外，从“三水”超标指标看，地表水应加强对氟化物、硫酸盐、氯化物的监测，浅层地下水应加强对钠、氯化物、硫酸盐、氟化物的监测，深层地下水应加强对钠、氟化物、氯化物的监测。

5. 地下水微生物状况

微生物为地下水环境系统中主要的生命组分，是地下水演化过程中的重要影响因子，在地下水系统的能量转换、物质循环、营养输送、信息储存，以及元素形态的转化、聚集和迁移中起着极其重要的作用。人类活动影响，如地下水开发利用、地下水污染等，将改变地下水中微生物的生存条件，导致其形态、生理、遗传特性的改变，促使各类微生物不断演替与适应。因此，通过研究地下水中微生物的群落特征，可反映出地下水环境状况变化。

1）样品采集与分析

2020年12月在衡水市桃城区采集浅层地下水样10个，井深为30～100m，采集深层地下水样品9个（图5.32），采样深度为240～320m。取样前开泵洗井0.5～2h，至水质清澈稳定后，于潜水泵出水口取样。水样未经管道曝气、消毒，分3份采集：第一份水样采用哈希HQ40D便携式多参数水质分析仪在现场测定水温、电导率、pH、溶解氧和氧化还原电位；第二份水样按照《生活饮用水标准检验方法》（GB/T 5750—2006）要求进行样品保存，采用干燥称量法测定溶解性总固体（TDS），采用ICS-600离子色谱仪测定Cl^-、SO_4^{2-}、NO_3^-、NO_2^-、F^-，利用电感耦合等离子体发射光谱仪（ICP-OES）测定Na^+、Al^{3+}、Fe^{3+}、Mn^{2+}、TDS；第三份水样收集1L，采用0.22μm水系滤膜用滤泵抽滤，放入干冰冰盒保存，并在规定时间内送到测试单位。

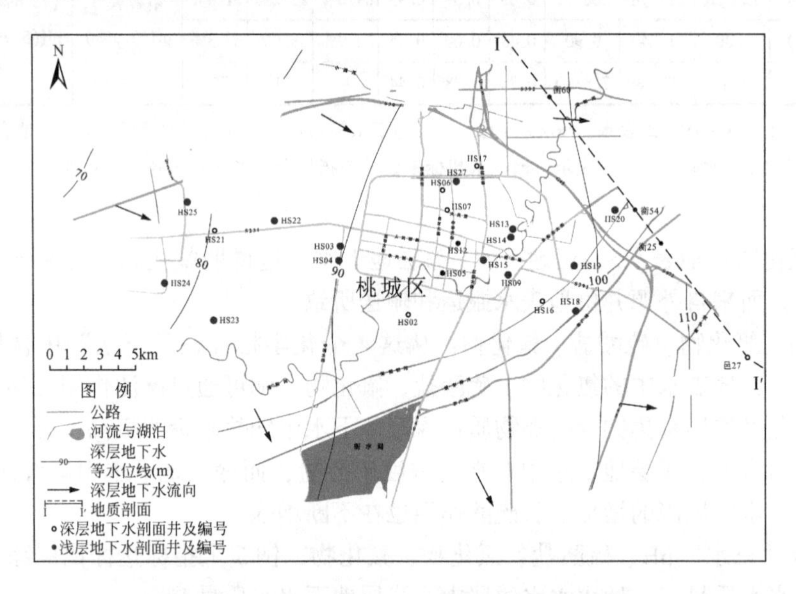

图5.32　地下水微生物样品采集点位分布示意图

微生物DNA提取采用Omega Bio-Tek公司的OMEGA Soil DNA Kit（D5625-01）抽提，并对抽提的DNA进行检测。采用NanoDrop ND-1000型分光光度计在260nm和280nm处分别测定DNA的吸光值，检测DNA的浓度，并用1%的琼脂糖凝胶电泳检测DNA的质量。调整DNA溶液浓度，DNA工作液保存于4℃，储存液保存于-20℃。采用正向引物515F和反向引物907R对细菌16S rRNA基因V4-V5区进行PCR扩增。将样品特异性7-bp条码并入引物进行多重测序。PCR扩增产物用Vazyme VAHTSTM DNA Clean Beads纯化，Quant-iT PicoGreen dsDNA Assay Kit定量。个体定量步骤结束后，等量汇集扩增产物，利用MiSeq Reagent Kit v3的Illlumina MiSeq平台进行2×250bp的双端测序。

生物信息学数据采用QIIME2软件，使用DADA2插件对序列进行质量过滤、去噪、合并和嵌合去除，使用多样性插件对Alpha多样性数据进行估计，样本稀释至每个样本

10000个序列。在特征分类器插件中，使用贝叶斯分类器对ASV进行分类。采用QIIME2和R软件包（v3.2.0），计算Alpha多样性指数和Beta多样性指数，并将各项指数与聚类结果可视化。

水化学数据及其与物种相关性采用Excel 2007、SPSS 25.0、Canoco 5进行数据汇集整理与统计学分析。

2）浅层地下水微生物群落及环境响应特征

A. 微生物丰度与多样性

由Alpha指数箱形图（图5.33）可以看出，在浅层地下水的中部径流区（即在水源地所在城区组样品）的Chao1指数、Observed_species指数和Faith pd指数比上游区和下游区对应指数高，体现了城区浅层地下水微生物丰度较高；Simpson与Pielou_e指数显示，上游区样品物种均匀度略占优势。

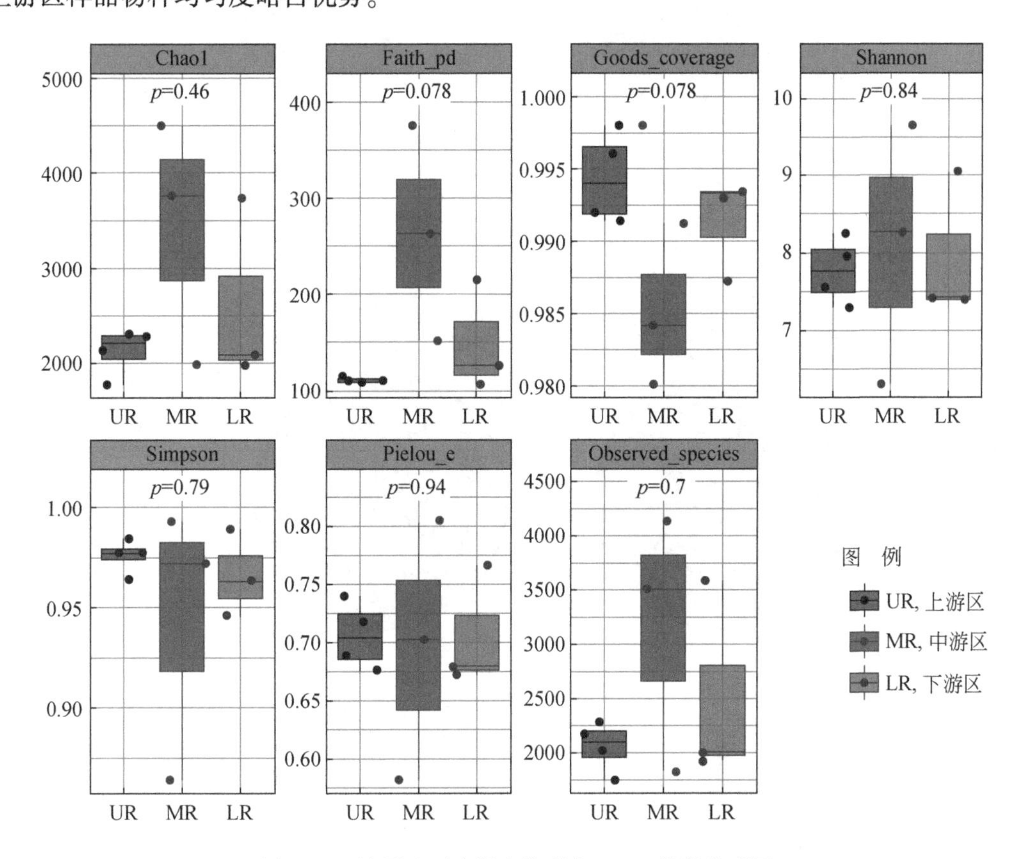

图5.33　浅层地下水微生物群落Alpha指数箱形图

Chao1指数、Observed-species指数表示群落中包含物种的数目；Goods_ coverage表示测出微生物物种的覆盖率；Shannon指数表示特种多样性；Simpson指数表示与物种丰富度及均匀度相关程度，在数值0~1；Pielou_e指数反映物种均匀度，数值越大，越均匀

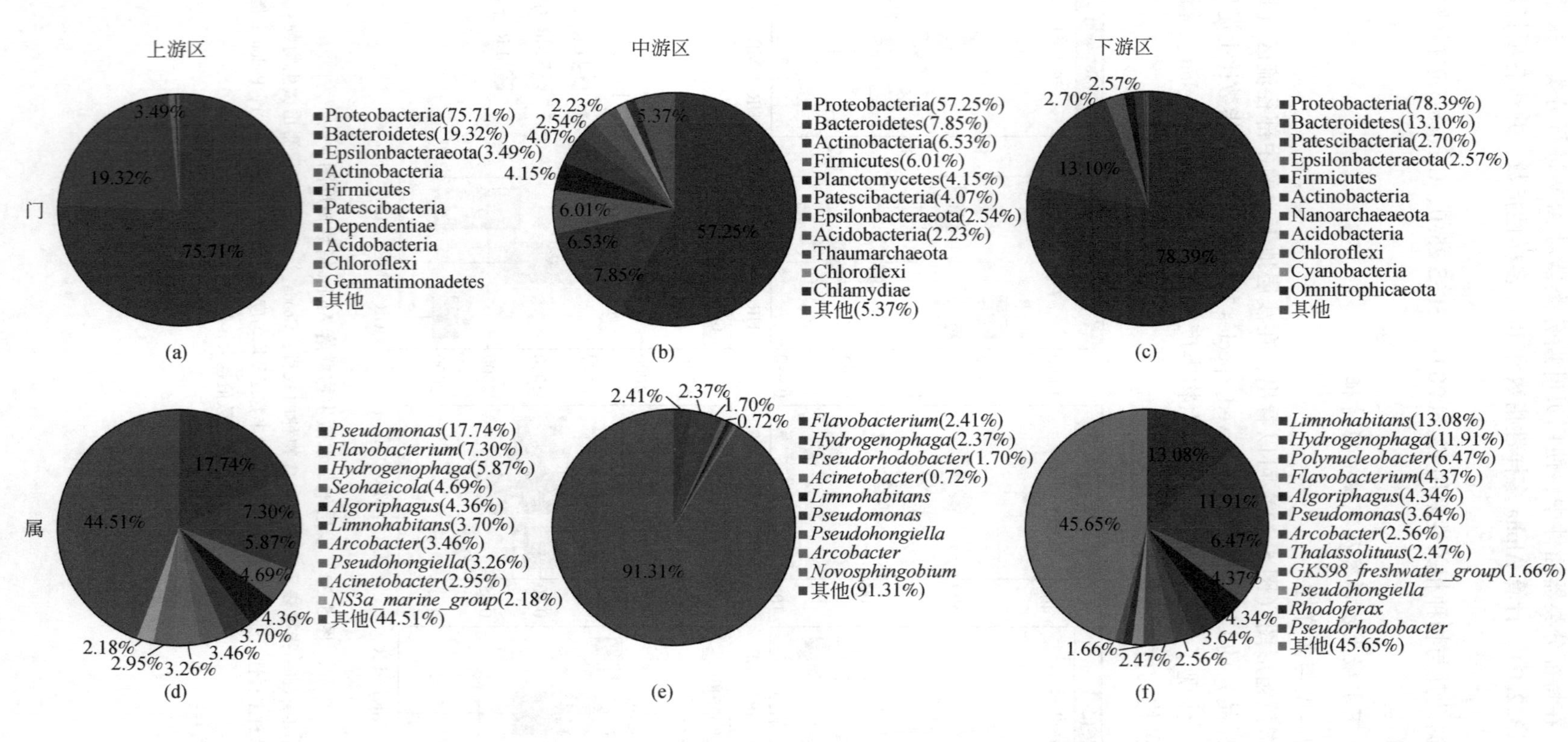

图5.34　浅层地下水不同径流区微生物门类及属类群落组成图

B. 微生物种类组成

以门类水平统计，变形菌门（Proteobacteria）、拟杆菌门（Bacteroidetes）、Epsilonbacteraeota、放线菌门（Actinobacteria）、厚壁菌门（Firmicutes）和浮霉菌门（Planctomycetes）是浅层地下水中丰度最大的菌种，平均含量在2%以上（图5.34），其中，变形菌门、拟杆菌门是占比最大的两个门类，分别为38.82%~86.88%和1.23%~32.05%，二者共占据总组成的85%，组间差异较大。从浅层水不同径流区域上看，中部径流区门类更为复杂，平均含量超过1%的物种达11种，远高于上游区（3种）和下游区（6种）。Epsilonbacteraeota组间差异较小。

以属类水平统计，样品间与组间均体现出差异，但主要优势物种均为*Pseudomonas*和*Hydrogenophaga*，二者均属于变形菌门，具有好氧反硝化功能，曾被证实参与地下水的脱氮过程。若以占比较大且在各样品中分布均一的物种为代表，上游区均一优势菌属为*Pseudomonas*（17.74%）、*Flavobacterium*（7.30%）、*Hydrogenophaga*（5.87%）、*Pseudohongiella*（3.26%），中游区均一优势菌属为*Hydrogenophaga*（2.37%）、*Pseudomonas*（0.43%）、*Novosphingobium*（0.1%）、*Sulfuritalea*（0.07%），下游区均一优势菌属为*Limnohabitans*（13.08%）、*Hydrogenophaga*（11.91%）、*Flavobacterium*（4.37%）、*Algoriphagus*（4.34%）*Pseudomonas*（3.64%）。

3）深层地下水微生物群落特征

A. 微生物丰度与多样性

由Alpha指数箱形图（图5.35）看出：①深层低氟地下水（LF组样品，HS09、HS12、HS16、HS17、HS21，氟含量平均值0.73mg/L）的Chao1指数和Observed_species指数明显高于深层高氟地下水（HF组样品，HS02、HS05、HS06、HS07，氟含量平均值1.23mg/L）的对应指数，表明深层低氟地下水微生物丰度高于深层高氟地下水；②深层低氟地下水的Shannon指数和Simpson指数明显高于深层高氟地下水的对应指数，体现了深层低氟地下水微生物多样性高于深层高氟地下水，即高氟地下水环境不利于微生物种群和多样性发展。

B. 微生物种类组成

在门类水平上，变形菌门（Proteobacteria）、硝化螺旋菌门（Nitrospirae）、拟杆菌门（Bacteroidetes）和放线菌门（Actinobacteria）是深层地下水中丰度最大的细菌物种，丰度分别占总群落的76.96%~47.67%、16.56%~0.77%、10.64%~2.8%、12.89%~2.38%［彩图5.6（a）］。变形菌门为最大的一个门类，包含了部分病原菌和部分固氮细菌，在深层地下水中体现出较明显的组间差异：在高氟（HF）组中，变形菌门平均含量为68.04%，最高可达76.96%，在低氟（LF）组中，含量仅为56.25%，大多样品变形菌门含量在50%左右。硝化螺旋菌门在各样品中占比差距较大，且不与氟含量相关。拟杆菌门和放线菌门含量较均一。

在属类水平上，不同样品在组成上差异较大，分散度较高且无明显优势菌属［彩图5.6（b）］。

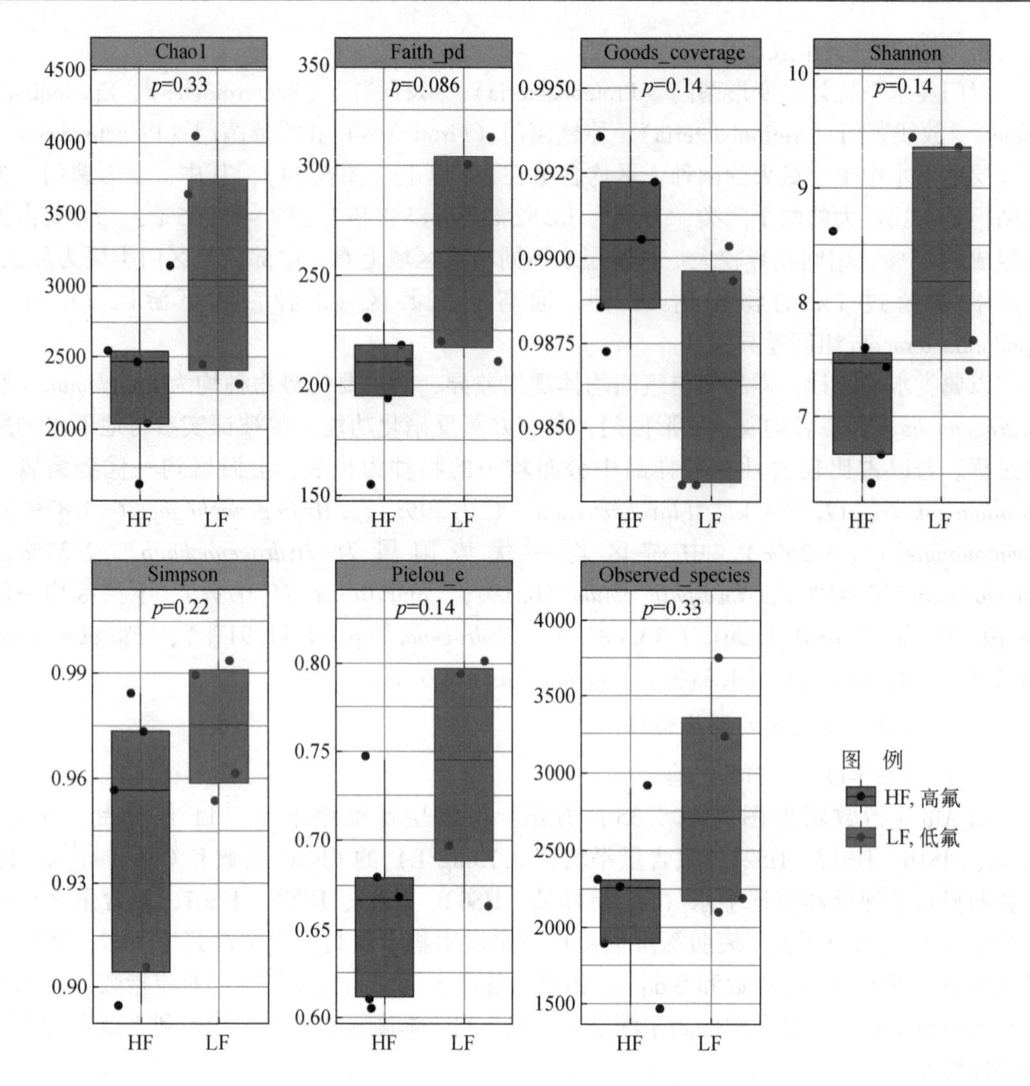

图 5.35　深层地下水微生物群落 Alpha 指数箱形图

4）浅层水与深层水对比分析

A. 微生物丰度与多样性

从微生物基因水平的 Alpha 指数箱形图（图 5.36）对比看，深层地下水样品的 Chao1 指数、Observed_species 指数和 Faith pd 指数均高于浅层地下水，表明深层地下水微生物丰度水平较高，深部含水层环境更适宜种群数量的扩增繁衍；深层与浅层地下水样品中的 Shannon、Simpson 与 Pielou_e 指数差异不大，微生物多样性水平相当。这说明在调查区埋深 30 ~ 320m 环境中，浅层与深层地下水微生物的群落多样性基本相同，但深层地下水微生物丰度要高于浅层地下水。

B. 微生物种类组成

从门类水平对比来看（彩图 5.7），虽然变形菌门（Proteobacteria）、拟杆菌门（Bacte-roidetes）和放线菌门（Actinobacteria）是深层及浅层地下水中丰度最大的菌门，但

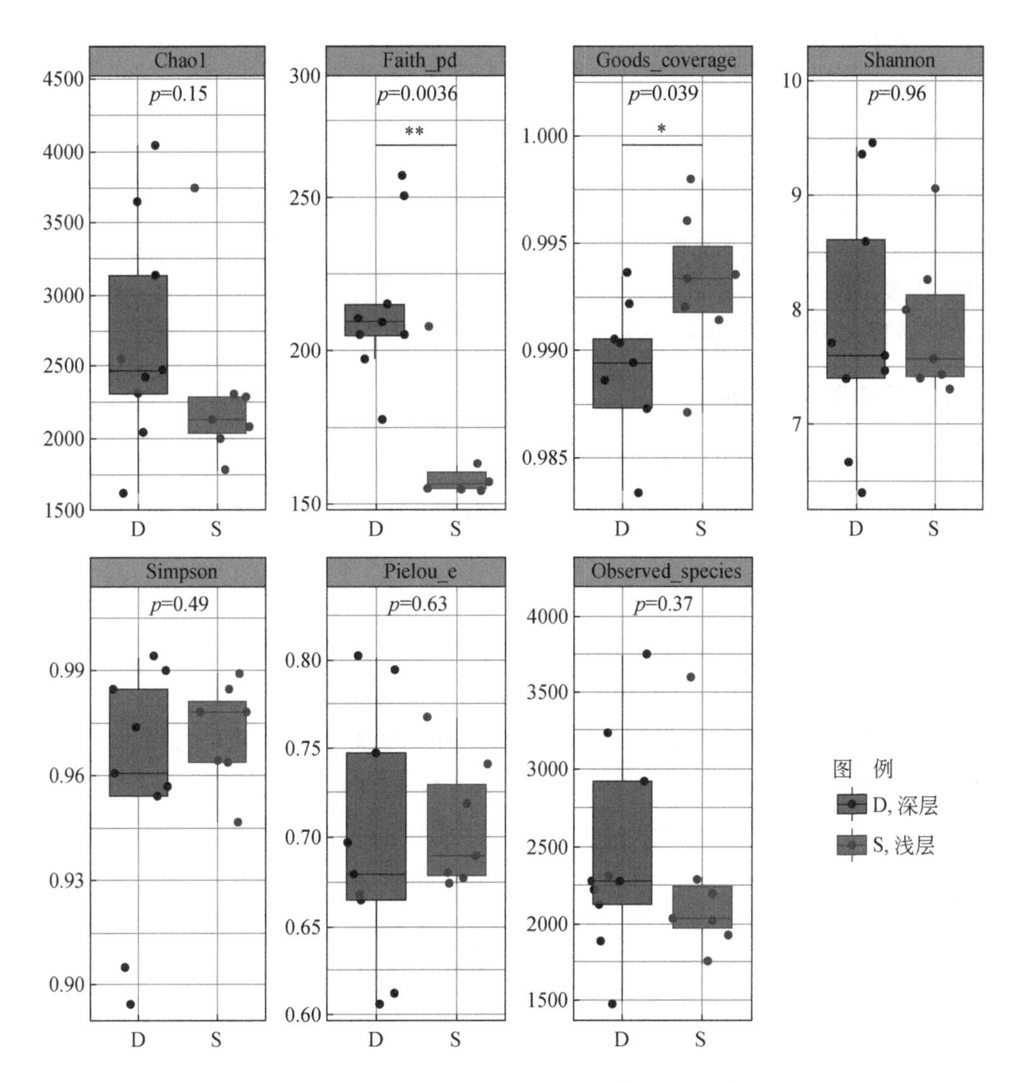

图5.36　浅层与深层地下水中微生物群落Alpha指数箱形图

在浅层微咸水中，变形菌门（Proteobacteria，+14.06%）、拟杆菌门（Bacteroidetes，+10.52%）和Epsilonbacteraeota（+2.75%）是相对优势的物种，丰度高于深层地下水，而在深层地下水中Nitrospirae、Actinobacteria、Firmicutes和Rokubacteria丰度高于浅层地下水。

从属类水平对比来看，两种地下水环境中的微生物群落结构迥异。在深层地下水中，优势群落以*Sulfuritalea*（5.1%）、*Acinetobacter*（3.42%）、*Paracoccus*（3.35%）、C1-B045（3.28%）、*Vogesella*（3.08%）为主；在浅层地下水中，以*Pseudomonas*（11.7%）、*Hydrogenophaga*（8.45%）、*Limnohabitans*（7.72%）、*Flavobacterium*（6.05%）和*Algoriphagus*（4.35%）为优势菌属。

5.4.7　潜在污染源状况

1. 潜在污染源类型及分布

通过网络查询和实地调查，共获得了283个潜在污染源信息，其中实地调查118个，网上收集165个。潜在污染源类型多样，尤以加工制造、化工材料、石油储运和销售、橡胶塑料等甚多，数量都超过30家。这些潜在污染源主要分布在主城区内及主城区外交通干线两侧，如人民西路外-赵家圈镇、京衡南大街等。

2. 潜在污染源荷载风险

1）*潜在污染源荷载风险表征*

潜在污染源荷载风险计算公式为PL=T×L×Q×W。其中，T、L、Q、W的含义及量化评分标准同4.4.7节。

2）*潜在污染源荷载风险*

对调查区内165个潜在污染源按其荷载（PL）得分区间进行风险等级划分为低、较低、中等、较高、高五个等级，并用1、2、3、4、5标度量化，见表2.14。

采用ArcGIS空间分析软件得到调查区潜在污染源荷载风险等级评价结果见图5.37，由图可见，调查区潜在污染源荷载风险除个别点位风险较高外，整体较低。

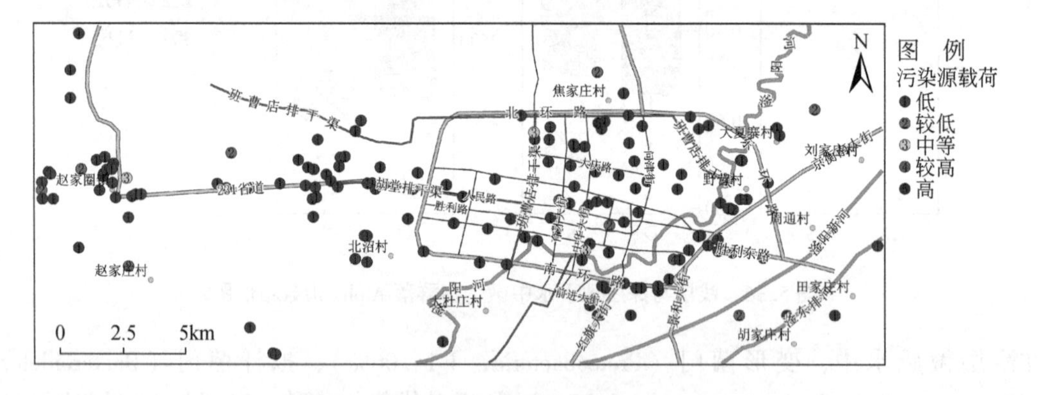

图5.37　潜在污染源荷载风险等级分布图

统计显示，在调查区内存在的165个潜在污染源中，属于低风险的有146个，占比为88.5%；属于较低风险的有11个，占比6.7%；属于中等风险的有6个，占比3.6%；属于较高风险的有1个，占比0.6%；属于高风险的有1个，位于邯钢集团衡水薄板有限责任公司，占比0.6%；潜在污染源荷载风险的平均标度值为1.62，总体风险较低。

3. 地下水垂向污染风险

1）地下水垂向污染风险表征

地下水垂向污染风险是地面或浅地表潜在污染源通过垂向入渗方式到达开采含水层的可能性，用垂向入渗厚度（D）与入渗速度（V）的比值，即垂向污染用时（T）表示。

由于调查区开采含水层为承压含水层，D 就是含水层顶板至地面的距离，V 用垂向渗透系数替代（假设水力坡度为1）。当含水层顶板至地面地层岩性单一时，垂向渗透系数等同于单层岩土的渗透系数；当含水层顶板至地面地层岩性复杂时，垂向渗透系数采用等效渗透系数，按下面公式计算：

$$K = \sum M_i / \sum (M_i / K_i)$$

式中，K 为潜在污染源处垂向等效渗透系数，m/d；M_i 为潜在污染源处第 i 个岩土层厚度，m；K_i 为潜在污染源处第 i 个岩土层渗透系数，m/d。

当潜在污染源处及其附近区域缺少钻孔资料，不能计算垂向入渗厚度（D）与入渗速度（V）时，按300m×300m网格单元剖分调查区，用反比距离法插值给出潜在污染源处 D 和 V 值。

潜在污染源处地下水垂向污染风险等级依据垂向污染用时（T）多少（天数）表征，污染用时（T）分割节点天数，参考我国地下水水源地及保护区划分质点运移时间确定。地下水垂向污染风险划分为低、较低、中等、较高、高五个等级，并用1、2、3、4、5标度量化，见表2.15。

2）地下水垂向污染参数计算

A. 垂向入渗厚度（D）

由于水源地开采的是第四系第Ⅲ含水组承压水，故 D 取第Ⅲ含水组顶板埋深值。潜在污染源处第Ⅲ含水组顶板埋深值，以调查区内钻孔资料为依据，采用反比距离差值法形成第Ⅲ含水组顶板埋深值图（图5.38），从等值线图中读取。

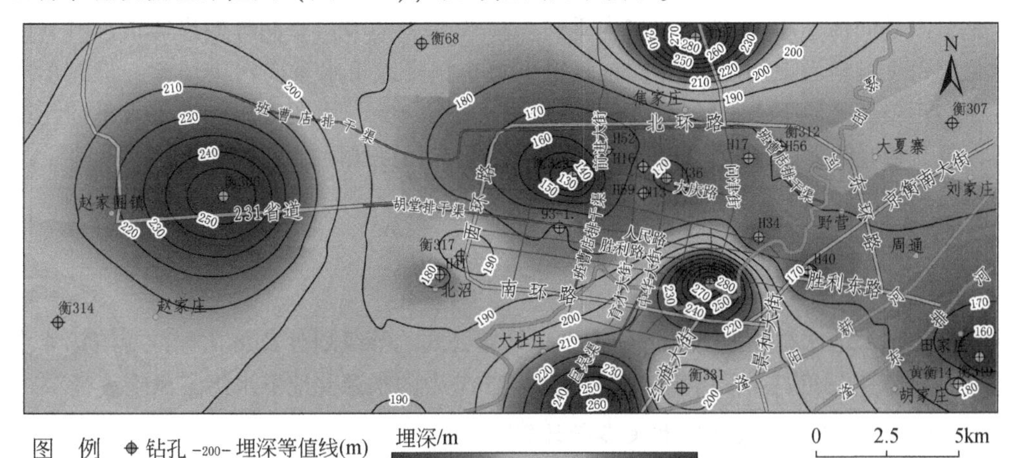

图5.38　调查区第Ⅲ含水组顶板埋深等值线图

B. 垂向等效渗透系数

调查区地面至第Ⅲ含水组顶板之间地层岩性可概化为砂土类和黏性土类，砂土类包括粗砂、中粗砂、中砂、中细砂、细砂、粉细砂、粉砂及其组合，黏性土类包括黏土、粉质黏土、粉土及其组合。参考《水文地质手册》（第二版）及区内钻孔抽水试验渗透系数值，给出砂土类和黏性土类渗透系数分别为 13m/d、0.1m/d。每个钻孔处垂向等效渗透系数按上述计算。同样，采用反比距离差值法形成垂向等效渗透系数等值线图（图 5.39），每个潜在污染源处的垂向等效渗透系数值从等值线图中读取。

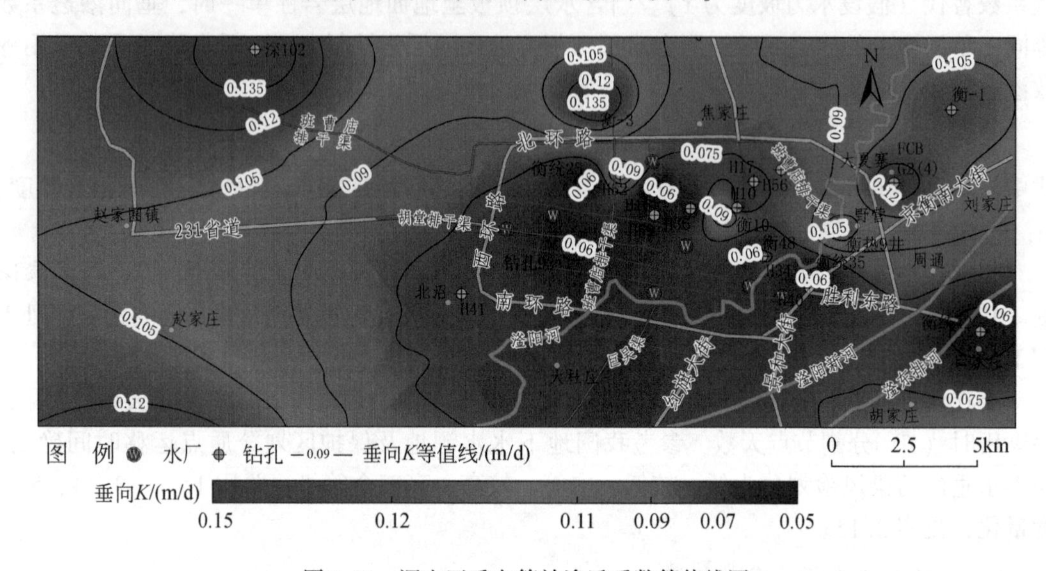

图 5.39　调查区垂向等效渗透系数等值线图

3）地下水垂向污染风险

采用 ArcGIS 软件，按照 300m×300m 单元栅格化调查区，并采用以下公式计算每个栅格区地下水垂向污染用时（T）：

地下水垂向污染用时(T)＝栅格内垂向入渗平均厚度(D)÷垂向等效渗透系数(V)。

依据每个栅格污染用时（T），查表得到每个栅格地下水垂向污染风险，最终形成调查区潜在污染源处地下水垂向污染风险等级图（图 5.40），由图看出，地下水垂向污染风险等级低。统计显示，165 个潜在污染源地下水垂向污染风险标度值均为 1。

4. 水源井地下水污染风险

1）水源井地下水污染风险表征

衡水市水源地水源井地下水污染含意、计算公式、等级划分及量化标准等与第 4 章水源地案例示范完全相同，不再累叙，参见 4.4.7 节中的水源井地下水污染风险表征”。

2）水源井地下水污染风险相关参数计算

A. 地下水流动方向（β）

采用 2020 年 6 月深层地下水水位监测数据，绘制流场图并分析地下水流动方向。

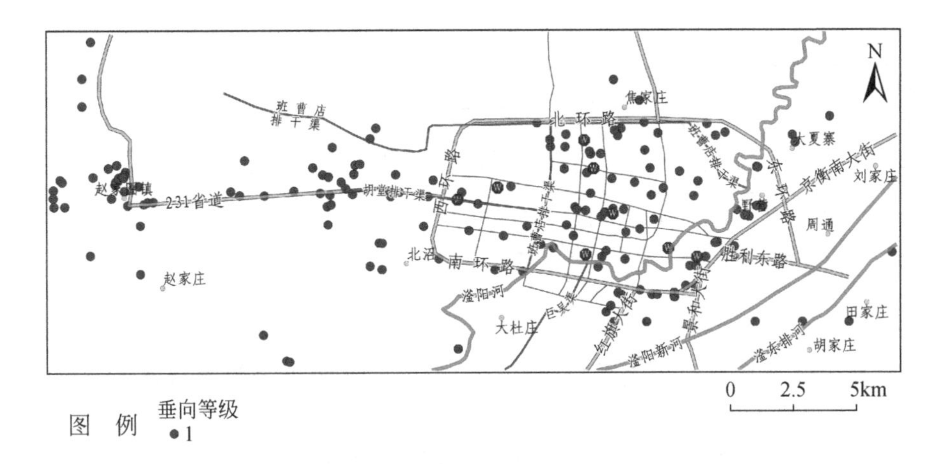

图 5.40 调查区地下水垂向污染风险等级分布图

B. 潜在污染源欧氏方向（α）与深层地下水流向（β）的夹角（θ）

采用 ArcGIS 软件，计算并形成水源地潜在污染源相对于开采井的欧氏方向（α）图，并与地下水流欧氏方向（β）图进行差值计算，形成夹角（θ）图。

C. 地下水沿水源地开采井方向的渗透速度（V_p）

首先，根据调查区揭露第Ⅲ含水组钻孔资料，按照以下公式计算水源地开采井第Ⅲ含水组水平等效渗透系数。计算结果见表 5.21。

$$K = \sum K_i m_i / \sum m_i$$

式中，K 为某一钻孔处水平等效渗透系数，m/d；K_i 为钻孔揭露第Ⅲ含水组第 i 个含水层渗透系数，m/d；m_i 为钻孔揭露第Ⅲ含水组第 i 个含水层厚度，m。

表 5.21 第Ⅲ含水组等效水平渗透系数计算表

钻孔编号	深度/m	经度（°E）	纬度（°N）	等效水平渗透系数/(m/d)
衡统 42	650.00	115.7735	37.7118	18.67
衡统 35	500.00	115.7217	37.7278	20.65
衡 48	520.49	115.7039	37.7349	19.33
衡统 25	524.54	115.6535	37.7568	18.51
H52	524.54	115.6631	37.7587	9.77
H16	356.13	115.6735	37.7539	19.10
H36	550.27	115.6844	37.7484	16.70
H10	360.75	115.6988	37.7487	17.10
H34	402.89	115.7067	37.7343	12.31
H40	509.95	115.7212	37.7249	14.49
H41	501.16	115.6146	37.7228	13.96
93-1	364.00	115.6494	37.7364	17.14
H59	498.50	115.6735	37.7464	16.39

续表

钻孔编号	深度/m	经度（°E）	纬度（°N）	等效水平渗透系数/(m/d)
H17	504.66	115.7040	37.7566	13.95
H56	379.40	115.7123	37.7601	12.98

注：①含水层渗透系数（单位：m/d）取值，参考中国地质调查局《水文地质手册》（第二版）第685页”表17-5-16 黄淮海平原区渗透系数经验值表”给出；取值是粉砂2.5、粉细砂6.5、细砂7、中细砂17、细中砂18、中砂20、粗中砂21、中粗砂22、粗砂25；②水平等效渗透系数是假设含水层中承压水整体以水平运动方式时的渗透系数，按地下水动力学公式计算，不包括黏性土层地下水。

然后，将上述水平等效渗透系数栅格化，形成原始水平等效渗透系数等值线图，见图5.41（a）。

最后，将原始水平等效渗透系数栅格图与地下水流向-水源地方向栅格图进行校正，形成每个格栅校正后的水平等效渗透系数，其分布见图5.41（b）。

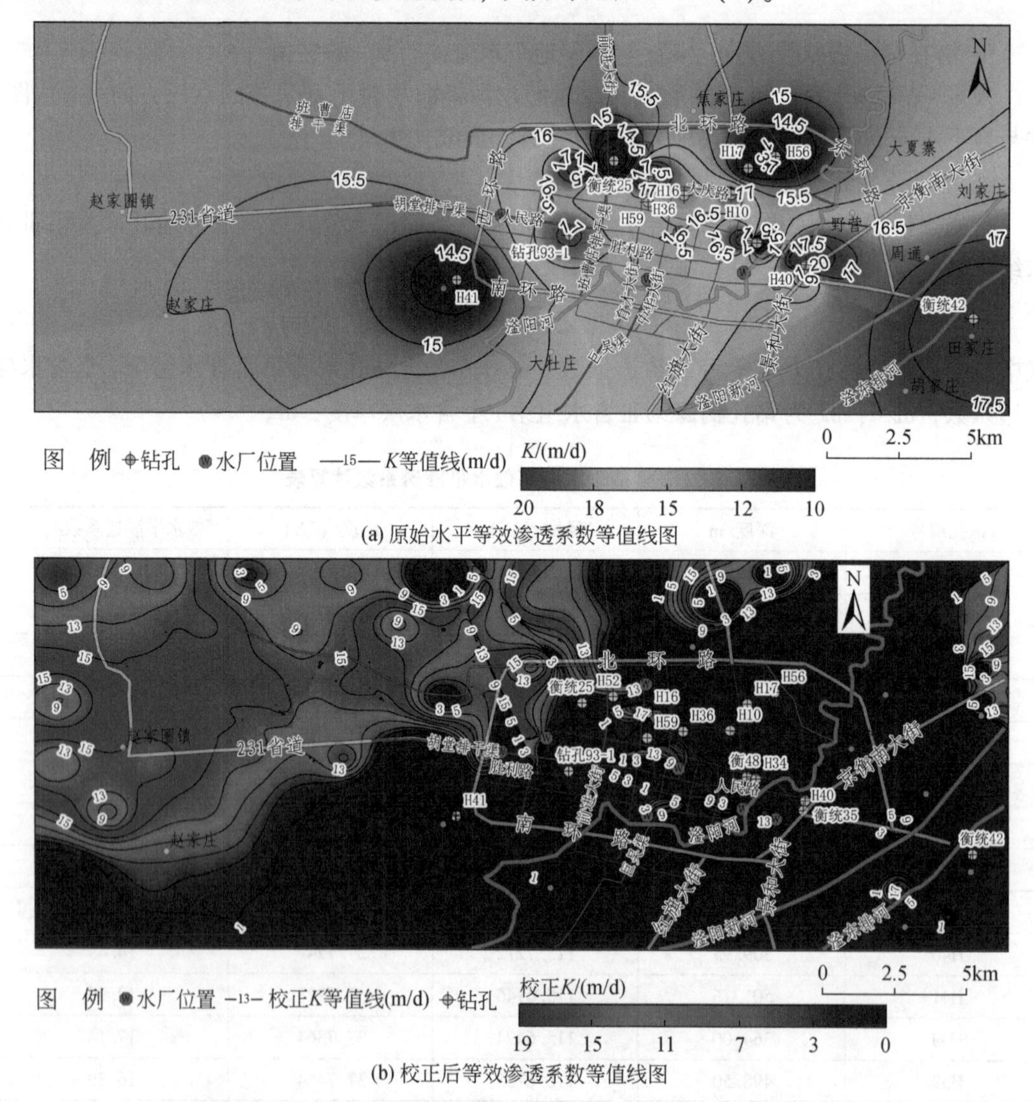

(a) 原始水平等效渗透系数等值线图

(b) 校正后等效渗透系数等值线图

图5.41　开采含水层原始渗透系数和校正后渗透系数分布图

3）水源井地下水污染风险

采用 ArcGIS 软件，按照 300m×300m 单元将调查区栅格化，依据公式计算每个栅格区地下水水平污染用时（T）。

依据每个栅格污染用时（T），查表（表 2.15）得到每个栅格至水源井的地下水污染风险，形成调查区水源井地下水污染风险等级图（图 5.42）。

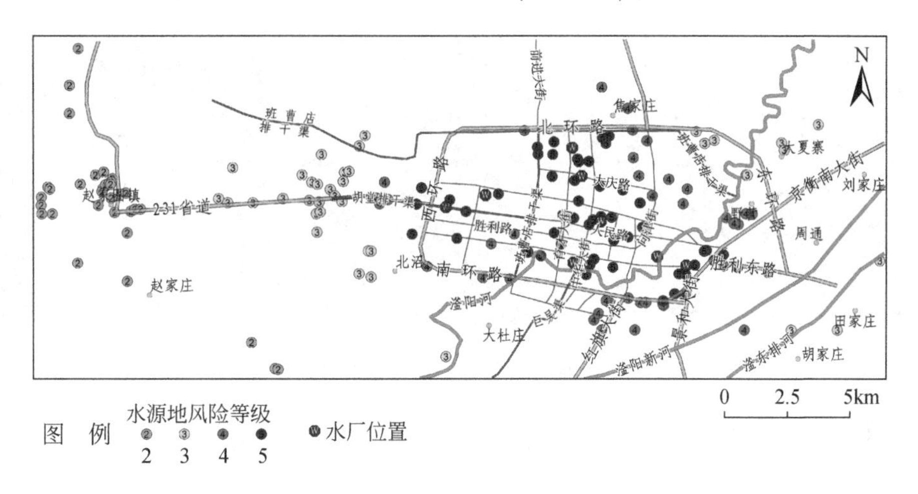

图 5.42　水源井地下水污染风险等级划分图

由图可见，位于主城区环路内的潜在污染源，对水源井地下水（水平）污染风险均较高；潜在污染源越靠近水源井，地下水（水平）污染风险越高。

统计显示，调查区内 165 个潜在污染源一旦垂向进入第Ⅲ含水组后，向水厂开采井水平运移污染用时（T）分布情况是：$0 \leqslant T<100$ 天的有 54 个，属于高风险，占比 32.73%；$100 \leqslant T<200$ 天之间的有 41 个，属于较高风险，占比 24.85%；$200 \leqslant T<500$ 天之间的有 40 个，属于中等风险，占比 24.24%；$500 \leqslant T<1000$ 天之间的有 34 个，属于较低风险，占比为 20.60%；不存在 $T \geqslant 1000$ 天低风险的潜在污染源；水源井地下水污染风险等级平均标度值为 3.68，处于较高风险等级。

5.4.8　管理状况

河北建投衡水水务有限公司负责衡水市区居民生活、市政和小型工业供水运营和管理，衡水市生态环境局负责水源地及保护区建设与整治。

1. 保护区建设与整治

1）水源地保护区划分

衡水市环保部门分别在 1998 年、2009 年、2021 年对水源地保护区进行了划分和调整，详见 5.2.2 节。

2）保护区标识设置与隔离防护

衡水市人民政府向社会公布了水源保护区地理界线，相关部门按照《饮用水水源保护区标志技术要求》（HJ/T 433—2008）在一级保护区设置了标志牌、警示牌、界标等标识，确定了水源地一级保护区开采井的拐点坐标。衡水市水利部门对每个开采井设立了电子标识和关停标识牌，见图 5. 43。

图 5. 43　水源地一级保护区标识及开采井标识

2020 年，为了加强水源井保护，水务公司对 9 个水厂（水源点）的 29 眼水源井制作了长 855m、高 1. 2m 的铁质护栏和地面混凝土墩。

3）保护区整治

2018 年 10 月，衡水市启动了主城区水系生态修复工程，位于水源地及保护区内的班曹店排干渠和胡堂排干渠列为生态修复工程对象。工程主要对两干渠进行清淤、岸坡生态修复、沿岸排污口处理，实施截污纳污工程、沥水导流工程和河渠建筑物建设，开展黑臭水体治理、中水深度处理、蒸汽管道装饰和滨水景观带建设等。其中，班曹店排干渠整治长度达到 10. 014km，封堵排污口 34 处，景观生态修复 1162 亩。胡堂排干渠整治长度 11. 6km，封堵排污口 100 处，景观生态修复 379 亩。

2021 年，制定了一级保护区内建设项目、道路通过、农田及种植蔬菜等具体整治措施。

2. 水质监管

1）监测机构

由衡水市环境监控中心、河北省地矿局第三水文工程地质大队、河北建投衡水水务有限公司负责水源地及保护区地表水及地下水环境监测。

2）地表水环境监测

衡水市环境监控中心负责对水源地及保护区内河流断面（如滏阳河的干马桥）进行每月 1 次监测。监测指标 26 项，分别是水温、pH、电导率、溶解氧、高锰酸盐指数、五日生化需氧量、氨氮、石油类、总氮、总磷、挥发酚、汞、铅、化学需氧量、铜、锌、氟化物、硒、砷、镉、铬（六价）、氰化物、阴离子表面活性剂、硫化物、粪大肠菌群、浊度。

3）地下水环境监测

由河北省地矿局第三水文工程地质大队负责，对衡水市区内约36个水井进行监测。每年统测地下水水位2次（6月1～15日、12月1～15日），监测地下水水质1次（每年5～6月）。水质监测指标按《生活饮用水卫生标准》（GB 5749—2006）、《地下水质量标准》（GB/T 14848—93）要求，以简分析样和全分析样检测。

4）日常供水水质监测

河北建投衡水水务有限公司配备了水质检测仪器和人员，每天对开采井水（原水）及入网水（末梢水）常规水质指标进行分析。

5）地表饮用水源监测

由衡水市环境监控中心负责，在地表水水厂各设一口监测井，每月监测一次。监测指标34项，分别是锰、三氯甲烷、四氯化碳、三氯乙烯、四氯乙烯、苯乙烯、甲醛、苯、甲苯、乙苯、二甲苯、异丙苯、氯苯、1,2-二氯苯、1,4-二氯苯、三氯苯、硝基苯、二硝基苯、硝基氯苯、邻苯二甲酸二丁酯、邻苯二甲酸二（2-乙基己基）酯、滴滴涕、林丹、阿特拉津、苯并（a）芘、钼、钴、铍、硼、锑、镍、钡、钒、铊。

6）地下水（原水）监测

由衡水市环境监控中心负责，在滏阳水厂与大庆水厂开采井每月监测一次。监测指标39项，分别是色、嗅和味、浑浊度、肉眼可见物、pH、总硬度、溶解性总固体、硫酸盐、氯化物、铁、锰、铜、锌、铝、挥发性酚类、阴离子表面活性剂、耗氧量、氨氮、硫化物、钠、总大肠菌群、菌落总数、亚硝酸盐、硝酸盐、氰化物、氟化物、碘化物、汞、砷、硒、镉、铬（六价）、铅、三氯甲烷、四氯化碳、苯、甲苯、总α放射性、总β放射性。

7）管网末梢水监测

由河北建投衡水水务有限公司负责，在衡水学院、体育家园等5个社区，每月抽检水质2次。抽检水样由河北省城市供水水质监测网衡水监测站实验室按照《生活饮用水卫生标准》（GB 5749—2006）中要求的方法检测，检测项目为游离余氯、浑浊度、细菌总数、总大肠菌群、色度、耗氧量、臭和味等。

3. 风险防控与应急处置

1）风险防控

按照《饮用水水源保护区污染防治管理规定》要求，衡水市生态环境局会同河北建投衡水水务有限公司、衡水市环科院对全市饮用水水源地环境情况进行定期巡查，发现问题及时解决。

遵守《中华人民共和国水污染防治法》，未在一级保护区内新建、扩建与供水设施和保护水源无关的建设项目；未见向水域排放污水；未见堆置和存放工业废渣、城市垃圾、粪便和其他废弃物；无油库和墓地；无从事种植、放养禽畜和网箱养殖活动。

2）应急处置

为确保城市供水安全，完善城市供水安全保障体系和供水应急系统，衡水市自来水公司制订了供水应急预案。一是针对不同级别的停电故障类型，制订水厂供水应急预案。二是针对不同级别管网突发事故，制订供水管网抢修应急预案。三是针对不同级别的水源水质污染事件，制订了供水应急预案。四是针对可能发生的供水恐怖袭击事件，制订了分级反恐应急预案。

衡水市人民政府制订和完善水源地供水应急预案，建立健全应急指挥系统，落实处置措施。认真执行水源地安全值班、报告制度和有效的预警、应急救助机制，一旦发生突发性污染事件，及时启动应急监测、紧急处置、信息发布等各项程序。

5.5 水源地及保护区环境状况评价

采用模糊层次评价方法，引入健康度理念，评价衡水市水源地及保护区环境状况。

5.5.1 指标体系构建

按层次分析法构建，分为目标层、方面层和基底层，方面层及基底层指标划分依据和说明参见2.10.1节。最终确定的衡水市水源地及保护区环境状目标层和5个方面基底层指标权重向量如下：

目标层权重向量：$\omega=[0.14\quad 0.29\quad 0.24\quad 0.19\quad 0.14]$

调查研究程度方面基底层权重向量：$\omega_a=[0.70\quad 0.30]$

水质状况方面基底层权重向量：$\omega_b=[0.43\quad 0.33\quad 0.24]$

水量状况方面基底层权重向量：$\omega_c=[0.37\quad 0.47\quad 0.16]$

潜在污染源方面基底层权重向量：$\omega_d=[0.17\quad 0.37\quad 0.46]$

管理方面基底层权重向量：$\omega_e=[0.33\quad 0.43\quad 0.24]$

5.5.2 指标权重确定

按模糊互补判断矩阵构建、权重计算及验证见2.10.2节。

5.5.3 基底层指标隶属度评判及矩阵构建

衡水市水源地及保护区五个方面各基底层指标等级划分，依据表2.6～表2.19评判条件确定，分为5级，其隶属关系，用绝对隶属或模糊隶属两种方式表达。

1. 调查研究程度基底层指标

1）地质及水工环工作

A. 区域地质工作

20 世纪 50 年代地矿部门开展了 1∶20 万衡水幅（J-50-20）综合地质及水文地质普查并提交了调查报告。

B. 区域水文地质工作

2010 年以来，地矿部门开展了滹沱河–滏阳河流域平原区 3 个图幅（冀州幅、码头李幅、武邑幅）1∶5 万水文地质调查并提交了成果报告。

C. 水源地水文地质勘察评价工作

1983 年地矿部门提交了《衡水市供水地下水开采预测及其评价报告》，采用深层地下水 11 年水位最大降深与市区累计开采量建立相关方程，预测了衡水市区三个水厂在原开采量为 1.21 万 m^3/d 基础上，增采 2.11 万 m^3（其中南门外水厂：0.32 万 m^3/d、新华水厂：0.69 万 m^3/d、中心水厂：1.1 万 m^3/d）。

1987 年地矿部门提交了《河北省衡水市供水水文地质–市区供水水源地可行性论证报告》，建立了水位累计最大降深与累计开采量相关方程，依此预测了白庙水源地（日开采量为 1.4 万 m^3）及团马水源地（日开采量 3 万 m^3）开采条件下开采井水位变化，评价了拟建水源地地下水供水水质。

2006 年地矿部门提交了《衡水市城镇供水水源地勘察报告》，完成了衡水市冀州区拟建水源地 100km^2 和深州市拟建水源地 123.5km^2 水文地质勘察，采用均衡法计算了工作区第Ⅰ、第Ⅱ、第Ⅲ、第Ⅳ含水岩组地下水的天然补给量、允许开采量和储变量，采用解析法预测了两个拟建水源地长期连续开采 5 年后的水位变化，勘察精度达到了 1∶2.5 万。

D. 动态监测工作

衡水市地质环境动态监测工作始于 1967 年，由地矿部门实施。1980 年以前主要以监测水位、水质为主，每年提交地下水动态观测报告和年鉴。

1981 年以来，每五年提交一份衡水市地质环境监测报告。2011 年以来提交的地质环境动态监测报告，全面总结和分析对比了地下水水位、水温、开采量、水质、热水、矿泉水、地下水污染、环境地质问题及地质灾害、地下水资源均衡等地质环境状况。监测覆盖桃城区、深州市、冀州区、枣强县、安平县、饶阳县、武强县、武邑县、阜城县、景县、故城县 11 市（县），面积为 8815km^2，其中，衡水市区监测面积为 80km^2。

据 2015 年统计资料，衡水地区实有地下水水位动态监测点 265 个（其中，国家级监测点 10 个、省级监测点 52 个、地区级监测点 203 个），水质监测点 52 个，开采量调查点 33 个。衡水市区实有地下水水位动态监测点 21 个（其中，国家级监测点 2 个、省级监测点 15 个、地区级监测点 4 个），水质监测点 7 个，地下热水监测点 2 处。国家级及市区省级水位监测点采用自测；区域省级水位监测点采用委托、自测，每月委托两次（10 日、20 日），自测一次（30 日）。衡水市区国家级水位监测点每月 6 次或每月 3 次，区域国家级水位监测点及省级水位监测点每月 3 次，市级水位监测点每年统测 2 次（6 月末、12 月末）。地下水水质监测在每年 5～6 月进行，采样同时监测水温。

E. 专门水工环工作

20 世纪 60 年代，地矿部门做过 1∶5 万衡水市农田供水水文地质勘察、1∶10 万地下水水资源评价勘察研究、盐碱化综合治理水文地质勘察工作。2000 年以来，地矿部门在衡水市区开展了城市地质环境及环境地质调查评价、地热资源详细调查评价、地下咸水对地下淡水资源及对生态环境影响研究、华北平原地裂缝调查与评价、农业地球化学条件调查、衡水市地下水污染防治分区划分等工作。

总之，在衡水市水源地及保护区所在的水文地质单元内，区域地质工作精度达到了1∶20万；区域水文地质工作精度达到了1∶5万；部分水源地水文地质勘察评价精度达到了1∶2.5万；积累了多年系列包括水源地开采含水层在内的水位、水质等地质环境动态监测资料；开展了1∶5万～10万多项专门水工环工作。

对照表2.6平原区及滨海区评判条件，认为衡水市水源地及保护区地质及水工环工作调查研究程度满足②～⑤条件，部分满足①条件，隶属等级介于高（80%）和较高（20%）之间，属于模糊隶属。

2）环境保护工作

A. 水源地保护区划分

20世纪90年代以来，衡水市环保部门对市区水源地保护区做过3次划分或调整，提交了衡水市饮用水水源地保护区划分技术报告。

B. 水源地供水规划

2016年“南水北调”地表水供水以来，衡水市供水水源形式和供水比例发生了较大变化。按照河北省省政府《河北省城镇自备井关停工作方案》要求，衡水市提出了水源地地下水供水调整方案（表5.22）：一是原地下水水源地只保留滏阳水厂、大庆水厂（含育北厂水源井）、冀州西湖水源地，作为热备水量开采，占总供水量的10%～15%；二是滏阳水厂和工业新区水厂承接“南水北调”地表水源，一期设计日供水能力分别为10万m^3和5万m^3。截至2020年6月，衡水市供水水源已全部切换为地表水源，原有地下水源地转化为应急供水备用水源。

表5.22　衡水市地下水水源地调整方案建议表

水源地名称	原有水井数	建议保留水井	水源地调整建议
大庆水厂	6	3	保留
华西水源点	1	0	取缔关停
新华西路水厂	3	0	取缔关停
问津路水厂	2	0	取缔关停
南门外水厂	3	0	取缔关停
前进水源点	4	0	取缔关停
育北水厂	4	4	保留
滏阳水厂	6	6	保留
西开发区水厂	11	11	取缔关停
园区水厂	2	0	取缔关停
北开发区水厂	4	2	保留
西湖水源地	27	27	保留

C. 应急备用水源论证

位于冀州区小寨乡内西湖地下水源地，为衡水市地下水应急备用水源地。受供水部门委托，地矿部门对后备水源地进行了水文地质勘察，对水源地水量、水质保证程度进行了论证。

D. 水源地及保护区地下水环境研究

据不完全统计，近20年来，对衡水市桃城区地下水水质及污染、排污、咸水下移、地面沉降等环境问题进行了调查研究，已发表论著数十篇。

E. 水源地及保护区生态恢复或保护工作

在《河北省2019年度实行最严格水资源管理制度考核整改任务》函中指出，衡水市部分饮用水水源保护区内存在与供水设施和保护水源无关的建设项目、保护区内的交通设施未落实相关污染防治措施。由此可见，衡水市水源地及保护区环境保护工作尚存在一定问题。

对照表2.7，认为衡水市水源地及保护区环境保护工作满足①～④4个判定条件，部分满足条件⑤，隶属等级介于高（80%）和较高（20%）之间，属于模糊隶属。

3）调查研究程度基底层指标隶属度矩阵

依据对调查研究程度两个基底层指标隶属等级判定，构建的隶属度矩阵为

$$\boldsymbol{r}_a = \begin{bmatrix} 0.8 & 0.2 & 0 & 0 & 0 \\ 0.8 & 0.2 & 0 & 0 & 0 \end{bmatrix}$$

2. 水质状况基底层指标

1）水源地开采井区水质

以2020年采集的多个水厂水源井深层地下水（原水）室内检测分析数据为依据评判。

2020年11月，衡水市生态环境局委托监测单位对滏阳水厂、大庆水厂和育北水厂内的供水井取水样3个，取样点位于各水厂清水池入口处（加氯前地下水，且加氯前无其他处理工艺）。分析了《地下水质量标准》（GB/T 14848—2017）中的39项常规指标，全部达标（不超Ⅲ类限值）。

2020年12月，课题组在育北水厂、滏阳水厂、大庆水厂、新华水厂、问津水厂、南门外水厂、人民西路水厂10号水源井、华兴家园水厂水源井8个水厂开采井内采集了8个水样，分析了《地下水质量标准》（GB/T 14848—2017）中39项常规指标和54项非常规指标。综合评价显示，除南门外水厂为Ⅳ类水外（超标指标是氟化物、钠离子），其他7个水厂水质均为Ⅲ类水。

另外，从上述水源地供水规划中得知，2020年6月后，衡水市供水水源已全部切换为地表水源，衡水市区原有地下水源只保留滏阳水厂、大庆水厂、育北水厂作为应急供水备用水源。

对照表2.8评判标准，考虑衡水市区地下水供水调整变化情况，判定水源地开采井区地下水水质为良好等级，属于绝对隶属。

2）水源地所在水文地质单元地下水水质

A. 含水层水质

2020年12月，在水源地水厂外围采集了4个深层地下水水样，分析了67项指标，按照《地下水质量标准》（GB/T 14848—2017）综合评价方法，2个水样水质为Ⅲ类水，2个水样水质为Ⅳ水（超标指标是氟化物）。由于氟化物为毒理学指标，对照表2.9评判标准第①条，含水层水质等级为较差等级。

B. 水化学类型演变

以调查区内同一区片2005年和2020年深层地下水水化学类型变化说明。

2005年调查区中西部南沼村北沼村一带水化学类型为 $Cl \cdot SO_4 \cdot HCO_3$-Na · Mg 型，2020年变为 $Cl \cdot SO_4 \cdot HCO_3$-Na 型；2005年调查区东南部的唐家洼–东隆庆新村–三徐庄为 $Cl \cdot SO_4 \cdot HCO_3$-Na · Mg · 型，2020年变为 $Cl \cdot SO_4 \cdot HCO_3$-Na 型。可见水源地所在水文地质单元深层地下水水化学中主阴离子排序多年不变，而主阳离子排序发生微变。对照表2.9评判标准第②条，水化学类型演变等级为良好级或中等级。

C. 典型水化学指标多年变化

以 HCO_3、SO_4^{2-}、Cl^-、Na^+、Ca^{2+}、Mg^{2+}、矿化度7个指标为典型水化学指标、以衡63井（图5.14）和衡61井（图5.15）典型水化学指标多年变化说明。由两图看出，多年深层地下水的 SO_4^{2-}、Cl^-、Na^+、矿化度有缓慢增加趋势。对照表2.9评判标准第③条，典型水化学指标多年变化等级为中等级。

D. 开采含水层的污染现象

从水文地质状况论述中得知，调查区一些深层地下水的浅部开采水井，即主要开采第Ⅱ含水组的水井，如前述的衡63井，或混合开采第Ⅱ和第Ⅲ含水组的水井，水质出现了咸化趋势，受到了浅层地下咸水体的污染。对照表2.9评判标准第④条，符合个别地点开采含水层中出现污染现象且有一定的分布范围，属较差等级。

综合上述四个方面水质条件隶属等级，并考虑各条件的权重（条件①权重50%，条件②～④中任意两个权重各占25%），最终判定水源地所在水文地质单元地下水水质介于良好、中等、较差等级之间，属于模糊隶属，其中良好占25%，中等占25%，较差占50%。

3）水源地及保护区主要补给源水质

由衡水市区80km² 深层地下水2011～2020年均衡计算成果得知，浅层地下水越流补给量平均占81.26%，侧向径流补给量平均占18.74%，因此，以浅层地下水水质作为水源地及保护区主要补给源水质。

浅层地下水水质以2020年12月采集的16个水样67项指标达标率（即小于等于Ⅲ类水限值指标数与67项指标比值的比例）统计，16个水样平均达标率90.67%。对照表2.10评判标准及说明，浅层地下水作为水源地及保护区主要补给源水质之一，水质等级为中等，属于绝对隶属。

4）水质状况基底层指标隶属度矩阵

依据对水质状况3个基底层指标隶属等级判定，构建的隶属度矩阵为

$$\boldsymbol{r}_b = \begin{bmatrix} 0 & 1 & 0 & 0 & 0 \\ 0 & 0.25 & 0.25 & 0.50 & 0 \\ 0 & 0 & 1 & 0 & 0 \end{bmatrix}$$

3. 水量状况基底层指标

1）水源地开采区水量状况

南水北调中线工程运行后，衡水市水源地2017～2020年地下水开采量呈急剧下降状态，平均开采量为2.84万m^3/d，占衡水市水源地设计开采量（10万m^3/d）的28.4%，符合表2.11评判标准条件①，故判定水源地开采区水量状况等级为充足，属于绝对隶属。

2）水源地所在水文地质单元水量均衡状况

衡水市桃城区2011～2015年、2016～2020年深层地下水水均衡计算结果显示，在2011～2020年的10年均衡期内，深层地下水补给量小于排泄量，水量为负均衡，深层地下水水量处于亏欠状态，亏损水量约为566万m^3，平均年亏损水量为56.6万m^3，是水源地年设计可开采量（3650万m^3）的1.55%。对照表2.12评判标准条件①，认为达到了基本平衡等级。

另外，从水源地所在水文地质单元径流区、排泄区深层地下水监测井（衡62井）水位动态变化来看，近10年来（2011～2022年）水位总体呈缓慢上升态势。对照表2.12评判标准条件②，认为达到了较充足等级。

综合上述两个评判条件的隶属等级，判定衡水市水源地所在水文地质单元水量均衡状况介于较充足–基本平衡状态，属于模糊隶属，考虑水均衡条件是直接证据条件，权重应偏高一些，故给出基本平衡占70%，较充足占30%。

3）水源地所在水文地质单元地下水流场状况

2020年枯水期水源地所在深层地下水单元存在中部、东北部、东南部等至少5个水位降落漏斗，东北部和东南部漏斗中心水位标高低于水源地开采井区平均水位标高，水源地含水层受到周边开采降落漏斗的袭多，侧向径流补给减少，2020年深层地下水的流向、水力坡度、排泄区位置与2001年有较大差异。

对照表2.13评判标准条件，判定水源地所在水文地质单元地下水流场状况处于严重变异等级，属于绝对隶属。

4）水量状况隶属度关系矩阵

依据对上述水量状况3个基底层指标隶属等级判定，构建的隶属度矩阵为

$$\boldsymbol{r}_c=\begin{bmatrix}1 & 0 & 0 & 0 & 0\\0 & 0.3 & 0.7 & 0 & 0\\0 & 0 & 0 & 0 & 1\end{bmatrix}$$

4. 潜在污染源状况基底层指标

1）潜在污染源荷载风险

在5.4.7节潜在污染源荷载风险论述中已知，调查区潜在污染源荷载综合风险平均标度值为1.62（取整为2），对照表2.14评判标准条件及说明，判定潜在污染源荷载综合风险处于较低级，为绝对隶属。

2）地下水垂向污染风险

在5.4.7节地下水垂向污染风险论述中已知，调查区内潜在污染源地下水垂向污染综合风险平均标度值为1（取值为1），对照表2.15评判标准条件及说明，判定地下水垂向污染综合风险处于低级，为绝对隶属。

3）水源井地下水污染风险

在5.4.7节水源井地下水污染风险论述中已知，调查区内潜在污染源一旦垂向进入第Ⅲ含水组后，向水厂水源井运移污染综合风险的平均标度值为3.68（取值为4），对照表2.16评判标准条件及说明，判定水源井地下水污染综合风险处于较高等级，为绝对隶属。

4）潜在污染源状况隶属度关系矩阵

依据对潜在污染源状况3个基底层指标隶属等级判定，构建的隶属度矩阵为

$$\boldsymbol{r}_d = \begin{bmatrix} 0 & 1 & 0 & 0 & 0 \\ 1 & 0 & 0 & 0 & 0 \\ 0 & 0 & 0 & 1 & 0 \end{bmatrix}$$

5. 管理状况基底层指标

1）水源地及保护区建设与整治

衡水市环保部门在1998年、2009年、2021年按照《饮用水水源保护区划分技术规范》（HJ/T 338—2007）要求，对水源地保护区进行了调整划分并获省政府批复。水务部门依据HJ/T 433，在一级保护区设置了标志牌、警示牌、界标等标识，对水源开采井制作了铁质护栏和地面混凝土墩。一级保护区内无新增建设项目，无网箱养殖、无排污口。衡水市在二级保护区和准保护区内实施了班曹店排干渠、胡堂排干渠等水生态修复工程。

对照表2.17评判标准，全部满足条件①～⑥，判定水源地及保护区建设与整治状况达到非常到位等级，属于绝对隶属。

2）水源地及保护区水质监管

衡水市水务部门每日例行检测开采井水（原水）及入网水常规水质指标。衡水市环境监控中心，每月1次在滏阳水厂与大庆水厂采集开采井地下水样，按照《地下水质量标准》（GBT 14848—2017）要求方法，检测分析39项指标；每月两次在五个社区采集管网末梢水样品，按照《生活饮用水卫生标准》（GB 5749—2006）要求方法，检测8项指标。按照国家防疫工作要求，当突发环境事故或水污染事故发生后，能及时开展开采井水（原水）微生物、病毒等指标检测。地质环境监测部门，在每年5～6月分析检测水源地外围深浅层地下水的水质。但是否在水源地及保护区内主要地表水体安装了预警监控设备，是否在国控或省控或市控水质断面实施了自动或在线监测，需要进一步核实。

对照表2.18评判标准，满足条件①～⑤，故判定水源地及保护区水质监管状况隶属等级为到位，属于绝对隶属。

3）水源地及保护区风险防控与应急处置

衡水市环保部门按照《饮用水水源保护区污染防治管理规定》要求，在一级、二级、

准保护区采取防范化解污染风险的措施，定期巡查水源地保护区。水务部门制订供水应急预案，定期采集水样评估原水和管网水环境状况，完成水源地编码，建立水源地档案制度。但是否建立水源地保护区及补给区内风险源名录和危险化学品运输管理制度，是否建立水源地信息化管理平台，需进一步查证。

对照表2.19评判标准，认为满足条件①、②、④、⑤，判定水源地及保护区风险防控与应急处置隶属等级为到位，属于绝对隶属。

4）水源地及保护区管理状况隶属度关系矩阵

依据对上述3个水源地及保护区管理状况基底层指标隶属等级判定，构建的衡水市水源地及保护区管理状况隶属关系矩阵为

$$\boldsymbol{r}_e=\begin{bmatrix}1&0&0&0&0\\0&1&0&0&0\\0&1&0&0&0\end{bmatrix}$$

5.5.4　水源地及保护区环境状况健康度评价

1. 方面层健康度

1）5个方面层健康度模糊评判向量

调查研究程度健康度模糊评判向量为

$$\boldsymbol{Z}_a=\boldsymbol{\omega}_a\times\boldsymbol{r}_a=[0.70\quad 0.30]\times\begin{bmatrix}0.8&0.2&0&0&0\\0.8&0.2&0&0&0\end{bmatrix}=[0.8\quad 0.2\quad 0\quad 0\quad 0]$$

水质状况健康度模糊评判向量为

$$\boldsymbol{Z}_b=\boldsymbol{\omega}_b\times\boldsymbol{r}_b=[0.43\quad 0.33\quad 0.24]\times\begin{bmatrix}0&1&0&0&0\\0&0.25&0.25&0.50&0\\0&0&1&0&0\end{bmatrix}=[0\quad 0.51\quad 0.32\quad 0.17\quad 0]$$

水量状况健康度模糊评判向量为

$$\boldsymbol{Z}_c=\boldsymbol{\omega}_c\times\boldsymbol{r}_c=[0.37\quad 0.47\quad 0.16]\times\begin{bmatrix}1&0&0&0&0\\0&0.3&0.7&0&0\\0&0&0&0&1\end{bmatrix}=[0.37\quad 0.14\quad 0.33\quad 0.16\quad 0]$$

潜在污染源状况健康度模糊评判向量为

$$\boldsymbol{Z}_d=\boldsymbol{\omega}_d\times\boldsymbol{r}_d=[0.17\quad 0.37\quad 0.46]\times\begin{bmatrix}1&0&0&0&0\\0&0&1&0&0\\0&1&0&0&0\end{bmatrix}=[0.17\quad 0.46\quad 0.37\quad 0\quad 0]$$

管理状况健康度模糊评判向量为

$$\boldsymbol{Z}_e=\boldsymbol{\omega}_e\times\boldsymbol{r}_e=[0.33\quad 0.43\quad 0.24]\times\begin{bmatrix}0&1&0&0&0\\1&0&0&0&0\\0&1&0&0&0\end{bmatrix}=[0.43\quad 0.57\quad 0\quad 0\quad 0]$$

2）5 个方面层健康度分值及等级

调查研究程度健康度分值为

$$\mathrm{HD}_a = \boldsymbol{Z}_a \times \boldsymbol{V}^{\mathrm{T}} = [0.8 \quad 0.2 \quad 0 \quad 0 \quad 0] \times \begin{bmatrix} 100 \\ 80 \\ 60 \\ 40 \\ 0 \end{bmatrix} = 80+16+0+0+0=96$$

对照表 2.20，得到衡水市水源地及保护区调查研究程度健康度等级为优秀。

水质状况健康度分值为

$$\mathrm{HD}_b = \boldsymbol{Z}_b \times \boldsymbol{V}^{\mathrm{T}} = [0 \quad 0.51 \quad 0.32 \quad 0.17 \quad 0] \times \begin{bmatrix} 100 \\ 80 \\ 60 \\ 40 \\ 0 \end{bmatrix} = 0+40.8+19.2+6.8+0=66.8$$

对照表 2.20，得到衡水市水源地及保护区水质状况健康度等级为合格。

水量状况健康度分值为

$$\mathrm{HD}_c = \boldsymbol{Z}_c \times \boldsymbol{V}^{\mathrm{T}} = [0.37 \quad 0.14 \quad 0.33 \quad 0.16 \quad 0] \times \begin{bmatrix} 100 \\ 80 \\ 60 \\ 40 \\ 0 \end{bmatrix} = 37+11.2+19.8+6.4+0=74.4$$

对照表 2.20，得到衡水市水源地及保护区水量状况健康度等级为合格。

潜在污染源状况健康度分值为

$$\mathrm{HD}_d = \boldsymbol{Z}_d \times \boldsymbol{V}^{\mathrm{T}} = [0.17 \quad 0.46 \quad 0.37 \quad 0 \quad 0] \times \begin{bmatrix} 100 \\ 80 \\ 60 \\ 40 \\ 0 \end{bmatrix} = 17+36.8+22.2+0+0=76$$

对照表 2.20，得到衡水市水源地及保护区潜在污染源状况健康度等级为良好。

管理状况健康度分值为

$$\mathrm{HD}_e = \boldsymbol{Z}_e \times \boldsymbol{V}^{\mathrm{T}} = [0.43 \quad 0.57 \quad 0 \quad 0 \quad 0] \times \begin{bmatrix} 100 \\ 80 \\ 60 \\ 40 \\ 0 \end{bmatrix} = 43+45.6+0+0+0=88.6$$

对照表 2.20，得到邢台市水源地及保护区管理状况健康度等级为良好。

2. 水源地及保护区状况健康度

1）目标层综合矩阵

将 5 个方面层健康度的模糊评判向量（$\boldsymbol{Z}_a$、$\boldsymbol{Z}_b$、$\boldsymbol{Z}_c$、$\boldsymbol{Z}_d$、$\boldsymbol{Z}_e$）按行由上至下排列形成一个 5 行 5 列的目标层综合矩阵（记为 $\boldsymbol{Z}$），即

$$\boldsymbol{Z}=\begin{bmatrix}\boldsymbol{Z}_a\\ \boldsymbol{Z}_b\\ \boldsymbol{Z}_c\\ \boldsymbol{Z}_d\\ \boldsymbol{Z}_e\end{bmatrix}=\begin{bmatrix}0.8 & 0.2 & 0 & 0 & 0\\ 0 & 0.51 & 0.32 & 0.17 & 0\\ 0.37 & 0.14 & 0.33 & 0.16 & 0\\ 0.17 & 0.46 & 0.37 & 0 & 0\\ 0.43 & 0.57 & 0 & 0 & 0\end{bmatrix}$$

2）目标层健康度模糊评判向量

将目标层权重向量（$\boldsymbol{\omega}=[0.14\quad 0.29\quad 0.24\quad 0.19\quad 0.14]$）与目标层综合矩阵（$\boldsymbol{Z}$）相乘，得到目标层健康度模糊评判向量（记为 $\boldsymbol{T}$），即

$$\boldsymbol{T}=\boldsymbol{\omega}\times\boldsymbol{Z}=[0.14\quad 0.29\quad 0.24\quad 0.19\quad 0.14]\times\begin{bmatrix}0.8 & 0.2 & 0 & 0 & 0\\ 0 & 0.51 & 0.32 & 0.17 & 0\\ 0.37 & 0.14 & 0.33 & 0.16 & 0\\ 0.17 & 0.46 & 0.37 & 0 & 0\\ 0.43 & 0.57 & 0 & 0 & 0\end{bmatrix}$$

$$=[0.29\quad 0.38\quad 0.24\quad 0.10\quad 0]$$

3）目标层健康度分值及等级

将目标层健康度模糊评判向量（$\boldsymbol{T}$）与健康度评语矩阵（$\boldsymbol{V}=\{V_1,\ V_2,\ V_3,\ V_4,\ V_5\}$）的逆矩阵（$\boldsymbol{V}^{\mathrm{T}}$）相乘，得到目标层健康度分值，即

$$\mathrm{HD}=\boldsymbol{T}\times\boldsymbol{V}^{\mathrm{T}}=[0.29\quad 0.38\quad 0.24\quad 0.10\quad 0]\times\begin{bmatrix}100\\ 80\\ 60\\ 40\\ 0\end{bmatrix}=29+30.4+14.4+4.0+0=77.8$$

对照表 2.20，得到衡水市水源地及保护区环境状况健康度等级为良好。

5.5.5　水源地及保护区环境状况主控因素与改善建议

通过上述评价，得出衡水市水源地及保护区环境状况总体健康度等级为良好，其中，调查研究程度健康度等级为优秀，水质状况和水量状况健康度等级为合格，潜在污染源状况和管理状况健康度等级为良好，显然，水质和水量是影响衡水市水源地及保护区环境状况的主要因素。下面通过对水质和水量基底层指标等级评判依据的回溯分析，找出现状评价等级较低产生的主要原因和存在的问题，并依此提出改善环境状况的建议。

1. 水质状况主控因素分析与改善建议

从水质状况 3 个基底层指标隶属等级来看，水源地开采井区水质为良好级，水源地所在水文地质单元地下水水质介于良好-中等-较差等级之间，水源地及保护区主要补给源水质为中等级，因此，分析与改善水源地所在水文地质单元地下水水质和主要补给源水质等级对提高水源地及保护区整体水质至关重要。

1）水源地所在水文地质单元地下水水质

本次评定的水源地所在水文地质单元地下水水质比较模糊，介于良好、中等、较差等级之间，并分别给出了 25%、25%、50% 比例。水质等级较差的两个方面主要原因是水源地开采井区外围含水层水质较差和深层地下水受到浅层地下水（咸水体）的污染。

在水源地开采井区外围含水层地下水水质方面，参与评价的水点只有 4 个，水质综合评价结果是 2 个点为Ⅲ类水、2 个点为Ⅳ类水，超标指标是毒理指标之一的氟化物。从深层含水层氟化物浓度分布看，调查区东南部氟化物普遍较高（1.2～1.6mg/L），两个取样点正好位于这一区域，而东部、北部、西部区域氟化物较低，而没有取样点控制。因此，取样点位布设区域的代表性及样品数量不足，可能是导致开采井区外围含水层水质等级评价偏低的原因之一。

深层地下水受到浅层地下水污染（即咸水下移）是调查区内一个较为普遍而严重的环境地质问题。这与深层地下水区域性开采强度、水源地开采井地层岩性结构、成井质量等有关。

针对水源地所在水文地质单元水质现状，提出如下两点改善建议。

（1）增加水源开采井外围深层地下水取样点数量，特别是增加东部、西部、北部、南部深层地下水样品，或补充收集深层地下水水质资料，重新评估其水质状况，

（2）全面控制深层地下水开采，特别是要停采或限采咸水体底界深度较大、咸水体下第Ⅱ含水组与第Ⅲ含水岩组之间黏性土层薄、连续性较差区块的深层地下水。

2）水源地及保护区主要补给源水质

浅层地下水越流补给是深层地下水主要补给源，其水质是决定水源地及保护区补给源水质状况的主控因素。本次调查取样评价结果显示，87.5% 浅层地下水样水质为Ⅴ类水，超标指标平均 6 项以上，超标指标为氯化物、硫酸盐、钠离子、总硬度、溶解性总固体、锰、耗氧量、氟化物、氨氮、pH 等，既有原生地质成因的（如锰、氟化物、氯化物、钠离子），也有人类活动影响的（如氨氮、总硬度、溶解性总固体）。通过工程修复手段改变浅层地下水水质是不经济的，也是不现实的。只有通过控制深层地下水开采强度、开采范围等，才能减轻浅层地下水对深层地下水的污染。

2. 水量状况主控因素分析与改善建议

从水量状况三个基底层指标隶属等级来看，水源地开采井区水量状况为充足，水源地所在水文地质单元水量状况介于较充足-基本平衡之间，水源地所在水文地质单元地下水流场处于严重变异状态。因此，分析与改善水源地所在水文地质单元水量和地下水流场等

级是提高水源地及保护区水量状况关键所在。

1）水源地所在水文地质单元水量

依据2011～2020年均衡期内水源地所在的桃城区深层地下水均衡数据，计算得出了年均亏欠56.6万m^3的结果，判定水量处于基本均衡状态。据河北省水利系统统计资料，近年来河北省多措并举，加大了平原区地下水超采综合治理力度，截至2022年4月，浅层地下水水位及深层地下水水位比2018年分别平均回升了1.62m和7.13m。鉴于衡水市桃城区水源地及保护区处于深层地下水超采治理区内，深层地下水开采量将大幅减小并维持在较低开采水平，可以预计在未来水源地所在水文地质单元深层地下水的水位将持续回升，深层地下水水均衡状态将从基本均衡向正均衡转变，且正均衡水量呈不断增加态势。

在利用补给区、径流区、排泄区地下水水位动态资料评判水源地所在水文地质单元水量状况中，本次只利用位于径流区、排泄区一个深层地下水监测井水位动态资料，而缺少不同区域更多深层地下水水位动态资料支撑。为此，建议衡水市有关部门提供近10年来桃城区及外围区域深层地下水监测井水位年度动态资料，以更加全面准确地评价水源地所在水文地质单元水量的均衡状况。

2）水源地所在水文地质单元地下水流场

本次采用2011年和2020年（时间跨度10年）深层地下水流场演变进行对比，发现2022年地下水流向、水力坡度、降落漏斗位置及影响范围与2011年有较大差异，从而判定深层地下水流场处于严重变异状态。从资料信息来看，这样的评判是全面和准确的。

为了改善深层地下水流场现状，并使之向更好的状态演化，提出以下两点建议。

（1）区域性压采。对衡水市桃城区及其周边市（县、区）深层地下水开采区普遍压采，从而减缓区域降落漏斗发展趋势。

（2）重点压采。主要针对冀-枣-衡降落漏斗中心区深层地下水实施超强压采，以改变降落漏斗现状，并增加衡水市区深层地下水侧向径流补给量。

综上认为，对衡水市深层地下水实施科学压采，是改善水源地及保护区水质及水量状况，防止地面沉降、咸水下移等环境地质问题恶化态势的最优路径。

5.6　示范成果和认识

通过对衡水市桃城区地下水水源地及保护区调查评价，取得了以下成果和认识。

（1）衡水市地下水饮用水源地及保护区在地形地貌、含水层组合及其开采方式、环境地质问题等环境状况方面具代表性。该水源地位于华北平原中部，地势较平坦、河网较发育；冲湖积成因堆积形成了巨厚第四系松散孔隙含水层系统；水源地主要开采水质良好的深层地下水，开采强度大，而浅层地下水水质较差、开采强度较低。这种含水层系统结构、水质分布特点及开采模式，引发了诸多环境地质问题，如大型水位降落漏斗、地面沉降、咸水下移等。因此，衡水市水源地及保护区环境状况集中体现了华北平原腹地大中型地下水水源地的自然环境条件和人类活动模式，对其进行调查评价具有较强的辐射作用。

（2）获得了华北平原地区典型地下水水源地及保护区环境状况的调查评价经验，探索性地从多维视角论述水土环境状况，如水环境和土环境，水环境又分为地表水环境、浅层地下水、深层地下水环境，土环境又分为表层土环境和深层土环境，在水环境中增加了地下水微生物状况的论述内容，进一步丰富和完善了地下水饮用水源地及保护区环境状况调查评价方法和论述内容。

（3）环境状况评价结果显示，衡水市地下水饮用水源地及保护区环境状况总体合格，其中，调查研究程度优秀，管理状况和潜在污染源状况良好，水质状况和水量状况合格。分析认为，提供全面完整的水质及水量资料、增加深层地下水样品数量、压采深层地下水，可改善水源地及保护区水质和水量状况。

（4）全面压采和科学压采衡水市的深层地下水，是防止水位降落漏斗、地面沉降、咸水下移等环境地质问题恶化态势的最优选择，也是改善水源地及保护区水质及水量状况的根本举措。

第6章　结　　语

在本书的收尾之处，作者想对读者交代一下本书的逻辑关系，地下水饮用水源地及保护区环境状况调查评价方法的特点、不足之处，以及对我国未来开展这项工作的建议。

6.1　书的逻辑关系

实际上，第2章作者呈现给读者的“地下水饮用水源地及保护区环境状况调查评价方法”技术指南，是在开展了3个代表性水源地调查评价工作后完成的，是按照实践—总结—再实践—再总结的工作思路逐步完善而形成的。之所以采用这种倒叙方式，一是因为技术逻辑关系，即示范案例需要一个系统且成形的主线（即调查评价方法）串联导引，二是因为文字逻辑关系，既便于叙述，又避免累赘。

第3~5章案例示范，既向读者展示了不同类型地下水饮用水源地及保护区环境状况调查评价特性化工作方法，也向读者暗示了调查评价方法及相关内容从不成熟到较为成熟的演变过程。为了便于读者理解，作者针对这一情况做了总结，见表6.1。

表6.1　水源地及保护区环境状况调查评价方法及相关内容完善过程

内容	井陉水源地	邢台水源地	衡水水源地
调查评价技术路线	初步建立	完善	再完善并定型
地质及水文地质环境调查方法及论述	初步建立	完善	再完善并定型
环境地质问题调查方法及论述	未涉及	未涉及	涉及并定型
地表水环境调查方法及论述	初步建立并定型	定型	定型
地下水环境调查方法及论述	初步建立	完善	再完善并定型
土地利用类型调查方法及论述	初步建立	完善	再完善并定型
土环境调查方法及论述	初步建立	完善	再完善并定型
潜在污染源调查方法及论述	初步建立	完善并定型	定型
潜在污染源风险评价方法	初步建立（采用点、线、面分布比率评价）	重新构建、基本定型（采用源-途径-受体为理念，以源荷载、垂向污染风险、水平污染风险综合评价）	定型
水源地及保护区环境状况评价方法	初步建立（采用改进的生态环境部评价方法即采用层次法及赋权法，对五个方面环境状况量化打分评价）	重新构建、基本定型（探索采用新评价方法，即采用模糊层次法、隶属度判定和矩阵运算法，对五个方面环境状况进行健康度评价）	定型

6.2　调查评价技术方法特点

与我国相关部门出台的技术标准比较，本书作者探索并建立的地下水饮用水水源地及保护区环境状况调查评价方法与案例示范是地球科学与环境科学融合的产物，具有全面性、精准性、协调性、动态性、创新性特点。

在全面性方面，一是全面准确理解地下水水源地及保护区环境状况概念及内涵，以地球系统科学及环境科学为指导，从多圈层（水圈、土圈、岩石圈、人类圈等）相互作用视角，提出了地下水水源地及保护区环境状况应涵盖的八大主要环境因素，即自然地理状况、社会经济状况、地质及水文地质环境状况、土环境状况、土地利用状况、水环境状况、潜在污染源状况和管理状况。二是从空间上全面把握水土等主要环境要素状况，如水环境中的地表水、浅层地下水、深层地下水，土环境中的表层土壤、深部土层。三是全面运用地面测绘、现场检测分析、遥感解译、钻探、室内检测分析等多种调查技术方法，开展地下水水源地及保护区环境现状调查。

在精准性方面，一是考虑不同环境因素在资料积累、重要程度、调查时限等方面的差异，制订了不同的调查策略，即土环境、水环境、潜在污染源状况采用以野外调查为主，收集资料为辅的原则；地质及水文地质环境、水源地管理状况采用以收集资料和访问调查为主，野外调查为辅的原则；土地利用状况采用以遥感解译为主、野外验证为辅的原则。二是为了提高调查工作效率，避免不合理使用工作量，提出了分区、分要素、变精度调查方法，将水源地及保护区划分为重点调查区、一般调查区、概略调查区，在不同区内采用不同的调查方法和不同的调查精度。三是为了准确评价水源地及保护区水质、水量这两个最关键环境因素状况，采用了分区（水源地开采井区、水源地所在水文地质单元区）评价方法。

在协调性方面，主要体现在野外环境现状调查布点上做到两个配套：一是水点与表层土壤点调查配套。二是潜在污染源点与水源（井、泉）点、潜在污染源点与表层土壤点，潜在污染源点与包气带土层点调查配套。

在动态性方面，不仅注重环境要素现状调查评价，同样也重视10年或更长时间系列以来水源地及保护区水质、水量、地下水流场、土地利用等环境状况演化，从时间维度，纵深分析水源地及保护区环境要素的动态变化。

在创新性方面，一是以水源井为保护目标，坚持源-途径-受体链式风险思维理念，从潜在污染源荷载、地下水垂向污染用时、地下水水平迁移用时，构建了水源井污染风险评价方法。二是借鉴人体系统健康状况评价体系，构建水源地及保护区调查研究程度、水量状况、水质状况、潜在污染源状况、水源地管理状况5个方面指标体系及14个基底层指标，采用层次分析、隶属度模糊评判、矩阵运算，科学评价水源地及保护区环境状况，并依此提出环境状况改善的方向和建议。

6.3　不足之处

由于开展地下水水源地及保护区环境状况调查研究工作起步晚、从事京津冀地区地下水饮用水源地环境状况调查时间周期短及地域环境条件限制，作者编写的这本著作虽然有上述特点，但在以下4个方面仍需完善。

一是在水源地及保护区环境因素调查评价中，没有考虑大气环境状况因素。

二是在环境监测中，只涉及了水环境监测，没有土环境、大气环境监测内容。

三是在案例示范中，主要是京津冀地区太行山山地区至华北中部平原区的3个不同类型地下水水源地，没有傍河、傍湖、傍海等地下水水源地类型的实践及案例支撑。

四是水源地及保护区环境状况评价指标体系还不够全面。虽然在调查和论述中考虑到了自然地理状况、社会经济状况、土地利用状况、环境地质问题等，但没有纳入评价指标体系中参与量化评价。

6.4 建　议

为了更好地开展我国地下水饮用水源地及保护区环境状况调查评价工作，基于作者水文地质与环境地质专业基础及对地下水水源地及保护区环境状况调查评价的深度实践和体会，现提出以下4点建议。

（1）水源地及保护区环境状况调查评价工作涉及我国的自然资源部门、水利部门、环保部门、住建部门（水务公司）、农业农村部门、国有及私营企业等，其中前四个部门是关键。若不能充分地协调和掌握上述部门的资料信息资源，将对一个水源地及保护区环境状况调查评价结果的真实性产生较大影响。为此，需建立一种多部门协作机制，以全面、高效地开展调查评价工作。

（2）国家科技基础资源调查是一项需要落地的调查研究工作，建议科技部在立项申请环节，充分重视项目与中央部委及地方政府相关部门的关联性，建立牵头单位、协作单位与政府多部门联合体申报制度，严把申报条件，为项目真正落实和顺利实施打通赌点和结点。

（3）水源地及保护区环境状况调查评价结果要及时反馈给水源地管理部门，形成评价主体与评价对象、管理对象之间良性的互馈关系，为水源地及保护区环境状况改善和品质提高共同发力。

（4）目前，我国环境保护部门、自然资源部门从不同角度出台了地下水水源地环境状况调查评价技术标准，各具特色、各有长短。建议联合起来，有机融合、打造更加科学、合理、高效、操作性强的国家级技术标准，以规范和指导我国地下水饮用水源地环境状况调查评价工作。

参考文献

蔡慧慧，宋瑞鹏. 2012. 河南省城市饮用水水源地安全状况评估. 人民黄河，34(10)：59-65.

陈学林，胡兴林，王双合，等. 2013. 地下水饮用水水源地保护区划分关键技术研究. 水文，33(6)：68-71.

地质矿产部《地质词典》办公室编辑. 2005. 地质大辞典（四）. 北京：地质出版社.

杜威. 2016. 基于FAHP的运营管理系统业务健康度综合评价模型研究. 移动通讯，40(2)：61-65.

杜霞，彭文启. 2004. 我国城市供水水源地水质状况分析及其保护对策. 水利技术监督，(3)：50-52.

段小龙，郝凯越，黄德才，等. 2020. 林芝市饮用水水源地健康风险评价. 水资源与水工程学报，31(3)：97-101.

段晓娟. 2012. 我国饮用水水源地保护制度完善探析. 昆明：昆明理工大学.

冯国平，高宗军，蔡五田，等. 2020. 井陉地区岩溶地下水水化学特征及其影响因素分析. 水电能源科学，38(6)：21-25.

付青，郑丙辉. 2016. 从规范化建设视角看城市饮用水水源地保护应重点解决的几个问题. 环境保护，44(21)：13-16.

韩行瑞. 2015. 岩溶水文地质学. 北京：科学出版社.

郝建亭，杨武年，李玉霞，郝建园. 2008. 基于FLAASH的多光谱影像大气校正应用研究. 遥感信息，(1)：78-81.

郝启勇，徐晓天，张心彬，等. 2020. 鲁西北阳谷地区浅层高氟地下水化学特征及成因. 地球科学与环境学报，2020，42(5)：668-677.

何春阳，史培军，陈晋，周宇宇. 2001. 北京地区土地利用/覆盖变化研究. 地理研究，2(6)：679-687.

洪文松，陈武凡. 2000. 广义模糊集合论及其应用模式. 暨南大学学报（自然科学与医学版），21(1)：77-79.

侯俊，王超，兰林，等. 2009. 我国饮用水水源地保护法规体系现状及建议. 水资源保护，25(1)：79-82.

江广长，马腾. 2016. 地下水水源地保护区划分方法研究. 安全与环境工程，23(3)：36-39.

孔祥科，王平，李云庆，等. 2013. 冶河威州泉域生态旅游开发研究. 南水北调与水利科技，11(6)：68-70.

李广贺，赵勇胜，何江涛，等. 2015. 地下水污染风险源识别与防控区划技术. 北京：中国环境科学出版社.

李国敏，徐海珍，等. 2011. 地下水源地保护区划分方法与应用. 北京：中国环境科学出版社.

刘畅. 2015. 中美饮用水源地法律保护比较研究. 哈尔滨：东北林业大学.

刘剑锋，张可慧，马文才. 2015. 基于高分一号卫星遥感影像的矿区生态安全评价研究——以井陉矿区为例. 地理与地理信息科学，31(5)：121-126.

刘姝媛，王红旗. 2016. 某地下水水源地污染风险评价指标体系研究. 中国环境科学，36(10)：3166-3174.

石效卷. 2009. 我国饮用水水源地的环境保护. 环境教育，(1)：50-51.

石效卷. 2012. 中国饮用水水源环境安全. 中国环境管理干部学院学报，22(1)：1-6.

唐克旺 . 2021. 地下水水源地水质保护若干问题分析 . 中国水利，(7)：29-31.
唐克旺，朱党生，唐蕴，等 . 2009. 中国城市地下水饮用水源地水质状况评价 . 水资源保护，25(1)：1-4.
王彬，梁漩静 . 2016. 我国饮用水水源保护制度现状及完善建议 . 环境保护，21：29-35.
王景深 . 2013. 水源地安全评价指标体系探究 . 安徽农业科学，41(2)：775-778.
王丽红，王启田，王开章 . 2007. 城市地下水饮用水水源地安全评价体系研究 . 地下水，(6)：99-102.
王丽娟，张翼龙，李政红，等 . 2014. 地下水水源地保护区划分发展历程及方案、方法研究 . 环境科学与管理，39(11)：18-22.
王珮，谢崇宝，张国华，等 . 2014. 村镇饮用水水源地安全评价指标体系研究 . 中国农村水利水电，(11)：139-142.
王然，王研，唐克旺 . 2012. 国内外饮用水水源地保护规范研究综述 . 中国标准化，431(8)：105-110.
王小钢 . 2004. 我国饮用水水源保护区制度浅析 . 水资源保护，4：45-48.
王研，唐克旺，徐志侠，等 . 2009. 全国城镇地表水饮用水水源地水质评价 . 水资源保护，25(2)：63-68.
王亦宁，双文元 . 2017. 国外饮用水水源地保护经验与启示 . 水利发展研究，10：88-97.
王圆圆，李京 . 2004. 遥感影像土地利用/覆盖分类方法研究综述 . 遥感信息，(1)：53-59.
魏敬池，吴浩 . 2014. 冶河流域地下水“三氮”污染现状分析研究 . 河南水利与南水北调，(7)：52-56.
武志勇，弓小红 . 2015. 河北省井陉县威州泉域岩溶水资源分析计算 . 地下水，37(1)：42-44.
谢琼，付青，昌盛，等 . 2020. 城市饮用水水源规范化管理机制及其对水质改善的驱动作用 . 西北大学学报（自然科学版），50(1)：68-74.
徐海珍，李国敏，张寿全，等 . 2009. 地下水水源地保护区划分方法研究综述 . 水利水电科技进展，29(2)：80-84.
徐恒力，等 . 2009. 环境地质学 . 北京：地质出版社 .
薛在军，马娟娟，等 . 2013. ArcGIS 地理信息系统大全 . 北京：清华出版社 .
杨学亮，殷文静，王昕洲，等 . 2015. 井陉盆地地下水污染特征分析 . 水能经济，(5)：61-62.
姚治华，王红旗，李仙波，等 . 2009. 北京顺义区地下水饮用水源地安全评价 . 水资源保护，(4)：91-94.
衣强 . 2007. 集中式地表饮用水水源地安全评价方法研究 . 北京：中国水利水电科学研究院 .
仪彪奇，王金生，左锐 . 2013. 基于地下水水源地分类的保护区划分方法筛选 . 北京师范大学学报（自然科学版），49(Z1)：246-249.
仪彪奇，王金生，左锐 . 2014. 完善地下水水源地保护区划分规范的探讨 . 人民黄河，36(4)：41-43.
张怀胜，王梦园，蔡五田，等 . 2021. 深层含氟地下水微生物群落组成及环境响应特征 . 地球科学，1-12. http://kns. cnki. net/kcms/detail/42. 1874. P. 20211008. 1608. 005. html.
张吉军 . 2001. 模糊层次分析法（FAHP）. 模糊系统与数学，14(12)：80-88.
张人权，梁杏，靳孟贵，等 . 2011. 水文地质学基础（第六版）. 北京：地质出版社 .
张人权，梁杏，靳孟贵，等 . 2018. 水文地质学基础（第七版）. 北京：地质出版社 .
张绍伟，赵德刚，白振宇 . 2008. 唐山市地下水水源地环境现状评价与保护对策研究 . 环境保护，404：36-38.
张韦倩，杨天翔，王寿兵 . 2012. 我国城市饮用水源地环境问题及未来研究重点 . 中国人口资源与环境，22(11)：297-300.
张振国，何江涛，王磊，等 . 2018. 衡水地区深层地下水水化学特征及其演化过程 . 现代地质，32(3)：565-573.

赵春霞，钱乐祥 . 2004. 遥感影像监督分类与非监督分类的比较 . 河南大学学报：自然科学版，34(3)：90-93.

郑艳影 . 2009. 改进的模糊层次分析法的研究及应用 . 哈尔滨：哈尔滨工程大学 .

中国地质调查局 . 2012. 水文地质手册（第二版）. 北京：地质出版社 .

周冏，罗海江，孙聪，等 . 2020. 中国农村饮用水水源地水质状况研究 . 中国环境监测，36(6)：89-94.

朱党生，张建永，程红光，等 . 2010. 城市饮用水水源地安全评价（I）：评价指标和方法 . 水利学报，41(7)：778-785.

邹俭顺 . 2011. 石家庄市井陉矿区北寨煤矿塌陷区矿山地质环境修复工程设计 . 吉林：吉林大学 .

左锐，陈敏华，李仙波，等 . 2019. 基于“生态水位-水质-水源地”协同作用的地下水环境风险评价方法研究 . 环境科学研究，32(8)：1275-1283.

Buckley J J. 1985. Fuzzy hierarchy analysis. Fuzzy Sets and Systems，17：233-247.

Buckley J J，Feuring T，Hayashi Y. 1999. Fuzzy hierarchical analysis. 1999 IEEE International Fuzzy Systems Conference Proceedings：22-25.

Chen L，Hu B X，Dai H，et al. 2019. Characterizing microbial diversity and community composition of groundwater in a salt-freshwater transition zone. Science of The Total Environment，678：574-584.

Delmont T O，Quince C，Shaiber A，et al. 2018. Author correction：nitrogen-fixing populations of planctomycetes and proteobacteria are abundant in surface ocean metagenomes. Nature Microbiology，3(8)：804.

Lerm S，Westphal A，Miethling-Graff R，et al. 2013. Thermal effects on microbial composition and microbiologically induced corrosion and mineral precipitation affecting operation of a geothermal plant in a deep saline aquifer. Extremophiles，17(2)：311-327.

Magnabosco C，Lin L H，Dong H，et al. 2018. The biomass and biodiversity of the continental subsurface. Nature Geoscience，11(10)：707-717.

Sakihara T S，Dudley B D，Mackenzie R A，et al. 2015. Endemic grazers control benthic microalgal growth in a eutrophic tropical brackish ecosystem. Marine Ecology Progress，519：29-45.

Van Laarhoven P J M，Pedrycz W. 1983. A fuzzy extension of Satty's priority theory. Fuzzy Sets and Systems，(11)：229-241.

附录1　主要环境要素调查表

附表1.1～附表1.10规定了野外调查、采样、送样工作表的填写格式和内容，分别为地表水调查表、井水调查表、泉水调查表、潜在污染源调查表、表层土壤调查表、第四系土层调查表、钻孔岩心编录及检测表、环境地质问题调查表、水样采集记录表、送样单。

附表1.1　地表水调查表

<table>
<tr><td colspan="2">野外编号</td><td></td><td colspan="2">所在调查区域：□重点调查区　□一般调查区　□概略调查区</td></tr>
<tr><td colspan="2">地表水类型</td><td colspan="3">□河流　□渠道　□水库　□湖泊　□水淀　□休闲水域　□水塘　□其他</td></tr>
<tr><td colspan="2">水体名称</td><td colspan="3"></td></tr>
<tr><td colspan="2">行政位置</td><td colspan="3">省（直辖市）　市（直辖区）　县　镇（乡）　村</td></tr>
<tr><td colspan="2">坐标及高程</td><td colspan="3">经度：　°　′　″；纬度：　°　′　″；高程：　m</td></tr>
<tr><td colspan="2">天气</td><td colspan="3">□晴　□多云　□阴　□雨　□雪　□其他　　气温：　℃</td></tr>
<tr><td rowspan="2">水体特征</td><td>河流/渠道等线状水体</td><td colspan="3">宽度：　m；水深　m；流量：　m³/s；
其他：</td></tr>
<tr><td>水库/湖/等面状水体</td><td colspan="3">面积：　km²；水深：　m；
其他：</td></tr>
<tr><td rowspan="3">水体水质特征</td><td>感官性状</td><td colspan="2">色：　；嗅和味：　；肉眼可见物：</td><td rowspan="3">取样方式：
□小提桶
□贝勒管
□抽水
□其他</td></tr>
<tr><td>现场检测常规指标</td><td colspan="2">pH：　；水温：　℃；电导率：　μS/cm
溶解氧：　mg/L；ORP：　mV；浊度：　NTU</td></tr>
<tr><td>现场检测特征指标</td><td colspan="2"></td></tr>
<tr><td colspan="5">观察访问情况及水体周边环境描述：</td></tr>
<tr><td colspan="3">调查点平面位置示意图：</td><td colspan="2">调查点断面示意图：</td></tr>
<tr><td colspan="4">备注：</td><td>照片编号及张数：</td></tr>
</table>

调查人：　　记录人：　　审核人：　　调查日期：　年　月　日

附表 1.2　井水调查表

<table>
<tr><td>野外编号</td><td colspan="2"></td><td colspan="4">所在调查区域：□重点调查区　□一般调查区　□概略调查区</td></tr>
<tr><td>水井用途</td><td colspan="6">□水源地饮水井　□非水源地饮水井　□农灌井　□专门监测井　□其他井</td></tr>
<tr><td>行政位置</td><td colspan="6">省（直辖市）　市（直辖区）　县　镇（乡）　村</td></tr>
<tr><td>地貌位置</td><td colspan="6">□山地　□丘陵　□谷沟　□平原　□河岸　□海岸　□其他</td></tr>
<tr><td>水文地质位置</td><td colspan="6">□补给区　□径流区　□排泄区</td></tr>
<tr><td>坐标</td><td colspan="6">经度：　°　′　″；纬度：　°　′　″</td></tr>
<tr><td>天气</td><td colspan="6">□晴　□多云　□阴　□雨　□雪　□其他　；气温：　℃</td></tr>
<tr><td>地下水类型</td><td colspan="3">□孔隙水　□裂隙水　□岩溶水</td><td>地下水埋藏类型</td><td colspan="2">□潜水　□承压水</td></tr>
<tr><td rowspan="4">水井特征</td><td colspan="6">井深：　m；水位埋深：　m；井口高程　m</td></tr>
<tr><td colspan="6">井管直径：　mm；出水管直径：　mm；开采水量：　m^3/d</td></tr>
<tr><td colspan="6">取水段深度/滤水管深度：　m-　m；下泵深度：　m；成井年份或年代：</td></tr>
<tr><td>成井管材</td><td colspan="5">□钢管　□铸铁管　□水泥管　□塑料管　□石砌　□砖砌　□其他</td></tr>
<tr><td rowspan="3">水质特征</td><td>感官性状</td><td colspan="4">色：　；嗅和味：　；肉眼可见物：</td><td rowspan="3">可否取样：
□可以
□不可以
取样方式：
□小提桶
□贝勒管
□抽水
□其他</td></tr>
<tr><td>现场检测常规指标</td><td colspan="4">pH：　；水温：　℃；电导率：　μS/cm
溶解氧：　mg/L；ORP：　mV；浊度：　NTU</td></tr>
<tr><td>现场检测特征指标</td><td colspan="4"></td></tr>
<tr><td colspan="7">观察访问情况及水井周边环境描述：</td></tr>
<tr><td colspan="3">调查点平面示意图：</td><td colspan="4">调查点剖面示意图：</td></tr>
<tr><td colspan="4">备注：</td><td colspan="3">照片编号及张数：</td></tr>
</table>

调查人：　记录人：　审核人：　调查日期：　年　月　日

附表1.3　泉水调查表

<table>
<tr><td>野外编号</td><td colspan="3"></td><td colspan="2">所在调查区域：□重点调查区　□一般调查区　□概略调查区</td></tr>
<tr><td>泉水名称</td><td colspan="3"></td><td colspan="2">泉水用途：□饮水　□农灌　□未利用　□其他</td></tr>
<tr><td>行政位置</td><td colspan="5">省（直辖市）　　市（直辖区）　　县　　镇（乡）　　村</td></tr>
<tr><td>天气</td><td colspan="5">□晴　□多云　□阴　□雨　□雪　□其他　　；气温：　℃</td></tr>
<tr><td rowspan="4">泉水出露特征</td><td colspan="5">地貌位置：□山地　□丘陵　□谷沟　□平原　□河岸　□海岸　□其他</td></tr>
<tr><td colspan="5">含水层年代：　　　　岩性：</td></tr>
<tr><td colspan="5">经度：　°　′　″；纬度：　°　′　″；高程：　m</td></tr>
<tr><td colspan="5">泉水类型：□下降泉　□上升泉　□不清</td></tr>
<tr><td>泉水流量</td><td colspan="5">测定方法：□估测　□三角堰测量　□流速测量　□其他
流量：　L/s</td></tr>
<tr><td rowspan="3">水质特征</td><td>感官性状</td><td colspan="3">色：　；嗅和味：　；肉眼可见物：</td><td rowspan="3">取样方式：
□小提桶
□贝勒管
□抽水
□其他</td></tr>
<tr><td>现场检测常规指标</td><td colspan="3">pH：　；水温：　℃；电导率：　μS/cm
溶解氧：　mg/L；ORP：　mV；浊度：　NTU</td></tr>
<tr><td>现场检测特征指标</td><td colspan="3"></td></tr>
<tr><td colspan="6">观察访问情况及泉周边环境描述：</td></tr>
<tr><td colspan="3">泉点平面示意图：</td><td colspan="3">泉水出露剖面示意图：</td></tr>
<tr><td colspan="4">备注：</td><td colspan="2">照片编号及张数：</td></tr>
</table>

调查人：　　记录人：　　审核人：　　调查日期：　年　月　日

附表 1.4　潜在污染源调查表

<table>
<tr><td colspan="2">野外编号</td><td></td><td>所在调查区域：□重点调查区　□一般调查区　□概略调查区</td></tr>
<tr><td colspan="2">名称</td><td colspan="2"></td></tr>
<tr><td colspan="2">坐标及高程</td><td colspan="2">经度：　°　′　″；纬度：　°　′　″；高程：　m</td></tr>
<tr><td colspan="2">天气</td><td colspan="2">□晴　□多云　□阴　□雨　□雪　□其他　　；气温：　℃</td></tr>
<tr><td colspan="2">行政位置</td><td colspan="2">省（直辖市）　市（直辖区）　县　镇（乡）　村</td></tr>
<tr><td colspan="2">地貌位置</td><td colspan="2">□山地　□丘陵　□谷沟　□平原　□河岸　□海岸　□其他</td></tr>
<tr><td rowspan="2">毒性</td><td>类型</td><td colspan="2">□工业　□矿山　□垃圾填埋场　□尾矿库　□危险废物处置场　□规模化养殖场
□加油站或石油开采、储运和销售区　□地表污水　□高尔夫球场　□其他</td></tr>
<tr><td>所属行业</td><td colspan="2">示例：工业类中的化学原料及化学制品制造业，矿山类中的有色金属矿采选业等</td></tr>
<tr><td rowspan="6">释放可能性</td><td>工业类</td><td colspan="2">建厂时间：□1998 年之前或无防护措施　□1998～2011 年　□2011 年之后</td></tr>
<tr><td rowspan="2">矿山、垃圾、尾矿库、危废、养殖场、地表污水类</td><td colspan="2">建成时间：□≤5 年　□>5 年</td></tr>
<tr><td colspan="2">防护级别：□正规Ⅰ级　□正规Ⅱ级　□正规Ⅲ级
□Ⅳ级（非正规、简易防护）　□Ⅴ级（非正规、无防护）</td></tr>
<tr><td rowspan="2">石油储运和销售区类</td><td colspan="2">建成时间：□≤5 年　□5～15 年　□>15 年</td></tr>
<tr><td colspan="2">储油罐层数：□单层　□双层</td></tr>
<tr><td>其他类</td><td colspan="2">建成时间：□≤5 年　□5～15 年　□>15 年；防护情况：</td></tr>
<tr><td rowspan="4">排污量</td><td colspan="2">工业废水排放量/($10^3 m^3$/a)
□≤1　□1～5　□5～10　□10～50　□50～100
□100～500　□500～1000　□>1000</td><td>规模化养殖场 COD 排放量/(t/a)
□≤2　□2～10　□10～50　□50～100
□100～150　□150～200　□>1000</td></tr>
<tr><td colspan="2">垃圾堆放量或填埋量/$10^3 m^3$
□≤1000　□1000～5000　□>5000</td><td>危废堆放量或填埋量/$10^3 m^3$
□≤10　□10～50　□>50</td></tr>
<tr><td colspan="2">石油储运和销售区
油罐容量大于等于 $30m^3$ 数量：　个</td><td>农业种植区化肥使用量/(kg/hm^2)
□≤180　□180～225　□225～400　□>400</td></tr>
<tr><td colspan="2">矿山或石油开采区规模
□小型　□中型　□大型</td><td>高尔夫球场占地面积/hm^2
□≤50　□50～100　□>100</td></tr>
<tr><td colspan="4">观察访问潜在污染源及周边环境描述：</td></tr>
<tr><td colspan="3">备注：</td><td>照片编号及张数：</td></tr>
</table>

调查人：　　记录人：　　审核人：　　调查日期：　年　月　日

附表1.5　表层土壤调查表

<table>
<tr><td>野外编号</td><td></td><td colspan="2">所在调查区域：□重点调查区　□一般调查区　□概略调查区</td></tr>
<tr><td>坐标及高程</td><td colspan="3">经度：　°　′　″；纬度：　°　′　″；高程：　m</td></tr>
<tr><td>天气</td><td colspan="3">□晴　□多云　□阴　□雨　□雪　□其他　　；气温：　℃</td></tr>
<tr><td>行政位置</td><td colspan="3">省（直辖市）　市（直辖区）　县　镇（乡）　村</td></tr>
<tr><td>地貌位置</td><td colspan="3">□山地　□丘陵　□谷沟　□平原　□河岸　□海岸　□其他</td></tr>
<tr><td>土壤类型</td><td colspan="3"></td></tr>
<tr><td rowspan="7">XRF元素分析仪现场测试</td><td colspan="3">测试方式：□直触式　□压饼式　□土盒平整式</td></tr>
<tr><td colspan="3">测量时间：□30秒　□60秒　□90秒　□>90秒</td></tr>
<tr><td colspan="3">测量模式：□岩石　□砂土　□黏土</td></tr>
<tr><td>测点编号</td><td>主要元素含量（ppm或%）</td><td>仪器记录号</td></tr>
<tr><td>1</td><td>如Fe：10%；Mn：1%；Pb：20；Zn：15</td><td></td></tr>
<tr><td>2</td><td></td><td></td></tr>
<tr><td>3</td><td></td><td></td></tr>
<tr><td>理化参数分析仪现场测试</td><td colspan="3">含水量/%：　；电导率/(μS/cm)：　；温度/℃
其他：</td></tr>
<tr><td colspan="4">周边环境描述：</td></tr>
<tr><td colspan="2">调查点平面位置示意图：</td><td colspan="2">多个XRF仪测点相对位置平面示意图：</td></tr>
<tr><td colspan="2">备注：</td><td colspan="2">照片编号及张数：</td></tr>
</table>

调查人：　　记录人：　　审核人：　　调查日期：　年　月　日

附表 1.6　第四系土层调查表

<table>
<tr><td colspan="2">野外编号</td><td></td><td>所在调查区域</td><td>□重点调查区　□一般调查区　□概略调查区</td></tr>
<tr><td colspan="2">坐标及高程</td><td colspan="3">经度：　°　′　″；纬度：　°　′　″；高程：　m</td></tr>
<tr><td colspan="2">天气</td><td colspan="3">□晴　□多云　□阴　□雨　□雪　□其他　；气温：　℃</td></tr>
<tr><td colspan="2">行政位置</td><td colspan="3">省（直辖市）　市（直辖区）　县　镇（乡）　村</td></tr>
<tr><td colspan="2">地貌位置</td><td colspan="3">□山地　□丘陵　□谷沟　□平原　□河岸　□海岸　□其他</td></tr>
<tr><td colspan="2">土层露头</td><td colspan="3">□自然剖面　□开挖砖坑　□开挖建筑基坑　□其他</td></tr>
<tr><td colspan="5">土层剖面示意图：</td></tr>
<tr><td colspan="5">XRF 元素分析仪现场测试</td></tr>
<tr><td colspan="5">测试方式：□直触式　□压饼式　□土盒平整式；测量模式：□岩石　□砂土　□黏土
测量时间：□30 秒　□60 秒　□90 秒　□>90 秒</td></tr>
<tr><td>土分层编号</td><td>测点编号</td><td>测点深度</td><td>主要元素含量（ppm 或%）</td><td>仪器记录号</td></tr>
<tr><td rowspan="3">①</td><td>1</td><td></td><td></td><td></td></tr>
<tr><td>2</td><td></td><td></td><td></td></tr>
<tr><td>3</td><td></td><td></td><td></td></tr>
<tr><td rowspan="3">②</td><td>1</td><td></td><td></td><td></td></tr>
<tr><td>2</td><td></td><td></td><td></td></tr>
<tr><td>3</td><td></td><td></td><td></td></tr>
<tr><td colspan="5">周边环境描述：</td></tr>
<tr><td colspan="4">备注：</td><td>照片编号及张数：</td></tr>
</table>

调查人：　　记录人：　　审核人：　　调查日期：　年　月　日

附表1.7　钻孔岩心编录及检测表

<table>
<tr><td>钻孔编号</td><td></td><td>所在调查区域</td><td colspan="3">□重点调查区　□一般调查区　□概略调查区</td></tr>
<tr><td>坐标及高程</td><td colspan="5">经度：　°　′　″；纬度：　°　′　″；高程：　m</td></tr>
<tr><td>天气</td><td colspan="5">□晴　□多云　□阴　□雨　□雪　□其他　　；气温：　℃</td></tr>
<tr><td>行政位置</td><td colspan="5">省（直辖市）　市（直辖区）　县　镇（乡）　村</td></tr>
<tr><td>地貌位置</td><td colspan="5">□山地　□丘陵　□谷沟　□平原　□河岸　□海岸　□其他</td></tr>
<tr><td>钻机类型</td><td colspan="5">□冲击钻机　□回转钻机　□冲击-回转钻机　□直压式钻机　□其他</td></tr>
<tr><td rowspan="2">深度段/m
（起点-终点）</td><td rowspan="2" colspan="3">应描述但不限于以下内容：①岩性，野外定名以工程勘察规范命名；②物理性状，颜色、气味、密实度、潮湿度等；③结构，如根系、蜂窝孔等；④其他现象</td><td colspan="2">便携式仪器检测</td></tr>
<tr><td>深度/m</td><td>主要指标测量值
（如 VOCs/ppm）</td></tr>
<tr><td></td><td colspan="3"></td><td></td><td></td></tr>
<tr><td></td><td colspan="3"></td><td></td><td></td></tr>
<tr><td></td><td colspan="3"></td><td></td><td></td></tr>
<tr><td></td><td colspan="3"></td><td></td><td></td></tr>
<tr><td></td><td colspan="3"></td><td></td><td></td></tr>
<tr><td></td><td colspan="3"></td><td></td><td></td></tr>
<tr><td></td><td colspan="3"></td><td></td><td></td></tr>
</table>

调查人：　　记录人：　　审核人：　　调查日期：　年　月　日

附表 1.8　环境地质问题调查表

<table>
<tr><td>野外编号</td><td></td><td>所在调查区域</td><td>□重点调查区　□一般调查区　□概略调查区</td></tr>
<tr><td>坐标及高程</td><td colspan="3">经度：　°　′　″；纬度：　°　′　″；高程：　m</td></tr>
<tr><td>天气</td><td colspan="3">□晴　□多云　□阴　□雨　□雪　□其他　　；气温：　℃</td></tr>
<tr><td>行政位置</td><td colspan="3">省（直辖市）　　市（直辖区）　　县　　镇（乡）　　村</td></tr>
<tr><td>地貌位置</td><td colspan="3">□山地　□丘陵　□谷沟　□平原　□河岸　□海岸　□其他</td></tr>
<tr><td colspan="4">环境地质问题类型：□地面沉降　□地面塌陷　□地裂缝　□海水入侵　□土壤盐渍化　□其他</td></tr>
<tr><td colspan="4">环境地质问题特征</td></tr>
<tr><td>地面沉降</td><td colspan="3">沉降发生年代：　　；分布面积：　　km^2；最大累计沉降量：　　m</td></tr>
<tr><td rowspan="3">地面塌陷</td><td colspan="2">发生时间：　年　月　日</td><td rowspan="2">塌陷岩土组合类型及厚度：</td></tr>
<tr><td colspan="2">分布特点及形状：</td></tr>
<tr><td colspan="3">分布面积：　m^2；最大深度：　m；最大宽度：　m；</td></tr>
<tr><td rowspan="4">地裂缝</td><td colspan="2">发生时间：　年　月　日</td><td>地裂缝穿切的地层年代：</td></tr>
<tr><td colspan="3">主地裂缝方向：　；倾向：　；倾角：　；宽度：　m；深度：　m</td></tr>
<tr><td colspan="3">群地裂缝平面组合形态：　　；平均间距：　　m；展布方向：</td></tr>
<tr><td colspan="3">地裂缝力学性质：□张性　□扭性　□张扭性　□压扭性　□其他</td></tr>
<tr><td rowspan="3">海水入侵</td><td colspan="3">发生年代：　　；面积：　　km^2；含水层类型：</td></tr>
<tr><td colspan="3">对地下水水质影响：</td></tr>
<tr><td colspan="3">对地下水水位影响：</td></tr>
<tr><td rowspan="3">土壤盐渍化</td><td colspan="3">气象条件：　　；
分布范围及面积：　　km^2</td></tr>
<tr><td colspan="3">农田水利灌溉情况：</td></tr>
<tr><td colspan="3">包气带和饱水带岩性结构与水位埋深及变化：</td></tr>
<tr><td>其他环境地质问题</td><td colspan="3"></td></tr>
<tr><td colspan="4">导致的危害损失：</td></tr>
<tr><td colspan="2">平面图：</td><td colspan="2">剖面图：</td></tr>
<tr><td colspan="3">备注：</td><td>照片编号及张数：</td></tr>
</table>

调查人：　　记录人：　　审核人：　　调查日期：　年　月　日

附表1.9 水样采集记录表

<table>
<tr><td>取样编号</td><td></td><td>调查编号</td><td></td><td colspan="2">所在调查区域：□重点调查区 □一般调查区 □概略调查区</td></tr>
<tr><td>行政位置</td><td colspan="5">省（直辖市） 市（直辖区） 县 镇（乡） 村</td></tr>
<tr><td>坐标</td><td colspan="5">经度： ° ′ ″；纬度： ° ′ ″</td></tr>
<tr><td>天气</td><td colspan="5">□晴 □多云 □阴 □雨 □雪 □其他 ；气温： ℃</td></tr>
<tr><td>取样时间</td><td colspan="5">年 月 日 时</td></tr>
<tr><td rowspan="2">水样类型</td><td colspan="5">地表水：□河水 □渠水 □库水 □湖水 □淀水 □池塘水 □其他</td></tr>
<tr><td colspan="5">地下水：□水源井 □饮水井 □泉水 □农灌井 □生产井 □监测井 □其他</td></tr>
<tr><td>是否洗井
（地下水）</td><td>□洗井</td><td colspan="3">洗井方式：□小提桶 □抽水泵 □其他</td><td>□未洗井</td></tr>
<tr><td>取样方式</td><td colspan="5">□直接灌取 □小提桶取样 □抽水泵取样 □低流速取样 □其他</td></tr>
<tr><td>感官性状及
现场检测
常规指标</td><td colspan="5">色： ；嗅和味： ；肉眼可见物：
pH： ；水温： ℃；电导率： μS/cm
溶解氧： mg/L；ORP： mV；浊度： NTU</td></tr>
<tr><td>送检分析
项目数量</td><td colspan="5"></td></tr>
<tr><td>是否采集
质控样品</td><td>□否
□是</td><td colspan="4">若是，质控样品类型：
□平行样 □加标样 □现场空白样 □运输空白样 □其他</td></tr>
<tr><td colspan="6">采样点平面示意图：</td></tr>
<tr><td colspan="4">备注：</td><td colspan="2">照片编号及张数：</td></tr>
</table>

取样人： 记录人： 审核人：

附表 1.10　送样单

<table>
<tr><td colspan="4">送样单位：</td><td colspan="3">送样人：　　　　联系电话：</td></tr>
<tr><td colspan="4">收样单位：</td><td colspan="3">收样人：　　　　联系电话：</td></tr>
<tr><td colspan="4">送样批次：　　　　本批次样品数量：</td><td colspan="3">送样时间：　　年　　月　　日</td></tr>
<tr><td>序号</td><td>样品编号</td><td>样品类别</td><td>样品体积或重量×数量</td><td>检测项目</td><td>采样时间</td><td>备注</td></tr>
<tr><td>1</td><td>SH9</td><td>地表水样</td><td>40mL×2，1L×2，5L×1</td><td>VOC、SVOC、
重金属等 67 项</td><td>2020 年 10 月 30 日</td><td>示例</td></tr>
<tr><td>2</td><td></td><td></td><td></td><td></td><td></td><td></td></tr>
<tr><td>3</td><td></td><td></td><td></td><td></td><td></td><td></td></tr>
<tr><td>4</td><td></td><td></td><td></td><td></td><td></td><td></td></tr>
<tr><td>5</td><td></td><td></td><td></td><td></td><td></td><td></td></tr>
<tr><td>6</td><td></td><td></td><td></td><td></td><td></td><td></td></tr>
<tr><td>7</td><td></td><td></td><td></td><td></td><td></td><td></td></tr>
<tr><td>8</td><td></td><td></td><td></td><td></td><td></td><td></td></tr>
<tr><td>9</td><td></td><td></td><td></td><td></td><td></td><td></td></tr>
<tr><td>10</td><td></td><td></td><td></td><td></td><td></td><td></td></tr>
<tr><td>11</td><td></td><td></td><td></td><td></td><td></td><td></td></tr>
<tr><td>12</td><td></td><td></td><td></td><td></td><td></td><td></td></tr>
<tr><td>13</td><td></td><td></td><td></td><td></td><td></td><td></td></tr>
<tr><td>14</td><td></td><td></td><td></td><td></td><td></td><td></td></tr>
<tr><td>15</td><td></td><td></td><td></td><td></td><td></td><td></td></tr>
<tr><td>16</td><td></td><td></td><td></td><td></td><td></td><td></td></tr>
<tr><td>17</td><td></td><td></td><td></td><td></td><td></td><td></td></tr>
<tr><td>18</td><td></td><td></td><td></td><td></td><td></td><td></td></tr>
<tr><td>19</td><td></td><td></td><td></td><td></td><td></td><td></td></tr>
<tr><td>20</td><td></td><td></td><td></td><td></td><td></td><td></td></tr>
<tr><td>21</td><td></td><td></td><td></td><td></td><td></td><td></td></tr>
<tr><td>22</td><td></td><td></td><td></td><td></td><td></td><td></td></tr>
</table>

附录2　水源地及保护区环境状况概要信息清单

1. 水源地名称

2. 水源地所在行政区名称

省（或直辖市）　　地级市（或直辖市区）　　县　　镇/乡　　村

3. 水源地及保护区隶属管理部门（勾选）

□住建部门　□环保部门　□水利部门　□其他部门

4. 水源地代表性开采井名称及位置

名称（或井号）：　　经度（E）　°　′　″；纬度（N）　°　′　″

5. 水源地及保护区所在地形地貌单元（勾选）

□山地　□丘陵　□平原　□滨海　□盆地　□河谷　□其他

6. 水源地运营状态（勾选）

□正常运行　□热备运行　□备用　□关闭

7. 水源地地下水类型（勾选）

□孔隙水　□裂隙水　□岩溶水　□混合水（指明混合水类型）

8. 水源地地下水埋藏类型（勾选）

□潜水　□潜水–承压水　□承压水

9. 水源地地下水开采井深度

井深范围：　—　m；平均深度：　—　m

10. 水源地地下水开采量及服务人口

设计开采量：　万 m^3/d；设计服务人口：　万人
南水北调之前开采量：　万 m^3/d；服务人口：　万人
南水北调之后开采量：　万 m^3/d；服务人口：　万人

11. 水源地等级（按日开采水量勾选）

水源地勘查设计等级：□小型　□中型　□大型　□特大型
南水北调之前（如2015年）正常开采量等级：□小型　□中型　□大型　□特大型
南水北调以后现状开采量等级：□小型　□中型　□大型　□特大型

注：按日开采量计，小于1万m^3为小型水源地；大于等于1万m^3小于5万m^3为中型水源地；大于等于5万m^3小于10万m^3为大型水源地；大于等于10万m^3为特大型水源地。

12. 水源地及保护区存在的主要环境地质问题（勾选）

□地面沉降　□地面塌陷　□地裂缝　□海水入侵　□土壤盐渍化　□其他

13. 水源地地下水水质有无超Ⅲ类水指标?

□无　□有
若有，按超标倍数大小列出前五位指标及其含量。
示例：硫酸盐（520mg/L）、氯化物（300mg/L）、总硬度（480mg/L）

14. 水源地及保护区环境状况健康度评价结果（勾选）

调查研究程度健康度：□优秀　□良好　□中等　□较差　□差
水量状况健康度：□优秀　□良好　□中等　□较差　□差
水质状况健康度：□优秀　□良好　□中等　□较差　□差
潜在污染源状况健康度：□优秀　□良好　□中等　□较差　□差
管理状况健康度：□优秀　□良好　□中等　□较差　□差
水源地及保护区环境状况总体健康度：□优秀　□良好　□中等　□较差　□差

15. 改善水源地及保护区环境状况建议

附录3　水源地及保护区环境状况调查评价报告提纲及内容提要

1. 绪论

1）任务简介

任务来源、目标任务、预期成果等。

2）调查评价工作概述

工作过程、技术路线、投入的主要工作量等。

2. 水源地及保护区概况

1）水源地概况

水源地/水厂名称、位置及数量；水源地管理机构及其隶属关系；水源地/水厂设计开采量及现状开采量，开采井分布、数量及深度，开采含水层介质类型、地下水类型；水源地服务对象及人口数量；水源地开采状态；水源地所在水文地质单元。

2）水源地及保护区划分

水源地及保护区划分历史沿革、范围、面积，批复执行情况等。

3）水源地及保护区调查研究程度

水源地及保护区基础地质、水文地质、环境地质等地质工作调查研究历史及精度，环境保护工作等。

3. 调查评价工作方法

1）调查工作

调查工作程序及内容，资料信息收集、阅研及梳理方法，踏勘及野外调查方案形成，各环境要素调查方法、水环境监测方法、调查监测资料整理方法等。

2）评价工作

地表水环境质量、地下水环境质量、土环境质量的评价方法、潜在污染源风险评价方法、水源地及保护区环境状况评价方法。

4. 水源地及其保护区环境状况

1）自然地理状况

水源地及保护区地形地貌、气象、水文、土壤、植被等。

2）社会经济状况

水源地及保护区人口数量、国民生产总值、产业结构及主导经济、特色旅游文化产品等。

3）地质及水文地质状况

水源地及保护区地层、构造、岩浆岩、矿产等地质状况。

水源地及保护区所在水文地质单元（地下水系统）含水岩组划分及其特征；地下水补给、径流、排泄条件；地下水动态；地下水水化学特征；开采含水层特征等水文地质状况。

水源地及保护区存在的主要环境地质问题，以及对水源地开采含水层或相关含水层结构、水量及水质的可能影响。

4）地下水环境状况

水源地及保护区地下水水量状况和地下水水质状况。

地下水水量状况包括水源地开采井区水量状况、水源地所在水文地质单元水量均衡状况和水源地所在水文地质单元地下水流场状况。

地下水水质状况包括水源地开采井区水质状况、水源地所在水文地质单元地下水水质状况和补给源水质状况。

5）地表水环境状况

与水源地开采含水层有直接或间接水量、水质联系的地表水体水质状况和水量状况。

6）土环境状况

表层土壤化学组分平面分布特征，用地健康风险评价。

第四系土层化学组分垂向变化特征，典型化学元素地球化学背景值，典型化学组分垂向演变与地层时代、岩性等关系，以及用地健康风险评价和防污性能评价。

7）土地利用状况

不同年代遥感影像数据来源、空间分辨率、时相选取、数据处理方法、土地分类方法等。典型土地利用类型地物图像解译标志。统计分析土地利用类型演变特征，分析土地利用变化对地下水水源地水量、水质可能的影响。

8）潜在污染源状况

地表及浅地表潜在污染源类型、数量及分布特征，分区统计（重点调查区、一般调查区、概略调查区）潜在污染源数量及占比。

评价潜在污染源荷载风险、地下水垂向污染风险、水源地地下水污染风险及综合风险，统计分析及论述不同风险等级数量及分布情况，提出防控风险的策略或建议。

9）水源地管理状况

水源地及保护区建设与整治状况、水质监管状况和风险防控与应急处置状况。

5. 水源地及保护区环境状况评价

指标体系构建，方面层和基底层指标权重确定，基底层指标隶属度等级划分与评判及其矩阵表达，健康度评价矩阵设置，方面层和目标层健康度评价。

分析水源地及保护区环境状况主控因素，提出改善建议。

6. 结论、问题与建议

水源地及保护区环境状况调查评价工作取得的主要认识、经验教训、存在问题，对水源地及保护区环境状况改善建议，对未来开展水源地及保护区环境状况调查评价工作提出建议。

附录4　本书参考资料

北京地质勘探学院河北地质大队 . 1958. 河北省井陉县地区综合地质报告 .

国家环境保护总局 . 2002. 地表水和污水监测技术规范：HJ/T 91—2002.

国家环境保护总局，国家质量监督检验检疫总局 . 2002. 地表水环境质量标准：GB 3838—2002.

国家技术监督局 . 1993. 水文地质术语：GB/T 14157—93.

河北地矿建设工程集团衡水公司 . 2016. 衡水市桃城区农村集中供水管理站农村饮水安全工程第 3、4、5 供水站供水项目水资源论证报告 .

河北地质局第九地质大队 . 1967. 衡水专区化肥厂水文地质勘探说明书 .

河北地质局第九地质大队 . 1969. 河北省衡水县农田供水水文地质勘探说明书 .

河北地质局第九地质大队 . 1980. 衡水镇 1979 年环境水文地质调查报告 .

河北地质局第九地质大队 . 1983. 衡水市供水地下水开采预测与评价报告 .

河北地质学院 . 1991. 井陉县幅（J-50-61-C）、平山县幅（J-50-61-A）1：5 万区域地质调查报告及附图 .

河北化工地质勘探队 . 1982. 河北省井陉县南关及绵河滩硫铁矿区补充水文地质报告 .

河北煤矿地勘公司水文队 . 1960. 河北省井陉煤田贾庄井田补充水文地质报告书 .

河北省地质环境监测院 . 2020. 河北省地市级地下水型集中式生活饮用水水源地地下水环境状况调查评估项目（第一批）实施方案编制审核手册 .

河北省地质环境监测院 . 2020. 河北省地下水型集中式生活饮用水水源地地下水环境状况调查评估报告编制指南 .

河北省地质矿产局第二水文地质工程地质大队 . 1985. 河北省邢台市邢台电厂供水水文地质勘察报告（比例尺 1：1 万）.

河北省地质矿产局第二水文地质工程地质大队 . 1987. 长春地质学院水文地质工程地质系 . 河北省邯邢地区岩溶发育机理和分布规律的研究 .

河北省地质矿产局第二水文地质工程地质大队 . 1988. 河北省邢台市城市供水第三水源地水文地质勘探报告 .

河北省地质矿产局第二水文地质工程地质大队 . 1990. 河北省太行山南段区域水文地质调查报告 .

河北省地质矿产局第二水文地质工程地质大队 . 1990. 河北省邢台市水文地质工程地质环境地质综合调查评价报告 .

河北省地质矿产局第二水文地质工程地质大队 . 1994. 邢台百泉岩溶水系统水资源管理——人工调蓄试验勘查报告 .

河北省地质矿产勘查开发局第一地质大队 . 1967. 河北井陉县水文地质普查报告 .

河北省地质矿产勘查开发局第一地质大队 . 1978. 河北省沙河县西赫庄铁矿水文地质勘探报告 .

河北省地质矿产勘查开发局第三水文工程地质大队 . 1985. 河北省井陉盆地坑口电站供水水文地质普查报告 .

河北省地质矿产勘查开发局第三水文地质工程地质大队 . 1987. 衡水市供水水文地质报告——市区供水水源地可行性论证 .

河北省地质矿产勘查开发局第三水文工程地质大队 . 2004. 河北省衡水城市地质环境评价报告 .

河北省地质矿产勘查开发局第三水文工程地质大队 . 2005. 河北省衡水城市地质环境评价报告 .

河北省地质矿产勘查开发局第三水文工程地质大队.2006. 衡水市（深州、冀州）城镇供水水源地勘察报告.
河北省地质矿产勘查开发局第三水文工程地质大队.2016. 河北省衡水市地质环境监测报告（2011—2015年）.
河北省地质矿产勘查开发局第三水文工程地质大队.2020. 衡水市地下水地质环境监测站点基本信息.
河北省地质矿产勘查开发局第三水文工程地质大队.2021. 河北省衡水市地质环境监测报告（2016—2020年）.
河北省地质矿产勘查开发局第三水文地质工程地质大队，衡水市环境保护局.1998. 衡水市饮用水源地保护区划分技术报告.
河北省地质矿产勘查开发局第三水文地质工程地质大队，中国地质大学（武汉）.1990. 河北省衡水地区（重点衡水市）咸水运移规律研究报告.
河北省地质矿产勘查开发局第十一地质大队.1980. 河北省沙河县高店铁矿区详细普查地质报告.
河北省地质矿产勘查开发局第十一地质大队.2008. 邢台百泉复流人工回灌条件勘察报告.
河北省地质矿产勘查开发局第十一地质大队.2010. 邢台市城区地下水污染调查评价报告.
河北省地质矿产勘查开发局第十一地质大队.2010. 邢台市规划区地质环境调查与承载力评价报告.
河北省地质矿产勘查开发局第十一地质大队.2012. 邢台煤矿区开采对百泉泉域岩溶水环境影响评价报告.
河北省地质矿产勘查开发局第十一地质大队.2015. 邢台市重点规划建设区地质环境综合调查成果报告.
河北省地质矿产勘查开发局第十二地质大队.1974. 河北省沙河县王窑铁矿地质勘探总结报告（第一部分、第二部分水文地质）.
河北省地质矿产勘查开发局水文地质工程地质大队.1982. 河北省邢邯基地区域水文地质勘察成果报告.
河北省地质矿产勘查开发局水文地质工程地质大队.1986. 河北省邯邢西部山区岩溶水动态观测报告.
河北省电力勘测设计院.1984. 上安火电厂厂址可行性研究水文地质初勘报告.
河北省水利厅.2020. 关于对河北省2019年度实行最严格水资源管理制度考核存在问题开展整改工作的函.
河南省市场监督管理局.2021. 集中式地下水饮用水源地基础环境状况调查技术规范：DB41/T 2252—2022.
衡水市生态环境局.2020. 衡水市生态环境局关于城市集中式饮用水水源地环境情况的说明.
衡水市生态环境局.2020. 衡水市重点行业企业信息.
衡水市生态环境局.2021. 衡水市城区集中式饮用水水源保护区划分和调整技术报告（报审版）.
衡水市水务局.2016. 水源地制度汇编.
衡水市水务局.2019. 关于衡水市饮用水水源环境保护工作落实情况的报告.
衡水市水务局.2019. 衡水市区地下水饮用水源地生态隔离防护申请.
衡水市水务局.2020. 开采井及输水管道分布图.
华北有色工程勘察院有限公司.2011. 河北省邢台市城区地下水饮用水水源保护区划分调整技术报告.
山东省国土资源厅.2016. 1∶50000地下水污染调查评价技术要求（试行）.
山东省国土资源厅.2016. 1∶50000水文地质调查技术要求（试行）.
山东省国土资源厅.2016. 山东省地下水水源地调查评价技术要求（征求意见稿）.
陕西省市场监督局.2020. 地下水污染监测与评价规范：DB61/T 1387—2020.
水利部水利水电规划设计总院.2005. 全国城市饮用水水源地安全状况评价技术细则.
邢台鑫鸿水利技术咨询有限公司.2019. 邢台市区应急备用水源水资源论证报告（报批稿）.
中国地质调查局.2004. 1∶250000区域水文地质调查技术要求：DD 2004—01.

中国地质调查局 . 2008. 城市环境地质调查评价技术规范：DD 2008—03.
中国地质调查局 . 2014. 矿山地质环境调查评价规范：DD 2014—05.
中国地质调查局 . 2014. 污染场地土壤和地下水调查与风险评价规范：DD 2014—06.
中国地质调查局 . 2019. 环境地质调查技术要求（1：50000）：DD 2019—07.
中国地质科学院水文地质环境地质研究所 . 2013. 全国地下水污染调查数据处理与分析系统软件（2.1 版）.
中国地质科学院水文地质环境地质研究所 . 2013. 全国地下水污染调查信息系统 .
中国科学院南京土壤研究所 . 1980. 河北省 1：1400 万土壤质地类型分区图 .
中国市政工程华北设计研究总院有限公司，中建冀泉供水有限责任公司 . 2018. 邢台市城市供水专项规划（2018 ~ 2030 年）（报批稿）.
中华人民共和国地质矿产部 . 1995. 地下水动态监测规程：DZ/T 0133—1994.
中华人民共和国国家市场监督管理总局，国家标准化管理委员会 . 1993. 中国植物分类与代码：GB/T 14467—1993.
中华人民共和国国家质量监督检验检疫总局 . 2001. 地质矿产术语分类代码　水文地质学：GB/T 9649. 20—2001.
中华人民共和国国家质量监督检验检疫总局，中国国家标准化管理委员会 . 2009. 标准化工作导则 第 1 部分：标准的结构和编写：GBT 1. 1—2009.
中华人民共和国国家质量监督检验检疫总局，中国国家标准化管理委员会 . 2009. 中国土壤分类与代码：GB/T 17296—2009.
中华人民共和国国家质量监督检验检疫总局，中国国家标准化管理委员会 . 2017. 地下水质量标准：GB/T 14848—2017.
中华人民共和国国家质量监督检验检疫总局，中国国家标准化管理委员会 . 2017. 土地利用现状分类 GB/T 21010—2017.
中华人民共和国国家质量监督检验检疫总局，中华人民共和国住房和城乡建设部 . 2001. 供水水文地质勘察规范：GB 50027—2001.
中华人民共和国国土资源部 . 2015. 区域地下水污染调查评价规范：DZ/T 0288—2015.
中华人民共和国国土资源部 . 2017. 城市地质调查规范：DZT 0306—2017.
中华人民共和国国土资源部 . 2017. 区域地下水质监测网设计规范：DZ/T 0308—2017.
中华人民共和国国务院 . 2021. 地下水管理条例，中华人民共和国国务院令　第 748 号 .
中华人民共和国环境保护部 . 2008. 饮用水水源保护区标志技术要求：HJ/T 433—2008.
中华人民共和国环境保护部 . 2009. 水质 采样方案设计技术规定：HJ 495—2009.
中华人民共和国环境保护部 . 2009. 水质 采样技术指导：HJ 494—2009.
中华人民共和国环境保护部 . 2009. 水质采样 样品的保存和管理技术规定：HJ 493—2009.
中华人民共和国环境保护部 . 2010. 饮用水水源保护区污染防治管理规定 .
中华人民共和国环境保护部 . 2014. 地下水污染防治区划分工作指南（试行）.
中华人民共和国环境保护部 . 2015. 集中式饮用水水源地规范化建设环境保护技术要求：HJ 773—2015.
中华人民共和国环境保护部 . 2015. 集中式饮用水水源地环境保护状况评估技术规范：HJ 774—2015.
中华人民共和国环境保护部 . 2016. 环境影响评价技术导则 地下水环境：HJ 610—2016.
中华人民共和国环境保护部 . 2018. 饮用水水源保护区划分技术规范：HJ/T 338—2018.
中华人民共和国环境保护部，中华人民共和国国家发展和改革委员会，中华人民共和国住房和城乡建设部，中华人民共和国水利部，中华人民共和国国家卫生健康委员会 . 2010. 全国城市饮用水水源地环境保护规划（2008-2020 年）.

中华人民共和国环境保护法 . 2014.
中华人民共和国生态环境部 . 2019. 地下水环境状况调查评价工作指南 .
中华人民共和国生态环境部 . 2020. 地下水环境监测技术规范：HJ/T 164—2020.
中华人民共和国生态环境部，国家市场监督管理总局 . 2018. 土壤环境质量 建设用地土壤污染风险管控标准（试行）：GB 36600—2018.
中华人民共和国生态环境部，国家市场监督管理总局 . 2018. 土壤环境质量 农用地土壤污染风险管控标准（试行）：GB 15618—2018.
中华人民共和国水法 . 2016.
中华人民共和国水利部 . 1991. 土的分类标准：GBJ 145—90.
中华人民共和国水利部 . 2015. 水文调查规范：SL 196—2015.
中华人民共和国水土保持法 . 2010.
中华人民共和国水污染防治法 . 2017.
中华人民共和国土壤污染防治法 . 2018.
中华人民共和国住房和城乡建设部，中华人民共和国国家质量监督检验检疫总局 . 2009. 岩土工程勘察规范：GB 50021—2001.
中华人民共和国住房和城乡建设部，中华人民共和国国家质量监督检验检疫总局 . 2010. 水文观测标准：GB/T 50138—2010.
中华人民共和国住房和城乡建设部，中华人民共和国国家质量监督检验检疫总局 . 2015. 河流流量测验规范：GB 50179—2015.

彩　　图

彩图 3.1　井陉县城西南袁峪村附近北东向断裂照片

断裂倾向西北，倾角约 80°，东南盘地层倾角小于 5°。断裂带内存在碎裂灰岩、不连续透镜灰岩体，黄色黏性土充填其中

彩图 3.2　井陉县城内富达社区北东向断裂及两侧岩层照片

断层面为层面，顺层滑动，倾角约 45°。断裂带内断层泥厚 1 ~ 2m，断层下盘见白云质角砾岩，断层上盘岩石破碎、裂隙发育并存在压性结构面

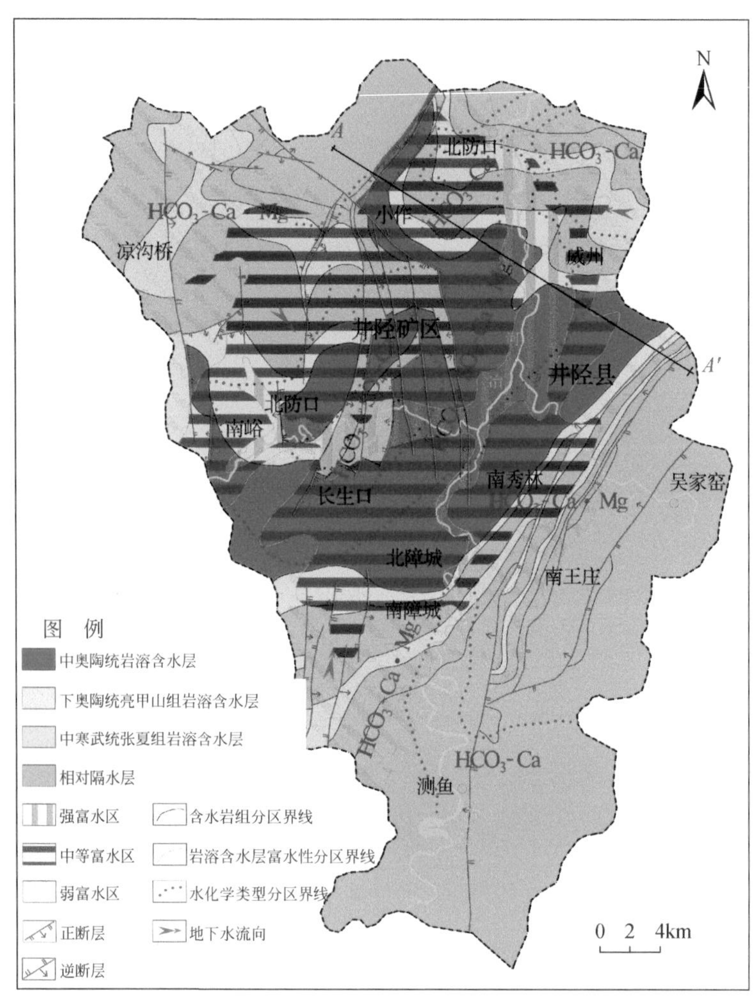

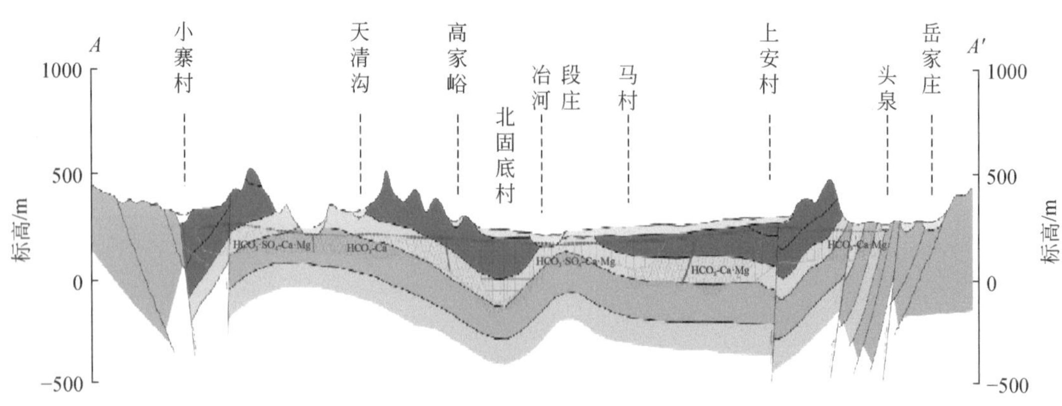

彩图 3.3　威州泉域水文地质图

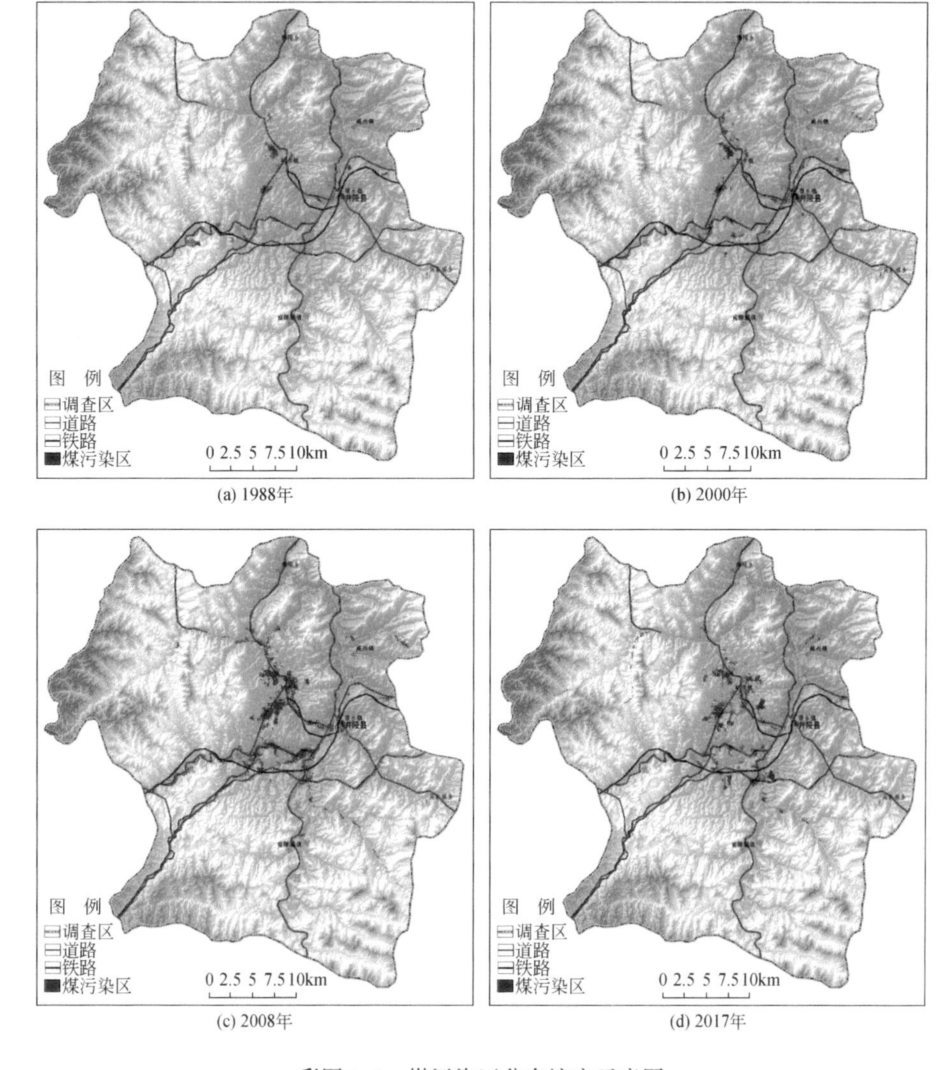

彩图 3.4　煤污染区分布演变示意图

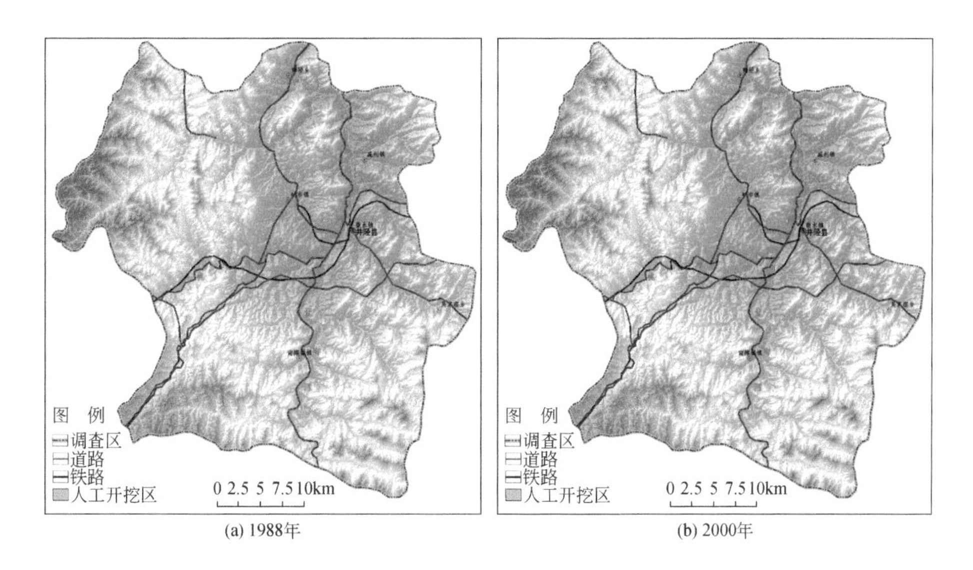

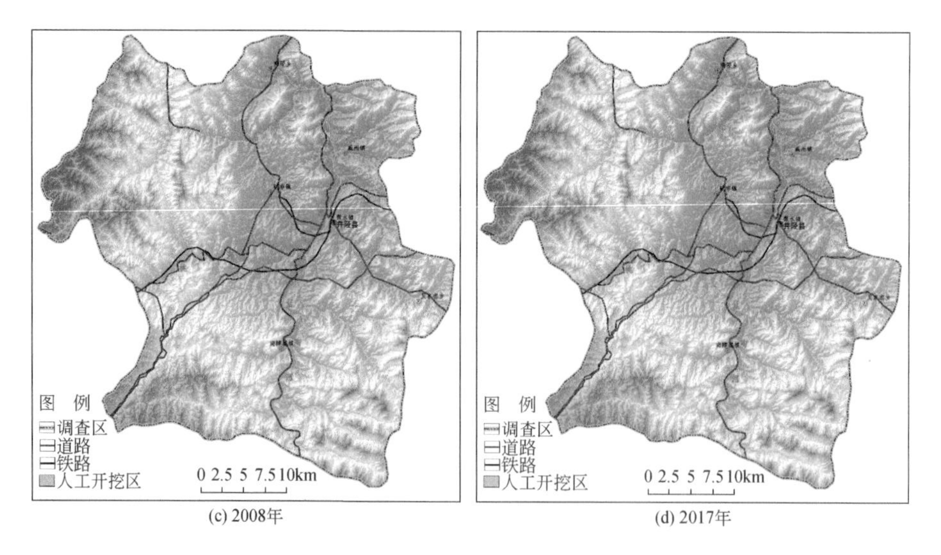

(c) 2008年　　(d) 2017年

彩图3.5　人工开挖区分布演变示意图

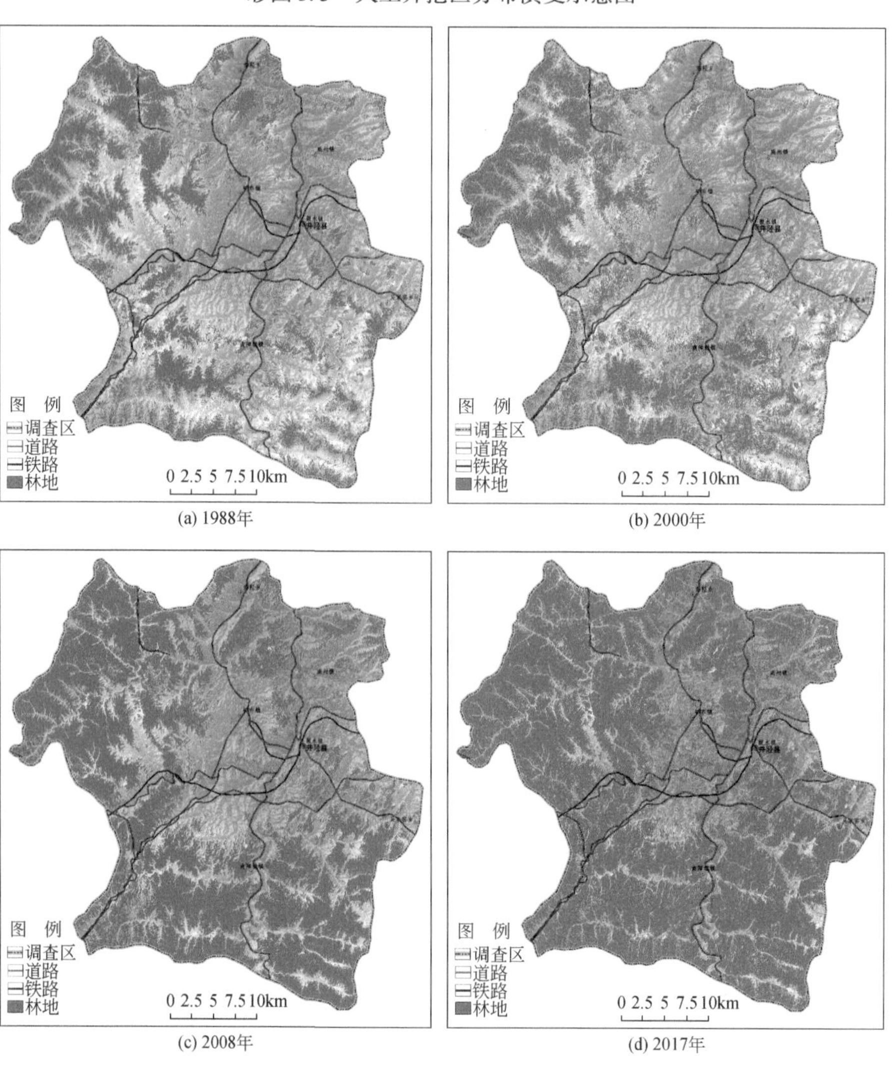

(a) 1988年　　(b) 2000年

(c) 2008年　　(d) 2017年

彩图3.6　林地分布演变示意图

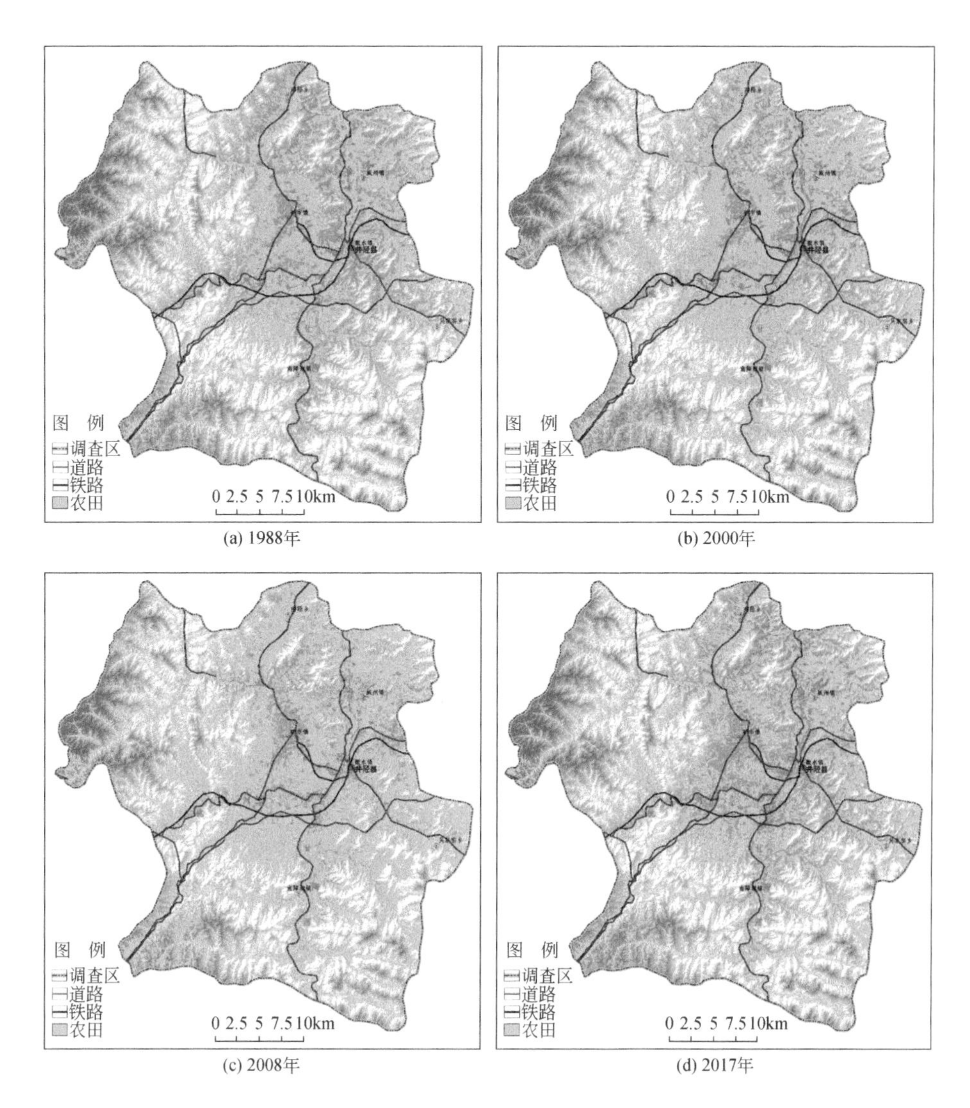

(a) 1988年 (b) 2000年

(c) 2008年 (d) 2017年

彩图 3.7 耕地分布演变示意图

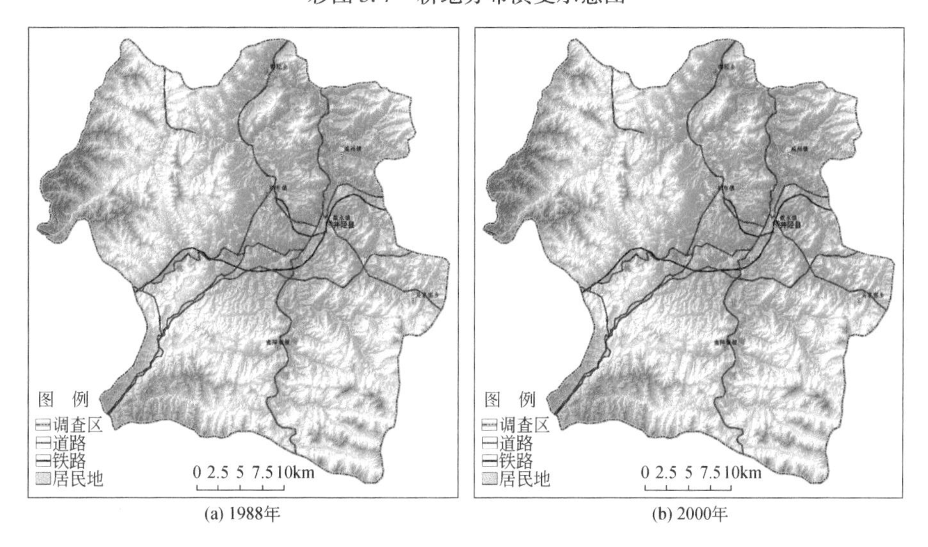

(a) 1988年 (b) 2000年

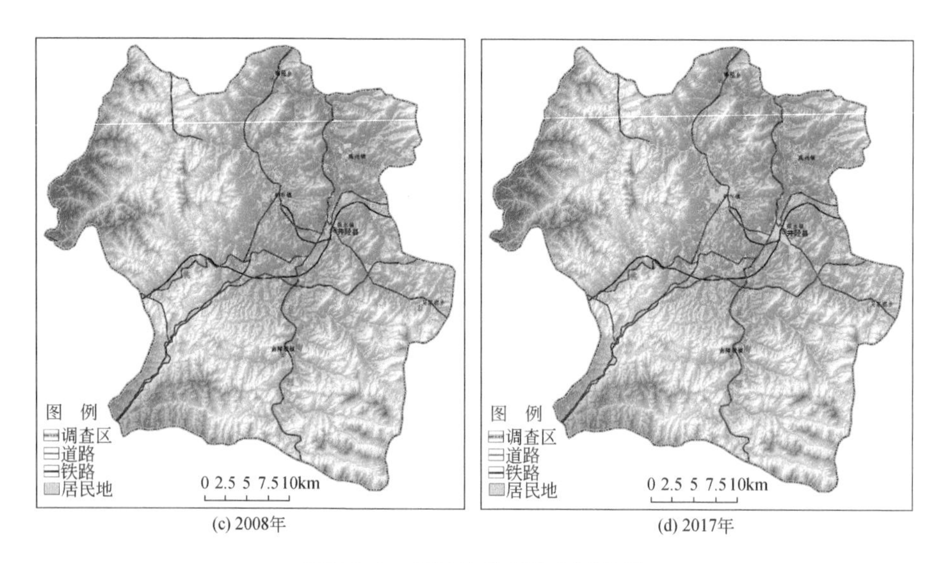

彩图 3.8 居民地分布演变示意图

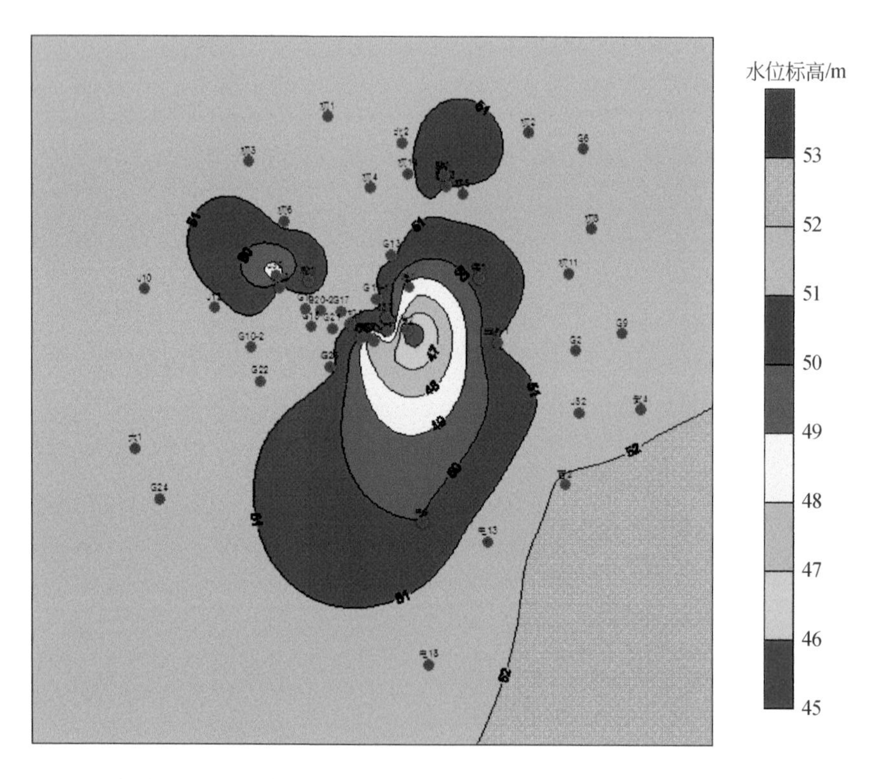

彩图 4.1 1987 年 11 月水源地试验性开采岩溶水初始流场示意图

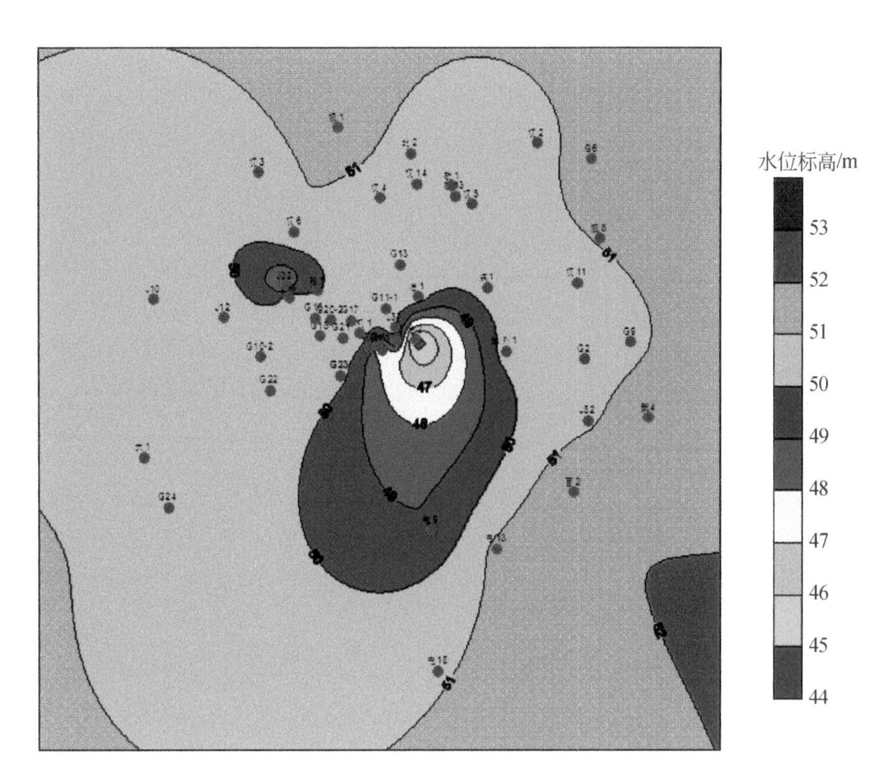

彩图 4.2　1988 年 2 月水源地试验性开采结束时岩溶水流场示意图

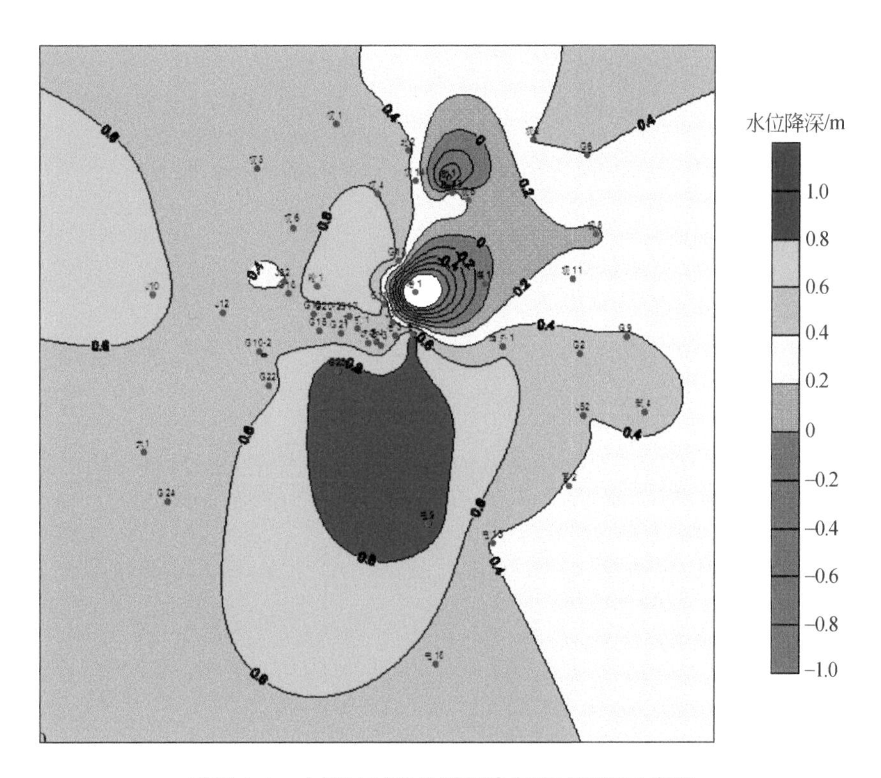

彩图 4.3　水源地试验性开采降深影响范围示意图

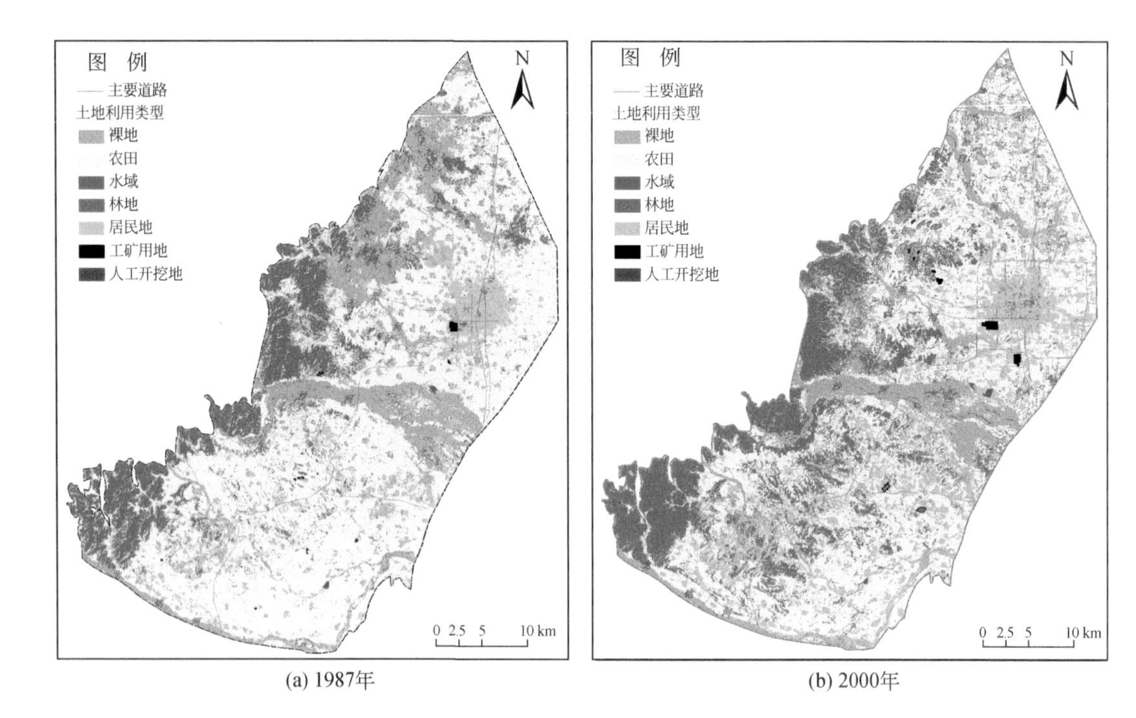

(a) 1987年

(b) 2000年

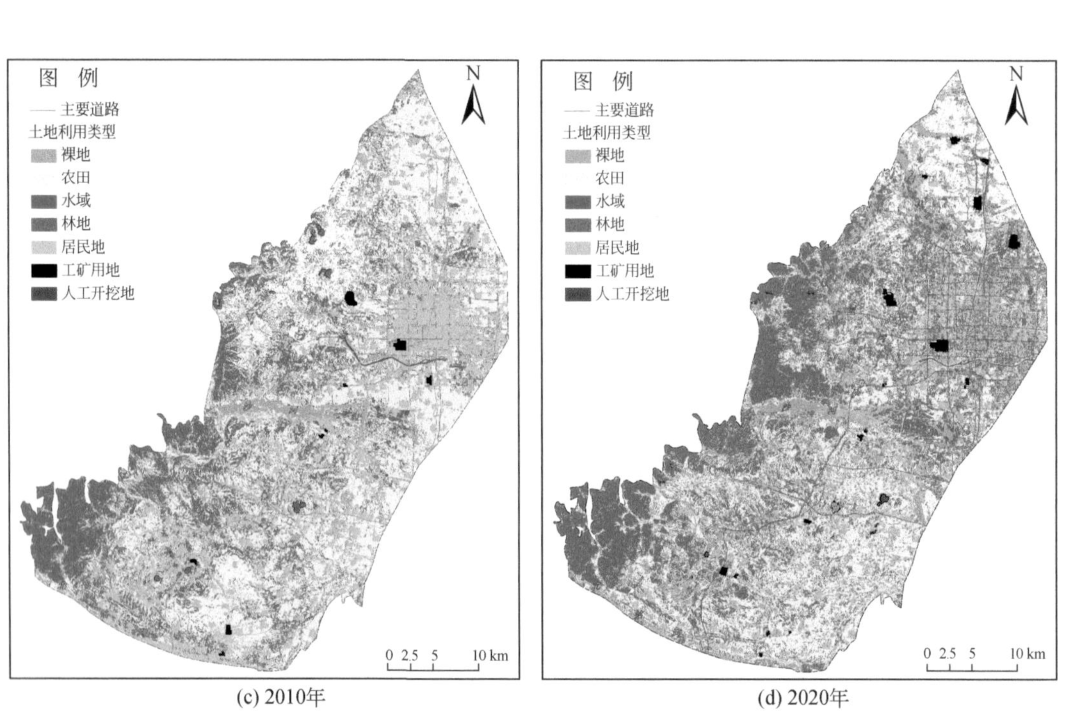

(c) 2010年

(d) 2020年

彩图 4.4　土地利用类型遥感解译示意图

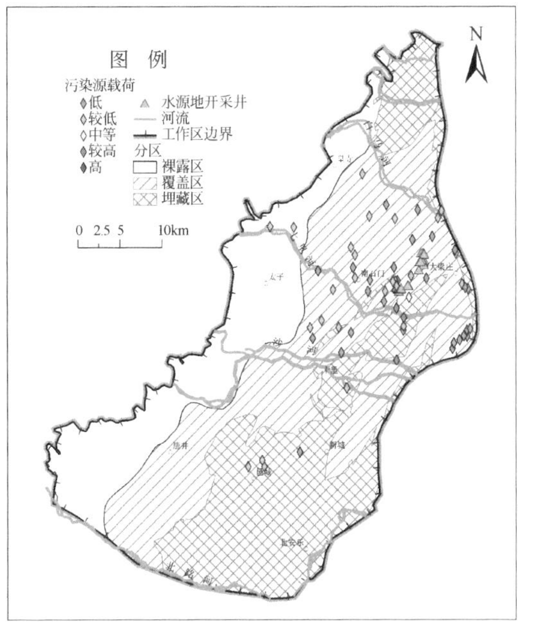

彩图 4.5 潜在污染源荷载风险等级分布示意图

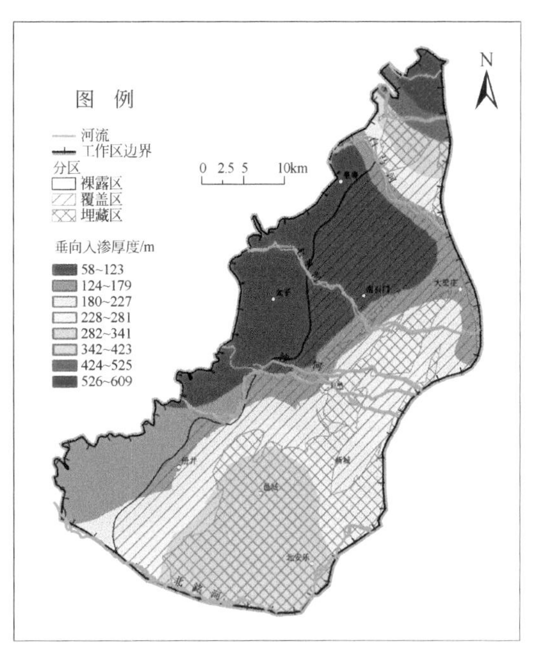

彩图 4.6 垂向入渗厚度分布示意图

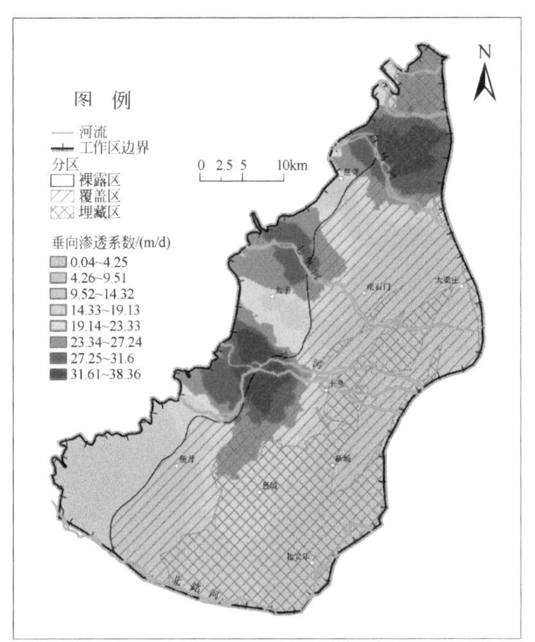

彩图 4.7 垂向渗透系数分布示意图

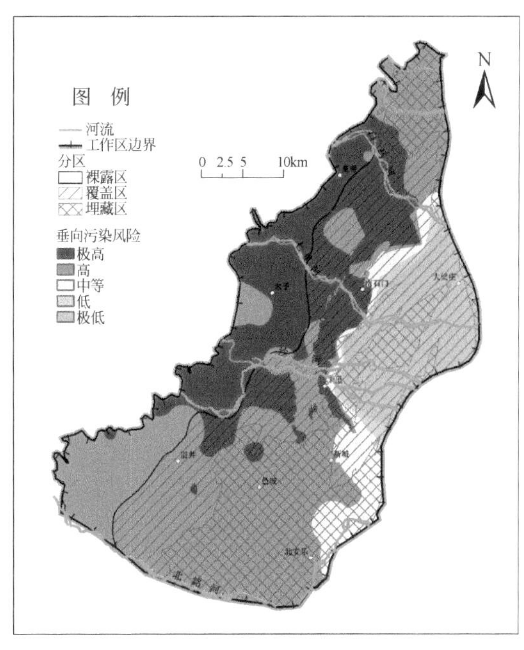

彩图 4.8 地下水垂向污染风险等级分布示意图

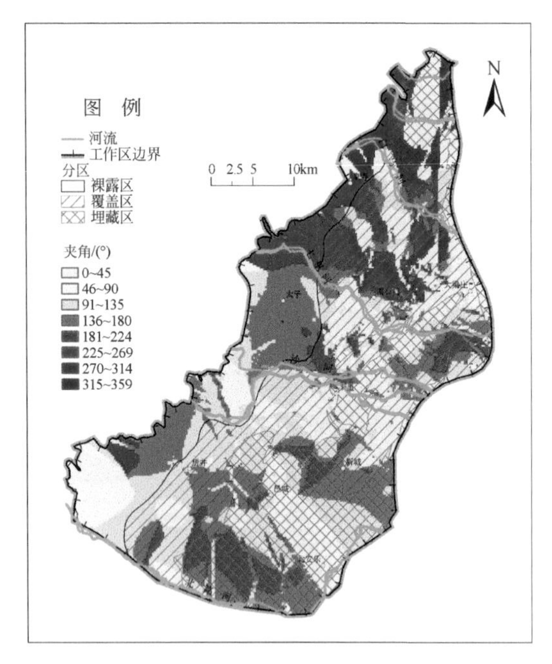

彩图 4.9　潜在污染源欧氏方向与岩溶水流向夹角示意图

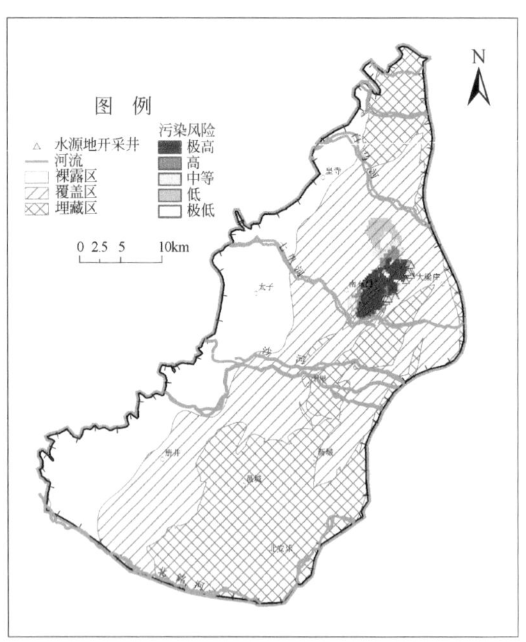

彩图 4.10　水源井地下水污染风险等级分布示意图

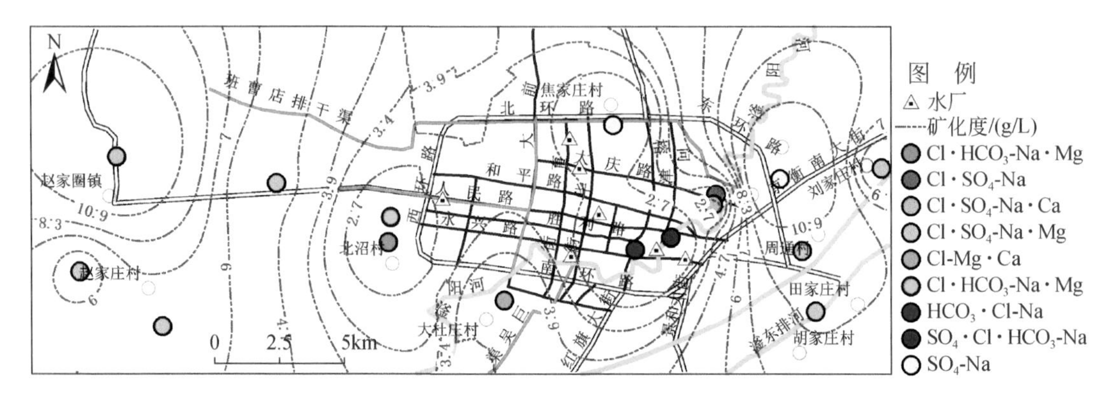

彩图 5.1　浅层地下水水化学类型分布示意图（2020 年）

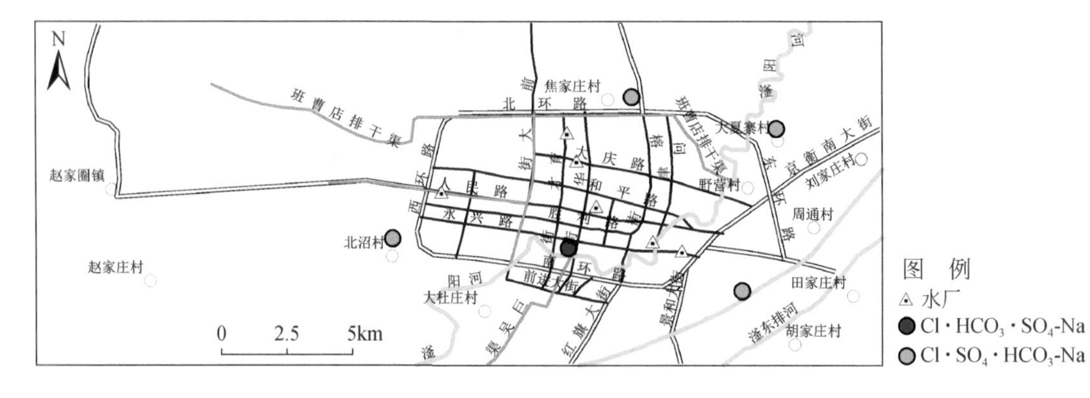

彩图 5.2　深层地下水水化学类型分布示意图（2020 年）

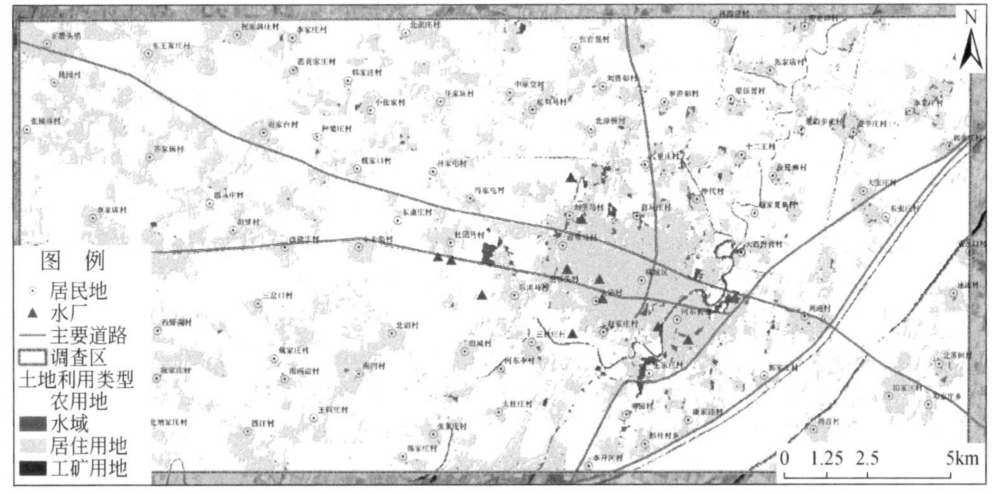

(a) 1992年

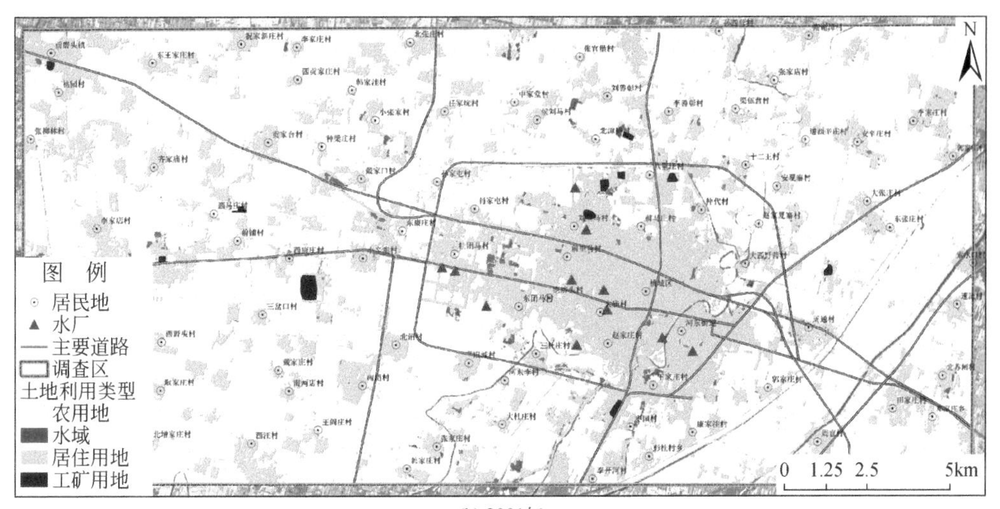

(b) 2001年

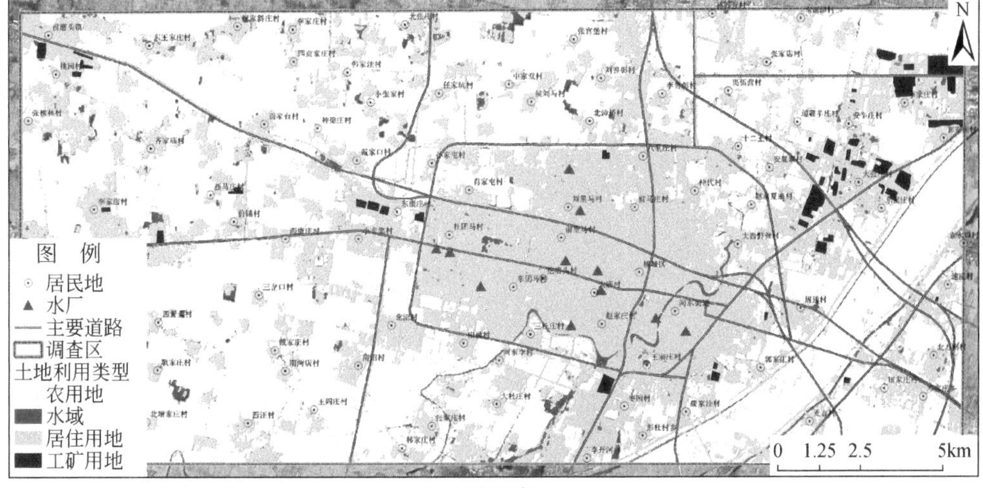

(c) 2013年

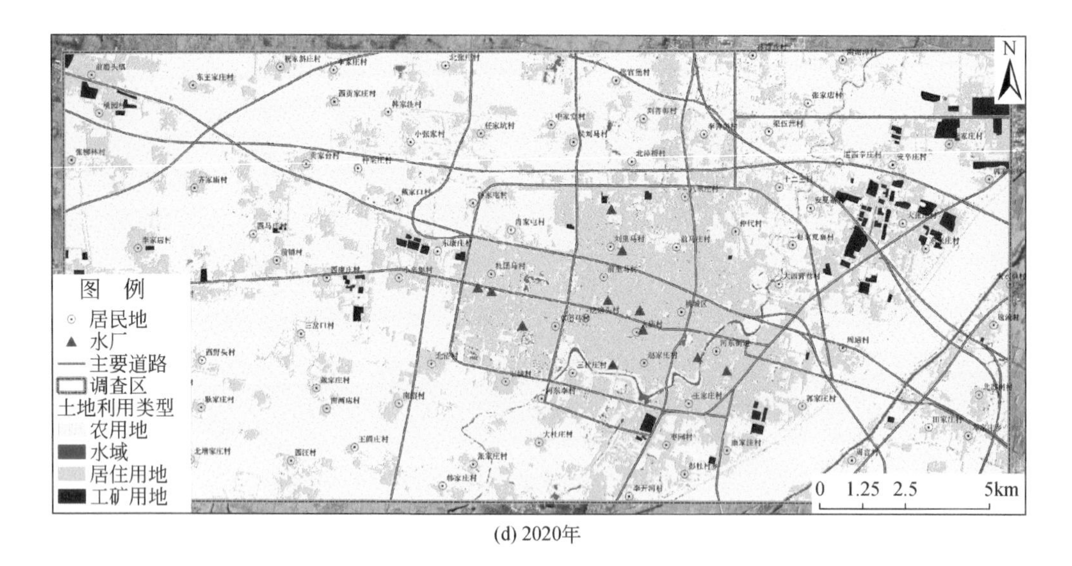

(d) 2020年

彩图 5.3 水源地调查区土地利用遥感解译示意图

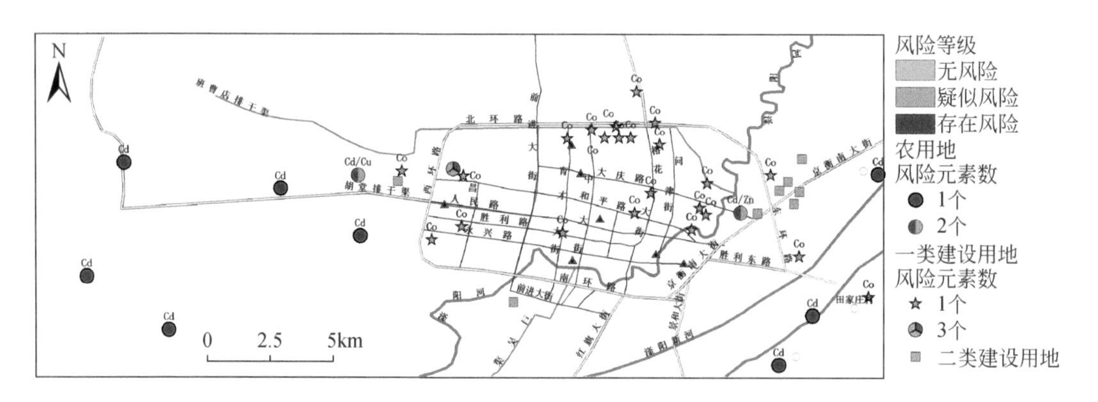

彩图 5.4 表层土用地多元素综合污染风险示意图

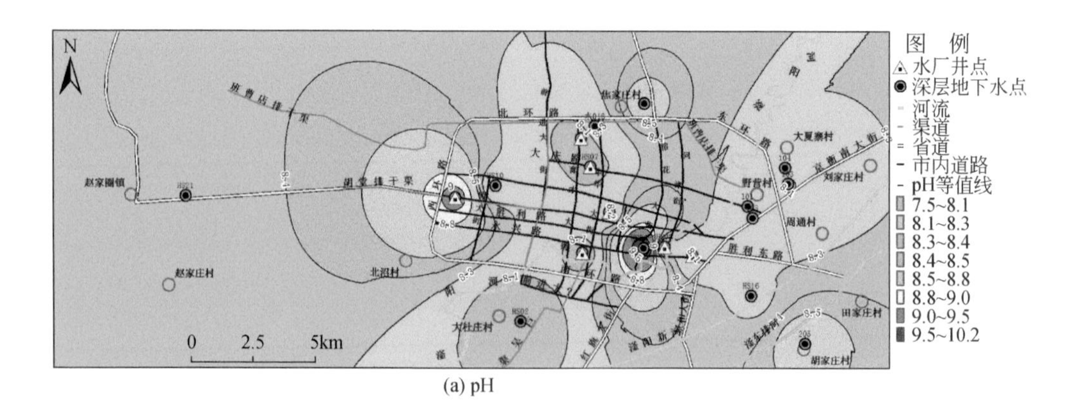

(a) pH

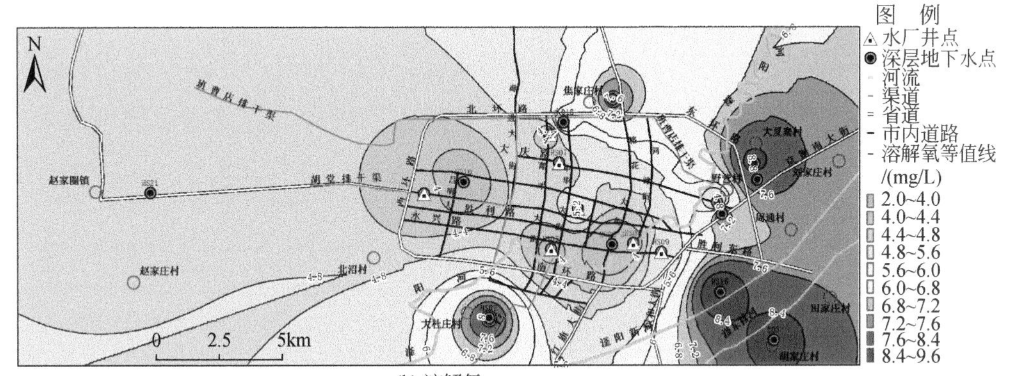

(b) 溶解氧

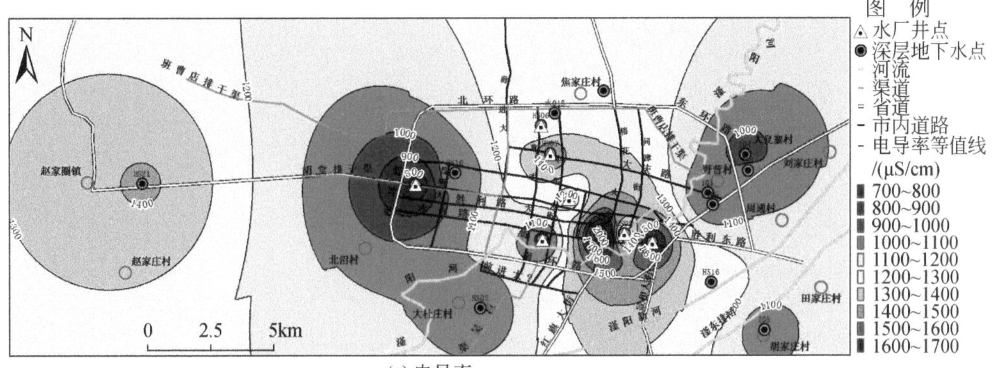

(c) 电导率

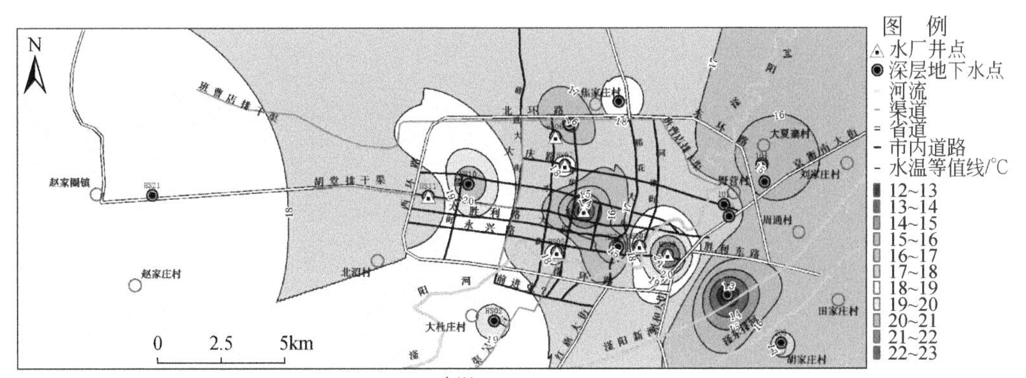

(d) 水温

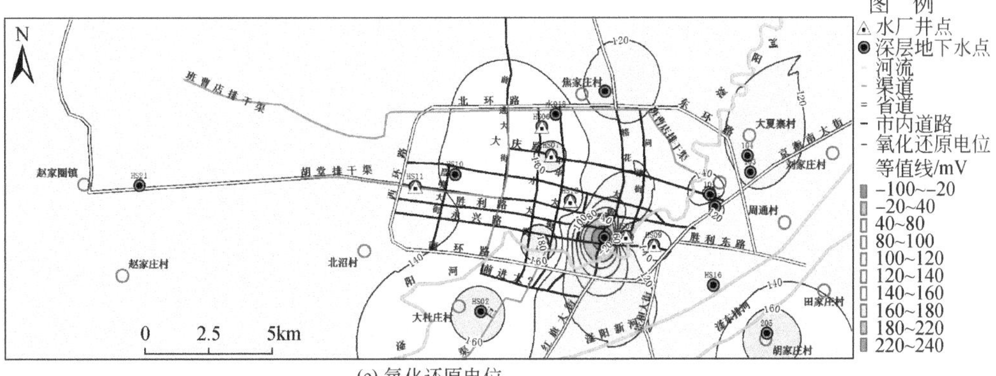

(e) 氧化还原电位

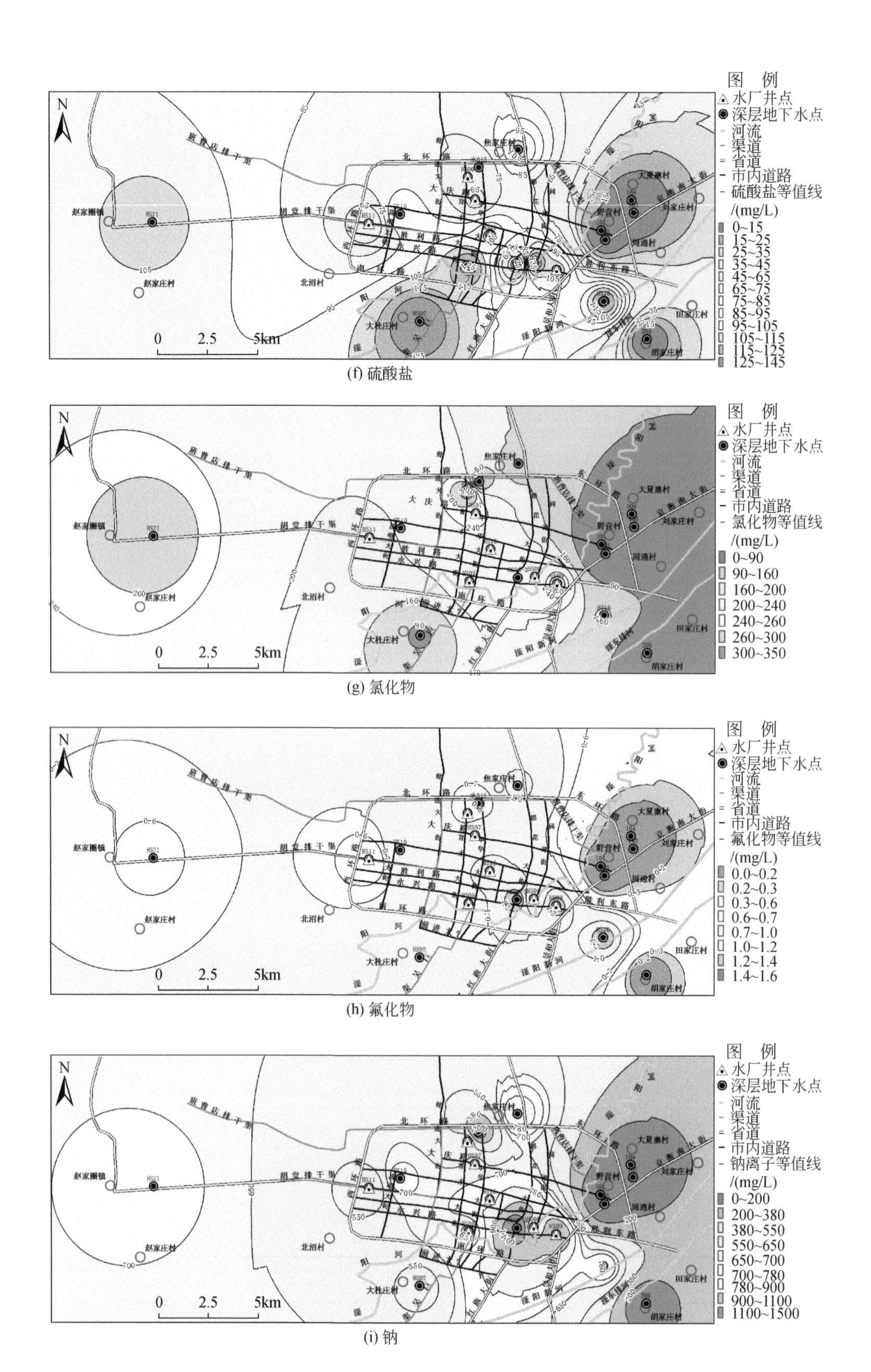

(f) 硫酸盐

(g) 氯化物

(h) 氟化物

(i) 钠

彩图 5.5　深层地下水单指标分布等值线示意图

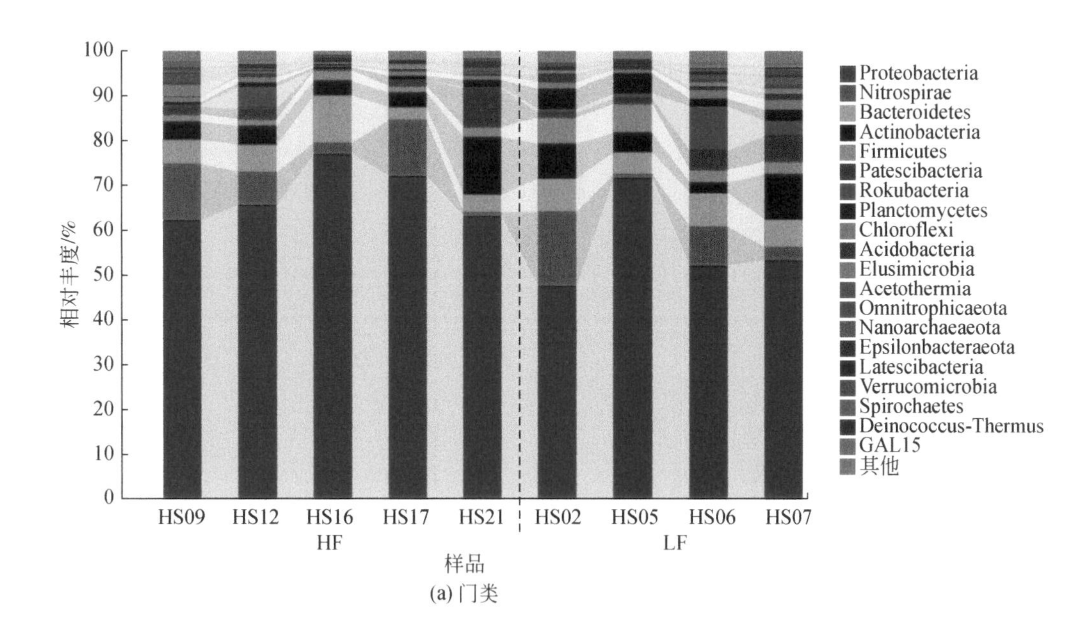

(a) 门类

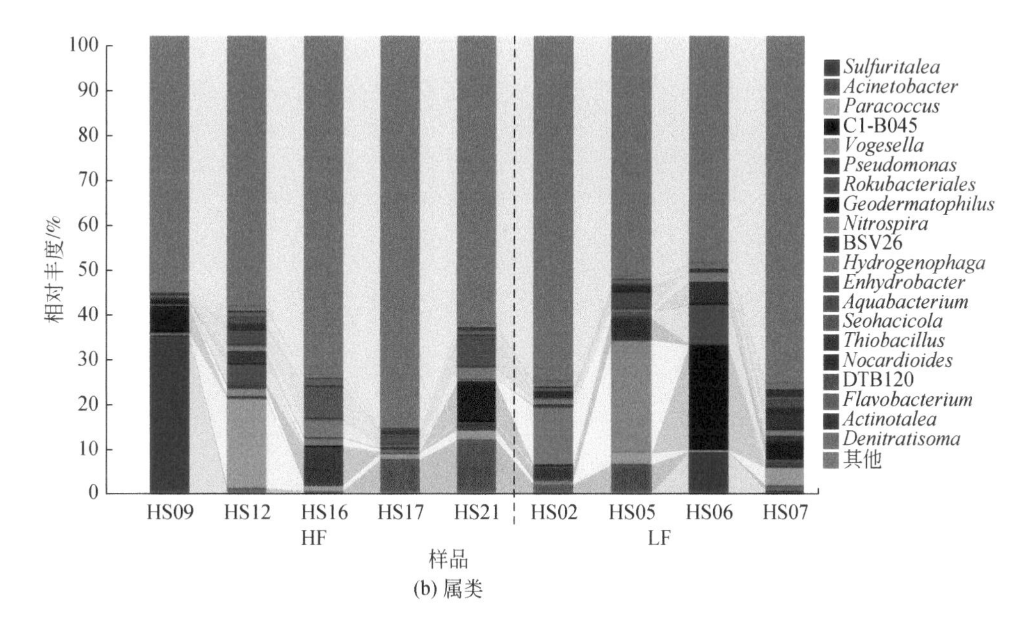

(b) 属类

彩图 5.6　深层地下水中微生物门类及属类群落组成图

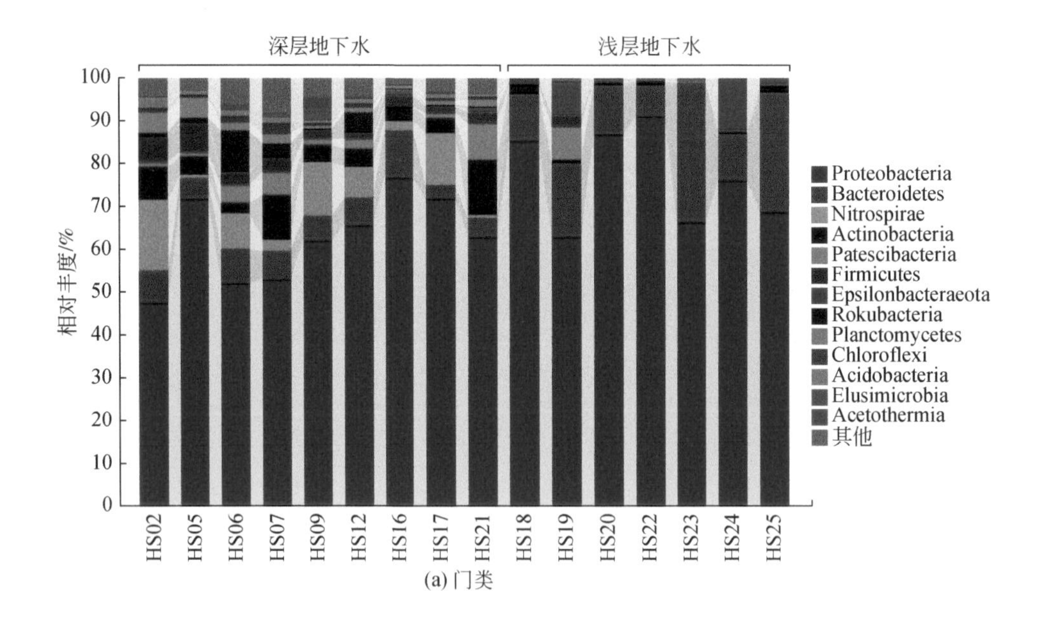

(a) 门类

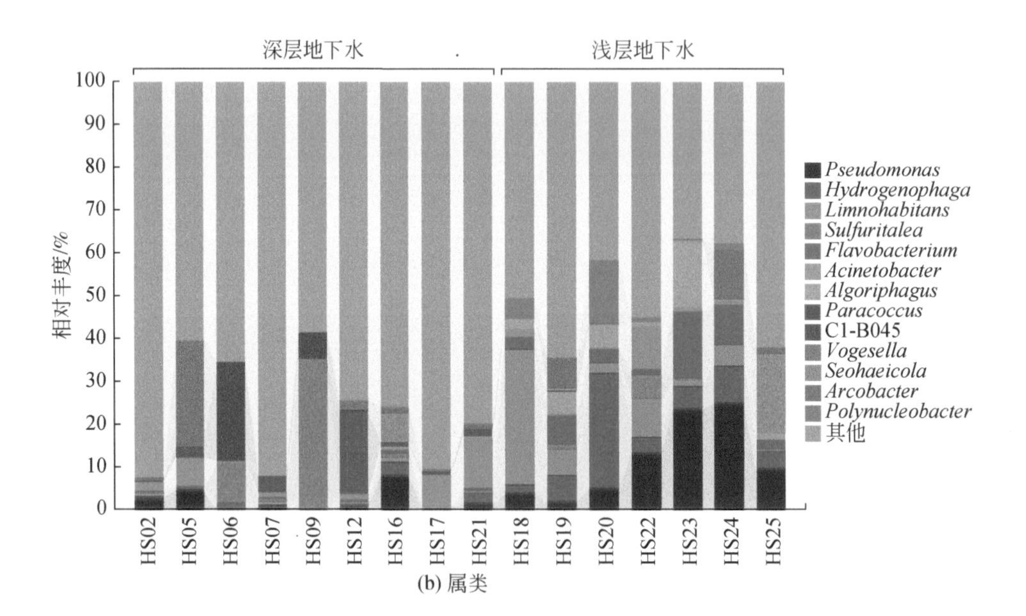

(b) 属类

彩图 5.7　浅层与深层地下水微生物门类及属类群落组成对比图